研究生教学用书

系统科学精要

（第4版）

苗东升　著

中国人民大学出版社

·北京·

目　录

导论　系统科学论 …… 1

0.1　有待深入研究的课题 …… 1

0.2　系统科学的对象和特点 …… 3

0.3　系统科学的体系结构 …… 6

0.4　系统科学与其他学科的关系 …… 10

0.5　系统科学的孕育和产生 …… 12

0.6　系统科学的意义和地位 …… 14

0.7　建设系统科学的中国学派 …… 16

思考题 …… 19

阅读书目 …… 19

第1章　基本概念 …… 20

1.1　系统与非系统 …… 20

1.2　组分与结构 …… 22

1.3　环境与开放性 …… 26

1.4　行为与功能 …… 28

1.5　秩序与组织 …… 30

1.6　整合与涌现 …… 31

1.7　信息与熵 …… 34

思考题 …… 38

阅读书目 …… 38

第2章　系统论 …… 39

2.1　系统存在论 …… 39

2.2　系统生成论 …… 41

2.3　系统构成论 …… 44

2.4　系统维生论 …… 46

2.5 系统演化论 …… 47
2.6 系统矛盾论 …… 49
2.7 系统认识论 …… 51
2.8 系统方法论 …… 54
2.9 系统价值论 …… 56
2.10 系统消亡论 …… 59
思考题 …… 61
阅读书目 …… 61

第3章 系统学概述 …… 62
3.1 系统学是关于整体涌现性的基础科学理论 …… 62
3.2 整体涌现性的表述 …… 64
3.3 涌现的产生机制 …… 65
3.4 涌现的刻画 …… 69
3.5 涌现的实验研究 …… 72
3.6 系统学粗框 …… 73
思考题 …… 74
阅读书目 …… 75

第4章 动态系统理论 …… 76
4.1 状态 状态变量 控制参量 …… 76
4.2 静态系统与动态系统 …… 79
4.3 轨道 初态与终态 暂态与定态 …… 81
4.4 稳定性 …… 85
4.5 目的性与吸引子 …… 89
4.6 分叉 …… 92
4.7 突变 …… 96
4.8 回归性与非游荡集 …… 100
4.9 瞬态特性与过渡过程 …… 101
思考题 …… 102
阅读书目 …… 102

第5章 线性系统理论 …… 103
5.1 线性关系 …… 103
5.2 线性系统 …… 105
5.3 线性系统的动态行为描述 …… 107

5.4 线性系统的相图 …… 110
5.5 线性系统的平庸行为 …… 113
思考题 …… 114
阅读书目 …… 114

第 6 章 非线性系统理论 …… 115
6.1 非线性特性 …… 115
6.2 非线性系统 …… 120
6.3 非线性系统的线性化描述 …… 121
6.4 把非线性当作非线性 …… 123
6.5 非线性系统的稳定性 …… 124
6.6 非线性系统的相图 …… 125
6.7 非线性系统的吸引子 …… 126
6.8 非线性系统的自激振荡 …… 128
6.9 非线性系统的非平庸行为 …… 130
6.10 非线性系统的双稳态 …… 130
思考题 …… 132
阅读书目 …… 132

第 7 章 随机系统理论 …… 133
7.1 随机性 …… 133
7.2 随机系统 …… 135
7.3 估计理论 …… 137
7.4 随机稳定性 …… 140
思考题 …… 141
阅读书目 …… 141

第 8 章 自组织系统理论 …… 142
8.1 概述 …… 142
8.2 自组织类型 …… 143
8.3 自组织判据 …… 144
8.4 自组织原理 …… 146
8.5 自组织的描述方法 …… 149
8.6 自创生 …… 150
8.7 自生长 …… 155
8.8 自适应 …… 159

8.9 自复制 …… 164
8.10 自修复 …… 166
思考题 …… 167
阅读书目 …… 167

第9章 他组织系统理论 …… 168
9.1 组织 自组织 他组织 …… 168
9.2 他组织的类型及其系统意义 …… 170
9.3 人工他组织原理 …… 172
9.4 他组织系统的动力学方程 …… 175
9.5 他组织系统的动力学特性 …… 179
9.6 能控性与能观性 …… 182
9.7 人体系统的自组织与他组织 …… 184
9.8 经济系统的自组织与他组织 …… 185
9.9 社会系统的自组织与他组织 …… 187
9.10 从控制自然到自然控制 …… 189
思考题 …… 191
阅读书目 …… 191

第10章 混沌系统理论 …… 192
10.1 典型系统 …… 192
10.2 以分形几何描述的动力学特性 奇怪吸引子 …… 196
10.3 非周期定态 …… 201
10.4 对初值的敏感依赖性 …… 202
10.5 确定性随机性 …… 204
10.6 长期行为的不可预见性 …… 206
10.7 混沌序：貌似无序的高级有序性 …… 207
10.8 通向混沌的道路 …… 210
10.9 他组织混沌 …… 211
思考题 …… 214
阅读书目 …… 214

第11章 复杂性研究与系统科学 …… 215
11.1 复杂性研究概述 …… 215
11.2 复杂性 …… 217
11.3 把复杂性当作复杂性 …… 219

11.4 复杂性科学 …… 220
11.5 复杂系统理论 …… 222
思考题 …… 223
阅读书目 …… 223

第 12 章 复杂适应系统理论 …… 224
12.1 涌现——圣塔菲的核心理念之一 …… 224
12.2 复杂性的圣塔菲诠释：适应造就复杂性 …… 226
12.3 复杂适应系统（CAS） …… 228
12.4 适应性行动者 …… 229
12.5 CAS 的基本特性 …… 231
12.6 适应性的刻画 …… 233
12.7 CAS 建模与回声模型 …… 234
12.8 CAS 理论走了多远 …… 235
思考题 …… 237
阅读书目 …… 237

第 13 章 开放复杂巨系统理论 …… 238
13.1 从系统学到复杂性研究 …… 238
13.2 系统的新分类 …… 239
13.3 巨系统 …… 241
13.4 复杂巨系统 …… 244
13.5 开放复杂巨系统 …… 246
13.6 特殊的开放复杂巨系统 …… 248
13.7 复杂性的系统学定义 …… 251
13.8 从定性到定量综合集成法 …… 252
13.9 建立系统学的新思路 …… 254
13.10 建立开放复杂巨系统的唯象理论 …… 255
思考题 …… 257
阅读书目 …… 257

第 14 章 信息学 …… 258
14.1 系统技术科学的新划分 …… 258
14.2 什么是信息 …… 259
14.3 信息量 …… 262
14.4 信息熵 …… 265

14.5　通信系统 …… 267
14.6　噪声 …… 272
14.7　广义信息　全信息 …… 274
14.8　信息载体 …… 276
14.9　信息技术 …… 278
14.10　哲学信息观 …… 280
思考题 …… 283
阅读书目 …… 283

第15章　控制学 …… 285
15.1　系统与控制 …… 285
15.2　控制任务 …… 287
15.3　控制方式 …… 289
15.4　控制系统的数学描述 …… 293
15.5　控制系统的性能指标 …… 296
15.6　随机控制 …… 299
15.7　自组织控制 …… 300
15.8　大系统控制 …… 302
15.9　控制技术 …… 305
思考题 …… 306
阅读书目 …… 306

第16章　事理学 …… 307
16.1　从物理到事理 …… 308
16.2　事理通论 …… 309
16.3　事理学与运筹学的划分 …… 313
16.4　事理学方法论 …… 315
16.5　事理运筹 …… 318
16.6　事理模拟 …… 320
16.7　事理过程 …… 322
思考题 …… 324
阅读书目 …… 324

第17章　运筹学 …… 325
17.1　运筹学方法论 …… 325
17.2　线性规划 …… 327

17.3 非线性规划 …… 330
17.4 动态规划 …… 331
17.5 排队分析 …… 333
17.6 决策分析 …… 335
17.7 网络分析 …… 336
17.8 库存分析 …… 338
思考题 …… 340
阅读书目 …… 340

第 18 章 博弈学 …… 341
18.1 博弈分析 …… 341
18.2 二人有限零和博弈 …… 344
18.3 求博弈解与纳什均衡 …… 345
18.4 从“囚徒困境”到“礼尚往来” …… 347
18.5 博弈与社会 …… 349
思考题 …… 351
阅读书目 …… 351

第 19 章 模糊学 …… 352
19.1 精确方法的局限性 …… 352
19.2 模糊性与模糊方法 …… 354
19.3 模糊集合 …… 356
19.4 模糊关系与模糊推理 …… 360
19.5 模糊截割理论 …… 364
19.6 模糊控制 …… 366
19.7 模糊运筹和模糊综合评判 …… 368
19.8 模糊聚类分析 …… 370
19.9 模糊模式识别 …… 371
思考题 …… 373
阅读书目 …… 373

第 20 章 系统工程 …… 374
20.1 组织管理的技术 …… 374
20.2 部门系统工程 …… 375
20.3 系统工程方法论 …… 376
20.4 工程计划的统筹方法 …… 379

20.5 实施系统工程的系统——总体设计部 …… 381
20.6 从定性到定量综合集成工程 …… 383
20.7 社会系统工程 …… 386
20.8 世界系统工程 …… 388
20.9 综合集成研讨厅体系 …… 389
20.10 大成智慧工程 …… 391
思考题 …… 392
阅读书目 …… 393

第21章 复杂网络系统理论 …… 394
21.1 网络、系统、复杂性 …… 394
21.2 描述网络的基本概念 …… 396
21.3 随机网络 …… 399
21.4 小世界网络 …… 400
21.5 无标度网络 …… 402
21.6 从网络看社会系统的特殊复杂性 …… 403
思考题 …… 405
阅读书目 …… 405

主要参考书目 …… 406

第1版后记 …… 407
第2版后记 …… 410
第3版后记 …… 412
第4版后记 …… 413

系统科学论

系统思想的突出特点是强调整体性，倡导整体地认识事物，处理问题。用之于系统科学本身，就是强调不可停留于对各个分支学科的了解，而应把系统科学当作由这些分支构成的完整系统，从整体上认识和把握它。导论的任务就是对系统科学作一整体的说明。

0.1 有待深入研究的课题

经过数十年的评介、研究和应用，系统思想和方法已经融入我国自然科学、社会科学、工程技术、经营管理以及其他领域广大工作者的知识结构中。从社会大众到国家领导人，从学术刊物到文学作品，都在使用系统、信息、系统工程、自组织之类术语。尽管歧见尚存，系统科学作为一门一级学科的地位已基本确立，为越来越多的人所认同。

从 1978 年起，在钱学森的带领和推动下，我国学者按科学学观点对系统科学的各个方面进行研究，涉及学科命名、定义、特点、研究对象、体系结构、产生发展的背景和道路、与其他学科的关系、在现代科学技术总体系中的地位、对社会发展的影响等理论问题。由此开辟的研究领域，可称为系统科学论。[①] 与 20 世纪 60 年代以来国外同行的同类工作相比，国内系统科学论研究的规模之大、涉猎之广、探讨问题之深，都处于领先地位。通过这些工作，厘清了系统研究不同分支学科的界限，清除了国外学者的混乱认识，使系统科学成为一个具有明确含义

① 参见朴昌根：《系统科学论》，西安，陕西科学技术出版社，1988。

的概念，有力地推动了这一学科的发展。正是这些工作导致协同学创始人哈肯的如下评论："系统科学的概念是由中国学者较早提出的，我认为这是很有意义的概括，并在理解和解释现代科学，推动其发展方面是十分重要的"①，"中国是充分认识到了系统科学巨大重要性的国家之一"②。这些评价是实事求是的。

钱学森在这方面的主要贡献有三点：其一，他是我国系统科学论研究的发动者和带头人，提供了持续的推动；其二，他是这一研究中主要思想观点的提出者；其三，他提出了系统科学论的研究方法。早在20世纪80年代初，钱学森在倡导用科学学观点考察现代科学技术时，就提出学科学和学科体系学的概念，强调用系统观点研究科学发展问题。1991年，进一步概括出"学科系统观点"③的概念。这些工作在我国学术界产生了深远的影响。

然而，系统科学毕竟还很年轻，真正的历史不过半个多世纪，人们至今仍难于把握其学科特性。系统科学论研究依然见仁见智，真知灼见与似是而非的观点并存。有些学者对"我国系统科学界的泛泛而论的状况"深表担忧。有的学者批评"系统科学本身并不系统"，甚至认为系统研究是"术语大战"。有的学者断言"系统科学是一个含糊的概念"，提到系统科学时常常在前面加上"所谓"二字，以示对这一概念的科学性有严重保留。这些意见中不无合理成分，应予重视，但也明显地表现出对系统科学的误解，有很大片面性，造成新的认识混乱。

英国学者P. 切克兰德提出的"软"系统方法论是对系统研究的重要贡献，本书第16章有所论述。切克兰德对系统科学论的研究也颇关注。他认为，科学文献中的系统一词有两种含义，一是可观察的、作为复杂整体的对象实体，一是用来感知、整理和表示人们对这些实体的认识的抽象概念。他把系统科学研究中的概念混乱归结为未能区分这两种不同用法。④ 他的看法并未切中要害。原则上说，一切概念都是用来感知、整理和表示人们对实体对象认识活动的观念形态工具，并非系统科学独有的现象。切克兰德未能抓住西方系统研究存在混乱的根源，依据他的方案无法建立系统科学的学科体系。

---

① 许国志主编：《系统科学大辞典》，"序二"，昆明，云南科技出版社，1994。

② ［德］H. 哈肯：《协同计算机和认知》，"中译本序"，北京，清华大学出版社；南宁，广西科学技术出版社，1994。

③ 《钱学森致许国志的信》，载《系统工程理论与实践》，1993（2）。

④ 参见［英］P. 切克兰德：《系统论的思想与实践》，北京，华夏出版社，1990。

系统科学论的研究有待深入，有必要依据近年来的发展情况，对学术界出现的新混乱加以分析和清理，回答大家关心的若干问题。因此，在阐述本学科基本内容之前先来作这一工作是必要的。从自组织观点看，系统进化离不开系统自我评价和环境对它的评价，通过不断评价、辨识优劣而选择前进方向。系统科学论研究就是系统科学发展所必需的评价活动。

0.2 系统科学的对象和特点

按照钱学森的观点，各门科学都以客观世界为研究对象，依据对象来划分学科门类的传统方法不科学。在终极的意义上，我们必须接受这一观点。不过，“横看成岭侧成峰，远近高低各不同”。观察小小庐山尚且如此，研究无限多样复杂的客观世界，更需从不同的视角去观察，如物质运动的角度，数量关系的角度，等等。从不同角度观察同一对象世界，进入观察者视野的现象和事实便不同，从而形成不同的知识体系，即不同的学科门类。钱学森指出，从系统的角度观察客观世界所建立起来的科学知识体系，就是系统科学。这是把系统科学与自然科学、社会科学、思维科学等学科部门区分开来的基本标志。

但在非终极的意义上，我们可以而且需要从研究对象上区分不同学科，给系统科学以进一步的界定。贝塔朗菲是最早使用系统科学这个概念的学者之一，他把这个学科定义为：“关于‘系统’的科学”①。克勒给出进一步的表述：系统科学“指向的是关于系统的具有普遍意义的现象”，“处理的是系统问题”②。概言之，系统科学是以系统现象、系统问题为研究对象的学科。前述钱学森的定义也包含这一思想。

什么是系统现象或系统问题？黄琳提出的概念“系统意义”③ 有助于回答这个问题。我们知道，物理学只研究具有物理意义的问题，生物学只研究具有生物意义的问题，经济学只研究具有经济意义的问题，等等。“某某学科只研究具有某某意义的问题”，应当作为一条科学学原理。应用于我们讨论的范围，结论是：“系统科学只研究具有系统意义

① ［美］贝塔朗菲：《普通系统论的历史和现状》，见《科学学译文集》，北京，科学出版社，1980。

② ［德］G. J. 克勒：《信息社会中二维的科学的出现》，载《哲学研究》，1991（9）。

③ 《北京大学系统科学研讨会纪要》，载《北京大学学报》（哲学社会科学版），1989（2）。

的现象或问题”。所谓系统现象或系统问题，就是具有系统意义的现象或问题。

什么是系统意义？这个概念联系着另一概念——系统性。不可把系统性与整体性当作一回事。按照贝塔朗菲的观点，整体性、秩序性、组织性、目的性、演化性等，都属于系统性范畴。一切呈现系统性的现象，都是具有系统意义的现象。在现实生活和理论探讨中，凡着眼于处理部分与整体、差异与统一、结构与功能、自我与环境、有序与无序、合作与竞争、行为与目的、阶段与全过程等相互关系的问题，都是具有系统意义的问题。或者说，凡需要处理多样性的统一、差异的整合、不同部分的耦合、不同行为的协调、不同阶段的衔接、不同结构或形态的转变以及总体布局、长期预测、目标优化、资源配置、信息的创生与利用之类问题，都是具有系统意义的问题。现代科学技术和工程实践的各个领域都存在大量这类问题，用系统观点分别研究它们就形成各个领域的特殊系统理论。若撇开这些问题所涉及的具体领域的特殊性质，即撇开其特有的物理意义、生物意义、心理意义或经济意义、社会意义等，在纯粹系统意义（把对象仅仅作为系统）上研究，就是系统科学的内容。

还存在各种特殊的系统意义。控制学研究具有控制意义的问题。信息学研究具有信息意义的问题。运筹学研究具有运筹意义的问题。例如，一个函数表达式和一组代数不等式本来只有数学意义，如果该函数能刻画某项事理活动的功能目标对决策变量的依存关系，不等式能刻画决策变量所受限制，它们就成为描述事理活动中规划问题的数学模型，具有运筹意义。控制意义、信息意义、运筹意义，都是特殊形式的系统意义。系统科学每个分支都揭示出一类特殊的系统意义，以具有那类系统意义的问题为研究对象。被研究的问题和所使用的概念、原理、方法是否具有系统意义，是区分系统科学与其他学科的重要依据。

强调系统意义还有其他现实背景。系统科学越来越重视使用数学工具，用数学模型表示系统问题，给出精确解。这是系统科学走向成熟的必由之路。但同时也出现单纯追求数学工具的高深漂亮、忽视问题的实际背景和经验含义的倾向，系统意义日趋淡化。这就要求强调系统意义。

不可把系统科学简单地看作交叉科学或边缘科学。系统现象并非只出现于某些学科的交叉或边缘地段，它普遍存在于一切学科领域。系统科学是研究这类现象共性的学问。运用系统思想和方法研究物理问题、经济问题或其他问题，属于系统科学与物理学或经济学等的交叉领域，所建立的系统理论，严格地说，不算系统科学本征的组成部分，而是交叉科学。耗散结构论、超循环论、突变论、分形论等著名系统理论，对于系统科学的发展有重大贡献。但耗散结构论有强烈的物理学（特别是热力学）背景，超循环论有强烈的生物学背景，前者提出的超熵概念，后者提出的拟种概念，对于这些学科是不可缺少的基本概念，却不可能成为系统科学的概念。突变论和分形论是数学系统论，也不能简单地纳入系统科学。托姆的突变论与形态发生密切相关，大量内容无法纳入系统科学或数学。仅从几何角度研究分形现象的是数学科学，从系统角度研究分形的才是系统科学。这些理论对于建立系统学十分有价值，但它们本身还不是系统科学的本征组成部分。必须划清这些界限。我国近30年来出版的一些权威性著作，如中国大百科全书出版社的《中国大百科全书·自动控制与系统工程》(1991)，云南科技出版社的《系统科学大辞典》(1994)，把这些系统理论算作系统科学的基本组成部分，其说不当。断言耗散结构论和超循环论已“成为系统学的一个重要组成部分”①，尤其值得商榷。这样界定的系统科学的确是一个含糊概念。王雨田批评“系统科学的内涵与外延是不清楚的”②，就是由这类提法中引发出来的。但问题出自这些著作的不正确表述，不是系统科学固有的毛病。由于是探索，钱学森的论述有时前后不一致，但就基本观点看，他是把这些系统理论当作系统学的建筑材料，并未把它们包括在他的系统科学体系中（见图0.3）。坚持这一表述，系统科学的内涵和外延便基本明确了，许多混乱即可消除。

应当承认，上述系统理论分别从不同学科产生出来，大都具有作为独立学科分支存在的价值，不会因系统学的建立完全失去其价值。钱学森曾认为，建立系统学之后，这些系统理论将成为“过眼烟云”③。此论不妥。例如，耗散结构论中大量关于不可逆热力学的知识，虽不能进入系统学，但仍属于物理学的内容，不会消失。耗散结构作为科学概念即使为系统学所吸纳，但它所包含的科学和哲学思想仍有广泛的吸引力。

宋健提出：“我认为系统科学，恐怕不能不研究能量这个基本的运动规律。从大系统巨系统来说，系统科学应该注意研究能量平衡，能量

① 《中国大百科全书·自动控制与系统工程》，174、35页，北京，中国大百科全书出版社，1991。

② 王雨田：《形成中的系统科学及其存在问题》，载《中国社会科学》，1995（4）。

③ 钱学森等：《论系统工程》，增订本，“前言”，长沙，湖南科学技术出版社，1988。

转化动力学，要和社会科学相结合，才能得出合乎客观规律的理论和结论。”① 从系统科学的应用及它与自然科学、社会科学的交叉发展来看，这个意见是正确而重要的。跳出一般系统研究的小圈子，探讨物质运动、社会运动、思维运动中的系统问题，从中提炼新的系统原理和方法，是发展系统科学的重要途径。蓬勃发展的地理系统科学、生态系统科学、世界系统学等学科，对系统科学发展都有推动作用。但从系统科学的学科界定角度看，这一说法可能引起新的认识混乱。正如数学与经济学结合不再是本来意义上的数学一样，与自然科学或社会科学相结合的系统研究也不再是本来意义上的系统科学。物理学家可以从事生物物理研究，但不能以生物物理学来界定物理学，因为这将使物理学成为一个含糊概念。按物理学系统理论（如耗散结构论）或经济学系统理论（如经济系统学）来界定系统科学，同样会使系统科学成为一个含糊概念。从贝塔朗菲起，系统科学家一直主张撇开物质、能量等概念，在纯粹形态上研究系统。这个主张应当坚持。宋健的议论是从评论“研究熵的运动”引发的。尽管熵概念也起源于物理学，但自申农以来，熵研究早已越出自然科学范围。熵与能量有截然不同的性质。经过提炼，熵有可能成为简单巨系统学的概念。能量则不同，能量平衡、能量转化动力学属于自然科学概念，不能成为系统学概念。

0.3 系统科学的体系结构

20世纪70年代初，贝塔朗菲首先提出这个问题，建构了一种系统科学体系。他认为，系统科学有三个主要领域，即狭义的系统科学（系统理论）、系统技术和系统哲学，三者内容上不可分割，而在意向上有所区别。如果将系统哲学置于前面，他所讲的是系统科学由高到低的三个层次。市川惇信1977年为系统科学构建了一个具有塔式结构的体系，由顶到底顺序为系统概念、一般系统理论、系统理论各分论、系统方法论（程序＋手法）和面向对象的系统处理方法等5个层次。他们的工作对发展系统科学起了积极作用。由于缺乏明确的学科体系思想，未能把系统观点应用于学科体系研究中，他们的框架都不算成功。

20世纪80年代初，钱学森重新提出这个课题，在明确的学科系统观点指导下，探讨现代科学的总体系和各门科学的体系结构。现代科学

① 宋健：《加强基础研究，逼近科学前沿》，载《中国软科学》，1995（4）。

技术是一个庞大的知识体系，由不同门类组成。纵向看有 11 大部门，系统科学为其中之一。既然都是知识系统，都是从实践中总结出来的，不同的门类应当具有某种共同的体系结构。自然科学是历史最久、发育最成熟的学科。通过解剖这只“麻雀”，钱学森发现自然科学有三个层次：工程技术层次，如水利工程、电气工程等；技术科学层次，如水力学、电工学等；基础科学层次，如物理学、生物学等。自然科学又通过自然辩证法这座桥梁与哲学联系起来。图 0.1 给出它的结构模式。再考察其他学科，发现这种模式是共同的。由此提出著名的“三个层次一座桥梁”的学科体系一般框架，如图 0.2 所示。属于工程技术层次的学科提供直接用于改造客观世界的知识，技术科学层次的学科提供指导工程技术的理论，基础科学层次的学科提供指导技术科学的理论，再通过相应的哲学分论而上升到哲学层次，并接受哲学的指导。

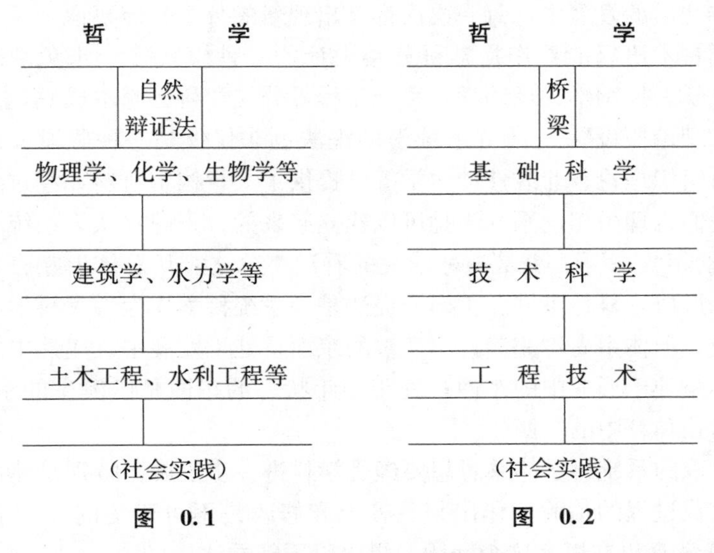

图 0.1

图 0.2

把这个一般框架用于系统科学，钱学森重新界定了已建立的学科分支，发现系统科学已具备工程技术（包括系统工程和自动化技术，是否包括信息技术尚有争议）与技术科学（包括运筹学、控制学、信息学）两个层次，但基础科学层次仍是空白。他由此提出尽早建立系统科学体系的号召，指出关键是填补基础科学层次的空白，并把它命名为系统学(1981)。图 0.3 总结了他的这些思想。

王雨田把系统科学界定为“一门新的基础科学”，这个提法不妥。上述钱学森关于系统科学体系的论述可以消除这种混乱。系统科学是一大类学科体系，包括三个层次。谁也不能否定系统工程属于系统科学，但谁也不会承认系统工程属于基础科学。信息学、控制学、运筹学同样不是基础科学。

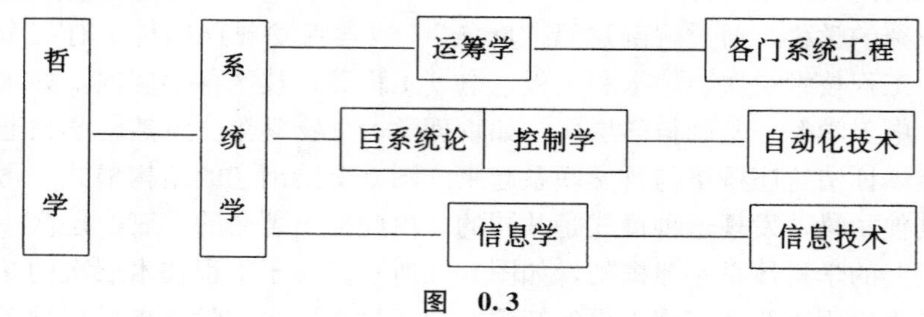

图 0.3

系统学至今尚未建立起来。只要这一事实没有改变，钱学森关于建立系统学的论述就带有某种设计性质，设计方案的科学性要经受实践的检验。在往后的发展中，每一层次都会出现新的分支。但要说“系统科学这一学科术语只能看作是学科分类设计的一种模式”①，未免缺乏根据。信息学、控制学、运筹学、系统工程等分支学科已基本成熟，并非是“一种理论假设”②。建立系统学的提法也非仅仅是一种假设或设计模式。自组织理论、非线性动力学等已提供了大量构筑材料，经过多年探索，我们有理由相信系统学是可以建立起来的。朱照宣认为系统学已“处于其幼年状态”③，更是一种乐观的看法。总之，从总体上断言系统科学尚未形成，显然不妥。正确的提法是：系统科学作为一大科学门类已经形成，但体系尚不完善。不完善的东西是处于发展中、成熟中的东西，而不是处于形成中的东西；处于幼年状态的东西是已诞生的东西，而不是尚在孕育中的东西。

钱学森的系统科学体系思想要经受学科进一步发展，特别是建立系统学的实践过程的检验，作出某些补充和修改是不可避免的。20 世纪 90 年代钱学森仍在思考这个问题，提出以下新看法：

（1）系统学是关于巨系统的理论，包括简单巨系统学和开放复杂巨系统学等；

（2）技术科学层次的系统科学分支一律称“学”而不称“论”，包括信息学、控制学、运筹学和事理学（详见 14.1 节）。

---

①② 王雨田：《形成中的系统科学及其存在问题》，载《中国社会科学》，1995（4）。

③ 朱照宣：《系统学和非线性动力学》，见《复杂性研究》，12 页，北京，科学出版社，1993。

系统科学通向哲学的桥梁也是有待建立的新学科。钱学森不同意把它称为系统哲学，理由有二。其一，钱学森讲的桥梁是马克思主义哲学的分论，与拉兹洛等人的系统哲学不同。其二，西方学者的系统哲学不强调基于系统科学的成果进行哲学概括，常常离开科学本身直接就客观系统现象作思辨式的概括，而钱学森讲的分论强调基于系统科学进行哲学概括。关于这个分论的命名，钱学森最常讲的是系统论，有时也讲系统观，后来又讲系统科学的哲学。我们倾向于后者。

系统科学哲学是一个广阔的研究领域。作为桥梁，有连接科学的一端，也有连接哲学的一端，桥上还可以有不同的通道。用系统论或系统观来称谓，难以看到这个领域的全貌。采用系统科学哲学的称谓可以克服这个缺点。系统科学哲学也有层次。连接科学的一端需直接对系统科学的内容进行哲学概括，主要包括系统科学辩证法、系统科学认识论、系统科学方法论等，广义地讲，还包括系统科学史、系统科学与科技革命等方面的研究。这些内容很难用系统论来代表。连接哲学的一端是对这些分支的进一步抽象概括，有更多的哲学思辨性。把这个亚层次称为系统论或系统观更恰当些。

基于以上讨论，可以把系统科学的体系结构用图 0.4 表示出来。

哲 学（辩证唯物论）

系统科学哲学（桥梁）	系统论（观）
	系统科学辩证法 系统科学方法论 系统科学认识论 系统科学史 ……………………
基础科学	简单系统学 简单巨系统学 开放复杂巨系统学
技术科学	信息学 控制学 运筹学 事理学 博弈学
工程技术	系统工程 控制工程

（社 会 实 践）

图 0.4

20 世纪 90 年代，朴昌根构建了他的系统科学体系结构，包括四个层次，一级分支学科为系统学、系统方法学、系统技术，共包含 10 个二级分支学科，以及更多的三级分支学科。他的《系统学基础》就是按照这一结构撰写的。

0.4 系统科学与其他学科的关系

系统科学既不属于自然科学，也不属于社会科学，而是另一个独立的学科门类。按照观察世界的不同视角，钱学森把现代科学划分为 11 大门类：自然科学，社会科学，数学科学，思维科学，系统科学，人体科学，行为科学，地理科学，军事科学，文艺科学，建筑科学。这就原则上说明了系统科学与其他学科的区别。按分类逻辑看，11 大门类是并列的；若就学科内容看，系统科学与其他学科都相互交叉和贯通。自然科学、社会科学、思维科学等门类是按纵向划分的学科，分别研究客观世界的不同领域。但不论自然现象或社会现象，不论行为过程或思维过程，只要是系统问题，都可以撇开具体领域的特殊性质，仅仅当作系统来研究。这就规定了系统科学的横贯性，应称为横贯科学，不应称为横断科学，因为系统现象并非存在于客观世界的某个横断面上。它的学科任务是为一切研究领域提供用系统观点考察对象的一般原理和方法。就横贯性看，系统科学与数学相同，与自然科学、社会科学明显不同。

系统科学大量使用数学工具，有些分支甚至被视为现代数学的组成部分。现代数学渗透着鲜明的系统思想，有些分支明确宣布以系统为研究对象。这种情况容易混淆两者的界限。但它们是两种不同的横贯科学，代表观察世界的两种不同角度。数学是从数量关系和空间形式的角度观察世界的学问。数学方法和系统方法都是广泛适用的横贯科学方法。但有系统意义的问题不一定都有数学意义，有数学意义的问题也不一定都有系统意义。"系统思想即使不能用数学表达，或始终只是一种'指导思想'而不是一种数学构想，也仍保持其价值。"① 研究和解决巨型的复杂系统问题时，尤其需要记住贝塔朗菲的这个意见。

系统科学与非线性科学的关系，是学术界关心的突出问题。新近出现的认识混乱与此有关。线性与非线性是可以精确定义的概念，线性科学与非线性科学亦可明确划界。目前文献中谈论的非线性科学有宽、窄

---

① ［美］贝塔朗菲：《一般系统论》，22 页，北京，清华大学出版社，1987。

两种理解。广义的非线性科学包括非线性力学、非线性光学、非线性经济学等。这是一大类学科的总称，不是一门科学。这样理解的非线性科学与系统科学相去甚远，易于区分。其中某些领域产生的非线性系统理论，属于系统科学与该领域的交叉学科，对发展系统科学有重要作用。狭义的理解，按谷超豪的说法，“非线性科学即是研究非线性现象共性的一门学问”[①]。撇开一切具体特性（如力学特性、光学特性等等），仅仅研究非线性现象共性的学问，必定是一门横贯科学。但它并非数学和系统科学以外的另一门横贯科学。这样的非线性科学包括两个分支：主要从数量关系和空间形式着眼的非线性共性研究是非线性数学，主要从系统着眼的非线性研究是非线性系统理论，属于系统科学。事实上，技术科学层次的系统科学早已涉及非线性问题，建立了非线性规划、非线性控制等系统理论。基础科学层次的非线性研究尚未形成完整的理论体系。但存在这种系统理论，它属于系统学范畴，系统学主要研究非线性系统，这是无疑的。非线性动力学已有相当丰富的成果，其中一切具有明确系统意义的概念、原理和方法，都有资格进入系统学。如稳定性理论、分叉理论、吸引子理论等，除去那些纯数学技术性的内容，都属于系统学范畴。要充分重视非线性动力学对建立系统学的价值。但也不可把非线性动力学简单地划归系统学。朱照宣认为：“对非线性动力学在系统学中的适用程度，不能寄予奢望。”[②] 非线性动力学主要应归于数学。

系统科学与哲学的关系一直是学术界关心的热门话题。大多数学者肯定两者有密切联系。冀建中提出一种独特见解，认为系统科学的出现“向哲学的思辨领域又发动了一次进攻。哲学在这时是采取拿来的态度还是采取退出的态度呢？拿来实际是一种保守的办法，退出倒是一种积极的态度”[③]。对于 20 世纪 80 年代的系统热进行反思，提出拿来（进入）与退出的关系问题，是新鲜而有益的。但进入与退出是一对辩证矛盾，有退出就有进入，反之亦然。系统科学是“系统思想由哲学变成了科学”[④] 的产物，标志着哲学在实证知识层次上退出系统研究，同时也就为哲学研究提供了从科学思想和方法论层次进入系统研究的必要性和可能性，开辟出新的哲学园地。不应当也不可能要求哲学从一切层次上

① 谷超豪：《非线性现象的个性与共性》，载《科学》，1992（3）。

② 朱照宣：《系统学和非线性动力学》，见《复杂性研究》，12 页。

③④ 冀建中：《对“系统热”的一点反思》，载《理论信息报》，1985-05-01。

都退出去。各种系统理论的创立和发展都需要哲学的启迪，帮助它们解开谜团，克服理论困难。著名系统理论家贝塔朗菲、普利高津、哈肯和钱学森等人对此都有明确的论述。

何祚庥批评我国学术界把系统方法“照抄照搬”于哲学社会科学，认为“现在人们所说的系统科学又常常包括系统哲学或系统社会学”[①]。这是他断言系统科学作为一个“含糊概念”的重要依据。系统哲学属于系统科学通向哲学的桥梁，系统社会学（如果存在）属于系统科学与社会学的交叉领域，都不是系统科学的本征组成部分，不能按照它们来界定什么是系统科学，正如不能按自然哲学来界定自然科学、按技术社会学来界定社会学一样。这些混乱的提法来自某些学者对系统科学的误解，并非证明系统科学是含糊概念的事实依据。把物理学方法照抄照搬于哲学社会科学的错误不能由物理学负责，把系统方法照抄照搬于哲学社会科学的错误也不能归罪于系统科学。

0.5 系统科学的孕育和产生

许国志、顾基发等人指出：“任何一门学科，只有当它是所处时代的社会生存与发展客观需要的自然产物，同时学科内在逻辑必要的前期预备性条件又已基本就绪时，它才会应运而生，并为世所容所重，得以充分发展。”[②] 系统科学的历史充分体现了这一历史唯物主义观点。

信息学的渊源应追溯到19世纪发明电报和电话。电信技术实践提出大量需要从理论上回答和进行定量计算的问题，把信息技术与数学、物理学、工程学联系起来，出现了对信息的早期研究。哈特莱、奈魁斯特等人在20世纪20年代的工作，是信息学的重要前期性知识准备，统计信息概念就是这个时期萌发的。现代概率论和统计力学建立，统计方法走向成熟，为申农统计信息理论提供了必要的理论工具。

控制学的渊源要追溯到瓦特蒸汽机调速器对自动调节技术的应用。蒸汽机的广泛使用所促成的大机器工业带来对自动化技术的社会需求，也产生了对控制理论的需求。它直接导致麦克斯韦对调速器稳定性的数学分析，开辟了关于自动控制理论研究的先河。彭加勒的微分方程定性

① 何祚庥：《研究复杂性科学的若干方法论问题》，见《复杂性研究》，9页。

② 许国志、顾基发、范文涛、经士仁：《系统工程的回顾与展望》，载《系统工程理论与实践》，1990（6）。

理论，李亚普诺夫的稳定性理论，统计力学，等等，为控制学提供了必要的理论工具。20 世纪 30 年代形成的伺服系统理论，对早期控制工程作了理论总结，是工程控制论的雏形。电工学贡献了反馈概念。在这些知识准备基础上，才可能产生维纳的控制论（Cybernetics）。

运筹学和系统工程的渊源应追溯到 19 世纪末出现的垄断性大企业对经营管理技术的需求。工业生产管理的需求产生了泰勒制，电话拥挤问题启示爱尔朗对排队现象的理论探索，兰彻斯特的作战方程研究首开作战模拟学的先河。20 世纪 30 年代在经济发展推动下，出现了列昂捷夫的投入产出模型，康托洛维奇关于工业生产组织和计划问题的研究，成为线性规划的雏形。这些工作不仅积累了大量运筹学知识，更重要的是证明应用自然科学和数学方法解决管理问题是可行的。

最强大的推动力来自战争的需要。第二次世界大战是定量化系统理论和工程技术发展的里程碑。战胜法西斯的需要把一大批有才干的科学家吸引到这些领域。申农对通信技术的研究，维纳对自动技术的研究，都与此密切相关，使他们积累了丰富的实践经验，去消化、总结和发展前人的工作，建构信息学和控制学的理论框架。一些科学家从事拟定和评价作战计划、改进作战技术以及装备的使用方法等研究，直接形成军事运筹学；再经过战后向民用部门的推广和理论总结，形成一般运筹学。第一批系统技术科学就是这样产生的。

在基础理论方面，20 世纪物理学、生物学、心理学、社会学等领域同时提出大量系统问题，要求克服还原论的局限性，转变思维方式，建立相应的基础理论。贝塔朗菲的一般系统理论就是适应这种需要，并从这些学科中汲取思想营养而产生的。

信息学与信息技术，控制学与控制技术，运筹学与系统工程，这些学科一经产生就在社会生活各方面造成巨大影响，深刻地改变了现代社会的方方面面。这反过来又成为推动系统研究发展的强大力量。战后的每一个十年都有重要发展，都有新的系统理论出现。20 世纪 70 年代前后更是一个迅猛发展时期，重大进展有三。其一，以理论自然科学和数学的最新成果为依托，出现了一系列基础科学层次的系统理论，使系统研究真正走出工程技术和技术科学的范围，为建立系统学提供了知识准备。其二，围绕解决环境污染、能源匮乏、人口爆炸等世界性危机，开展了一系列重大交叉课题研究，使系统研究与人类社会各方面紧密联系起来，成为系统科学的强大推动力。其三，提出建立系统科学体系的问题，实现了系统科学从分立到整合的发展，其中又包括三次重大努力。

第一次整合工作是贝塔朗菲进行的，试图按他的框架把五花八门的系统研究综合为一门统一的学科。第二次整合工作是哈肯进行的，虽然他当时尚未接受系统科学这个提法，但哈肯明确提出要把相关研究统一起来，试图以协同学为基础实现之。第三次努力归功于钱学森，他的体系结构的提出标志着系统科学实现了从分立到整合的发展。

系统科学究竟形成于何时？目前有两种不同看法。一种观点认为，系统科学产生于20世纪40年代，根据是目前已有的系统科学分支大多产生于那个时期。另一种观点认为，系统科学产生于20世纪70年代，因为只有到20世纪70年代才确立了系统科学这个概念（系统科学这一术语至迟在20世纪60年代中期已出现），明确了它的体系，并出现了一批基础科学层次的系统理论，初步具备了建立系统学的条件。应当说，两种观点都有道理，原则上都无不当之处。若把系统科学也看作一个系统，凡系统都有结构，那么，我们更倾向于后一种说法。20世纪40年代产生了该系统的一批“构件”，但尚未组织成为一个有机整体。用生成论的语言讲，系统科学在20世纪40年代形成它的雏形，20世纪60年代正式问世。到20世纪70年代，不但构件进一步齐全完善，而且形成初步的结构框架，作为一种知识系统的系统科学在整体上算是形成了。这是由从贝塔朗菲到钱学森的诸多学者共同完成的。

0.6　系统科学的意义和地位

系统科学的产生不仅意味着现代科学总体系中又增加了一大门类，而且关联着一场科学革命。这里所说的不是发生于某一学科领域的革命，而是指科学作为整体的历史性大转折，即从经典科学（机械论科学）向新型科学（似可称为有机论科学）的历史性转变。它标志着整个科学作为系统的历史形态的根本转变。科学系统的第一个历史形态是古代科学，第二个历史形态是欧洲文艺复兴以来产生的近现代科学（经典科学，或称机械论科学），现在正处于第三个历史形态（新型科学，或称复杂性科学）转变的初期。系统科学是科学系统这次转型演化的重要方面，代表新的科学方法论。

系统科学的出现是科学重新统一的历史需要。古代科学是综合的学问，关于自然、社会、人自身的知识统一包容于哲学母体中。现代科学是分科的学问，它沿着不断分支化、专门化的道路演进，形成分支林立的庞大体系，同时也造成不同分支相互隔离、难于沟通的局面。到20

世纪中叶，这种发展模式已走到自己的顶峰，弊病日趋明显，出现了科学重新统一的历史需要。各分支学科在对自己对象领域的中心部分充分研究之后，必然要向与其他学科接壤的边缘地段拓展，导致边缘科学、交叉科学纷纷出现。原本分明的学科界限模糊了，不同领域相互过渡的道路打通了，科学逐渐演变为一个在任何一处都没有鸿沟的整体。现代社会日趋大型化、复杂化，出现了大工业、大农业、大经济、大军事、大政治、大科学、大教育、大文化、大外交等。任何一个大型复杂问题的解决都不能由某一学科单独完成，必须综合应用多学科知识，进行跨学科研究。跨学科研究促使不同学科在更深层次上交叉和沟通。系统科学的分支学科几乎都是这种跨学科研究的产物。大型化、复杂化的突出后果，是社会生活的各方面都离不开大规模的规划、组织、协调，必须有相应的科学理论和技术方法。科学重新统一并非取消学科划分、回到古代科学的状况，分支化还会存在，新的学科将继续产生。但不同学科的相互沟通、交叉、渗透和综合将成为主要趋势，新学科大多是综合性科学。重新统一的科学作为一种系统，要求有一种能把现有按纵向划分的学科沟通连缀起来的横贯科学，提供不同学科都适用的概念、原理和方法，使科学在整体上具有纵横交错的网络结构。系统科学就是这种横贯科学，它的科学学使命是使新型科学成为一个按多维网络结构组织起来的复杂巨系统。形成中的新型科学是跨科的学问。

系统科学是科学思维方式转变的产物。近代自然科学（经典科学的早期形态）是以形而上学思维方式（体现于机械论的自然观、科学观和方法论中）取代古代直观辩证思维（包括系统思维）方式的结果。形而上学取得支配地位的重大历史根据，也是系统科学不能与近代自然科学同步产生的重大历史根据。从 19 世纪中叶起，以一系列自然科学的伟大发现为突破口，开始了科学向辩证思维复归的历史进程，并在 20 世纪中叶达到高潮。它体现在各个方面：从孤立地研究对象转向在相互联系中研究，从用静止的观点观察事物（存在的科学）转向用动态的观点观察事物（演化的科学），从强调用分析的、还原的方法处理问题转向强调整体地处理问题，从研究外力作用下的运动转向研究事物由于内在非线性作用导致的自组织运动，从实体中心论转向关系中心论，从排除目的性、秩序性、组织性、能动性等概念转向重新接纳这些概念，从偏爱平衡态、可逆过程和线性特性转向重点研究非平衡态、不可逆过程和非线性特性，从否定模糊性转向承认模糊性，等等。这些变化都归结为要求建立系统科学。

系统科学是建设信息—生态文明的智力工具。系统科学的出现不仅是一种思想文化现象和科学内在逻辑的必然结果，还有深厚的社会历史根源。克勒提出并讨论了系统科学在信息社会中的重要意义。他的一些具体提法，如认为经典科学是以实验为基础的一维科学，系统科学是以理论为基础的科学，代表科学的第二维度，等等，尚待推敲。但克勒站在社会转型的历史高度考察问题，很有见地。“这一新型社会的涌现和发展始终同计算机（或信息处理）技术以及与此相联系的智力发展，如控制论、一般系统论、信息论、决策分析和人工智能等密切相关。”[①] 仅仅从通信工程、控制工程、经营管理的需要来说明信息技术、自动化技术、系统工程以及相关系统理论的产生，是肤浅的。信息技术、自动化技术、系统工程是建设信息社会必需的基本技术，信息学、控制学、运筹学、博弈学、事理学和系统学是建设信息社会必需的科学理论。社会信息化的另一面是世界系统化、全球一体化，系统科学则是世界系统化的观念形态表现。要理解世界社会形态如何演化（如何从工业—机械文明向信息—生态文明的转变），国际政治和经济秩序如何变革（如冷战结构的解体），如何设计信息社会的方方面面，顺利实现社会的转型，都需要从系统科学中寻找思路、概念、原理和方法。

0.7 建设系统科学的中国学派

学派在科学发展中的重要作用是人所共知的。从科学史看，跟进式的研究无须也不可能产生学派，开创性的研究需要也能够产生学派。

中华民族是一个富有系统思维的伟大民族。从《易经》、《老子》、《孙子兵法》、《黄帝内经》等传统文化圣典，到现代的毛泽东思想和邓小平理论，都强调用整体的、有机联系的、协调有序的、动态的观点去观察和处理问题。西方著名系统理论家普利高津、哈肯、托姆等，都对中国古代文明中的系统思想赞赏有加。这种优秀文化传统一经与现代系统研究交媾结合，定将产生仅仅沿着西方文明演进轨迹所不可能有的成果，升华出更高水平的系统思想，形成独特的系统科学学派。

现代中国具有极其独特的国情，处于极其独特的历史进程，是一个极具特色的复杂巨系统。正在进行的改革、开放和建设大业，实质是要

---

① ［德］G. J. 克勒：《信息社会中二维的科学的出现》，载《哲学研究》，1991（9）。

把补工业—机械文明之课与建设信息—生态文明两大历史任务结合起来，毕其功于一役。完成这一历史任务，需要有独特的运筹谋略，独特的规划设计，独特的组织管理。它需要同时也孕育着独特的系统思想、系统理论、系统方法和系统技术，造就独特的学派。只有这样的学派能够对中国正在进行的社会实践作出正确的系统学反思和预测，创造体现中国国情的系统理论。

学派也是系统。成就卓著的学派必有自己的领袖人物，有独特的工作纲领。系统科学的中国学派众望所归的带头人是钱学森，独特的工作纲领是钱学森的系统科学体系思想。中国系统科学家能够在学科的各个领域作出自己的贡献，特别是在系统工程、事理学、系统学、开放复杂巨系统研究和系统科学哲学等领域，可望作出独特的贡献。

钱学森属于系统科学开创时期就参与工作的著名学者。20 世纪 50 年代初，在被迫滞留美国的那些日子里，他从维纳哲学味颇浓的著作中提取能够直接应用于工程设计的内容，又从控制工程实践中提取新的控制思想，建立了工程控制论。回国后，他为国家培养了一批控制专家，参与组织指导了我国运筹学的研究。在领导我国航天科学技术的实践中，钱学森形成了自己的系统工程思想，发展了总体设计部方法，为日后的系统科学研究作了准备。

20 世纪 70 年代末，钱学森二次“出山”，思维如脱缰之马，纵横驰骋于学术文化的不同领域。其中，他倾注心血最多的是系统科学。这个时期钱学森的主要贡献有以下八方面。(1) 总结我国航天系统工程的经验，吸取国外同行的成果和教训，提出一套颇具特色的系统工程理论。(2) 从把握现代科学技术总体系入手，阐明系统科学的体系结构。(3) 对系统学的对象、特点、建立途径作了深入探讨，提出一系列指导性意见。(4) 创立开放复杂巨系统理论，提出从定性到定量综合集成法和研讨厅体系等概念。(5) 提出沟通系统科学与哲学的桥梁问题，阐明辩证唯物主义是系统科学的哲学基础，多方面探讨了有关系统科学哲学的问题。(6) 培养和团结了一批中青年学者，鼓励和指导他们从事系统研究。(7) 反复宣传系统研究要坚持马克思主义哲学的指导，坚持从中国国情出发，既要吸收外国学者的成果，又不跟着人家跑，敢于创造中国特色的理论。这正是创立系统科学中国学派必须坚持的原则。(8) 探讨把系统科学应用于其他 10 大科学技术部门的可能性、必要性和可行途径，对我国科学技术各个领域以至整个社会的发展都产生了积极影响。这些工作将使钱学森在系统科学史上占有重要地位。前述哈肯对中国系统科学家的良好评价，首先是对钱学森的评价。

我国从事系统研究的队伍颇为庞大，且富有成果。应当特别提到的是廖山涛的微分动力系统研究。他于20世纪60年代转向这一新露头角的数学分支时，没有追随西方学者向拓扑方面靠拢，而选择了向微分方程靠拢的独特途径。廖山涛说，他在科研竞赛上的这一战略思想是从“马克思主义的普遍真理与中国革命实践相结合”这个毛泽东思想的重大命题中悟出来的，即理论研究要联系自己生存环境的实际。这种悟性只能产生于现代中国的特殊文化环境。① 国外科学界也看到微分动力系统与系统科学有联系，但主要把它作为纯数学分支，他们的基本提法为“微分动力系统是流形上的常微方程”。从系统科学角度看，这种说法大概没有给出多少有用的信息。廖山涛早期已看到这个数学分支在自然科学中显示出极广阔的前景。20世纪80年代，在参与钱学森的系统学讨论班活动后，他进一步认识到“微分动力系统要研究的是系统科学中的问题”，得出“微分动力系统是有关系统演化规律的数学学科”② 的结论。廖山涛的工作代表微分动力系统研究的中国学派，为建立系统学提供了重要的数学工具。按照他的意见，有关系统演化规律的研究，微分动力系统还有许多工作有待深入进行。

邓聚龙的灰色系统理论也是中国学者对系统科学的独特贡献，鉴于它居于技术科学层次，对建立系统学关系不大，但在实际预测、决策问题中有很好的应用。

我国系统科学的发展状况也有许多不能令人满意之处。钱学森系统科学体系思想的巨大指导作用，至今尚未充分发挥出来。一些系统研究者由于未能认真领会其真谛，至今还在重复已被钱学森澄清了的认识混乱，或提出新的混乱认识。提出建立系统学的任务已有30多个年头，人们翘首以待，却不知何时兑现。“至今我们希望确立的有一定中国特色的成套系统理论还没有做到。”③ 一些人由此产生了理论上的焦虑和困惑。

然而，中国系统科学的发展方向毕竟已经指明，道路已经打通。只要中国系统科学家团结奋斗，我们的目标就一定能够达到。事实上，进入新世纪以来，我国系统科学界推出一系列著作，如许国志等主编的

---

① 参见廖山涛：《实践需要就是我研究的目的》，载《中国科学报》，1994-02-23。

② 廖山涛：《典范方程组和阻碍集》，见许国志主编：《系统研究——祝贺钱学森同志85寿辰论文集》，杭州，浙江教育出版社，1996。

③ 《中国系统工程学会成立十五周年纪念特辑》，4页，北京，1995。

《系统科学》和《系统科学与系统工程研究》(2000),姜璐等的《简单巨系统演化理论》(2002),乌杰的《系统辩证学》(2003),陈天机(香港)等的《系统视野与宇宙人生》(2004),朴昌根的《系统学基础(修订版)》(2005),陈忠的《现代系统科学学》(2005),颜泽贤等的《系统科学导论》(2006),侯光明的《组织系统科学概论》(2006),顾基发等的《物理事理人理方法论:理论与应用》(2006)及《综合集成方法体系与系统学研究》(2007),苗东升的《系统科学大学讲稿》(2007),等等。

思 考 题

1. 说明钱学森系统科学体系思想的要点。
2. 为什么说系统科学是世界系统化和社会信息化的产物?
3. 试阐述系统科学的方法论性质。
4. 系统科学发展的理论突破点在哪里?

阅 读 书 目

1. 钱学森等:《论系统工程》,增订本,73～86、173～188、238～246、263～273 页,长沙,湖南科学技术出版社,1988。

2. 苗东升:《系统科学原理》,第 1 章,北京,中国人民大学出版社,1990。

3. 苗东升:《系统科学辩证法》,导论、第 12 章,济南,山东教育出版社,1998。

4. 朴昌根:《系统学基础》,第 1、2 章,成都,四川教育出版社,1994。

5. 苗东升:《钱学森系统科学思想研究》,北京,科学出版社,2012。

基本概念

现实存在的系统都是具体的，如物理系统、生物系统、社会系统、思维系统等。撇开组成成分的基质特性，仅仅把对象看成系统，就是所谓一般系统。一切系统共有的、与组成部分基质无关的特性，就是系统的一般特性。本章介绍若干基本概念，对于在不同领域、不同层次上描述系统现象和处理系统问题，它们都是必需的和基本的。

1.1 系统与非系统

在系统科学的庞大体系中，不同学科由于研究范围和重点不同，常给出不同的系统定义。在技术科学层次上，通常采用钱学森的定义：系统是由相互制约的各部分组成的具有一定功能的整体。这个定义强调的是系统的功能，因为从技术科学看，研究、设计、组建、管理系统都是为了实现特定的功能目标，具有特定功能是系统的本质特性。基础研究是中性的，不问研究对象价值的正负大小，故功能是技术科学的基本概念，对基础研究无关紧要。在基础科学层次上，通常采用贝塔朗菲的定义：系统是相互联系、相互作用的诸元素的综合体。这个定义强调的不是功能，而是元素之间的相互作用以及系统对元素的整（综）合作用，以及由此形成的整体特性。

把贝塔朗菲的表述稍加精确化，得到：

定义 1.1　如果对象集 S 满足以下两个条件：

（1）S 中至少包含两个不同对象

（2）S 中的对象按一定方式相互联系而成为一个整体

则称 S 为一个系统，称 S 中的对象为系统的组分，即组成部分。

简言之，两个或两个以上的组分相互作用而形成的统一整体，就是系统。一台机器，一头动物，一家公司，一个国家，一篇文章，一句话，都是一定的系统。

定义 1.1 表明，系统具有以下基本特征：

(1) 多元性。最小的系统由两个元素组成，称为二元素系统。一般系统均由多个元素组成，称为多元素系统。很多系统包含无穷多元素，称为无限系统。大量系统可以按实体划分元素。但也有许多系统难以这样划分，需凭借科学抽象力去寻找基本组分，称为要素更适宜。教练员把球队看作由技术、战术、体能、士气、心理素质等要素构成的系统。力学中的质点被视为没有实体组分的对象，以质量、速度、位置等为要素，叫作质点系统。

(2) 关联性。同一系统的不同元素之间按一定方式相互联系、相互作用，不存在与其他元素无任何联系的孤立元，不可能把系统划分为若干彼此孤立的部分。所谓“一定方式的联系”，意在要求元素之间的联系有某种确定性、秩序性，人们能够据以辨认该系统，并与其他系统区分开来。元素之间只有偶然联系的多元集不是系统，人类无法把握它们。具有统计性的偶然联系的多元集是系统，元素之间的联系具有统计确定性，可用概率方法描述。

(3) 整体性。多元性加上关联性，产生了系统的整体性和统一性，或一体性。凡系统都有整体的形态，整体的结构，整体的边界，整体的特性，整体的行为，整体的功能，以及整体的空间占有和整体的时间展开，等等。所谓系统观点，首先是整体观点，强调考察对象的整体性，从整体上认识和处理问题。但系统与整体不是一个概念，系统必为整体，整体不一定是系统。

定义 1.2　对象集合 N 如果满足以下两个条件之一：

(1) N 中只有一个不可或不宜再分的对象，

(2) N 中不同对象之间没有按一定方式连成一体，

则称 N 为一个非系统。

这个定义把非系统分为两类。第一类是没有构成元素的事物，即不可或不宜分解的囫囵整体，如数学中的单元集。第二类是组分之间没有特定联系的对象群体，如数学中没有规定元素关系的多元集，或者至少存在一个孤立元或孤立亚集的多元集。但严格意义上的非系统并不存在。单元集只是一种数学抽象，没有一种现实事物是绝对不可分的。现实世界不存在完全没有内部联系的多元集。只有偶然联系的多元集也不是绝对的非系统，因为偶然性连通着随机性。但在相对的意义上，系统科学承认非系统概念的合理性。有些群体中元素间的联系微弱，忽略这种联系，把它视为第二类非系统，能够更好地显示那些具有紧密内在联系的群体的系统性。第一类非系统也有现实意义。汉字的笔画都是无穷点集，由于点并无文字学意义，从文字学观点把笔画看作第一类非系统存在物是合理的。三元笔画集｛丿，一，㇏｝是第二类非系统存在物，只有按汉字规则形成“大”字，才具有文字学意义。总之，非系统与系统相比较而存在，用非系统作反衬，能更好地揭示系统概念的内涵。从哲学的普遍联系原理看，现实世界中的系统是绝对的、普遍的，没有一个现实的事物完全不可被看作系统。一切事物都以系统方式存在，都可以用系统方法研究。这是系统科学的基本信念。

1.2 组分与结构

系统的组分一般还可以划分为更小的组分，组分的组分可能还是系统的组分。构成系统的最小组分或基本单元，即不可再细分或无须再细分的组成部分，称为系统的元素。元素的基本特征是具有基元性。所谓元素的不可再分性是相对于它所隶属的系统而言的，离开这种系统，元素本身又可看作由更小组分组成的系统。机器作为系统，元素是不能再用机械方法分解的零件，尽管零件由分子组成，但设计和使用机器只需考虑零件之间力学的或电磁的相互作用，无须把机器当成以分子为元素的系统（这里不涉及纳米机器）。句子作为系统，单词或单字是元素。单词或单字可以分解为若干字母或笔画，是一种符号系统；但字母或笔画没有语义，不是构成句子的元素，相对于句子系统，单词或单字是不再细分的基本单元。社会系统以人为元素，人体作为生物学系统以细胞为元素。但细胞没有社会性，细胞之间只有生物学和物理学的相互作用，故研究社会问题，无须以细胞为元素来讨论。

元素概念来自自然科学，物质系统特别是机械系统一般可以明确划分出最小组分，宜称为元素或元件。人文社会系统一般无法划分出彼此界限分明的元素，称为要素更适宜。例如，战争系统的要素为兵力、士气、人心向背、战略战术等，后三者不宜称为元素。

撇开与组分基质有关的特性（如机械的、生物的或社会的），元素或组分之间的相互联系方式仍然是多种多样的。有空间的联系和时间的联系，持续的联系和瞬间的联系，确定性联系和不确定性联系，等等。广义地讲，元素之间一切联系方式的总和，叫作系统的结构。但不同联系方式对系统的形成、运行、存续的影响不同，有时相去甚远。把所有的联系都考虑进去，既无必要，也无可能。可行的办法是略去无关紧要的、偶发的、无任何规则可循的联系，把结构看作元素之间相对稳定的、有一定规则的联系方式的总和。

以 T 记系统 S 的组分集合，r 记组分之间的关系，R 记所有关系 r 的集合，则系统 S 由两个集合 T 和 R 决定，可形式化表示为

$$S=\langle T, R\rangle \tag{1.1}$$

没有按一定结构框架组织起来的多元集是一种非系统。结构不能离开元素而单独存在，只有通过元素间相互作用才能体现其客观实在性。[①] 结构主义把结构看作独立于元素而单独存在的东西，是错误的。元素和结构是构成系统的两个缺一不可的方面，系统是元素与结构的统一，元素与结构一起称为系统的内部构造，即哲学讲的内在规定性。给定元素和结构两方面，才算给定一个系统。

即使只从系统意义看，结构也是千差万别的，很难给以近似完备的分类，只能具体情况具体分析。为便于读者理解，这里简述几种结构。

空间结构和时间结构　元素在空间中的排列分布方式（代表元素间一定的相互作用方式），称为空间结构，如晶体的点阵结构，建筑物的立体结构。系统运行过程中呈现出来的内在时间节律，如地月系统的周期运动、生物钟等，称为时间结构。还有一些系统呈现出时空混合结构，如树的年轮。

对称结构与非对称结构　中国古建筑具有明显的对称结构，西洋建筑的非对称结构比较明显。人体既有对称结构，如人的五官对称，四肢对称；也有非对称结构，如肝、脾成单，心脏偏左，肺脏偏右。

深层结构与表层结构　乔姆斯基揭示出语言系统有深层结构与表层结构的区别与联系，对于认识一般系统的结构也有意义。如社会巨系统，根本制度是深层结构，具体运作体制是表层结构。一般来说，深层结构决定表层结构，表层结构反映并反作用于深层结构。深层结构比较稳定，表层结构容易改变。

---

① 由于这种依赖性，许多人讲的结构也包括元素或组分，实际上是把结构定义为组分的总和加上联系方式的总和，但这样定义的结构就是系统。把结构与系统当作一回事，这样处理在逻辑上不适当，又抹杀了组分的作用，为系统理论所不取。

硬结构与软结构　计算机系统的硬件即硬结构，软件即软结构。一般系统也有这两种结构之分。一般来说，空间排列、框架建构属于硬结构；细节关联，特别是信息关联，属于软结构。球队成员的职责分工是硬结构，比赛中灵活的配合、默契、对教练的信赖等是软结构。人们往往重视硬结构，忽视软结构。但硬结构问题比较容易解决，软结构问题往往不易捉摸，难以解决。同类企业，人员配置、分工关系大体相同，工作成绩可能显著不同，原因在于软结构不同。在管理工作中，硬结构的设计、调整、重建是间或才有的事，处理软结构问题是经常性的，因而应予更多的注意。管理水平的高低往往表现在这里。

在元素众多、结构复杂的系统中，元素之间有一种成团现象，一部分元素按某种方式更紧密地联系在一起，具有相对独立性，有自己的整体特性。不同集团的元素之间往往不是直接相互联系，而是通过所属集团而联系在一起。这类集团被称为子系统或分系统。子系统是英文 subsystem 的中译，字首 sub 意指在下、附属、再分等，跟西方科学文化的还原论思想密切相关，故科学用语中大量使用。而中文的子是相对于母（父）讲的，母子之间有辈分的不同，是生与被生的关系，用于称谓作为系统之一部分的 subsystem 很不准确。应该把存在于系统中又自成系统的特殊部分（集团）称为分系统或亚系统，它与整个系统之间是包含与被包含的关系，只有整体与部分的差别，没有辈分的不同。只有在讨论系统生成问题时，子系统才是一个有用的概念。历史地看，中国系统科学起源于航天科技，当时讲的就是分系统，而非子系统。

定义 1.3　S_i 被称为 S 的一个分系统，如果它同时满足条件：

（1）S_i 是 S 的一部分，即 $S_i \subset S$，

（2）S_i 本身是一个系统，

而 S 被称为总系统。

定义中的义项 1 表示分系统具有局域性、从属性，只是系统的一部分。义项 2 表示分系统具有系统性，既不是任意部分，也不是元素，没有基元性。有些著作不区别元素和分系统，常把元素也称为分系统。如把热力学系统中的分子称为分系统，但并不关注分子的系统性。这样处理逻辑上不严密，容易引起混乱。当我们考察系统的某一部分时，若只需把它当作最小结构单元，无须作为系统对待，就应称其为元素。如果我们关心的是该部分作为整体的结构和特性，则应称其为分系统。

设系统 S 被划分为 n 个分系统 S_1，S_2，…，S_n，正确的划分应满足以下要求：

（1）完备性　　　　$S=S_1\cup S_2\cup\cdots\cup S_n$　　　　(1.2)

（2）独立性　　　　$S_i\cap S_j=\varnothing$（空集），$i\neq j$　　　　(1.3)

划分分系统，确定分系统之间的关联方式，是刻画系统结构的重要方法。复杂系统可以而且需要从不同角度或按不同标准划分分系统。完备性和独立性要求是针对按同一标准划分出来的分系统讲的，按不同标准划分出来的分系统一般并不相互独立，往往含有部分相同的元素。按同一标准划分出来的分系统有可比性，彼此至少在逻辑上是并列的。但对于了解系统结构，真正重要的是了解分系统之间那些非对称的、非平等的关系。社会系统由经济、政治、文化三个分系统组成。一种观点认为，这三个分系统之间是平等的兄弟关系，讲“经济基础决定上层建筑”不符合系统原理。这是对系统理论的误解。还应注意，按不同标准划分出来的分系统之间无可比性，不可混为一谈。

系统是否需要划分亚系统，主要不在于元素多少，而在于元素种类的多少（元素差异的大小）和联系方式的复杂性。封闭容器中的气体系统的元素（分子）数量极大，但种类极少，相互作用方式单调，一般不会形成不同性质的分系统。一个规模不大的企业，由于职工分工不同，政治的、经济的、人事的关系复杂，总体划分为许多分系统，结构比气体系统复杂得多。

以 r 记元素之间的关系，R 记由全部 r 构成的关系集合。集合 R 中的关系 r 按其对系统的作用分为两类。那些对于把 A 中全部元素联系起来形成系统并产生整体新质必不可少的关系，称为系统的构成关系。R 中的其他关系为非构成关系。家庭作为系统，夫妻、双亲与子女、兄妹等关系为构成关系。有些夫妻还有同学或师生之类的关系，对于家庭系统是非构成关系。了解系统结构主要是把握构成关系。但要全面认识系统，有时还需了解非构成关系。组织理论讲的非组织，就是企业系统中由非构成关系形成的分系统，搞好管理需要研究这类非组织。

系统的构成关系应具有完备性，通过这种关系把系统中的所有元素联系在一起。系统中不存在相对于构成关系的孤立元素，即不允许同一系统的两个元素之间只有非构成关系。这叫作系统构成关系完备性原理。

对于分系统的划分，(1.2) 式是普适条件，(1.3) 式只适用于简单系统，特别是机械系统。对于复杂系统，特别是有机系统，不同分系统之间拥有共同的组分不仅是难以避免的，而且往往是必要的，不同分系统之间没有截然分明的分界线正是系统有机性、复杂性的基本表现。

1.3 环境与开放性

每个具体的系统都是从普遍联系的客观事物之网中相对地划分出来的，与外部事物有千丝万缕的联系，有元素或分系统与外部的直接联系，更有系统作为整体与外部的联系。这种联系对于形成系统特有的规定性是必要而且重要的。这是系统的外部规定性。外部的变化或多或少会影响到系统，改变系统与外部事物的联系方式，往往还会改变系统内部组分的联系方式，甚至会改变组分本身，包括增加或除掉某些组分。市场变化导致企业调整结构，改变经营方式，以至人员变动，更换经理。白色恐怖导致一些人退出革命组织，或革命政党改变组织结构和活动方式。

广义地讲，一个系统之外的一切事物的总和，称为该系统的环境。令 U 记宇宙全系统，S 记我们考察的系统，S' 记它的广义环境，则

$$S'=U-S \tag{1.4}$$

实际上，不可能也无必要列举 S 与 S' 中一切事物的联系。狭义地讲，S 的环境，记作 E_s，是指 U 中一切与 S 有不可忽略的联系的事物之总和，即

$$E_s=\{x \mid x\in U \text{ 且与 } S \text{ 有不可忽略的联系}\} \tag{1.5}$$

语句作为系统，上下文是它的环境，称为语境。一架正在飞行的航空器，周围的空气、山水、其他飞行器等是它的环境。社会系统的环境包括两个方面，即自然环境和社会环境（人类社会作为整体只有自然环境）。环境还具有客观普遍性，一切系统都在一定的环境中形成、运行、演变。只要 $S\neq U$，它的环境就不是空集

$$E\neq\varnothing \tag{1.6}$$

但环境的划分有相对性。确定系统环境的根据是它的构成关系，环境是系统构成关系不再起作用的对象范围。

环境意识或环境观念是系统思想的重要内容，环境分析是系统分析不可或缺的一环。系统的完整规定性由内部规定性和外部规定性共同构成。句子的语义与其语境有关，同一句话因不同的上下文而含义不同。飞机的速度、姿态、飞行路线因环境不同而不同。一个国家的内外政策和国家行为，与自然环境有关，更与国际环境有关。新中国成立之初，帝国主义的封锁和威胁，迫使她很少参加国际活动。当代中国的国际环境则允许打开国门，广泛参与国际事务。总之，把握一个系统，必须了

解它处于什么环境，环境对它有何影响，它如何回应这种影响。

环境具有系统性，常被称为环境超系统。环境分析必须运用系统观点，了解环境的组分，组分之间的关系，环境超系统的整体特性和行为。一般来说，环境中的事物的相互联系要弱于系统内部的联系，故环境还具有某种程度上的非系统性，为系统趋利避害、保护和发展自己提供了可能性。

环境既有定常性，又有变动性。有些系统的环境在很长时期内基本不变，但完全不变的环境不存在。有些系统的环境处于显著变化中，但仍有相对不变的一面。环境的定常性与变动性、确定性与不确定性，对系统的存续运行都既是有利因素，又是不利因素，趋利避害是系统在环境中生存发展的基本行为原则。

把系统与环境分开来的某种界限，叫作系统的边界。从空间结构看，边界是把系统与环境分开来的所有空间点集合。从逻辑上看，边界是系统构成关系从起作用到不起作用的界限，系统质从存在到消失的分界线。边界肯定了系统质在其内部的存在，同时就否定了系统质在其外部的存在。边界的存在是客观的，凡系统均有边界。但有些系统的边界并无明确的形态，难以辨认。有些系统的边界有模糊性，系统质从有到无是逐渐过渡的。复杂系统的边界还可能有分形特性①，一系统与其他系统在边界地段相互渗透，你中有我，我中有你，无法通过有限的步骤完全区分开来。

系统与环境相互作用、相互联系是通过交换物质、能量、信息实现的。系统能够与环境进行交换的特性，叫作开放性。系统自身抵制与环境交换的特性，称为封闭性。一般来说，一个系统（特别是生命、社会、思维系统）只有对环境开放，与环境相互作用，才能生存和发展。开放得愈充分有效，自身运行发展也愈有效。开放不够，系统的生存发展将受影响，严重时将导致解体。但封闭性绝非单纯消极因素，而是系统生存发展的必要保障条件。从环境中输入的东西不免泥沙共下，苛求输入纯而又纯无异于不要开放。但并非任何开放都对系统有利，人吃山珍海味太多会坏胃口，误食有毒物会生病，甚至死亡。国家要从外部世界获取必要的物资、知识、技术、文化，同时就可能有消极腐朽的东西

① 分形是一种极不规则的、具有大小不一的各种不同尺度结构的复杂图形，理论上应具有无穷多层次，不同层次之间有某种自相似性。现实的分形大量存在，如山脉形态、河流分布、金属断裂面等。

混进来。系统对环境的输出也是一分为二的，有的有利于系统，有的不利于系统。这就要求发挥封闭性的积极作用。在开放条件下，系统必须对输入输出加以管理，认真检验、鉴别、过滤。全盘否定封闭性，提倡“彻底开放”，拒绝对外来的东西加以过滤，这种观点在理论上违背系统原理，实践上极其有害。简言之，系统性是开放性与封闭性的对立统一。

按照系统与环境的关系，可划分出开放系统与封闭系统。同环境无任何交换的是封闭系统。现实系统或多或少都有开放性，但开放程度差异极大。有些系统与外部的交换极其微弱，允许忽略不计，应看作封闭系统。封闭系统是系统开放性弱到极限时的一种理想情形。由于封闭系统便于研究，常被经典科学用来作为某类对象的理论模型。

1.4 行为与功能

行为原是心理学和行为科学的概念，被定义为人类日常生活所表现的一切动作。维纳等人把行为概念推广应用于人以外的一切系统，如动物、机器、社会组织等。现代系统理论作了进一步推广，在各种意义上讨论系统行为，如适应行为、学习行为、平衡行为、演化行为、临界行为、自组织行为、动力学行为等。在一定意义上讲，系统科学是关于系统行为的科学。

按照维纳等人的意见，可以把系统行为定义为系统相对于它的环境作出的任何变化。或者说，一个系统可以从外部探知的一切变化，均称为它的行为（分系统的行为包括它相对于总系统作出的变化）。行为是刻画系统与环境相互关系的概念。行为属于系统自身的变化，是系统特性的表现，不是它所引起的环境变化。但行为是系统相对于环境的变化，故可从外部加以探测。

系统在内部联系和外部联系中表现出来的特性和能力，称为系统的性能。系统行为所引起的环境中某些事物的有益变化，称为系统的功能。被改变了的外部事物，叫作系统的功能对象。性能一般不是功能，功能是特殊的性能。可以流动是水的重要性能，利用它输送木材是河水的功能。燃烧效率是发动机的重要性能而不是功能，提供推力才是它的功能。性能是功能的基础，提供了发挥功能的可能性。燃烧效率高的发动机才能提供设计预期的推力。功能只能在系统行为过程中呈现出来，通过它所引起的功能对象的变化来衡量。功能概念也常用来刻画组分或分系统对整系统的作用，即对系统整体存续运行的贡献。

凡系统都有自己的功能，这是功能的普遍性。有一种观点认为有些系统没有功能，如封闭系统。此说不妥。既然封闭系统只是一种抽象，真实系统都对环境有作用，它就有某种功能。即使完全封闭的系统，它从无到有的形成过程，把它从环境中封闭起来的边界，都会改变环境。一切现实存在的系统都是环境的组成部分，影响着环境的形成和保持，这就是某种功能。没有它的存在，环境必定是另外的样子。

一般系统都有多种功能。系统性能有多样性，每种性能都可能被用来发挥相应的功能，或综合几种性能发挥某种功能。环境中的功能对象往往不止一种，同一系统对不同对象有不同功能。书的首要功能是传播知识和精神食粮，也有装饰居所的功能，对作者有获得名利和交友的功能，甚至被用于其他无文化含义的方面。功能分本征的与非本征的两类。车辆的本征功能是运输，有时被当作储存室或路障，就是非本征功能。本征功能与非本征功能可以在一定条件下相互转化。

功能概念也用来描述组分与系统的关系。如果不同分系统之间有功能上的分工合作，即按照功能划分分系统，就说该系统具有功能结构。例如，人体系统有消化、循环、免疫等功能分系统的划分，导弹系统有弹头、弹体、动力装置、控制装置等功能分系统的划分。如果不同分系统彼此没有功能上的差别，划分为分系统仅仅是因为组分太多，必须分片管理，就说该系统是非功能结构的。例如，一个连队分三个排管理，贝纳德花纹（见图 8.11）的不同六角形花纹，彼此没有功能的差别，都属于非功能结构。

一种流行观点认为，结构与功能有对应关系，结构决定功能。这是一种简化提法，容易引起误解。从系统本身看，功能由组分和结构共同决定。组分性能太差，不论结构如何优化，也造不出高效可靠的机器。任意挑选六个球员，再高明的教练也无法训练出一支世界级排球队。必须有具备必要素质或性能的组分，才能构成具有一定功能的系统。这是组分对功能的决定作用。但同样或相近的组分，按不同结构组织起来，系统的功能有优劣高低之分，甚至会产生性质不同的功能。这是结构对功能的决定作用。

系统的功能还与环境有关。首先，同一系统对不同功能对象可能提供不同的功能服务。对象选择不当，系统无法发挥应有的功能，即所谓“用材不当”。“大炮打苍蝇”之所以受到嘲笑，在于用错了功能对象。所谓某人“在甲单位是一条虫，在乙单位是一条龙”，讲的也是环境包括功能对象适当与否对发挥人才作用的巨大影响。环境的不同还意味着系统运行的条件、气氛等软环境的不同，可能对系统发挥功能产生有利或不利的影响。

总之，组分、结构、环境三者共同决定系统的功能。设计或组建具有特定功能的系统，需选择具有必要性能的组分，选择最佳的结构方案，还要选择或创造适当的环境条件。使用一个既存系统，需正确选择功能对象，好钢用在刀刃上；要尽力提高组分性能，改善结构。从工程实际活动看，往往是元件条件已定，在一定时期无法获得更高性能的元件，或无法提高成员的素质，环境条件也无变化，人们可以努力的主要是在优化结构上下功夫。在组分和环境给定的情况下，才是结构决定功能。

功能发挥过程对结构有反作用，促使结构改变。机器在使用中发现改进结构的途径，新的功能需求启示人们发明新的结构方案。生物器官用进废退，环境变化引起原有功能不适应，是生物机体结构变化的决定性原因。这是功能对结构的积极的反作用。如果功能发挥不适当，可能使系统结构受到损伤，是功能对结构的消极的反作用。

1.5 秩序与组织

秩序性问题，包括有序和无序，是刻画系统形态特征的重要方面。制造和组建系统，管理和使用系统，甚至观赏系统，关注的中心都是系统的有序性。就人类的价值判断看，一般认为有序胜于无序，高序优于低序。但这些概念远比人们的直观理解要复杂得多，科学至今无法给有序与无序以精确而普适的定义。一些系统理论从物理学引入对称破缺概念，把有序定义为破缺了的对称性，能否推广到一般系统，尚待研究。我们采用不太严格的通俗说法，把有序理解为事物之间规则的相互联系，把无序理解为不规则的相互联系。没有相互联系的事物群体即非系统，不存在秩序性问题。

系统的有序性首先指结构的有序性。组分（元素、分系统）之间的联系方式可能是规则的、确定的，也可能是不规则、不确定的。简单有序，指的是组分在空间分布上的规则排列，如晶体点阵；或为时间延续中的规则变化，如周期运动。简单无序，指的是组分在空间分布上的无规则堆积，如垃圾堆；或为时间延续中的任意变化，如随机运动。不论简单有序或简单无序，都可以用对称破缺概念作数学刻画。

系统的有序性还表现于行为的有序和功能的有序。系统的行为与功能是作为过程而展开的，包括多个阶段、步骤、程序等，需要有序地协调安排，以求行为和功能的优化。行为和功能直接表现的是系统与环境的相互联系，联系方式有规则的与不规则的、较强的规则性与较弱的规则性的区别，但更多地取决于系统内部联系即结构的有序或无序、高序或低序。

纯粹的有序或无序只是理论抽象，真实系统的有序和无序是相对的，它们相比较而存在，相排斥而演变。晶体的有序排列中总有缺陷，地月系统的周期运动存在非周期摄动，成熟的法治社会也免不了违法现象。另一方面，所谓杂乱无章的堆积物也有某种规则联系，随机运动存在统计确定性，也是一种有序结构。至于复杂系统，有序与无序总是相伴而生，彼此都有明显的表现，表观的无序掩盖着丰富多彩的精细结构，因而是一种复杂的高级的有序。空间排列上的分形结构，时间演化中的混沌行为，都是这类复杂的有序，或嵌在无序中的有序。

凡系统必有结构，有结构不等于有序，区别在于有些系统的结构是有序的，有些系统的结构是无序的。一个公司由若干职能部门组成，按照明确的分工相互配合地从事有计划的业务工作，系统结构是有序的。处于热力学平衡态的物理系统，分子之间无规则的相互碰撞，分子运动轨迹不可预测，系统结构是无序的。系统科学把结构有序的系统称为组织，把结构无序的系统称为非组织，或无组织。由此得到作为人类认识和实践对象的各种事物的如下分类：

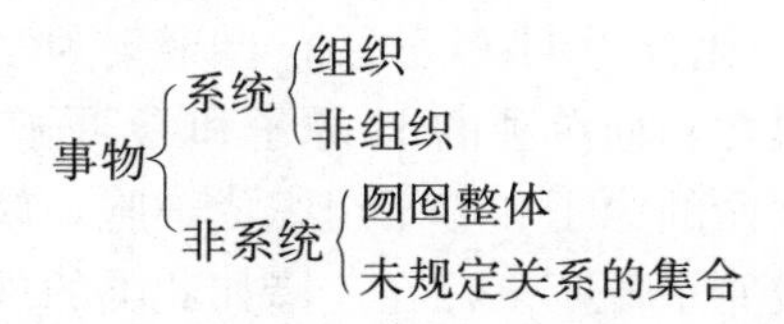

系统的发生、发育、维持、演化、消亡都是作为过程而展开的，即使结构也不是纯粹非过程性的东西，一切结构都是某种潜在或显在过程的表现。现代物理学证明，微观世界不存在固定不变的基础结构。

1.6 整合与涌现

简单地说，系统即系多为一统。把诸多事物联系起来合成一个整体，这样的运作叫作整合。在汉语中，整即整理、整顿、整修、整肃、整饬，合即结合、和合、合而为一，整合就是通过对组分的整理、安排、配置、约束，使它们合为一体。作为动词，整合的英文词在《远东英汉大辞典》中是 integrate，意指“合（各部分）成一整体”，“使成完整之物”。两种语言的这种一致性，表明整合一词在描述系统中的基础性作用。整合作为一种运作，存在于系统从无到有的生成过程，存在于系统的生存延续过程，也存在于系统的演化发展过程。有系统就有它的整合运作，谈系统就要谈它的整合问题，包括整合的对象、整合的目标、整合的方式、整合的力度、整合的过程、整合的效果等。整合是系统科学的基本概念之一。

在系统的诸多属性中，居第一位的是整体性，而整体性是整合运作的结果。贝塔朗菲早已指出，存在两类整体性，一类是加和式的，一类是非加和式的。所谓加和式整体性，指那些把组分的属性简单累积起来就能够得到的整体性，如一个单位发放的工资总额等于各个员工工资的加和。这样的整体性与对组分的整合没有关系，非系统的堆积物也具有。系统与非系统的区别，在于非系统的存在物只有加和式整体性，系统尽管也具有某些加和式整体性，但本质特征是具有非加和式整体性。

唐代大文豪韩愈有诗云：“天街小雨润如酥，草色遥看近却无。”初春田野的片片嫩绿是一种整体态势，从草地之外一定距离“遥看”，即整体地把握对象，草色便呈现在眼前；走在草地上一片一片地“近看”，意味着把整体分割为部分去考察，草色便不可见。这两句诗形象地刻画出还原论和系统论的不同。

一堆自行车零件对行人没有用处，组装起来则具有交通工具的功能。H 原子和 O 原子化合为 H_2O 分子，再聚集为水，就具有不可压缩性和溶解性等全新属性，而单独的 H 原子和 O 原子以及 H_2O 分子并不具有这些属性。无生命的原子和分子组织成细胞，就具有生命这种神奇性质，还原到分子或原子便不复存在。诸如此类的现象俯拾即是。系统整体和它的组分及组分总和之间的这种差别，是普遍存在并且具有重大系统意义的现象。

系统科学由此得出一个基本结论：若干事物按照某种方式相互联系而形成系统，就会产生它的组分及组分总和所没有的新性质，即系统质或整体质。这种非加和的新性质只能在系统整体中表现出来，一旦把整体还原为它的组成部分便不复存在。这种部分及其总和没有而系统整体具有的性质，叫作整体涌现性。

凡系统都有整体涌现性，不同系统具有不同的整体涌现性。系统的整体特性既包括定性方面，即系统质；也包括定量方面，即系统量。系统量指系统在整体上表现出来的特征量，与系统质一样，它们在组分层次上是无法理解的，甚至不可能被发现。例如，单个分子无温度和压强可言，一旦聚集起来形成热力学系统，便涌现出温度和压强等整体特征量，也就是系统量，用它们可以描述系统的整体性质和运行演变过程。

系统的秩序性也是整合运作所产生的整体涌现性。系统的秩序性是在其形成过程中通过对组分的整合建立起来的。内部组分的多样性和差异性，环境组分的多样性和差异性，既是滋生混乱无序的土壤，也是建立秩序的客观前提。诸多事物能够被整合成为一个系统整体，必有互补互利、合作共生的需要和可能，这是产生秩序的基础。既为差异物，必定在资源占有上有相互妨碍、竞争排斥的一面，这是产生无序性的基础。但合作互补可能导致相互依赖，诱发惰性，产生无序性；竞争互碍可能激发主动性、进取性，产生有序性。整合方式合理，合作与竞争、互补与互碍都是形成有序的积极因素；整合方式不合理，它们都是导致无序的消极因素。整合包括被整合者的相互协调，但不限于协调，整合还包括限制、约束甚至强制，舍此不能形成有序结构。只讲差异协调是片面的，差异整合才是系统论的基本原理。

整合作用不只存在于系统的形成组建阶段，也贯穿于系统生存发展的全过程。活系统尤其如此。形成阶段解决的是从无序到有序的问题，然后才能解决从低序到高序、从不完善到比较完善的发展问题。不同组分之间、系统与环境之间的互碍互斥和矛盾冲突不断产生出破坏系统有序性的力量和趋势，必须在系统生存发展过程中不断解决，或者维护现存的有序性，或者创造新的整合方式以改进系统的有序性。

整合绝不意味着使组分趋同。内在的多样性、差异性是系统生命力的基础和根源，正确的整合作用在于给组分之间互动互应以适宜的框架，整合组分必须使内在多样性、差异性受到保护、协调、规范，以便充分发挥其建设性作用，产生有利于系统生存发展的整体涌现性。

涌现的英文词是 emergence，有人译为突现，以强调系统的非加和性是突然出现的。但非加和性的出现有两种基本方式，一种是突变式出现，一种是渐进式出现。在物理学中，临界相变是前者，非临界相变是后者。两种方式在日常生活中也大量存在，地震造成的堰塞湖是突现，旱灾造成的赤地千里不是突现，而是“渐现”。铁器的形态和功能是它的非加和性，也是一种“渐现”，故有“打铁有样，边打边像”的说法。人工产品几乎都是渐现。所以，把两者都称为突现是以偏赅全，显然不合理，称为涌现才是科学的。故有

涌现{突现
渐现

中文讲涌现常常联系到泉水从地下喷涌出来，生动形象，喷泉的漂亮形态就是一种整体涌现性。一种观点否认喷泉为涌现现象，理由是水还是水，没有发生质变，此乃误解。系统的整体涌现性指的是系统的整体形态、结构、属性、行为模式的创新，而非组分基质的改变。贝纳德花纹是典型的涌现现象，但实验所用的液体还是那种液体，改变的只是液体流动的形态，从原来的平流突然变为由六角形元胞组成的热对流。

1.7 信息与熵

讲系统就要讲信息，系统的组分之间，系统和环境之间，都有信息的流通、交换和利用。研究涌现问题尤其需要信息概念。通常在技术科学和工程技术层次上使用的信息概念留待第14章阐述，本节简略讨论系统学和系统论层次上的信息。信息具有以下重要性质：

（1）信息具有表征性。信息的作用或意义在于能够表征事物或对象的组分、结构、环境、状态、行为、功能、属性、未来走向等等，这种表征需具有可信性。凡信息必定从属于某一确定的事物，这是A的信息，那是B的信息，等等，不存在与任何事物或对象无关的所谓“裸信息”。就汉语中“信”字的意义看，被称为信息的东西可以指确实可信的凭据，联系着信物、信使、信用等，总之信息具有明示、表征事物的作用，并且诚实可信，信而有证，依据它即可识别和认证该事物，被表征的事物或对象称为信源。

（2）信息具有与信源的可分离性。由信息表征的对象事物（信源）的组分、结构、环境、状态、行为、功能、属性、未来走向等，就该事物本身看，只是一种元信息（meta-information），或潜信息，还不是现实的信息。现实的信息只有当该事物在同别的事物相互作用而引起别的事物的变化中才能体现出来，被改变的事物称为信息载体，在载体的变化中反映、表示、记录下来的关于信源的组分、结构、环境、状态、行为、功能、属性、未来走向等，才是现实的信息。汉语的“息”字意味着，这种表示信源组分、结构、环境、状态、行为、功能、属性、未来走向等的东西，只有和信源分离开来，栖息承载于叫作载体的他物之上时，才是现实的信息。

把这两条合起来，所谓信息指的是能够表征事物、具有可信性而又从被表征事物中分离出来栖息于载体上的东西。信息与信源的这种可分离性具有极为重要的意义。由于这种可分离性，人可以不直接接触某物而获取它的信息，可以不改变对象自身而对它的信息进行采集、变换、加工、存取、利用，可以进行跨时空传送。由于这种可分离性，同一信息可以用不同形式表示，用不同载体固定，用不同系统进行传送、加工、存取；不同信息可以用相同形式表示，用同类载体固定，用相同的系统进行传送、加工、存取。由于这种可分离性，一个对象客体虽然早已消亡，有关它的信息却可以保留在适当的物质载体上或人的记忆中，诚所谓“尤物已随清梦去，真形犹在画图中”（苏轼）；有时还可以依据这种信息借助一定技术手段把该对象客体复制出来。由于这种可分离性，一个客体尚未产生，但人们可以用符号建构它的信息形态，再利用技术手段把它建造出来。由于这种可分离性，事物的过去、现在、未来被联系在一起，人可以立足于现在，回顾过去，展望未来。

（3）信息具有非物质性。维纳在 1948 年提出一个著名论断：“信息就是信息，不是物质，也不是能量”①，引发了关于信息本质的持久争论。机械唯物论者认为，与能量区别开来的物质应是质料或质量，所以维纳并非断言信息是非物质的存在，而是质量和能量之外的另一种物质存在形式。维纳命题的表述或许有可争论处，但它给予我们这样的启示：信息与质量和能量不是同一层次的概念，信息与物质才是同一层次的概念。只要把辩证法的对立统一规律贯彻到底，就应当承认有物质必定有非物质，世界应是物质与非物质的对立统一。信息就是非物质，世界是物质与信息的对立统一。一切对立面都相互规定，相互依存，相互限定或否定。物质和信息亦如此，非物质的信息作为物质的一种属性而存在于物质之中。一种事物要和自己的他物相互作用、相互转化，必须依靠信息这种非物质的存在来表征自己、识别他物、改变自己，与他物相互作用而向对立面转化。

（4）信息对物质的依赖性。作为非物质的信息不能离开物质而单独存在，客观世界和人脑中都不存在同物质相分离的“裸信息”。现实存在的一切信息都是由一定的物质运动过程产生、发送、接收和利用的。世界上没有非物质的信源和信宿（信息的接收者），没有非物质的信息载带者，信息的传送离不开物质的通道、线路或介质场，一切信息运

① ［美］N. 维纳：《控制论》，133 页，郝季仁译，北京，科学出版社，1962。

作，包括采集、固定、传送、加工处理、存储、提取、控制、利用、消除等，都是针对携带信息的物质载体施行的，都要消耗能量。

（5）信息具有不守恒性。物质的根本特征是不生不灭，能量的根本特征是守恒，都不具有可共享性。信息恰好相反，具有可生灭性，每时每刻都有数不清的新信息在产生，数不清的原有信息在不可逆转地消失掉。信息可以共享，只要载体和能量足够，同一信息可以任意复制，为人们共享。

注意，不要把信息的确定性误认为信息的守恒性。老子的出生年月日是确定的，但这条确定的信息早已丢失。作为信息载体的物质虽然不可生灭，即守恒，但形态可以转化，载体的物质形态一旦转化，它所载带的信息便可能消失得无影无踪。

研究涌现问题尤其需要信息概念，整体涌现性的产生或消失并非物质能量的产生或消失，而是信息的创生、变换或消失。信息是一种系统现象，有相互作用才有信息，有信源和信宿或载体才可以谈论信息。系统的形成、维生、运行、演化都离不开信息活动。

信息是一种系统现象，至少要有信源和信宿或载体才可能谈论信息，有相互作用才有信息。或者是不同系统通过相互作用而其中一个的特性在另一个中得到反映、表征，或者是同一系统的不同组分之间相互作用而相互反映、表征。不存在与系统无关的信息，也不存在没有信息的系统。有元素之间、分系统之间、层次之间的相互作用，有系统与环境之间的相互作用，就有信息的产生和交换。

最低级的信息活动是两个物体在直接作用、碰撞中相互反映或表征。在这个层次上，有力的作用就有信息，对作用力的度量就是对信息的某种度量，但不能说“力就是信息”，力不是系统科学的概念，所谓“组织力”只是一种泛化的说法。这类系统的信息量很少，信息水平和效率最低，没有进化出专门从事信息运作的分系统。迄今为止，研究这种对象的科学可以不用信息概念。像生物那样的系统已进化出专门从事信息运作的分系统，信息含量巨大，信息活动丰富复杂，信息水平和效率很高。深入研究这种系统的科学需要信息概念，如分子生物学就是基于信息概念解释生命现象的。最高级的信息活动是利用语言和符号进行的，是人和人类社会特有的信息活动。人是唯一的信息化的存在物，有关人和社会的科学总是这样或那样使用信息概念。描述未来的信息社会的科学更离不开信息概念，信息将成为未来人文社会科学的中心概念。

信息的系统意义在直观上是很明显的。统计物理学的奠基人玻耳兹曼最早把熵与信息联系起来，认为熵的获得意味着信息的丢失，熵是一个系统丢失了的信息的度量。薛定谔提出负熵概念。维纳接受并发展了这些思想，提出信息是负熵、是系统组织程度的度量等著名论断，深化了人们对信息的系统意义的理解。但这些提法思辨色彩颇浓，难以作深入的拓广和定量的表述。

在基础科学层次上，系统研究越来越需要信息概念。普利高津试图把信息概念引入耗散结构理论，用分子之间的通信来解释物质系统的自组织运动。哈肯出版专著《信息与自组织》，试图推广信息概念，按信息原理阐述一般自组织过程，用信息概念定义复杂性。艾根认为生命起源过程存在信息危机，把超循环看作克服信息危机必需的系统机制，建立他的分子自组织理论。钱学森把信息学作为建立系统学的重要构筑材料之一，在建立系统学的早期努力中把信息列入系统学的基本概念框架中，只是在发现目前难于给出信息的一般定义和数学表示之后，才提出暂时撇开信息问题。圣塔菲的学者同样重视从信息角度阐述复杂性。虽然这些系统科学大家的努力目前都未能达到预定的目标，但“英雄所见略同”，他们的努力表明系统科学未来发展的一个重要方向。第 11 章至第 20 章将表明，技术科学层次的系统研究离不开信息概念。信息与系统应是整个系统科学部门的两个中心概念。

熵是热力学系统的一种物理量，玻耳兹曼在给熵以统计解释的同时，把它与系统的秩序性联系起来，熵增加表示系统混乱性的增加。薛定谔提出“生物靠负熵喂养”的著名论断，启示维纳等人把信息界定为负熵，对系统科学早期发展产生很大影响。普利高津以熵为基本概念描述耗散结构，引入总熵变、熵流、熵产生等概念，产生更大的影响。许多学者据此而视熵为系统科学的基本概念之一，提出所谓负熵原理，值得商榷。普利高津等人研究的是简单巨系统，熵概念有明确定义，复杂巨系统则很难给熵以确切定义，无法进行有意义的测量计算，此其一。其二，信息未必一定是负熵。信息量不是物理量，逻辑上不能与熵并举。负熵概念是由通信理论引入的，申农信息熵计算的是语法信息，度量的是有关编码符号的属性。而信息的本质在于它的意义，即语义信息，无法把信息熵概念推广到语义信息。其三，谎言是噪声，但以善意的谎言哄孩子，安慰病人，能够增加系统的有序性，而说真话即传递信息往往降低有序性。其四，即使用于协同学研究的简单巨系统，如哈肯所说，熵判据也显得太粗糙。综上所述可知，对于简单巨系统来说，熵是一个有用概念（尤其在系统论中），但不是系统科学的普适概念，更谈不上基本概念。

思　考　题

1. 列举系统科学的10个基本概念。

2. 如何理解系统与环境互塑共生。

3. 什么是涌现？从你的实际生活中寻找涌现现象。

4. 何谓有序？何谓无序？

阅　读　书　目

1. 苗东升：《系统科学原理》，北京，中国人民大学出版社，1990。

2. 许国志主编：《系统科学》，第2章，上海，上海科技教育出版社，2000。

3. 苗东升：《论涌现》，载《河池学院学报》，2008（1）。

第2章 系统论

按照钱学森科学体系思想，系统论是系统科学的学科体系之首，通向哲学“殿堂”的桥梁，任务是从哲学高度论系统，亦即依据辩证唯物主义的基本原理对系统科学的全部成果进行哲学概括，为系统科学研究和应用提供哲学指导。它的内容非常丰富，本章简要论述以下 10 个方面。

2.1　系统存在论

现实世界是否存在系统？系统是一切事物的存在方式吗？对这两个问题的肯定性回答是全部系统科学的第一个逻辑前提，我们来简要论证它的合理性。

第一个问题只需经验论证。每个正常人都能够随便找出许许多多以系统方式存在的事物：故宫博物院是一种建筑系统和中国传统文化的一种载体系统，牛顿力学是一种理论科学知识系统，中医是一种经验科学知识系统，都江堰是一个古代水利系统，三峡工程是一项现代水利、发电、旅游综合开发系统，等等，事实表明系统是客观存在的。

关键是第二个问题，需要从两方面加以论证。

(1) 哲学逻辑论证。我们以唯物辩证法的两个基本原理为假设：

假设 1：现实世界的一切事物都是相互联系的（辩证法的普遍联系原理）；

假设 2：不同事物之间相互联系的内涵、方式和联系的紧密程度千差万别（辩证法的矛盾特殊性原理）。

从这两个假设出发，可以逻辑地断言：一切事物都是以系统方式存在的。一些事物不是以这种系统方式存在，就是以那种系统方式存在；从这个角度看不是系统，从另一个角度看仍然是系统；世界上不存在无论如何看都不是系统的事物。不同事物之间的差别在于具体的系统特性或系统化程度不同。

（2）经验论证。在现实世界的一切事物中，人们凭经验可以指出各种各样的系统，却无法找出完全不能看成系统的事物。有些系统科学和系统哲学著作列举了许多被当成非系统的典型事例，实际都是作者的误解。揭露其谬误，可以从反面证明没有一种事物是绝对不能看成系统的。

其一，沙堆不是系统。其立论根据是区分堆与系统，宣称一切堆都是非系统。但是，大量沙子堆积在一起，彼此之间发生力学的相互作用，符合定义1.1的两个条件，因而构成一个系统。正因为沙堆具有系统性，而且是一种具有丰富动力学特性的系统，著名的自组织临界性理论以沙堆为基本模型，建立起一种颇具吸引力的动态系统理论，它的成就证明所谓沙堆不是系统是一个错误命题。

其二，垃圾不是系统。其立论根据是垃圾虽然组分很多，但杂乱无章，没有结构，故算不上系统。问题在于，杂乱无章不是有无结构的问题，而是结构是否有序的问题。不论垃圾多么杂乱无章，堆积在一起的杂物彼此之间相互挤压，也是一种相互联系、相互作用，有相互联系就有结构。其中的有机物会腐烂，有些成分之间可能发生化学反应，使垃圾在整体上出现它的组分没有的特征和问题，这也是涌现出来的系统效应。城市垃圾之所以难处理，就是由于它成为系统，产生了特有的整体涌现性，必须用系统工程方法解决。

其三，失盗的居室不是系统。其立论根据是，一个按照主人生活需要和审美情趣布置的居室，一旦被小偷翻得乱七八糟，就不成其为系统了。但翻得乱七八糟的屋子并非没有结构的非系统，而是原来的有序性被破坏的系统，即结构有序性遭严重破坏的系统，重新整理即可恢复系统的原貌。特别是这种混乱状态保留着小偷作案的罪证，警察要求不破坏现场，就是为了保护表观的混乱下掩盖的罪证系统。

其四，混沌不是系统。这一论断来源于对混沌概念的误解，以为混沌就是完全的混乱。但混沌不等于混乱，而是一种复杂而高级的有序运动，是非线性动态系统的通有行为。世界上不存在脱离一定系统的混沌运动，混沌理论只能应用系统方法来研究混沌运动。

其五，夸克不是系统。其立论的根据是夸克不可再分。论点的谬误首先在于，夸克不可分并非一个已经证实的命题，有些科学家就认为夸克也是可分的。即使将来证实此一命题，也不能说夸克不是系统。牛顿力学的质点虽然不可分，但可以用质量、速度、动量等特征量描述它的行为特性，夸克也可以看成由不同特征量描述的系统。

其六，宇宙不是系统。其根据是宇宙就是一切，没有外部环境，因而不是系统。问题在于，宇宙是否有外部环境乃是今天的科学既不能证实也不能证伪的命题，有些科学家只讲我们的宇宙，因为他们相信我们的宇宙之外还有存在。若如是，那些宇宙之外的存在就是我们的宇宙的外部环境。而且，某个事物是否为系统主要不是看它有无环境。古语云："至大无外"。像宇宙这种至大之物，即使没有外部环境，据定义1.1也可以作为系统来对待。宇宙学正是把宇宙作为系统来研究的，它的成功证明宇宙确为系统。

从否定上述论断中得出的结论是：现实世界的任何事物都是以系统方式存在和运行的，绝对不能当成系统看待的事物是不存在的。

2.2 系统生成论

唯物辩证法认为，现实世界的一切事物都不是给定的，而是生成的。用之于系统科学，就是相信一切系统都不是给定的，而是生成的。以此假设为基础，引出系统生成论这个系统科学哲学的重要内容。

大千世界中形形色色的系统从何而来？如何生成？基本的哲学回答有两种。一种是实在论的回答：有生于有。系统A生成之前的世界虽然没有A，但有种种非A的存在，即现存的有；一旦A生成后，总可以发现这些非A的存在（至少其中一部分）为A的生成提供了资源、条件、根据，乃至前体或母体，故曰有生于有。现实世界存在各种各样的有，彼此呈现类型或程度的不同，即小有和大有，少有和多有，简单有和复杂有，这种有和那种有，等等。有生于有的表现形式多种多样，或大有生于小有，或多有生于少有，或复杂有生于简单有，或这种有生于那种有，等等。但实在论哲学只承认有是事物的存在状态，不承认无也是事物的一种存在状态，把有和无的对立绝对化，断言有只能生于有，表现出明显的机械论色彩，相当肤浅。

另一种是辩证论的回答，即老子的著名命题：有生于无。任一具体系统A，世界原本无A，后来某个时候有了A，故A是由无生成的。就世界的整体看，A产生之前的世界是无A世界，A产生之后变成有A世界，A的出现意味着世界由无A的状况转变为有A的状况，故曰有生于无。支持老子命题的经验事实无穷无尽，因为人们目睹的各种具体事物原本不存在，而是在某个时刻以后出现的，即从无到有产生出来的。现代宇宙学认为宇宙也有起点，它在大爆炸之前并不存在。既然连宇宙都是从无到有生成的，那么，断定宇宙中的一切具体事物都是从无到有生成的，就是一个得到科学支持的哲学假设。有和无作为一对表述事物存在与否的哲学范畴，代表系统的两种相反的存在状态，二者构成一对矛盾；有和无既然是矛盾的两个方面，就必定相互依存、相互作用、相互制约，并在一定条件下相互转化，故老子说："有无相生"。

有生于有和有生于无也是一对矛盾，二者均为相对真理，对于解决系统生成问题都是必要的。有生于有论的优点是具备可操作性，但哲学思辨性不够，属于渐进式或改良式生成论；对于相对平庸的系统生成问题，有生于有论可以给出令人满意的回答，却难于解决生命、意识起源这类重大的系统生成问题。有生于无论是生成论更深刻更本质的哲学表述，反映的是那些具有根本质变的、革命性的系统生成问题，生命、意识起源正是这类问题。但有生于无论的思辨性太强，无法给出可以实证把握的系统生成起点，难以作为实证研究的指导原则。一个事物，如万里长城、联合国、爱因斯坦等，生成前的那个"无"极其漫长久远，追溯到宇宙诞生之时，原则上应看成无限的，没有实际意义。一切具体系统的生成都是可以作实证考察的有限过程，不同系统有不同的生成起点和过程，但有生于无论无法区分。中华民族和中华人民共和国都是从无到有生成的，但生成起点和过程无法相提并论，如果不加区分，岂不荒唐至极？老子的生成论是辩证的，既讲有生于无，也讲有生于有，主张从无中领悟事物生成的奥妙，从有中体察事物生成的端倪。不过，老子的论述完全是思辨的，实证研究需要给系统生成以一个能够实证考察的起点。

辩证法认为，一切两极对立都是通过中介而相互过渡的。有和无之间，有生于有和有生于无之间，也需要通过中介而相互联系和过渡。现代科学中一些接受生成论的学科提出生成元、生成规则等概念，既给我们以启示，又都失之于太具体，不能形成一个哲学命题。系统论是联结系统科学和辩证唯物论的桥梁，对于系统的生成问题，系统生成论应该有一种比辩证唯物论具体、比系统科学抽象的概括性表述。在有和无之间引入一个新范畴"微"，造个英文新词 wei 表示它，微就是沟通有和无的中介。利用微这个概念构成命题“有生于微”，英文表述是 It from Wei，就是沟通有生于有和有生于无的中介。命题有生于微就是系统生成论的基本原理。

那么，什么是微呢？从哲学上看，如果把有和无看作两种相反的存在状态，则微是介于有和无之间的另一种存在状态，一种亦有亦无、非有非无的存在状态。借用数学语言讲，把有表示为 1，把无表示为 0，则微是介于 1 和 0 之间的非零正无穷小 ε。就量而论，微 ε 极为接近 0 而远小于 1，微乎其微，微不足道；就质而论，微 ε 非同小可，因为它本质上不同于无而接近于有，只要有了这个看似微不足道的 ε，事物的生成过程就启动了；只要具备必要的条件，经历一个有限过程后，该事物即可取得“有”这种存在状态。

从信息观点看，微作为一种特殊存在状态，本质上是一种信息形态的东西，它只需要极少量的物质载荷、极少的能量传送，却包含着生成某个未来系统的核心信息。现代科学提出的生成元就是系统生成过程起点的那个微，如哺乳动物的受精卵，棋类游戏的行棋规则，绘制分形图形的源图 + 生成规则，等等。科学家头脑中闪过的灵感，是作为新概念或新理论生成过程起点的微。设计师头脑中涌现的新设计理念，是生成新发明、新技术起点的微。“晴空一鹤排云上，便引诗情到碧霄”，诗人被某个景致或事件刺激而诗兴突发，是作为一首新诗生成过程起点的微。概括地说，微就是用极少量物质载荷和极少的能量传送的未来系统的信息核，命题有生于微意指现实的系统都是以某个载荷于极少量物质载体上的信息核为起点而生成的。或者说，系统生成的起点是“有生于微”、“具体而微”。

微或生成元是一种非整体非部分、亦整体亦部分的存在形式，生成过程既是分化过程，又是整合过程，包括系统自身组分的分化与整合，以及系统与环境的分化与整合。在机械系统的生成过程中，把部分整合、组织起来是主导方面，但也并非没有分化，设计师最初的思想火花，即生成机器系统的微，是混沌未分的，从思想火花到明确的设计方案，必定经历反复曲折的分化与整合过程。有机体的生成过程中细胞分裂是主导方面，但整合部分的运作也不可少，有机体系统的整体和部分都是分化与整合反复操作的最后产物，系统生成后的部分与整体在作为生成过程起点的微中是看不到的。

系统生成过程是整合差异的过程，既包含创制或选择组分的操作，也有在组分之间建立一定相互联系、相互作用的操作，以便形成一个能够和环境互动互应的统一体。系统的有序性是在其生成过程中通过对组分的创制和整合而建立起来的，系统内部组分的多样性和差异性，环境成分的多样性和差异性，既是滋生混乱无序的土壤，也是建立秩序的基础。差异整合需要被整合者相互协同，这是重要前提；但不限于彼此协同，整合还包括对组分的限制、约束甚至强制，舍此不能形成有序结构。机器的诸多部分靠螺钉螺帽强行拧成一体。要完成祖国统一，实现祖国大陆与台湾的整合，主要靠彼此在经济上的协调互利，政治上的协商互谅，提高文化上的民族认同力和凝聚力，即差异的协同；但也不可放弃一个中国这一根本原则，必须对妄图分裂中国的内外势力划定明确的底线，强制他们不得挑战底线。总之，仅仅讲差异的协同是片面的，差异的整合才是系统生成论的基本原理。

系统生成是一个过程，一般由生和成两个一级分过程组成。生指系统从无到有，成指系统出生后的发育成长。简单系统可以说即生即成，无须区分为生和成两个阶段，一般机器系统即如此。复杂系统则不同，未生固然谈不上成，而生出来的系统未必一定能够长成，生而夭折的系统并非少见。生成过程常有试错、改正、再试错、再改正的循环。最典型的是人体系统。《黄帝内经》曰："人以天地之气生，四时之法成"，说的就是人体作为系统有生与成两个分过程。复杂系统从无到有的产生也是一个复杂过程，一般由三个二级分过程构成，起点是由无生微，再由微发育成雏形，雏形脱离母体成为独立存在的系统，即微→雏→婴。所以，系统 A 从无到有的生成是一种如图 2.1 所示的复杂过程：

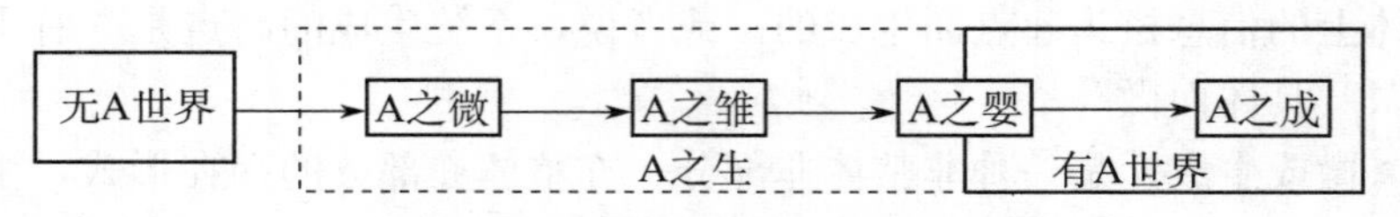

图 2.1　系统生成的过程结构

2.3　系统构成论

一个系统摆在面前，人们就会问：它由什么构成？如何构成？在什么样的外部条件下构成？问题 1 要求确定系统的组分（或要素）。问题 2 要求弄清楚系统的结构，即组分之间全部的关联互动方式。问题 3 要求明确系统是在怎样的环境中（时空条件下）构成的。无论是认识和描述一个系统，还是设计、组建、制造、改造一个系统，或者操作、使用一个系统，或者诊断、维护、修复、挽救一个系统，都必须了解它的组分、结构和环境。这就需要从思想上或实际上解构系统，以及把组分整合起来以构成系统。系统能够解构吗？为什么能够解构？不同系统的可解构性有何差别？如何正确有效地解构系统？如何由组分构成系统？回答这类问题所形成的知识体系，就是系统构成论，或系统组成论。

构成和解构是一对矛盾。有构成才有解构，才有谈论解构的必要和可能。反过来说，只有通过解构系统（至少是思想上的解构），才能了解系统的构成，回答前面提到的三个问题。能够构成的东西原则上都具有某种可解构性。系统的构成千差万别，系统的可解构性和解构系统的原理、规则、方法也千差万别。在一定的意义上讲，系统构成论就是系统解构论。

系统构成论与系统生成论密切相关。不了解系统如何构成，就无法了解系统如何生成、存续和演化。在一个系统从无到有的生成过程中，最基本的组分（元素）可能是从无到有生成的，也可能是环境中既有的；而系统的结构以及系统与环境的互动互应方式必定是从无到有生成的。人无法离开构成来谈生成，只有先对系统的组分、结构、环境有一个基本的了解，才可能考察其组分的生成、结构的生成、系统与环境之关系的生成。反过来说，了解系统的生成才能更深刻地了解它的构成。从系统科学发展史看，早期建立的分支学科运筹学、控制论、系统工程等，所用方法都建立在系统构成论之上。先建立关于系统如何构成的理论，再建立系统如何生成、维生、演化的理论，是系统科学发展固有的历史轨迹。

系统构成论的前提是这样一个约定：在考察系统的构成时，既不考虑组分的生灭问题，也不考虑组分的演变问题，把系统看成是给定的，或既定的。从给定条件出发，在对系统的总体把握（总体关照）下对它进行分析、分解、还原，考察它的构成，进而通过了解组分、结构、环境去了解系统的属性、状态、行为和功能。对于解决技术科学层次上的系统问题，基于构成论的系统科学方法大体够用了。由于早期系统科学主要以机器之类人工系统为对象，特别是缺乏辩证唯物主义哲学指导，系统科学界在不知不觉中把上述约定变为这样一个假设：构成系统的组分或要素不生不灭，系统结构、属性、形态可以发生质的改变，但基本组分保持不变。这是机械唯物主义的构成论，产生过很大影响。即使研究系统演化的早期自组织理论，如耗散结构论、协同学等，也是在组分不变的前提下研究系统结构如何发生质变的。

辩证唯物主义的构成论承认上述约定的必要性，但也仅仅看作一种约定，同时承认并强调系统的组分原则上不断生成着、演变着、消灭着。只讲构成论的系统科学是片面的，人们在知道了系统的构成之后，必然要问它的组分从哪里来？它的结构怎样产生？它与环境的关系如何形成？特别是，当人们面对生命、社会、思维之类复杂系统时，组分的可生灭性就成为系统理论必须面对的基本问题之一。

不可把生成论和构成论完全对立起来，两种观点是互补的。研究系统既要注意生成问题，也要注意构成问题，把两方面有机地结合起来，才能给系统以更有效的描述。

2.4 系统维生论

在现实世界中生成的系统都有一定的自我保持能力，或称维生能力。内外条件发生变化是不可避免的，系统的组分及其相互关系也会随之而有所变化，但靠着这种维生能力，系统的基本结构、特性和行为模式仍能保持不变，使人足以辨认是该系统自己。生成后瞬息之间就消亡的系统没有现实意义，不在系统科学讨论之列。系统从生成时刻起到不再能够保持自己止（或者解体，或者随着主要特性改变而转化为别的系统）是系统的生存期，其时间尺度称为系统的寿命。

物理学把系统分成平衡结构与耗散结构两大类，前者只有在封闭状态下才能保持自己，后者却以对环境开放作为保持自己的必要条件。生命、社会、意识都是具有耗散结构的系统，只能在不断与环境进行物质、能量和信息的交换中维持自己。

系统通过差异整合形成某种稳定的整合方式和整合力，整合力稳定地大于分离力，标志着系统生成过程的完成。但生成过程的完成不等于整合运作的结束，整合贯穿于系统整个生命过程，把生成过程的结束当成整合的结束，在理论上是错误的，在实践上非常有害。一对恋人登记结婚标志着一个新家庭系统的生成，却远不是该系统整合过程的完成，婚后还需不断整合（磨合），因为影响系统稳定和发展的内外扰动总是存在的。如果忘记婚后的家庭建设，不在新情况下进行新的整合，裂痕就会在不知不觉中出现和扩大，终有一天酿成公开的冲突，甚至导致离异。一切系统都如此，社会系统尤其如此，即使无生命的机械系统，也要不断维修以延长寿命。系统维生过程是继续整合的过程，不把差异整合贯彻于系统的全部生命期，或者整合方式严重不当，势必扩大分离力；一旦分离力大于整合力，系统的末日就会到来。

系统生存延续能力的强弱、大小取决于系统的组分、环境和结构三方面。组分的属性和素质不同，系统整体的维生能力也不同，那些关键组分或成员的获得或流失尤其事关重大。环境的优劣，即来自环境的资源和压力的品位和数量的不同，系统的维生能力也不同。决定维生能力更关键的常常是系统结构的优劣高下，系统可以通过更换组分而维持其整体的存续，组分或个体不断更替，而整体的形态和行为模式基本保持不变，做到这一点靠的是结构产生的整合作用。增强系统维生能力的途径无非是：提高组分素质，寻觅、使用、保护关键组分；选择适当环境，提高系统适应环境的能力，改善环境，或创造更适宜的环境；保护和改进系统的结构。

对系统维持生存构成挑战的主要来自系统的组分、环境和结构的变化。组分数量会变化，组分的特性或多或少会变化，有些组分可能离开系统，新的组分可能加入系统，所有组分迟早会要老化，这些因素都会引起系统变化。但只要主要特性没有变化，就表示系统保持自身不变；否则，就意味着系统失去维生能力。系统生存的环境总会发生这样那样、或快或慢、或大或小的变化，即环境对系统提供资源和施加压力的类型、方式、数量的变化，它们也会引起系统发生变化，影响系统的生存能力。结构体现系统整合的方式、机制和能力，系统的生存运行可能导致结构老化，组分和环境的变化或多或少导致既有整合方式、机制和能力的不适应，这些因素都会降低系统的维生能力。

2.5　系统演化论

一切现实的系统都既是存在的，又是演化的。存在是演化的前提，一切演化都是既存事物的演化，没有存在，谈何演化？一切存在又是演化的结果，演化也是存在的前提，没有演化，一切现实的存在来自何方？但由于演化的内涵、方式、缓急等千差万别，在某些具体环境条件下，在一定时间段中，有些系统的演化可以忽略不计，理论上被作为非演化的系统看待。

广义的演化，包括系统的孕育、发生、成长、完善、转化、衰老、消亡等，即系统的任何可能变化。狭义的演化，就系统内部看，指系统结构方式的根本变化，从一种结构变为另一种性质不同的结构；从系统外部整体地看，指系统整体形态和行为方式的根本变化，从一种形态变为另一种性质不同的形态，或从一种行为模式变为另一种性质不同的模式。如固体激光器所发射的光，随着激发能功率的增大，从普通灯光转变为激光，再从激光转变为脉冲光，再从脉冲光转变为紊光。又如人类文明系统，从原始文明转化为农业文明，再从农业文明转化为工业—机械文明，现在又开始向信息—生态文明转化。

演化的动因。系统演化的终极动因在于相互作用。组分之间、分系统之间、层次之间难以穷尽的相互作用，构成系统演化的内因，导致组分和结构的变化，进而导致系统与环境相互关系的变化。外部环境的变化，即资源供应或承受压力的变化，系统与环境互动方式的变化，构成系统演化的外因。系统生存发展必须同环境相适应，但适应总是相对的，系统自身的变化，或环境的变化，或二者同时变化，总会导致系统对环境或大或小的不适应，有时为强烈的不适应。这就对系统形成演化压力，必须通过改变组分特别是结构，或者改变系统与环境相互作用的方式和力度，以求同环境达成新的适应。这类相互作用有线性的，也有非线性的，关键是各种非线性相互作用。

演化的方向。从系统演化的起点到终点的走向，代表系统演化的方向。总体上看，系统既有向上的前进的演化，又有向下的后退的演化，但前进的演化占主导地位。一般来说，从无序到有序，从无组织到有组织，从低度有序到高度有序，从简单到复杂，是向上的演化；否则，为向下的演化。这一切又是相对的，例如，在由简单到复杂演化的总进程中，最初形成的新结构新模式常有多余成分，给系统带来不必要的复杂性，需要在进一步的演化中精简掉。特别是产生新层次的演化都包含简化多余成分的内容，层次的增加意味着系统增加了复杂性，但高层次的组织方式可能比低层次要简单。

一个系统，或它的某种形态或模式，从孕育、产生、成长到成熟的演化过程，称为它的成型演化；越过其顶峰后，从开始衰落到最终消亡的演化，称为它的保型演化。系统的一种原有形态或模式在越过它的顶峰时就历史地而且内在地开始孕育取代它的新形态或新模式，从而启动了新形态新模式的成型演化，这意味着系统进入转型演化。转型演化是旧形态的保型演化和新形态的成型演化的矛盾统一，一个系统在其整个生存过程中，可能经历多次转型演化，形成由低级到高级的转型演化序列。库恩认为，科学发展是由范式不变的常规发展和范式转变的科学革命交替出现所构成的序列，就是一例。

自组织理论以物理学和化学为主要背景，给出描述系统转型演化迄今为止最好的理论框架。它们以无序的热平衡态为起点，着重讨论把系统推向远离平衡态后如何形成高度有序的耗散结构，以及如何从一种耗散结构向另一种有序性更高的耗散结构的演化。普利高津还考察了系统在热平衡态附近的演化，发现存在近平衡定态，这是一种“最小耗散”的状态。在物理化学之类简单系统中，这种耗散能力很低的结构可能没有什么意义，但在人类社会这种复杂巨系统漫长而曲折的演化历史过程中，耗散能力很低的结构模式还颇值得注意，这类模式或许不止一种。把这种可能模式考虑进去，得到如下图所示的演化模式：

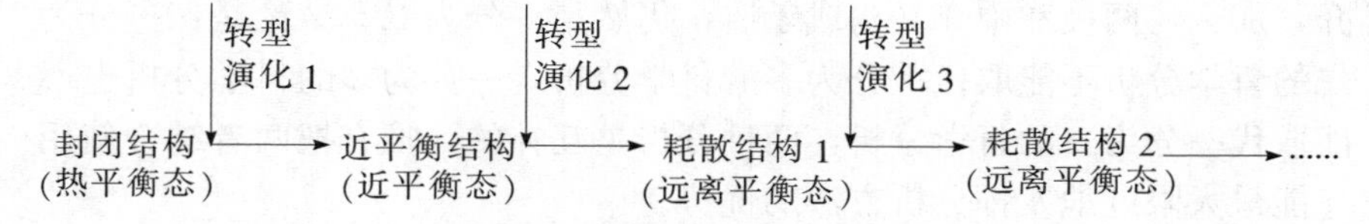

图 2.2　系统转型演化的序列

转型演化是系统从一种结构转变为另一种性质不同的结构，属于革命式的转折，每一次都需要跨越不小的势垒，而在近平衡态和远离平衡态之间存在一个巨大的势垒，跨越它比不同近平衡结构之间或不同耗散结构之间的转型要困难许多。应当区分转型演化与革命。二者的共同点在于，指的都是系统出现方向性、根本性、全局性变革。但革命强调的是变革的暴烈性、急剧性，有明确的起点和终点；转型演化强调的是变革的过程性、长期性、渐进性，没有明确的起点和终点，而且存在一个不短的转型期。文明形态、社会形态、军事形态的转型演化均如此。

2.6　系统矛盾论

只要不带着哲学或政治偏见看问题，那就不难发现，任何矛盾都是系统，任何系统都包含矛盾，而且不止一种矛盾，复杂系统更是大量矛盾形成的矛盾网络。国内学界一种流行的观点认为，矛盾学说是简单性科学的产物，现在有了系统科学和复杂性科学，矛盾学说已成为过时的东西，应当废弃。这是对系统科学和矛盾学说的双重误解。系统科学大师都不否定矛盾分析，特别是贝塔朗菲、哈肯和钱学森，他们都明确肯定对立统一规律。哈肯指出，量变质变规律和对立统一规律是协同学的哲学基础。钱学森更是这样，反复教导他的弟子们学习《矛盾论》，通过矛盾分析去认识和处理复杂系统问题。

不可把一分为二和一分为多对立起来作二中择一的取舍。一分为二是哲学的分析方式，即对事物作矛盾分析；一分为多是科学的分析方式，即对系统作结构分析或类型分析。确定系统的组分一般都是一分为多，一分为二只是特例。事物类型分析一般也是一分为多，一分为二只是特例。但矛盾分析只能是一分为二，因为凡是矛盾只能有两个对立面，不允许有“第三者”插足其间。系统科学家在谈论部分与整体、状态与过程、有序与无序、合作与竞争之类矛盾时，从来都是一分为二的。一种意见主张把中介作为第三者，形成一分为三，以代替一分为二。但中介和矛盾对立面不是同一层次的哲学概念；如果一定要突出中介，那么，两极和中介又构成矛盾，仍然是一分为二。结论是：一分为二的哲学分析不能取代一分为多的科学分析，一分为多的科学分析也不能取代一分为二的哲学分析，两种分析是互补的，唯有把两者结合使用才能最大限度地发挥分析方法的优势。

研究系统涉及的矛盾难以数计，不同的具体系统都有其特殊矛盾和矛盾的特殊性。系统矛盾论只限于考察一切系统中普遍存在那些矛盾。其中重要的如：系统与非系统，存在与演化，部分与整体，长期与短期，内因与外因，合作与竞争，输入与输出，状态与过程，过程与阶段，静态与动态，稳定与不稳定，确定与不确定，可靠与不可靠，等等。作为解剖麻雀，本节只简略考察以下两对矛盾。

系统与非系统。系统都是从环境中相对划分出来的，有系统就有非系统，二者相比较而存在。其一，构成系统的元素本身是不被构成的，故相对于系统而言，元素就是非系统，即第一类非系统。可见，系统是由非系统规定的。其二，任何系统中都存在反体制的趋势或力量，即存在该系统的否定因素，也就是非系统因素，它们的存在价值就是压迫系统去完善自身。资本主义从它诞生之日起，就包含它的否定趋势社会主义。社会主义同样包含非社会主义因素，常常把它置于困难境地，不发展、不改革社会主义就无法前进，甚至无法生存。其三，外部环境总有这样那样的非系统性，环境的非系统性为系统生存发展提供特殊的资源，尤其是弱小系统，环境的非系统性使它们得以在强势系统的挤压下生存发展。构成大环境的不同事物相互联系的紧密程度千差万别，在一定的研究目的下，一些事物应当看成系统，一些事物应当看成非系统，这些被当成非系统的事物从外部规定或限定着系统。总之，不论就系统内部看，还是就外部环境看，系统与非系统都互为存在条件，相互规定、相互依存、相互矛盾、相互制约。系统内在的非系统因素，外部环境的非系统因素，既是系统存在的支撑或限定条件，又是推动或迫使系统演化的动因。

内因与外因。内因和外因的辩证关系，《矛盾论》已有基本论述，原则上仍然正确。系统矛盾论要补充的主要是以下几点：（1）内因和外因，根据和条件，也是矛盾，都可以相互转化，此乃矛盾学说的题中应有之义。一些喜好系统科学的人常常把内因和外因绝对化，忘记它们可以相互转化，反而对《矛盾论》的内因说横加指责。同样的橘子树苗，你把它栽种于淮北或淮南，在它发芽生长过程中，两地不同的水土和气候等环境条件就逐步转化为它的内在根据，在淮南的仍旧长成橘子，在淮北的却长成枳子，故有“橘生淮北为枳”的古训。同一婴儿，在中国文化环境中长大，或在美国文化环境中长大，就会形成两种明显不同的思维方式，而思维方式是人这种社会生物的内因的重要方面，表明环境这个外因已经转化为系统的内因了。（2）系统的内外之分是从无到有、不断变化的，作为生成过程起点的那个“微”也是系统内因和外因分化的起点，生成起点（如受精卵）上的内部和外部与系统生成（婴儿出生）后的内部和外部有质的区别，系统生成过程是从内外不分开始逐步区分内外的过程，系统存续演化过程也是内外因不断转化、内外区别逐步完善的过程。（3）内因第一位、外因第二位的说法在一般情形下是正确的，但不可绝对化，二者在一定条件下相互转化，外因居第一位、内因居第二位有时是可能的。

另一种观点认为，主要矛盾原理也已过时，系统科学强调整体推进，应当用全面论代替重点论。这也源于对矛盾学说和系统科学的双重误解。一般系统论认为系统中有主导部分，系统工程提倡抓紧关键路径，协同学提出支配原理，管理系统理论主张抓住高杠杆点，都是主要矛盾原理的应用。全面论和重点论也是一对矛盾，否定任何一方都是错误的，系统论既讲全面论，又讲重点论，力求使二者达到辩证的统一。

2.7　系统认识论

把系统观点引入哲学认识论，用系统概念和原理阐述人的认识运动，揭示其一般规律，就是系统认识论。贝塔朗菲把系统认识论表述为透视论，是对机械唯物论的超越，但还不足以揭示系统认识论的真谛。

认识是由认识主体和认识对象两个分系统相互作用所构成的系统。认识对象是以系统方式存在和运行的，主体的认识器官即大脑也是以系统方式存在和运行的。系统认识论既要求把一切对象作为系统来认识，也要求把主体的认识活动作为系统来规范，力求使这两方面统一起来，以认识器官功能的系统性去把握认识对象的系统性，最大限度地发挥系统效应。整体性、涌现性、层次性、开放性、过程性、动态性、非线性、不确定性、复杂性等，把系统科学的这些概念引入认识论，剖析主体和客体及其相互作用的系统性，将大大深化我们对认识规律的理解，利用系统原理提高认识运动的有效性。

认识活动无疑是一种信息活动，认识过程包含通信过程，从通信角度考察认识活动，可以引出对认识活动机制的许多新理解，但把认识活动归结为一种通信系统是片面的。认识过程是一个完整的信息运作过程，包括信息的收集、表示、传送、加工处理、储存、提取、控制和消除等所有环节，核心环节是信息的加工处理，而非通信。所谓认识运动的规律，核心是认识主体加工处理信息的规律。传统认识论主要探讨如何从感性认识上升为理性认识，实际上也是力图揭示大脑信息加工处理的规律性。

传统唯物论只讲主观反映客观，认识反映实践，看不到认识的能动作用，无法跟形而上学划清界限。经典形态的辩证唯物论倡导能动的反映论，特别强调认识再回到实践时的能动性，但未注重揭示主观能动地反映客观的表现形式和运作机制，跟现代科学实际上奉行的认识论有距离。现代辩证唯物论的认识论应当是映构论，认识 ＝ 反映 ＋ 建构。认识来源的客观性集中体现于反映活动，认识活动中的主观能动性集中体现于建构活动，即毛泽东说的对感性认识的“改造制作”。感性认识基本属于主观对客观的反映，不同主体对同一客体的感性认识差别不大；感性上升为理性是全部认识过程中最令人困惑的环节，只用反映论解释远远不够，必须求助于建构论。科学研究中假设的提出，概念的提炼，模型的建立，方法的创新，理论框架的设计，等等，需要“大胆假设，小心求证”，绝不是只用反映能够说明的，关键是能动地建构。诗人创造意境，作曲家创作旋律，小说家虚构情节，文艺作品无数出人意料的联想、夸张等主观能动性特色鲜明的表现形式，无法从反映论获得合理的解释，只能说是主体能动的建构和创造。政治、军事、实业、工程活动中，主体既要谋划总体，又要巧用细节，战略安排、方案设计、应急举措的产生，其品位之高下，构想之巧拙，效果之优劣，差别往往极大，都不能仅仅用反映论解释清楚，主要在于主观建构能力的不同。

反映与建构是认识活动中的一对矛盾，反映是建构的基础，建构是反映的升华。观念形态的建构无论多么新颖、奇特和出人意料，都应在反映客观的感性经验中有它或显或隐的根底，不允许胡编乱造，不能把造作当成创造；假设、模型、框架等，一切由主体能动地建构出来的东西，都需在认识再回到实践时经受检验，作出补充或修正，甚至推倒重来。许多新概念、新意象是在不自觉状态下突然出现于头脑中的，但人不能把主要希望寄托于这种自发性上，重要的在于要自觉地建构，只有反映而没有建构，就无法区分人的认识与动物的认识。所以，映构论是反映论和建构论的统一，反映论体现它的唯物性，建构论体现它的辩证性，二者缺一不可，辩证唯物论的认识过程是反映和建构两个分过程反复进行所形成的复杂过程系统。

《实践论》指出，认识作为过程系统由认识和实践两个一级分过程组成，前一分过程又包含感性认识和理性认识两个二级分过程，两个一级分过程循环往复，构成总的认识过程。认识过程的这种一般结构模式，可视为对认识活动很好的一级近似，已被证明是对认识运动的科学刻画。但在更深层次考察时就显得有些粗糙了，特别当认识对象为复杂巨系统时，从感性到理性的发展也是一种复杂的循环往复过程，不仅涉及感性与理性的联系、对立和转化，还应考察定性与定量的联系、对立和转化，迄今为止的认识论未涉及这个问题。钱学森提出综合集成法初步弥补了这一缺陷，他把人们对开放复杂巨系统由感性认识到理性认识这个二级分过程进一步划分为三级分过程，揭示出如下图所示的过程结构：

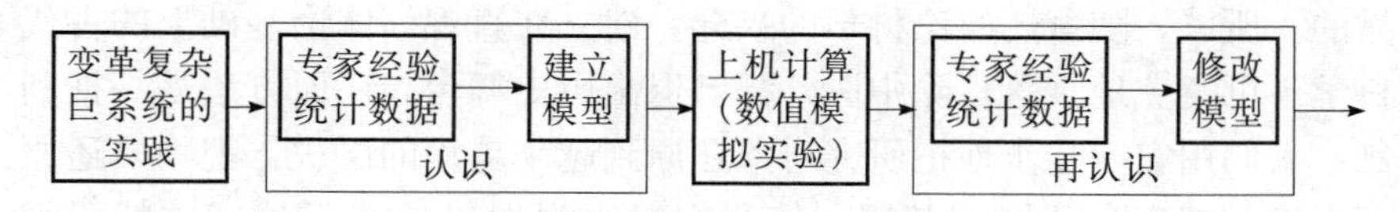

图 2.3　复杂认识运动的深层结构

传统认识论主要在说明理性认识的来源时才强调经验知识的重要性，一旦进入理性认识阶段，感性经验就被逐出理论思考的范围。现代科学的专著和教材讲的都是已进入理论体系的知识，经验知识属于非科学或前科学知识范畴，只有工程技术活动才重视它们。建立模型被科学家视为最能反映其思维水平和研究能力的环节，但他们看重的是从基本原理引出的数学模型，强调对模型的逻辑处理，往往忽视其微妙的经验含义。系统认识论力求纠正这种偏见，认定人类知识系统由理论知识和经验知识两个分系统构成，二者缺一不可，而且它们之间没有截然分明的界限。系统愈复杂，经验知识对于认识和解决问题就愈重要，特别是面对复杂巨系统，必须“从建模的一开始就老老实实承认理论不足，而求援于经验判断”[①]，经验知识在包括建立模型和求解模型在内的全部认识过程的每个环节中都不容忽视。图2.3就充分体现了这一点。

系统认识论承认人的认识活动发生于显意识和潜意识两个层次，完整的认识系统是由这两个层次组成的，潜意识为显意识层次的认识提供了深厚的基础，没有潜意识就没有灵感、顿悟、直感之类非逻辑思维。迄今为止的认识论关注的只是显意识层次的认识活动，轻视甚至忽视对潜意识层次认识活动的研究。对潜意识层次认识活动的特点、机制、规律，以及如何促使潜意识转化为显意识，我们现在几乎没有什么了解，系统认识论在这里还是一片空白，有待填补。

2.8　系统方法论

把系统概念和系统原理引入方法论，形成了系统方法论。它的核心思想为：“系统论是整体论与还原论的辩证统一。”[②]

作为一门方法论学科，系统科学最强调的是从整体上认识和解决问题，因而推崇整体论。但古代整体论把对整体的认识建立在直观基础上，不追求深入系统内部精细地了解系统。中医就是按照整体论方法建立知识体系的典型范例。但是，离开对组分的精细了解，对整体的把握必定是模糊的、肤浅的，知其然而不知其所以然，其结论有时候是不可靠的。所以，随着还原论科学的兴起，建立在直观整体论基础上的古代科学不可避免地衰落，除中医外都已退出历史舞台。还原方法是一把利剑，人们用它一步步地把研究对象还原到越来越深的层次，把物质还原到夸克，把生命还原到基因，使我们对客观世界的认识越来越精深细致。然而，随着现代科学对局部和细节的了解越来越详尽，人们又发现自己对整体的了解反而越来越模糊，逐步意识到宇宙的起源、生命的本质、意识的奥秘和社会的未来走向等重大问题，不可能单靠还原论获得答案。就是说，整体论仍然具有特殊的方法论价值，抛弃它是错误的。获得极大发展的西医至今无法取代中医，就是证明。

近现代科学历经数百年的发展带来的方法论启示是：不要还原论不

① 钱学森等：《论系统工程》，增订本，“增订版说明”。

② 钱学森：《创建系统学》，365页，太原，山西科学技术出版社，2001。

行，只要还原论也不行；不要整体论不行，只要整体论也不行。正确的做法是把还原论和整体论结合起来，建立系统方法论。系统科学的兴起体现了科学思想对整体论的复归和对还原论的超越。整体论与还原论的辩证关系还表现在，二者都有特定的限制，在每一种具体情况下，都要适可而止。考察化学现象，只需还原到原子层次，无须还原到基本粒子；考察机器系统，只需分解到元件或零件，无须还原到分子；考察文本系统，只需分析到文字，无须还原成笔画。正如钱学森所说："从科学的整体来说，彻底的还原论是不可能的，物质结构的层次是无穷无尽的，总还有下一个层次。我们实际都在妥协，还原到适可为止。"[①] 彻底的整体论同样是不可能的。整体论倡导扩大考察范围，把对象放在更大系统中考虑，放在大环境大背景下考虑，无疑是正确的。但放大的尺度无穷无尽，只要取定某个大尺度，立即就发现还有更大尺度的系统存在，我们不能把所有问题都放在宇宙总系统中考虑。如果盖一座公寓，写一篇文章，培养一个运动员，都要考虑到整个宇宙，那就太迂腐了。在这方面，人们实际也在妥协，只能扩大到适可为止。

还原论是沿着两条进路发展起来的。一条是寻找对象的建筑砖块，考察这些砖块在离开整体时表现出来的还原释放性。这条进路与把握整体无大关系，系统论不予考虑。另一条进路即笛卡儿当年界定的还原论，是为把握整体而还原，找出元素，加以分析后，还必须进行综合，综合部分以描述整体。系统论借鉴的正是还原论的后一进路，即把分析思维与综合思维、分析方法与综合方法结合起来，确保对整体的认识建立在对部分精细了解的基础上。但不可把综合思维与整体思维混为一谈。还原方法和分析思维基本属于显意识层次的认知方法，属于逻辑思维范畴；整体论方法和整体思维则强烈地依赖于潜意识层次的认识活动，较多地依靠直观或顿悟，属于非逻辑思维范畴。即使对问题作出深入的分析，即使掌握了科学的综合方法，有些整体特性仅靠分析加综合仍无法把握，还需靠人脑的直观领悟，使潜意识层次积累的认知成果通过非逻辑方式转化为显意识层次的认知。中医优于西医之处也在这里。基于以上论述，可以把系统方法论用图 2.4 来直观表述。

在传统方法论中，跟还原论相呼应、相配套的方法论观点，还有尊崇定量的、确定论的、精确的描述方法，贬低定性的、非确定论的、模糊的或近似的描述方法。系统论在超越还原论的同时，也清算了这些

---

① 转引自戴汝为主编：《复杂性研究文集》，"前言"，1999。

偏见，主张把定量描述与定性描述、确定论描述与非确定论描述、精确方法与模糊或近似方法、硬方法与软方法结合起来，大大扩展了系统方法的有效性。

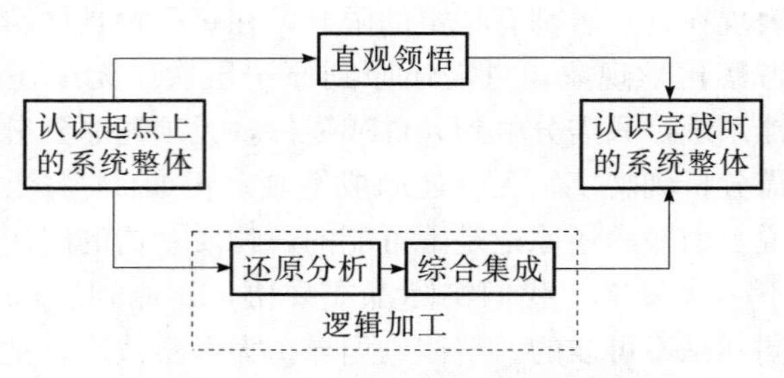

图2.4　系统方法论的框图表示

2.9　系统价值论

把系统概念和系统原理引入价值问题的思考，把价值看成系统问题来分析论证，形成系统价值论，是系统论的另一重要组成部分。

价值问题是由价值主体和价值客体构成的系统，客体是价值的提供者，主体是价值的接受者，二者之间的价值关系就是价值系统的结构。原则上说，无论自然界还是人类社会，价值客体和价值主体的划分都是相对的，甲方和乙方互为价值主客体。例如，卖方给买方提供商品，买方给卖方提供利润，既各自体现了自身存在的价值（对方的价值需求），又各自满足了自身对价值的追求。给定一个系统，组分之间的价值关系，部分与整体之间的价值关系，系统与环境之间的价值关系，都需要考虑。我们在很长时期内完全以人类为中心来思考价值问题，把环境和自然界作为单纯的价值提供者，显然是一种非系统观点。现在是正本清源的时候了。

把系统论的整体性原理应用于价值问题，同样强调从整体上衡量事物的价值，局部有价值不等于整体有价值，局部价值高不等于整体价值高，整体价值不等于局部价值之和。简言之，系统价值是一种整体涌现性。把几所大学合并为一，源于相信整合资源、优势互补、扩大规模能够给学校带来预想的价值提升。重组企业为的是通过更换某些组分，特别是改进结构模式，使企业得到理想的价值提升。但局部与整体的关系是辩证的，搞不好，扩大规模、更换组分、改变结构可能降低系统的价值品位。还需要指出，只考虑整体的价值需求而不顾及局部的价值需求，是一种机械论的系统价值观。相当多的系统科学家和系统方法应用者来自工程技术和经营管理领域，或政治、军事领域，他们习惯于只从整体的角度看待价值问题，经常考虑的是部分对整体有何贡献，整体如何使用部分，强调部分服从整体，却严重缺乏对整体和部分之间双向价值关系的认识，几乎不考虑整体如何服务于部分，社会如何给个人发展创造条件。这是在价值观中片面应用系统观点的产物，实质是非系统观点的一种变形。保护部分，服务部分，为部分的生存发展提供适宜的内环境，是建构、管理、使用系统必须考虑的价值取向之一。

一般地说，客体引起的主体变化都属于客体给主体产生的价值。故价值有正负之分，有利于价值主体生存发展的是正价值，不利于主体生存发展的是负价值。在价值主客体的相互作用中，一方给另一方一般都同时提供正负两种价值。管理现有系统，设计新系统，都应同时注意对象系统的正负两种价值，尽力发挥正价值，抑制负价值。

在价值系统中，除价值主客体外，价值评定是另一个重要问题。在较为复杂的价值问题中，价值评定并非价值系统的要素，而是它的分系统，应当按照系统原理选择、设计和使用这个分系统。同一系统常有不同价值，这种价值优，那种价值就可能非优，再考虑到负价值，价值评定就是一个复杂问题。特别是人文社会系统，价值取向、价值标准千差万别，往往相互矛盾，有的还尖锐对立，尤其需要用系统观点来研究和评定价值问题，求得整体优化。

系统论通过与非系统事物相比较来衡量系统的价值，寻找形成系统后涌现出哪些价值。这又分两个方面。系统的价值首先应从系统对其外部环境的影响或作用来考察。环境是由其中的所有系统组成的，环境要靠这些系统来支撑，或者说，环境是由组成它的所有系统塑造的，系统的价值首先体现在它如何塑造环境，为环境中的其他系统以及整个环境提供怎样的功能服务，这是系统的正价值。一切系统对其环境都有负价值。迄今为止，系统科学各个分支都不考虑系统对环境的负价值，是一大缺陷。工业文明造成的生态破坏、资源匮乏、社会解体、核威胁、科学的负面效应等问题，是对传统价值观的重大挑战，要求全面认识图 2.5 所示的系统与环境的互塑共生关系，承认系统对环境不仅提供功能服务这种正价值，而且还会排泄自身废物。如果排泄物能够纳入环境的大循环中，成为其他系统的资源，从而被环境吸收消化，则是一种有益于环境的行为。如果排泄物不能被环境吸收消化，积累到一定程度就会成为污染物，降低或破坏环境质量，这是系统对环境的负价值。

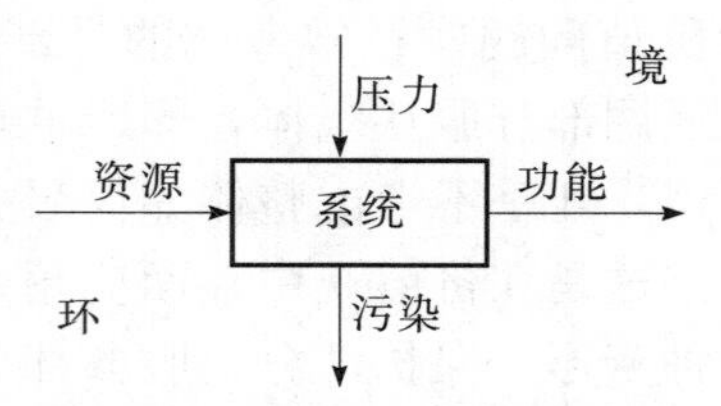

图 2.5　系统与环境的关系

消耗环境资源也是活系统的一种基本行为。环境资源的基本特征是有限性、多样性、可变质性。不合理的资源消耗将导致环境资源匮乏，减少环境组分的多样性，最终危及系统的生存发展。环境资源可能因污染而变质，不再适于系统需要，甚至危及其生存发展。目前人类社会已经面临这种危险。人类赖以生存的一切资源，如空气、水、阳光、动植物以至精神食粮，都可能并且事实上处于被污染的危险中。这些都是系统行为对环境的负面塑造作用。

环境向系统提供资源的能力，称为源能力。环境吸纳、同化系统排泄物的能力，称为汇能力。源能力与汇能力共同构成环境对系统的支撑能力。系统的行为不当，会导致对这些能力的破坏；行为合理，能起到保护甚至发展环境支撑能力的作用。

把生态概念推广到系统理论，可以一般地讨论系统的环境生态问题。在同一环境中产生发展起来的不同系统，总体上是互补共生的。或者因相互直接提供功能服务而共生，或者同处于环境大循环过程、通过中介环节而共生。相互竞争的系统因相互提供竞争对手而互补共生。即使捕食与被捕食的关系，不同系统也通过相互制约而共生，如果被捕食者系统消亡，捕食者系统也随之消亡。多种多样的环境组分，通过多种多样的相互作用，形成环境超系统的复杂生态网络，达成所有组分“一荣俱荣，一损俱损”的生态平衡。每个组分的变化都影响环境超系统，环境生态平衡的破坏将危及每个组分的生存。

总之，环境塑造着环境中的每个系统，环境又是组成它的所有系统共同塑造的。为了生存发展，系统必须有效地开发利用环境、适应环境、改造环境，同时要限制对环境的开发、利用、改造，把保护和优化环境作为系统自身的重要功能目标和价值追求，以此规范自己的行为，维护环境生态平衡。

2.10　系统消亡论

一切现实存在的系统都处在忽快忽慢的演化中，演化的基本内涵是系统的发生、成长、鼎盛、转型（从一种形态转变为另一种形态）、衰老（老化）和消亡。“神龟虽寿，犹有竟时。”曹操的这句诗道出一个系统原理：一切系统的维生能力都是有限的，总有一天要走向死亡。略去中间环节，只考察过程的两端，简称为系统的生灭。生指系统从无到有，灭指系统从有到无。有生就有灭，有灭就有生。研究系统消亡问题形成的理论，称为系统消亡论，是系统论的题中应有之义。一般情形下，系统在消亡之前先经过一个老化或衰老阶段，把系统的衰老和消亡联系起来研究所形成的理论，就是系统衰亡论。

系统具有生存延续的能力，这是系统的持存性。系统迟早要消亡，这是系统的暂时性。一切实际存在的系统既有持存性，又有暂时性，是二者的对立统一。在一定程度上讲，系统科学是研究这一对矛盾的知识体系。

从基础科学的中性论看，系统生成论与系统消亡论是对等的，无所谓主次高低，系统科学应该给以同样的关注，在发展生成论的同时，建立关于系统消亡的一般理论。从实践层面看，灾害系统与人类相伴而生，灾害一旦发生，最为紧要的是如何使它顺畅、平稳、快速、彻底、干净地消失，这就需要系统消亡论的指导。一切有益于人类生存发展的系统，应当尽量延长其寿命，让它长期为人类服务。不过，既然这类系统也有衰老死亡的时候，当其进入消亡过程后，应该像庄子妻亡鼓盆而歌那样，豁达地面对死亡，让它顺利地、合乎人性地消失。

造成系统衰亡的基本原因来自两方面，一是系统自身，二是外部环境。系统之所以为系统，在于它的组分之间存在足够的整合力或凝聚力，能够作为一个整体而存续运行，作为整体跟环境互动互应。但不同组分之间必然存在差异甚至矛盾，或多或少存在某种分离解体的趋势或作用力。整合力当然是系统的建设性因素，但过度强劲的整合力，或不适当的整合方式，也会转化为窒息系统生命力的有害的作用。组分间差异和矛盾总会生发出某种分离力，不利于系统的生存延续，但只要系统具有足够合理的整合方式，组分之间的差异和矛盾也会成为促进系统生存发展、阻止其衰亡的积极因素。外部环境对系统的塑造作用也有两方面，既可能有利于系统的整合，也可能有利于系统的分离解体。总之，

系统能否生存延续，是否健康地生存延续，能否发展进化，要看整合力和分离力的关系如何。简略地说，如果

$$整合力 > 分离力 \tag{2.1}$$

系统就能够生存延续；如果

$$整合力 \leqslant 分离力 \tag{2.2}$$

系统就会解体或消亡。

系统消亡的基本方式不外乎以下三种：

1. 随着系统越来越老化，结构和机能越来越失效，终有一天无法再整合其组成部分，无法继续跟环境进行物质、能量、信息的交换，这叫作系统的自消亡。战机老化退役、拆毁，老人无疾而终，原始公社、奴隶制社会在历史上的消失等。

2. 系统自身尚未衰老，或者未衰老到无法存续下去的状态，但突然出现系统自身无法抗御的外来作用把系统置于死地，即俗话讲的“飞来横祸”，这叫作系统的他消亡。例如，萨达姆被美军绞死，纽约世贸大楼被拉登信徒摧毁，地震使楼房从地平线上消失等。鉴于外部环境的多样性、变易性、复杂性，这种系统消亡方式司空见惯，原则上不可能完全避免，属于系统消亡论需要研究的问题。

3. 一般情况下，系统消亡是内外因素共同作用造成的。这是自消亡与他消亡相结合的混合式系统消亡。

一个系统消失了，是积极的，还是消极的？是建设性的，还是破坏性的？这是系统消亡论的另一个基本问题。回答是不可一概而论，应该具体问题具体分析。一般来说，应该从对环境的作用来评定系统存在的价值。一个系统能够在它的环境中生存发展，必定存在需要它提供服务的功能对象，它的消失不利于功能对象的生存发展。一个系统能够在环境中生存发展，意味着它与环境中的其他系统或存在物形成某种稳定的联系，它的消失势必影响这种稳定性。这是该系统消亡的消极面。鉴于环境中能够提供的资源是有限的，任何系统都会跟环境中某些系统存在争夺资源的竞争关系，它的消亡对竞争者基本是积极的事件。通常我们总是以人类生存发展为准绳来衡量一切，一般容易判断。另一方面，即使能够为人类提供功能服务的系统，它的正常消亡主要也是积极的，因为旧的不去，新的不来，新陈代谢，除旧布新，系统和世界才能发展前进。

思 考 题

1. 有人说，热平衡态不是系统，震荡是非系统。试剖析这种说法错在哪里。

2. 什么是整体论？试析其优点和缺点。

3. 什么是还原论？试析其科学价值及局限性。

4. 举例说明有生于微。

5. 用系统观点考察因果关系。

阅 读 书 目

1. 苗东升:《钱学森系统科学思想研究》，北京，科学出版社，2012。

2. 苗东升：《系统科学辩证法》，济南，山东教育出版社，1998。

3. ［美］欧文·拉兹洛：《用系统论的观点看世界》，闵家胤译，北京，中国社会科学出版社，1985。

4. 魏宏森、曾国屏：《系统论——系统科学哲学》，北京，清华大学出版社，1995。

5. 乌杰：《系统辩证学》，北京，中国财政经济出版社，2004。

系统学概述

经过数十年的探索，尽管中国系统科学界对系统学的理解在逐步深入，但钱学森倡导的系统学至今仍未真正建立起来。本章只对系统学作一些最一般的评述，第 4 章至第 13 章提供建构系统学的主要材料或半成品，其中不少内容（特别是非线性动力学和自组织理论）已有资格进入系统学。至于给出系统学逻辑连贯的理论框架，尚需假以时日。

3.1　系统学是关于整体涌现性的基础科学理论

什么是系统学？从系统科学体系的钱学森框架看，回答这个问题就是要划清两条界限。在上面，要划清系统学和系统论的界限。系统论属于哲学，系统学属于具体科学，尽管建立和发展系统学需要运用哲学思想指导，但界定概念、揭示规律、阐述原理、制定方法只能使用科学语言，必须符合科学规范。在下面，要划清系统学和技术科学层次的系统理论的界限，系统学是基础科学，不直接指导工程技术，无须考虑实际应用问题。

一些国外学者在 20 世纪 70 年代讨论过系统学问题，由于尚未弄清系统科学的体系结构，他们的见解参考价值不大。钱学森在提出建立系统学的问题后，除明确指出它是系统科学体系中的基础科学理论之外，并未就概念的内涵正面给以界定。多位国内学者在 80 年代试图界定系统学，综合他们的见解，笔者曾给出以下界定："系统学是描述一般系统，特别是复杂巨大系统的结构、功能、特性和演化的普遍规律以及设计、控制的一般原则的概念体系和方法论框架，是一切系统研究的基础理论。”[①] 把系统学的对象限定为一般系统，特别是复杂巨系统，今天来看仍然是正确的。但系统科学的每个层次都需要研究结构、特性和功能，这个定义同样适用于技术科学层次的系统理论，没有体现基础科学和应用科学的区别，未能突出系统学的主要特征。

在自然科学中，作为基础科学的物理学从价值中性的立场出发研究物理现象，客观地揭示物理规律，而不管其功效的正负、大小。类似地，作为基础科学的系统学也应当价值中性地研究系统现象，客观地揭示系统规律，而不管其功效的正负、大小。功能和设计强烈体现人的价值观，是应用科学的核心概念，不是基础科学的核心概念；功能问题和设计问题是应用系统理论的基本问题，不是系统学的基本问题（尽管系统学也涉及功能问题，系统学的他组织理论也涉及设计问题）。应当避免从功能和设计方面界定系统学，在建立系统学时突出功能和设计问题，有可能混淆学科层次，将研究引向歧路。

系统科学的开创者贝塔朗菲把系统科学界定为关于整体或整体性的科学，获得普遍认可。我们据此可以逻辑地断定，系统学是关于整体和整体性的基础科学。但贝塔朗菲生前已经认识到这样界定太笼统，指出要区分两类整体，一类是加和性整体，即非系统，不具备涌现性；另一类是非加和性整体，即系统，具有涌现性。就是说，系统科学并不研究一切整体和整体性，它只研究非加和性整体，或整体涌现性。一般系统论实际上就是贝塔朗菲心目中的系统科学基础理论，他最先在系统科学中引进涌现概念，在临终前明确地把研究涌现现象作为系统科学的根本问题，要求他的后继者按照系统理论定义涌现概念，意在给后继者指明系统学的发展方向。所以，把涌现作为核心基本概念，把系统学界定为关于整体涌现性的基础理论，才能体现出系统学的根本特征。这样界定系统学同贝塔朗菲的思想一脉相承。

相反，在技术科学层次上研究系统现象无须强调涌现概念。就技术科学层次的系统理论看，功能是系统最重要的涌现特性，研究、设计、组建、管理、使用系统，都是围绕获得和利用系统功能而展开的，有了功能概念，围绕功能来讨论系统的研究、设计、组建、管理和使用，一切问题都会迎刃而解。抓住功能问题实质就抓住了涌现问题。就学科发展的历史看，控制论、运筹学、事理学等学科 60 年来的重大发展一直

① 苗东升：《系统科学原理》，345 页，北京，中国人民大学出版社，1990。

没有使用涌现概念，表明涌现概念对于它们并非必不可少的，无须提及涌现概念也可以解决各种应用问题。这些系统理论今后的发展大体也如此。这也表明，是否强调涌现问题和涌现概念足以把基础科学层次的系统学与技术科学层次的系统理论鲜明地区分开来。

概言之，系统学是一门研究系统整体涌现性的基础科学，其学科任务是以涌现的观点研究系统现象和系统问题，揭示系统产生涌现性的条件、机制、规律、原理，制定刻画涌现的基本方法，建立关于涌现的一般理论体系，给技术科学层次的系统理论提供指导。

由此可以给基础科学层次的系统概念作如下定义：

系统是呈现出整体涌现性的多元集。

系统的结构、状态、属性、功能、运行演化规律等，都是把诸多组分整合为整体而产生的，都属于系统的整体涌现性。

3.2 整体涌现性的表述

涌现现象和涌现性的实质是什么？贝塔朗菲借用亚里士多德的著名命题“整体大于部分之和”来表述，已被系统科学界普遍接受。令 W 记系统整体，由 n 个部分组成，令 p_i 记第 i 个部分，$i=1, 2, \cdots, n$，以 Σ 记求和运算，则亚氏命题可形式化表示为

$$W > \sum_{i}^{n} p_i \tag{3.1}$$

有人更简洁地表述为

$$1+1>2 \tag{3.2}$$

严格地说，(3.1) 和 (3.2) 并非涌现原理的科学表述，只能算一种形象的比喻。“整体大于部分之和”是一个量化命题，(3.1) 把涌现归结为一个单纯的定量问题。但涌现首先是个定性问题，实质指整体具有部分或部分之总和所没有的性质、特征、行为、功能等，称为整体质或系统质，不能用大于、等于或小于等量化关系来表达，涌现性包含非加和性而不等于非加和性。涌现原理的正确的表述应该是：整体具有部分及其总和所没有的新的属性或行为模式，用部分的性质或模式不可能全面解释整体的性质或模式。

涌现问题当然也有量的方面。在有些情形下，整体与部分表现出同质的功能，彼此具有可比性，涌现效应基本表现在量的方面，这样的整体涌现性就是非加和性。如挖土、背物等体力劳动，可以个人单干，也

可以有组织地干，两者的劳动成果同质，可以作量化比较，整体涌现性归结为量的问题。在这种情形下，涌现原理的正确表述也不是“整体大于部分之和”，应是“整体不等于部分之和”，亦即

$$W \neq \sum_{i}^{n} p_i \tag{3.3}$$

其中又分两种情形：其一是正非加和效应，整体大于部分之和，即

$$W > \sum_{i}^{n} p_i \tag{3.4}$$

俗话所谓“三个臭皮匠，赛过一个诸葛亮”，说的就是这种情形。

另一种是负非加和效应，整体小于部分之和，即

$$W < \sum_{i}^{n} p_i \tag{3.5}$$

俗话所谓“一个和尚挑水吃，两个和尚抬水吃，三个和尚没水吃”，说的就是这种情形。

人们在生存活动中所干的每一件事都是一定的过程系统，所追求的收益和必须付出的代价都是系统的整体涌现性。收益是正效应，越大越好；代价是负效应，越小越好。

加和性原理可以表述成“整体等于部分之和”，即

$$W = \sum_{i}^{n} p_i \tag{3.6}$$

表示整体没有产生涌现特性，相应的对象是非系统的集合体。

上面各种表述的特点是系统已经给定，不问它如何产生和演化，只考察业已产生和演化完毕后呈现出来的系统特征，通过比较整体与部分的异同，揭示整体涌现性。这是涌现的构成论表述，涌现现象笼罩着某种神秘色彩，分则不见整体涌现，合则整体涌现可见，如幽灵一般难以捉摸。亚里士多德命题由此而长期被视为非科学甚至反科学的命题。从科学学观点看，技术科学层次的理论研究提供解决实际问题的科学知识和方法，不承担揭示宇宙奥秘的任务，可以避开这些深层次问题；基础科学则以剥离对象世界的神秘表象为己任。一般地揭示涌现现象的神秘色彩，乃是系统学的基本使命。

3.3　涌现的产生机制

整体的涌现特性来自何方？它们是如何产生出来的？20 世纪的科

学发展，特别是系统科学的兴起，提供了初步的答案。

（1）非线性相互作用。系统整体涌现性的来源，归根结底在于系统组分（要素和分系统）之间、层次之间、系统与环境之间的相互作用，涌现性是组分之间、层次之间、系统和环境之间互动互应所激发出来的系统整体效应。把整体分割为部分，意味着组分之间、层次之间的联系被切断，相互作用不存在了，激发效应便无从谈起；组分之间没有互动互应的整体不成其为系统，整体与环境的相互作用也无从谈起。正因为如此，系统一旦被解构为组分，整体涌现性便不复存在。相反，如果按照一定结构模式把组分整合在一起，把系统和它的环境整合在一起，所有组分之间、层次之间、系统和环境之间处于真实的相互联系、相互作用之中，必然在系统整体层次上涌现出特定的激发效应来。

相互作用有线性和非线性之分（详见第5、6章）。现实世界存在的相互作用都是非线性的，但有本质非线性与非本质非线性、强非线性与弱非线性之分，非线性弱到足够程度，就可以忽略不计，看成线性的相互作用。只要存在相互作用，就会有涌现现象。但线性相互作用满足叠加原理，只能产生平庸的涌现性，非线性相互作用才能产生非平庸的涌现性。

（2）差异的整合。涌现的前提是存在多样性和差异性，特别是系统内部的种种差异。只有一个组分不成为系统，组分多比组分少更利于出现涌现现象。组分多而品种单一的系统，能够产生的涌现现象也单一、贫乏；组分花色品种多、彼此差异大的系统，即异质性显著的系统，能够产生丰富多彩的、非平庸的整体涌现特性。

多样性和差异性不会直接转变为涌现性，需经过必要的整合或组织而形成一定的系统，才能产生涌现性。涌现性是系统的整合效应，即结构效应或组织效应。以何种事物为组分进行整合，采取何种方式整合，整合的力度如何，在何种环境中整合，这些因素决定着系统产生怎样的整体涌现性。大量组分在某种外在强制作用下群集在一起，杂乱无章地相互作用，只能产生纯粹统计学意义上的整体涌现性，只属于结构效应，不能产生组织效应；组分有序地整合在一起，即把组分组织起来形成有序结构，将产生组织效应，组织愈丰富复杂，产生的整体涌现性也愈丰富复杂。

组分之间互补互惠，协同行动，相互促进，和谐共生，将产生正面的涌现效应；组分之间相互掣肘、拆台，将产生负面的涌现效应。但没有规矩，不成方圆。整合和组织还包括整体对组分必要的限制和约束，这是系统产生涌现性必要而且重要的条件。整合和组织的过程既给部分以激发和推动，也对部分施加约束、限制，约束和限制的效果是把部分的某些性质屏蔽起来，在整体中看不见它们，只有解构整体、还原为部分才能释放出来。整合产生涌现性，解构产生释放性，二者相反相成，有所屏蔽，才能有所涌现。

（3）等级层次结构。简单系统只有组分（元素）和整体两个层次，把组分整合起来即可径直获得系统的整体涌现性。这样的涌现性必定是简单平庸的，以至许多学者不承认这种系统也有层次结构。而复杂系统从组分层次到整体层次的涌现不可能经过一次整合就完成，需要经过多次逐级整合，逐级涌现，才能完全实现从元素质到系统质的飞跃。设需经过 k 次整合，第一次把元素整合为若干 k 级分系统，第二次把 k 级分系统整合为若干 k—1 级分系统，第三次把 k—1 级分系统整合为若干 k—2 级分系统，如此逐级整合，直到把所有 1 级分系统整合为完整的总系统为止。在这一过程中，每一次整合只完成一次部分质变，经过 k 次部分质变最后完成总的质变（根本质变），获得总系统的整体涌现性。

在这种逐级整合过程中，每一次整合形成一个新层次，k 次整合形成的是一种具有 k 个高低不同层次的系统，低层次支撑高层次，高层次管束低层次。通常把 $k \geqslant 3$ 的系统称为具有等级层次结构的系统，更准确的称谓是多层次系统。在一个具有等级层次结构的系统中，每个层次都有自己特有的涌现特性，同下一层次比，每个层次都有新的性质涌现出来，但只有在最后一个层次上（即系统整体）才能获得对象系统的整体涌现性。故整体涌现性也可以表述为：高层次具有而还原到低层次就不存在的特性。

层次是系统学的基本概念之一，等级层次原理是系统学以及整个系统科学的基本原理之一。系统分析的重要内容是划分层次结构，从整体层次开始，划分出若干 1 级分系统，再把 1 级分系统划分为若干 2 级分系统，直到把 k 级分系统划分为元素，即还原到元素层次。这表明，分系统也可能是分层次的，切忌混淆不同层次的分系统。放在整个宇宙中看，每个具体系统的层次划分都是具体的、相对的，只需划分到元素层次，不必考虑元素也被当作系统时的更深层次。这也就是钱学森讲的还原到适可为止，无须进一步还原的层次就是系统的元素层次。

从生成论观点看，了解等级层次结构也是系统研究的基本问题。司马贺指出，等级层次结构最有利于系统从低级向高级的演化，并给出初步的论证。从生成元开始，系统如何形成它的等级层次结构，有哪些基本的机制和规律，如何用科学语言描述，是系统学必须回答的问题，但迄今为止我们还所知甚少。

（4）信息运作。对于系统的生成、维持、运行和演化，信息起整合力和组织力的作用。无论是组分之间和层次之间的整合，还是系统与环境之间的整合，都是通过一定的信息运作实现的：组分之间凭借信息来表征自身和相互识别，系统与环境中的其他系统或非系统之间也凭借信息来表征自身和相互识别，差异的整合和组织过程是复杂的信息运作过程。所谓信息运作，指信息的采集、发送、传输（通信）、加工、存取、增殖、积累、控制、利用、转录和消除等，系统的生成、维持、运行（发挥功能）和演化都包含大量信息运作。所以，研究系统的一个极为重要的视角是考察有关的信息运作。

无论组分之间的差异整合，还是系统和环境之间的差异整合，都遵守物质不灭和能量守恒定律。加和式整体性是那些可以用物质不灭和能量转换原理充分说明的系统属性。系统的整体涌现性不可能用有关物质能量的规律来说明，涌现性是结构的产物、组织的产物。既然信息是整合力和组织力，整合或组织的结果或者是创生新信息，或者是改变信息的原有形态，或者是消除旧信息，从而激发出新的涌现性。整合或组织导致的变化仅仅是新信息的创生和积累，或无用信息的消除，或信息关联方式和程长的改变，并不影响宇宙物质和能量的总量，信息运作改变的只是物质的存在形态。产生整体涌现性的根源在于信息的不守恒性，有所创生，有所消灭。所以，整体涌现性不能按物质能量运动的规律来解释，只有考察相关的信息运作，才能给予合理的阐述。

复杂系统的整合过程，分系统的形成，层次的形成，都伴随着种种信息运作。从信息观点看，新层次的形成源于整合过程出现了超出现有层次的信息关联，需要有关联程长更大的信息运作，现有层次无法处理、保存和利用这类信息，只有形成更高的层次方可应对。系统形成等级层次结构的本质必须从信息运作角度来阐释。

（5）环境的选择和塑造。系统生成、发展、演化中的整合不限于组分之间，还包含系统与环境的整合，使系统和环境建立稳定有序的互动互应关系。不能只从系统内部考察涌现问题，整体涌现性也是环境塑造系统的结果。既然环境提供系统生存发展的资源和条件，并施加一定的限制和压力，环境就具有对系统的生成、运行、演化进行评价和选择作用，适者生存，不适者被淘汰。这就迫使系统以适应环境为标准来整合组分，组织自己，改变自己。环境单一的系统不可能形成丰富多样的涌现现象，充满多样性、差异性、复杂性的环境塑造出来的系统必定呈现丰富、多样、复杂的整体涌现性。所谓环境塑造系统的内容极其丰富，包括组分之间资源分配和压力分担的方式，不同组分之间、系统与环境之间如何交换物质、能量、信息，等等。

系统并非如雕塑家把石头雕刻成塑像那样单向被动地接受环境的塑造，环境在塑造系统的同时也在或多或少被系统改变着，进而又改变环境对系统的后续塑造。系统和环境是互相塑造的，在互相塑造中寻找平衡点，以求达成共生共荣。

3.4 涌现的刻画

结构、属性、行为、状态不随时间改变的系统，称为静力学系统，着眼于功能优化来描述对象，处理问题，因而比较简单，技术科学层次的系统理论足以满足要求。结构、属性、行为、状态随时间而改变的系统，称为动力学系统，对象描述和问题处理都比较复杂，仅靠技术科学层次的系统理论不足以解决问题，还需要建立基础科学层次的系统理论，即系统学。所以，系统学主要是研究系统动态性质的基础理论。

系统的描述方式，就所用数学模型看，大体有确定论描述和非确定论描述两种，有大量文献作过讨论，都可能为系统学采用。就建模遵循的系统思想看，大体分为构成论的和生成论的两种，从方法论上对此进行分析比较的工作目前还很少，这里给以简要讨论。

（一）构成论的系统刻画

把系统看成既定的，即组分是给定的，系统已经形成，通过考察组分之间的关联方式（结构）以建立数学模型，借研究模型来了解系统整体的状态、特性、行为、功能及其演化。这里又可分为两类：

1. 从直接刻画系统的结构入手

如果元素或组分之间的关联方式能够用数学的关系概念表示，则系统的结构原则上可以用集合论来描述。设 $A=\{\mathrm{x}\mid \mathrm{x}$ 具有性质 $\mathrm{p}\}$ 为一多元集合，$R=\{\mathrm{r}_1, \mathrm{r}_2, \cdots\}$ 为 A 中元素所有关系构成的集合，满足定义 1.1 的要求，则 A 与 R 一起确定了一个系统 S

$$S=\langle A, R\rangle \tag{3.7}$$

图、群、格等数学结构均可用来刻画某些系统的结构。例如，抽象代数的群结构是原子物理学很重要的数学模型。环、格、模等代数结构均可以作为某些实际系统的数学模型。更有效的数学工具是网络，17.7

节提及一类规则网络，属于简单系统的数学工具，第 21 章讨论新兴的复杂网络理论。

2. 从刻画系统的定量特性入手

系统的结构、特性、行为、状态是相互联系着的不同方面，一个方面的变化必定伴随其他方面的变化，从对某一方面的刻画中可以解读出其他方面的变化，把握其中的规律性。系统的结构和某些深层次的系统特性原则上难以作定量刻画，而行为和状态一般易于作量化处理。撇开划分系统的组分和描述组分之间的关联方式（系统结构），把对象看成以若干特性量为要素构成的系统，用数学模型描述特性量之间的关系，可以对系统作定量刻画。这是迄今为止刻画系统的基本方式。定量方法基于几个基本假设：第一，系统具有一组能够明确定义、可以精确观测的特性量；第二，诸特性量之间存在可以用数学形式表示的关系；第三，系统的结构、属性、行为、状态等质的规定性包含在这些特性量的关系中，因而可以把对系统的定性描述归结为定量描述。从这些假设出发建立系统的数学模型，就可以把对系统的研究转化为对数学模型的定量研究，即用数学方法处理系统问题。

在刻画一个系统的种种特性量中，最主要的有输入量、输出量和状态量三类。通常使用的定量描述方法主要有以下两种：

（1）输入—输出方法。输入代表环境对系统的作用，输出代表系统对环境的作用，一般均可直接观测和计算。如果系统行为可以归结为输入—输入关系，通过刻画这种关系可以刻画系统行为的变化，把握行为的定性模式。选定一组输入量和输出量，用数学形式把输入和输出的关系表示出来，就是系统的输入—输出模型。有了输入—输出模型，收集必要的数据，就可以通过分析输出对输入的响应关系了解系统的行为特性。输入—输出方法在技术科学层次的系统理论中是基本的数学工具，在基础科学中也有重要应用。

（2）更有效的是状态空间方法。选定一组状态量，用数学方程把它们之间的关系表示出来，称为系统的状态方程，作为系统的数学模型。以状态变量为坐标轴撑起的数学空间，叫作系统的状态空间，状态方程刻画的是系统在状态空间中运行演化的过程、特征和规律。求解状态方程，分析解的特性，即可获得对系统行为特性的定量了解。输入量和输出量反映的是系统与环境的相互作用，输入—输出方法通过刻画系统与环境的相互作用来反映系统的行为和功能这种外在特性，并间接反映系统的内在特性。状态量是系统的内在特性量，状态方程反映的主要是系统的内在关系，状态空间方法刻画的是系统的内在特性和规律，因而可以获得对系统更深刻的认识。在状态空间描述系统的数学工具是各种动力学方程，连续系统用微分方程，离散系统用差分方程，都有比较完善的理论。

无论是输入—输出方法，还是状态空间方法，关键是建立数学模型。建立模型的方式大体有两类。一种是依据基本科学原理建模。如哈肯的激光理论，以固体激光器为研究对象，依据量子场论的基本原理建立偶极子的运动方程，通过数学处理得到序参量方程。另一种方式是唯象方法，在收集到足够多经验材料的基础上，根据对问题的经验性判断，提出若干基本假设；再选定一组特性量，依据基本假设用一定的数学形成把特性量联系起来，就是数学模型，称为系统的唯象模型。福瑞斯特的系统动力学使用的都是唯象模型，普利高津讨论化学反应的布鲁塞尔器（方程 8.14）实质上也是唯象模型。

（二）生成论的系统刻画

构成论的刻画起源于自然科学，特别是物理学，400 多年来积累了大量成果，第 3 章至第 10 章基本属于这方面的内容。系统研究还需要给涌现以生成论的刻画，这就需要给生成论以科学的表述。圣塔菲学派用命题“多来自少”或“复杂来自简单”来表述生成论，在复杂性研究中，就是考察复杂性如何从简单性中产生出来，复杂事物如何从简单事物中产生出来。这种科学表述的哲学含义是“有生于有”，即多有来自少有，复杂有来自简单有，仍然带有某些机械论色彩，用于解决较为一般的系统生成问题足够了，却无法解决生命起源、意识起源之类非平庸的系统生成问题。生成论更科学的表述应是“有生于微”，系统生成的起点是那种以极少量物质能量载带和传送的信息核。科学地刻画系统生成，第一步是确定作为生成起点的那个微的具体表现形式，第二步是考察从微到系统整体的生成过程，揭示将涌现出那些整体特性，以及这些特性是如何涌现出来的。

近半个多世纪以来，按照现代科学规范描述系统生成问题的理论尝试，比较成功的如冯·诺伊曼的元胞自动机，乔姆斯基的生成转换语法，林德迈耶的 L 系统，兰顿的人工生命等。曼德勃罗的分形几何更有代表性。给定简单的源图，制定简单的生成规则，两者一起构成生成元，即生成系统的微；反复进行迭代，即可从简单的规则图形（如三角形）出发，逐步生成极其复杂的、蕴涵无穷多细节的具有分数维的图形，如谢尔宾斯基地毯等。

分形几何在如何刻画生成元方面是成功的，富有启发性。但把从微开始的生成过程完全归结为迭代这种极其简单的数学操作，机械性太强，不能刻画一般系统生成的多样性、丰富性和复杂性。在这方面，艾根的超循环论可以提供某些启示。他把地球上第一个活细胞形成的关键归结为生命信息的创造、积累、复制和保存，设想从化学大分子到活细胞的进化生成需要攻克一系列难关，最重要的是信息难关。艾根猜想，对于实现这一步，具有决定性作用的是创造超循环这种系统机制。超循环理论实际是一种科学假说，是否成立有待科学发展的实践来判断。但艾根从信息运作（信息的创造、积累、复制、处理、转录、保存、积累等）的角度刻画系统生成，具有普遍意义。但总的说来，科学地刻画系统生成的理论和方法，有关成果至今还很少。

（三）构成论和生成论相结合的系统刻画

需要强调指出，不可把这两种描述体系对立起来。构成论描述的系统有生成问题，如机器是按照构成论研究系统的基本模型，但机器的发明以及各种技术系统的发明都有一个生成过程，整个技术作为系统的发展更需要用生成论观点考察。贝纳德花纹、激光器的演化中都有新模式的生成。生成论讨论的系统也有构成问题，如人体系统是生成的，也需要通过人体解剖了解它的构成问题。构成论和生成论各有所长，功能互补，对于刻画系统都不可缺少，如能结合使用，效果会更好。

3.5 涌现的实验研究

即使还原论科学也在研究涌现现象，各种社会实践特别是科学实验（主要指实验室中进行的可控性实验）从来都是发现和研究涌现现象的重要手段。例如，化学家通过化合实验发现化合物的涌现特性，生物学家通过物种杂交实验获得新的生物涌现特性，经济学通过分析和总结生产活动的实际资料数据发现经济系统的涌现特性。

对于建立、发展和应用系统学来说，传统意义上的科学实验和社会实践的价值仍然不可忽视，却远远不能满足需要。研究复杂系统，特别是社会这种复杂巨系统，一般不可能进行实验室的可控性试验，也不允许把一些重大新设想径直付诸社会实践，像中国的“文化大革命”那样的悲剧必须避免。但关于复杂性的理论也必须接受实验检验，系统学需要创造新的实验方式去发现和研究复杂系统的涌现性。

计算机模型方法的显著优点是超强的信息（数据）处理能力、存储能力和操作的极大灵活性，几乎可以随心所欲地启动、操作和终止，因而能够以极低的成本模拟一个复杂的真实过程，或虚拟一个复杂的可能设想的过程。随着计算机的发展和日益普及，以及围绕计算机而产生和发展起来的计算机科学、计算数学和计算技术，共同催生了大规模数值计算这种社会行为和社会职业，超级计算机和计算机系统已被当成一种新型实验室，在计算机上进行数值模拟计算，被称为数值实验或计算实验。用基于计算机的模型描述复杂系统，通过数值实验获取对象系统新的数据资料（感性认识），基于对数值实验结果的观察、分析而提炼概念和理论，再通过数值实验对理论进行检验，修改模型，再上机计算，等等，如此循环往复已成为复杂系统研究过程的基本程式。这就使计算机数值实验日益显示出具有社会实践的基本品格，逐渐成为一种新的实验方式，为研究复杂系统涌现现象提供了普遍可用的实验研究手段。计算机数值实验正在演变成为社会实践的第四种基本形式。

3.6　系统学粗框

如导论第三节所说，三类质性不同的系统，对应三种不同的系统学。

1. 以简单系统为对象的系统科学基础理论，是简单系统学。状态是系统的整体涌现性，还原到组分便不存在，而状态是可观察、可描述的。应用状态空间方法建立系统的数学模型，即系统的状态方程和控制（参数）方程，是简单系统学的基本数学工具。理论研究所关注的是系统的动力学状态，划分为初态与终态、瞬态与定态、稳定定态与不稳定定态。稳定定态就是系统的动力学吸引子，代表系统演化过程的目的态。系统学就是阐释系统状态的特征、类型、相互关系、演化规律的基础理论，而稳定定态是系统整体涌现性最本质的体现。系统的动力学方程建立后，确定系统是否存在吸引子，有哪些吸引子，不同吸引子各自的特殊质性，控制空间中吸引域的划分，不同吸引子如何转化。从一定的初态出发，经过怎样的路径（不同瞬态前行后续形成的状态演变系列）趋达怎样的终态，反映系统特有的动力学规律。这些内容构成系统学的主题。从技术科学层次看，稳定定态就是系统的功能态，系统只有在稳定定态上才可能正常有效地发挥其功能。在基础科学层次上，不必考虑系统的功能或效率，应该称为稳定定态，而不宜称为功能态。

线性系统理论已趋完善，非线性系统理论也有了丰富的成果。把其中的技术科学内容除去，给以逻辑的梳理，都可以归为系统学。例如，稳定性是动力学系统的重要特性，李亚普诺夫稳定性理论属于基础科学层次，罗斯判据、奈魁斯特判据属于技术科学层次。应该说，建立简单系统学的条件完全具备了。

2. 以简单巨系统为对象的系统科学基础理论，是简单巨系统学。由于系统规模是巨型的，量变导致质变，简单巨系统出现宏观与微观这种层次划分，系统可以发生自组织运动，等等。这表明简单巨系统与简单系统有了质的不同，主要内容不能用线性系统理论来描述，现有的非线性动力学成果也不够用，只能从已有的各种简单巨系统理论中进行提炼。耗散结构论关于对环境开放是系统出现自组织必要条件的论证，涨落导致有序原理等，稍加改造可归于简单巨系统学。混沌理论应该是简单巨系统学的重要组成部分。钱学森评价最高的是哈肯的协同学，曾讲“协同学实际上就是系统学”[①]。协同学有三个基本原理，即不稳定性原理、支配原理、序参量原理，哈肯称之为协同学的三个硬核。基于对象系统的基本质性，以适当的方法实现从微观描述到宏观描述的过渡，建立系统的演化方程，研究稳定性的丧失，导出支配原理，建立和求解序参量方程，这三个步骤构成协同学处理问题的主要程序。不过，即使协同学还留有某些物理学的痕迹，必须予以消除，完全用系统科学的语言进行提炼。像钱学森期望的那样，以协同学为基础，把这些系统理论融会贯通，综合集成，形成统一的理论框架，还有一定的难度，需要发挥思维的创造性。但比较而言，简单巨系统学大体上也可建立了。

通常把协同学说成单纯的自组织理论，属于误解。协同学研究的系统是自组织与他组织的统一，集中表现于支配原理，支配者即他组织者。不过，哈肯不讲他组织，他的用语是组织。他还主张把自组织与控制结合起来，控制即他组织。

3. 以开放复杂巨系统为对象的系统科学基础理论，是开放复杂巨系统学，将在第13章讨论。

思　考　题

1. 什么是整体涌现性？试从你的实际生活中找出几种涌现现象。

2. 为什么说系统功能是系统的一种整体涌现特性？

---

① 钱学森：《关于思维科学》，149页，上海，上海人民出版社，1986。

3. 系统学至今未能完全建立起来的原因何在?

4. 有人说:"计算机是系统科学的实验室",你如何理解?

阅　读　书　目

1. 钱学森:《创建系统学》,太原,山西科学技术出版社,2001。

2. 苗东升:《系统科学原理》,第9～18章,北京,中国人民大学出版社,1990。

3. 苗东升:《系统科学的难题与突破》,载《科技导报》,2000(7)。

4. 苗东升:《系统科学是关于整体涌现性的科学》,见许国志主编:《系统科学与工程研究》,上海,上海科技教育出版社,2000。

5. 谭跃进、高世楫、周曼殊:《系统学原理》,北京,国防科技大学出版社,1996。

动态系统理论

系统特性包括定性定量两方面。从本章起，我们主要讨论定量化系统理论。

4.1 状态 状态变量 控制参量

系统存续运行中表现出来的整体的状况或态势，如国家的经济状况、运动员的竞技状况、两军相争中的战场态势等，称为系统的状态。系统的行为是通过状态的取得、保持和改变来体现的。研究系统，主要关心的是它所处的状态、状态的可能变化、不同状态之间的差异、状态转移等。系统状态用一组称为状态量的参量来表征。质点系统的力学运动状态用质点的质量、位置、动量等参量来表征。社会经济系统的运行状况用国民经济总产值、国民平均收入、价格比等参量来表征。给定这些参量的一组数值，就是给定该系统的一个状态，这些量的不同取值代表不同的状态。

由于状态量可以取不同的数值，允许在一定范围内变化，故称为状态变量。最简单的系统只有一个状态变量，用 x 表示。一般系统需用多个状态变量刻画，称为多变量系统。设系统有 n 个状态变量 x_1，x_2，…，x_n。为简化起见，引入状态向量概念，定义为

$$X=\begin{pmatrix} x_1 \\ x_2 \\ \vdots \\ x_n \end{pmatrix} \tag{4.1}$$

即以状态变量 x_i（$i=1$，2，…，n）为分量的向量。X 是 n 维向量。

同一系统的状态变量可以有不同的选择，但也不是任意的，应当满足以下要求：

（1）客观性：具有现实意义，能反映系统的真实属性；

（2）完备性：n 足够大，能全面刻画系统的特性；

（3）独立性：任一状态量都不是其他状态量的函数。

简言之，状态变量是决定系统行为特性的一组完备而最少的系统量。

系统所有可能状态的集合，称为系统的状态空间。以状态变量 x_1，x_2，…，x_n 为坐标张成的空间，就是状态空间。空间的每个点，即每一组数（x_1，x_2，…，x_n），代表系统的一个可能状态。独立状态变量的个数 n 代表状态空间的维数。1 维状态空间的几何表示为一条直线，如图 4.1（a）所示。2 维状态空间的几何表示是一张平面，常称为状态平面，如图 4.1（b）所示。3 维状态空间如图 4.1（c）所示。$n \geqslant 4$ 为高维空间，无法作直观描述。状态空间是抽象空间，不可与真实物理空间混淆。

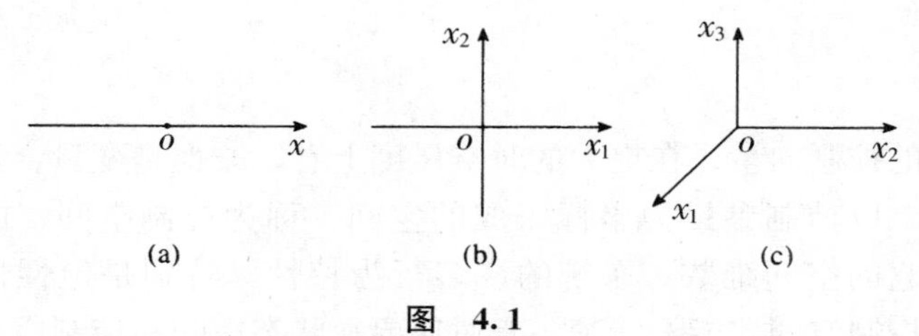

图　4.1

维数是一个极为重要的现代科学概念。现实的系统很少是 1 维的，系统思想要求人们在认识事物时克服单维度看问题的传统思维方式，采取多维度、全维度看问题的思维方式。这也是整体观的一个重要方面。

状态变量是实变量，原则上可以在（$-\infty$，∞）范围内任意取值。但真实系统往往把状态变量限制于一定范围，如以 $a_1 \leqslant x_1 \leqslant b_1$、$a_2 \leqslant x_2 \leqslant b_2$、…、$a_n \leqslant x_n \leqslant b_n$ 表示的范围，称为系统的相空间。在相空间之外取值的可能状态没有现实意义。为简化起见，本书把相空间与状态空间看作一个概念。

维数 n 是独立决定系统状态的最小自由度。n 可以取任何非负整数 0，1，2，…（点是 0 维的）。理论上允许 n 为无穷大，在无穷维空间中讨论问题。状态空间可根据系统的数学特性分类，如状态变量离散地取值时，称为离散状态空间；状态变量连续地取值时，称为连续状态空间。

决定系统行为特性的还有另一类数量，它们反映环境对系统的制约，往往不直接由系统决定，称为环境参量。一般情形下这类量变化缓慢，与状态量显著不同，因而在一次观察或运行过程中可以看作常量。由于它们对系统行为特性有重要影响，有时可以改变系统的定性性质，又可在一定范围内调整控制，常称为控制参量。状态量与控制量的划分是相对的。在一定条件下，为了降低相空间维数，把某些变化相对缓慢的量作为控制参量进行分析计算，得出结论后再考虑它们的变化可能带来的影响。但在另外的条件下，把其中一些量当作状态量可能更合理些。这表明系统内外划分并非绝对的。

控制参量一般不止一个。以 m 记控制参量的个数，它可取任意正整数。m 也是决定系统行为特性的宏观量。设系统的控制参量为 c_1，c_2，…，c_m，以它们为分量形成的 m 维向量 C，

$$C=\begin{pmatrix} c_1 \\ c_2 \\ \vdots \\ c_m \end{pmatrix} \tag{4.2}$$

称为系统的控制向量。在更大的时空尺度上看，c_i 也是变量，可以取不同的数值。以控制参量为坐标张成的空间，称为控制空间，或参量空间，m 为它的空间维数。系统的许多行为特性，特别是定性性质的改变，要在控制空间才能看清楚。有时还要在状态空间和控制空间构成的乘积空间

$$V=\text{状态空间}\times\text{控制空间} \tag{4.3}$$

中研究系统。乘积空间的维数是 $n\times m$，一般只有 n 与 m 很小时才能得出有意义的结果。$n\times m\leqslant 3$ 时，可以对系统作几何直观的描述。

输入量与输出量也是描述系统行为特性的重要变量。设系统有 k 个输入变量 u_1，u_2，…，u_k，l 个输出变量 y_1，y_2，…，y_l，以

$$U=\begin{pmatrix} u_1 \\ u_2 \\ \vdots \\ u_k \end{pmatrix} \tag{4.4}$$

记输入向量，以

$$Y=\begin{pmatrix} y_1 \\ y_2 \\ \vdots \\ y_l \end{pmatrix} \tag{4.5}$$

记输出向量。在许多情形下输出变量及其导数被当作系统的状态变量。

4.2　静态系统与动态系统

在状态空间中研究系统，中心课题是把握系统状态的演变规律。描述静态系统主要关心的，一是输入量与输出量的对应关系（向量形式）

$$Y=f(U,C) \tag{4.6}$$

表示输出向量 Y 对给定的输入向量 U 的静态响应，C 为控制向量。如企业系统的投入产出关系，生理系统的刺激反应关系。f 称为输出对输入的响应函数。二是性能指标 J 与输入量 U 的对应关系

$$J=\Phi(U,C) \tag{4.7}$$

J 可能是利润、效益、功率等，C 为控制向量。（4.6）、（4.7）构成静态系统的数学模型。一般情形下，它们可用代数形式表达。

静态系统概念基于这样一个假设：系统状态的转移可以在瞬间完成。这意味着要求系统有无限多的储备能量可以利用。实际系统可以利用的能量是有限的，从甲状态到乙状态不可能瞬间完成，状态转移需要一定的过渡时间。但许多情形下，状态转变所需过渡时间比人们要考虑的过程短得多，允许忽略不计，静态假设近似成立。由于静态系统的描述和处理相当简单，在可能的情形下，人们总是忽略状态转移过程，用静态模型描述系统。

在一般情形下，系统的状态转移明显呈现为一种过程，状态量是时间 t 的函数 $x(t)$，称为动态系统。刻画动态系统必须用状态量的一阶导数 $\dot{x}$（瞬时速度）、二阶导数 $\ddot{x}$（瞬时加速度）等动态量。动态系统是非常普遍的。生命存续，机器运转，气象变化，市场波动，社会变革，国际关系格局的变动，心理活动，都是动态过程。实际存在的系统原则上都是动态的，从适当的时间尺度去看都可以看到它们的动态特征。静态系统不过是动态系统的过渡过程短暂到可以忽略不计的极限情形而已。系统理论本质上是关于系统状态转移的动力学过程的理论。

动态系统的数学模型通常为系统的动力学方程，有时称为演化（发展）方程。按演化方程得到以下系统分类。

（1）连续系统和离散系统

在实数集（$-\infty$，∞）或其闭子集［a，b］上连续取值的时间 t，称为连续时间。状态变量为连续时间函数的系统，称为连续系统。天体运行，液体流动，均为连续系统。连续系统的演化方程为微分方程，有高阶方程和一阶联立方程组两种形式。后者更便于描述状态变量之间的相互作用，其一般形式为

$$\begin{aligned} \dot{x}_1 &= f_1(x_1, \cdots, x_n; c_1, \cdots, c_m) \\ \dot{x}_2 &= f_2(x_1, \cdots, x_n; c_1, \cdots, c_m) \\ &\vdots \\ \dot{x}_n &= f_n(x_1, \cdots, x_n; c_1, \cdots, c_m) \end{aligned} \tag{4.8}$$

表示动态量 $\dot{x}_i$（x_i 的变化速度）由 n 个状态变量共同决定。或用向量形式表示

$$\dot{X} = f(X, C) \tag{4.9}$$

高阶微分方程表示的线性连续动力学系统的一般形式如下：

$$x^{(n)} + a_{n-1}x^{(n-1)} + \cdots + a_1 x^{(1)} + a_0 x = 0 \tag{4.10}$$

在许多情形下，高阶方程与一阶联立方程组可以相互转换。

作为特例，本书将一再讨论以下一阶方程

$$\dot{x} = -\alpha x - \beta x^3 \tag{4.11}$$

这是经典动力学描述简谐运动的方程。现代科学发现，它在描述动态系统、自组织现象中有广泛应用。

状态仅仅在离散时间上出现或被观察到的系统，称为离散系统。描述这类对象需要引入离散时间概念，即仅仅在分立的实数点序列上取值的时间 t，如按小时、日、月、年等分立时刻取值。以年为单位统计人口，人口演化就被表示为一个离散动力学系统。通行的做法是取一个方便的起点为参考点，记作 0 时刻，以后的时刻顺序记为 1，2，…，n。两个时刻 t 与 $t+1$ 之间的系统状态不考虑。离散系统的演化方程一般为差分方程

$$x(t+1) = f[x(t), c] \tag{4.12}$$

知道 t 时刻的状态变量 $x(t)$，由（4.12）可算出 $t+1$ 时刻的状态变量 $x(t+1)$。

作为特例，本书将反复讨论著名的逻辑斯蒂方程

$$x_{n+1} = ax_n\ (1 - x_n) \tag{4.13}$$

或其等价形式

$$x_{n+1}=1-\lambda x^2 \tag{4.14}$$

上述两个方程描述的是 $n+1$ 时刻的状态量对 n 时刻状态量的依存关系。它的著名应用是在生态学中作为虫口模型，但也被应用于描述经济、文化等不同领域的某些动力学现象。

（2）集中参量系统与分布参量系统

（4.8）至（4.14）描述的系统，状态变量只是时间 t 的函数，与系统的空间分布特性无关，称为集中参量系统，动力学方程是常微分方程。如果状态变量与空间分布有关，必须考虑空间的不均匀性，x 为空间坐标 r 和时间 t 的函数 x（r，t），则称为分布参量系统。后者由于要考虑状态量在空间的变化速率，系统的动力学行为需用偏微分方程描述，本书将不涉及。

（3）自由系统和强迫系统

（4.8）至（4.14）的右端没有反映外部作用的项，动力学过程是由初值扰动引起的，称为自由系统，其变化叫作自由运动。方程

$$\dot{X}=f(X,C)+F(t) \tag{4.15}$$

描述的是强迫系统，时间函数 $F(t)$ 为外界强加于系统的作用，其变化叫作强迫运动。常值外作用可以作为控制参量来处理，化为自由系统。初值和外部作用均可引起系统的动态过程。

（4）自治系统与非自治系统

（4.8）至（4.14）的右端没有明显地依赖于时间 t，称为自治系统。明显依赖于时间 t 的是非自治系统，一般向量形式为

$$\dot{X}=f(X,C,t) \tag{4.16}$$

非自治性的来源有二：一是存在依赖于时间的外作用项，即强迫系统（4.15）；二是方程系数为时间函数，称为变系数系统。

以上均为按动力学规律（动力学方程）对系统的分类。

4.3　轨道　初态与终态　暂态与定态

演化方程（4.8）表示状态变量之间相互影响、制约的方式和程度，系统行为必须满足这种制约。演化方程的每个解 $X(t)$ 代表系统的一个行为过程，即状态随时间而变化的动态过程。研究演化方程解的特性，是动态系统理论的基本任务。最理想的定量方法是求出方程的解析解，以分析数学为工具彻底把握系统的行为特性。但能够得到解析解的方程

是很少的。借助计算机求其数值解，这种近似方法更有效。定性方法基于相空间概念，绕开求解方程的难关，通过分析方程结构和参量变化去描述解的定性特征，不仅直观形象，而且能揭示解的一系列本质特性，是动态系统理论的基本工具之一。

用几何方法描述系统，可以借助时间域上的曲线表示其行为，如图4.2所示。这是一个2维系统，状态变量为x、y，每个解对应平面上的一条曲线，代表系统在时间域上的行为。图4.3是在相平面中表示的系统行为，时间t被隐去，称为相轨道。相空间的点（状态）称为相点。系统演化表现为相点在轨道上的运动，轨道又叫作流线。一条相轨道代表系统的一个行为，反映各个状态变量在时间演化中的相互依存关系。相空间的每个点都有一条轨道通过，并且只有一条轨道通过。相空间充满各种各样的轨道，每条轨道不自交，不同轨道互不相交。一条轨道可能只包含一点，或者由有限个点组成（离散系统），或者为一条曲线，包括封闭曲线。高于2维的系统的轨道还可能是封闭环面上的曲线。复杂的轨道也可能是某个分形点集合。运用几何方法可以确定相空间中轨道的可能类型及其分布，从而对系统的全部动态行为作出整体的刻画。

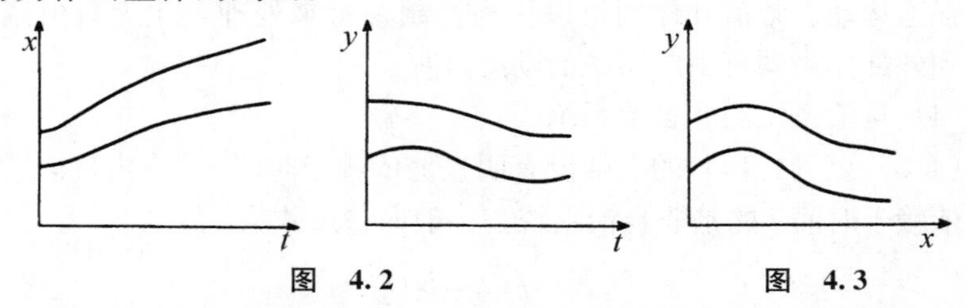

图 4.2　　图 4.3

相空间中有无穷多条轨道。根据微分方程理论，确定系统（4.8）的一个解需要给定它的初始条件，不同初始条件一般对应不同的轨道，即不同的系统行为。一个动态过程开始时刻t_0（通常取$t_0=0$）的状态X_0，称为系统的初态（初值，初始条件）。相空间的每个点都有资格作为初态。动力学认为，初态的获得与系统的动力学规律无关，是扰动因素独立作用的结果。[①]

一旦系统在t_0时刻获得初态X_0，就会沿着通过X_0的那条轨道演化，

① 这个假定反映了机械论的影响。如普利高津所说："在态与规律中一定存在某种关系，因为态是以前的动力学变化的结果。"（普利高津：《从存在到演化》，212页，上海，上海科学技术出版社，1986）初态是系统在扰动作用下按自身运动规律演化的结果。克服这一弊病，有待新的动力学理论。

从而启动一个动态过程。一个动态过程在终了时刻 $t=\infty$ 时趋向的有限状态 X_∞，称为系统的终态。一个动态过程可能没有终态，当 $t\to\infty$ 时，$X(t)$ 没有有限极限。具有实际意义的是存在终态的过程。动态系统理论关心的首要问题是系统的终态行为。是否存在终态？终态的类型？终态在相空间如何分布？如何从初态向终态过渡？都是动态系统理论研究的重要问题。

动态系统有两类可能的状态。系统可以在某个时刻到达但不借助外力就不能保持或者不能回归的状态，称为暂态或瞬态。系统到达后若无外部作用将保持不变或可以回归的状态，称为定态①。图 4.4 示意一个小球在凹凸线上的运动，代表一个有势系统，线上的每个点都是一个可能状态。(a) 中凹线最低点为定态，其余点均为暂态。(b) 中凸线最高点为定态，其余点均为暂态。(c) 可看作两个 (a) 和一个 (b) 的复合系统，有三个定态点。

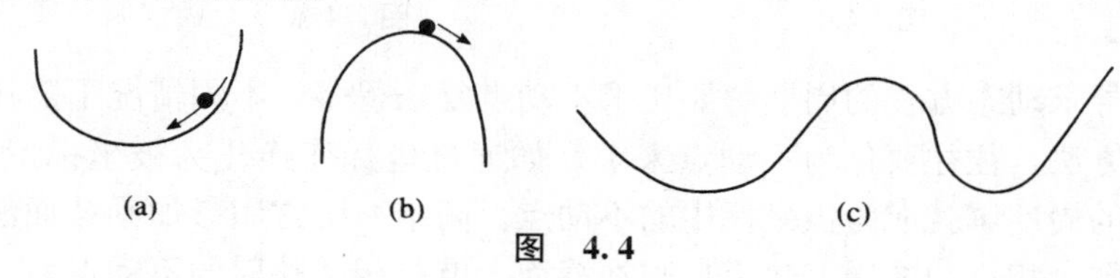

图　4.4

动态系统具有不同类型的定态。最简单的一类定态用数学中的奇点或不动点来表示。系统 (4.8) 的不动点是满足以下条件的解

$$\dot{x}_1=\dot{x}_2=\cdots=\dot{x}_n=0 \tag{4.17}$$

(4.17) 称为不动点方程。所谓不动点，意即在这种点上，各状态量的变化速度均为 0。不动点代表系统的平衡态或均匀态，虽然只是相空间的孤立点，却是一定的相轨道，代表系统的一类定态行为，即平衡态或近平衡态行为。形象地说，系统在这些点上的行为特点是“坐着不动”。按其附近轨道的动态特性，不动点又细分为以下 4 种基本类型：

(1) 中心点；

(2) 结点；

(3) 焦点；

(4) 鞍点。

它们的特点将在下节讨论。

---

① 经典动力学的定态只指保持不变的平衡态，本书用的是广义的定态概念，包括各种非平衡定态。

1维系统只可能有不动点型定态。2维以上的系统还可以有环形定态。图4.5示意的是一个2维系统的环形定态，由相平面的一条封闭曲线表示，数学中叫作极限环。图4.6所示为一个3维系统的空间极限环，由3维相空间的一条封闭曲线表示。极限环代表系统的周期运动。形象地说，这种定态行为的特点是按固定线路“绕圈子”。3维以上的系统还可能出现更复杂的周期运动，用2维或多维环面表示。准确地说，环面代表的是由不同频率（频率比为无理数）的周期运动合成的复杂周期运动，叫作准周期运动（本书将不涉及）。

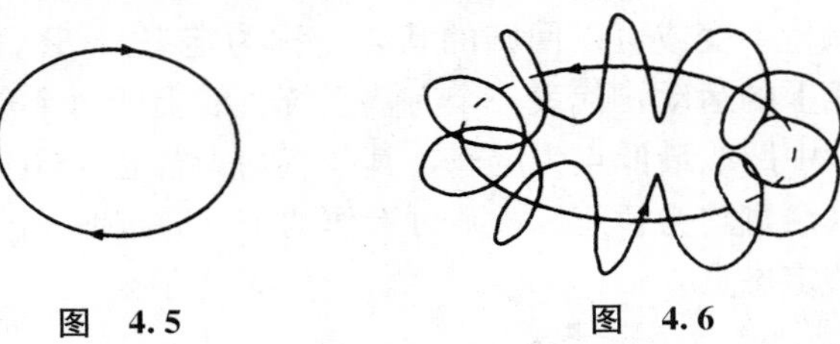

图 4.5　　　　图 4.6

寻求动态方程的周期解要比求不动点复杂得多，不同情况下需用不同的方法，往往要化为不动点来求。如通过坐标变换化为极坐标形式，原来的周期解就成为极坐标中的不动点。高维系统常用彭加勒截面法求周期解，相空间的周期轨道反映在截面上就是相关映射的不动点。

3维以上的连续系统还可能出现更复杂的定态行为，如以相空间的分形结构描述的混沌运动（见第10章）。

上面的分析表明，维数是决定动态系统行为的重要因素。就连续系统看，1维系统的行为简单，因为“舞台”太小，施展不开，只能有平衡态行为。2维系统较为丰富，既有平衡态，又有周期态。3维以上系统可能有平衡态、周期态、准周期态、混沌态等各种定态行为。维数越高，定态行为越丰富多样。

动态系统的行为轨道有两大类。由暂态点组成的轨道代表暂态行为或瞬变行为，由定态点组成的轨道代表定态行为。定态行为就是终态行为，因为只有到达定态，状态转移过程才算结束。动态系统理论主要关心的是定态行为。有无定态，定态的类型和数目，不同定态在相空间的分布，如何从一种定态向另一种定态转移，等等，是动态系统理论的基本课题。

动态系统的定态，特别是稳定定态，是系统整体涌现性的集中体现。定态的形成是涌现的结果，它的特性是不能用系统组分或要素或单个状态量来说明的，一旦把整体分解为部分，这些定态便不复存在。事实上，动态系统理论历来关心的主要是系统的终态行为，即趋向定态的行为。这恰好表明，尽管动态系统理论长期以来没有引入涌现概念，但从其诞生之日起就是以研究整体涌现性为宗旨的。

4.4 稳定性

描述系统的动态特性，首先要判明它是稳定的还是不稳定的。系统是在充满各种扰动因素的环境中产生出来并存续运行的，受到扰动后能否恢复和保持原来行为的恒定性，就是稳定性问题。新生系统只有具备稳定机制，才能保持刚刚建立起来的结构和特性，保存已积累的信息，避免昙花一现。稳定性是系统的重要维生机制，稳定性愈强，意味着系统维生能力愈强。从实用角度看，只有满足稳定性要求的系统，才能正常运转并发挥功能。

但稳定性是一个复杂的问题，在不同的系统现象和实际背景下，需要不同的概念来描述。作为一种动力学特性，系统理论关心的首先是轨道的稳定性，亦即演化方程解 $X(t)$的稳定性。通常采用李亚普诺夫的稳定性定义。

定义 4.1　设 $X=\Phi(t)$是向量微分方程(4.9)的解,定义在时间域(t_0,∞)上,初态为 $\Phi(t_0)$;初值扰动 $X_0=X(t_0)$对应的解为 $X(t;t_0,X_0)$。如果对于足够小的$\varepsilon>0$,总有 $\delta>0$,使得只要

$$|X_0-\Phi(t_0)|<\delta \tag{4.18}$$

就有

$$|X(t;t_0,X_0)-\Phi(t)|<\varepsilon \tag{4.19}$$

则称解 $\Phi(t)$ 是李亚普诺夫意义下稳定的，简称解 $\Phi(t)$ 是 L 稳定的。否则，称解 $\Phi(t)$ 是李亚普诺夫意义下不稳定的，简称解$\Phi(t)$是 L 不稳定的。

方程(4.9)的解就是以它为数学模型的动态系统的相轨道。$\Phi(t)$是从初态 $\Phi(t_0)$出发的轨道,$X(t)$是从初态 $X_0=X(t_0)$(扰动的结果)出发的轨道,$X_0\neq\Phi(t_0)$。(4.18) 表示初态偏离小于 δ，(4.19) 表示两条轨道在一定时刻后的全过程中每一时刻 t 的偏差都小于任意指定的小数ε 。按定义 4.1，L 稳定意味着只要扰动（初值偏离）足够小，轨道的偏离也足够小。初值小扰动只能引起轨道的小偏离，这样的系统有能力保存自己并发挥功能。图 4.7 在时间域上示意了轨道的 L 稳定性。

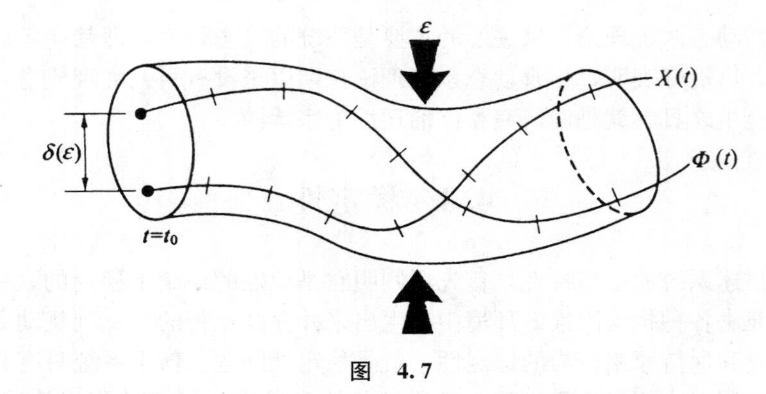

图 4.7

定义 4.2 设方程（4.9）的解 $X=\Phi(t)$是 L 稳定的。如果存在 $\eta>0$，使得只要

$$|X_0-\Phi(t_0)|<\eta \tag{4.20}$$

就有

$$\lim_{t\to\infty}|X(t;t_0,X_0)-\Phi(t)|=0 \tag{4.21}$$

则称解 $\Phi(t)$是李亚普诺夫意义下渐近稳定的，简称为 L 渐近稳定的。

（4.20）仍表示初值偏离足够小，（4.21）表示初值扰动 X_0 引起的轨道偏离随时间延伸而趋于 0。L 渐近稳定是对稳定性更严格的规定，要求误差最终完全消除，回到原轨道。图 4.4（a）所示小球系统的平衡态就是 L 渐近稳定的。

以上定义的稳定性是系统的局部性质，只要求在初值的某个邻域内成立，称为局部稳定性。下面讨论各类定态轨道的稳定性。

中心点 见图 4.8 所示的 2 维系统。坐标原点为不动点，代表平衡运动。周围布满封闭轨道，代表不同扰动产生的不同周期运动。只要扰动足够小，周期运动对原点的偏离也足够小。因此，中心点是 L 稳定的，但不是 L 渐近稳定的。

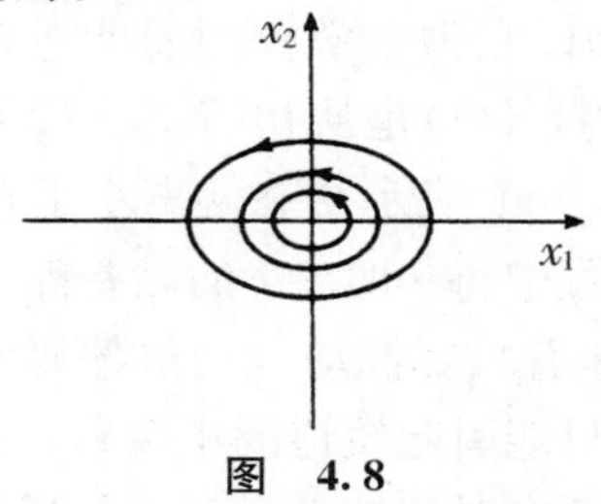

图 4.8

焦点 这类不动点的特点是，它周围布满了螺旋形的相轨道，从附

近任一点出发的轨道都是以不动点为焦点的螺旋线，分为稳定焦点和不稳定焦点两种。图 4.9 为稳定焦点，（i）为相图，轨道由外向焦点卷去；（ii）为相应的时间域轨道，振荡式地向不动点收敛。图 4.10 为不稳定焦点，（i）为相图，轨道向远离不动点的方向卷去；（ii）为相应的时间域轨道，振荡式地从焦点向外发散。两者的不动点都位于坐标原点。

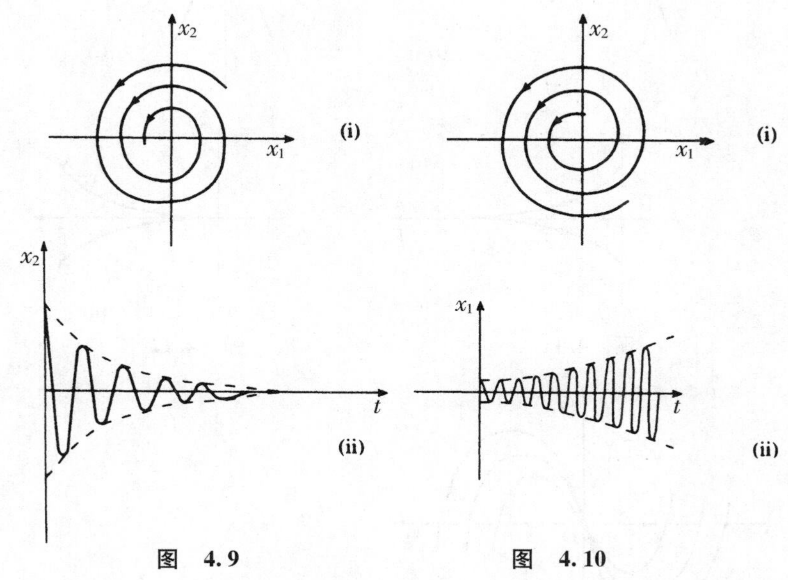

图　4.9　　　　图　4.10

结点　这类不动点的特点是，在相空间中由该点附近出发的轨道不是螺旋形的。在正规情形下，相轨道是从不动点向外发出的直线，也分稳定结点和不稳定结点两种。图 4.11 是稳定的正规结点，图 4.12 是不稳定的正规结点。在稳定情形下，轨道向结点收敛。在不稳定情形下，轨道由结点向外发散。正规结点的时间轨道是单调变化的。图 4.13 是非正规稳定结点，$x_2(t)$是非单调曲线，但只有半次振荡。不动点也在坐标原点。

鞍点　这类不动点的特点是，有两条相轨道从相反的方向向不动点（坐标原点）收敛，是稳定轨道；有两条相轨道从不动点向相反的方向发散，是不稳定轨道。周围的相空间被分为 4 块，每一块中的轨道都是先向鞍点逼近，然后又远离鞍点而去，如图 4.14 所示。鞍点是稳定性（由两条稳定轨道代表）和不稳定性（由两条不稳定轨道代表）的统一，但总体上不稳定。这种特性使鞍点在系统演化中起着十分奇特而重要的作用。

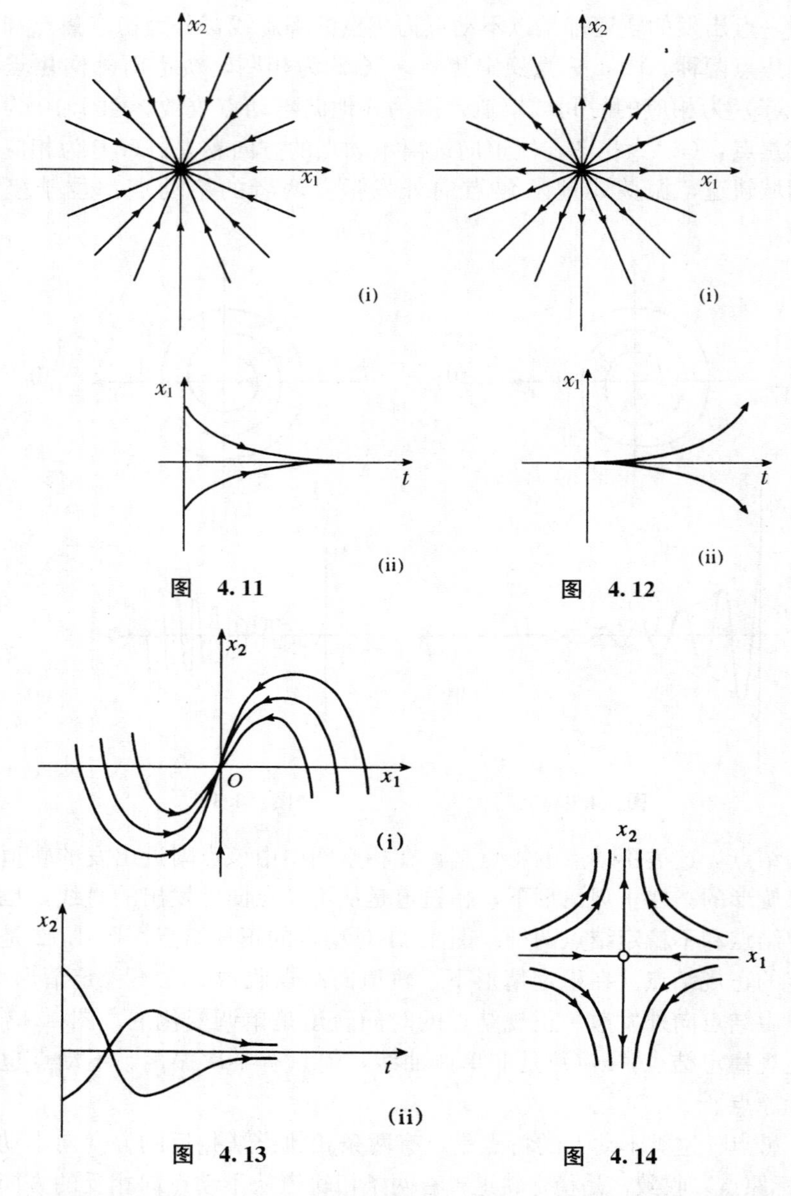

图 4.11

图 4.12

图 4.13

图 4.14

极限环　极限环也有两种基本情形。图 4.15 是稳定极限环，环外的轨道向内卷去，逐步趋向极限环；环内的轨道向外卷去，逐步趋向极限环。图 4.16 是不稳定极限环，环外的轨道向外卷去，逐步远离极限环；环内的轨道向内卷去，逐步远离极限环。有时还可见到单边稳定的极限环，或者内外轨道都向外卷去，或者内外轨道都向内卷去。

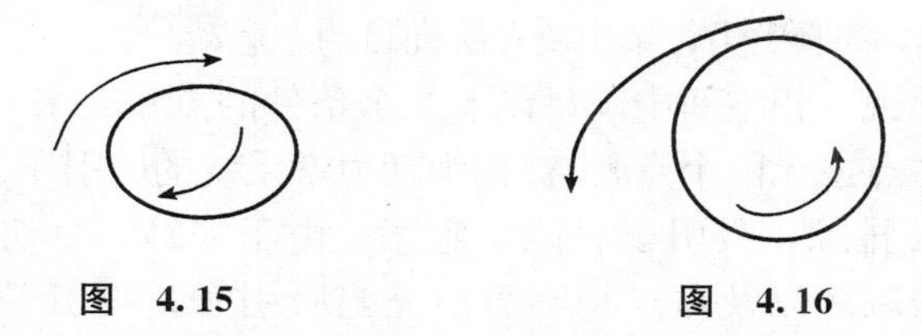

图　4.15　　　　图　4.16

定态点的稳定与否是按其附近的轨道特性刻画的。由定态点的分类及其稳定性的分析，可以对相空间的系统行为作出细致的描述。

所谓轨道稳定性是系统的内部稳定性。许多情形下还要考察系统的外部稳定性，即输入—输出稳定性（I/O 稳定）。简单地说，如果对于一个有界输入 $|u(t)|\leqslant k_1$，存在有限时刻 T，在 $-\infty<T<t<\infty$ 内只能产生一个有界输出 $|y(t)|\leqslant k_2$，就说系统是 I/O 稳定的。其中，k_1、k_2 都是有限数。简言之，有界输入必定产生有界输出的系统是 I/O 稳定的。

给定系统的演化方程，如何判别稳定性是动态系统理论的重要课题。如果能求得解析解，问题很容易解决。在没有解析解的情形下，需要有稳定性判据。所谓罗斯判据、奈魁斯特判据等，属于技术科学层次的稳定性判据。李亚普诺夫函数属于基础科学层次的判据（见第 6 章）。

4.5　目的性与吸引子

近代科学视目的性为形而上学范畴，带有神秘性，因而排除于科学概念之外。对于描述机械运动之类简单系统，不用目的概念是可以的。但在研究复杂系统问题时，特别是生命、社会、思维运动及自动机器，目的概念不可或缺。系统科学发现，目的性并不神秘，它不过是系统的一种动力学特性，可以用吸引子概念精确刻画。

从相空间看，系统演化的目的体现为一定的点集合，代表演化过程的终极状态，即目的态，具有如下特征：

（1）终极性　处于非目的态的系统“不安于现状”，力求离之远去，处于目的态的系统“安于现状”，自身不再愿意或无力改变这种状态；

（2）稳定性　目的态是系统自身质的规定性的体现，这种规定性只有在稳定状态中才能确立起来并得到保持，不稳定状态不可能成为目的态；

（3）吸引性　吸引性是目的性的本质要素，没有吸引力的状态不能成为系统演化所追求的目标。只要系统尚未到达目的态，现实状态与目的态之间必定存在非0的吸引力，牵引着系统向目的态运动。

非形式地说，相空间中满足以上3个条件的点集合 A（可能包含1个点、有限个点或无限个点)，被称为动力学系统的吸引子。由于（1)，一切暂态均被排除，吸引子只能是定态。由于（2)，一切不稳定的焦点、结点、极限环以及鞍点均不可能充当吸引子，吸引子必须是稳定态。由于（3)，稳定而无吸引性的定态被排除于吸引子的候选行列，如中心点、退化结点等。乍看起来，稳定性与吸引性是一致的。其实不然，存在有吸引性但并非 L 稳定的定态，所有轨道在 $t \to \infty$ 时收敛于该点，但要经历很长的旅途，在回来之前可以远离定态。① 只有渐近稳定的定态才是系统的吸引子，代表系统的目的态。

凡存在吸引子的系统，均为有目的的系统。从暂态向渐近稳定定态的运动过程，就是系统寻找目的的过程。如钱学森所说："所谓目的，就是在给定的环境中，系统只有在目的点或目的环上才是稳定的，离开了就不稳定，系统自己要拖到点或环上才能罢休。"② 一切存在吸引子的系统，在演化过程中均表现出这种"不达目的不罢休"的行为特征。

作为相空间点集合的吸引子，其维数必定低于空间的维数。低维性是吸引子的重要特征之一。稳定定态表征系统的本质特性。从初态向吸引子的演化过程是系统确立自身规定性的过程，从不确定性中寻找确定性的过程，必须对各种信息进行过滤、选择、压缩，必须忘记初态（不论从何种初态开始，都走向同一目的态)。同维的信息压缩不足以确立系统的特有规定性，只有从高维相空间压缩到低维的吸引子上，系统才能"忘记"初态，确立自身的规定性。系统寻找目的态的过程必定是降维的过程。

1维系统只能有0维吸引子（不动点)，2维系统可以有0维和1维（极限环）吸引子，3维系统可以有0维、1维和2维（环面）吸引子。一般地，n 维系统可以有0到 $n-1$ 维的各种维数的吸引子。复杂系统的吸引子还可能不是整数维的点集，而是具有分数维的点集，即相空间的分形集，叫作奇怪吸引子（见10.2节)。迄今发现的吸引子有以下几类。

Ⅰ不动点，代表平衡态和近平衡定态行为。

---

① 参见 Steven H. Strogatz，*Nonlinear Dynamics and Chaos*，With Applications to Physics Biology，Chemistry and Engineering，Figure 5.1.6，Addison-Wesley Publishing Company，1994。

② 钱学森等：《论系统工程》，增订本，245页。

Ⅱ极限环（及环面），代表周期（及准周期）运动。

Ⅲ奇怪吸引子（分形吸引子），代表混沌运动。

Ⅰ、Ⅱ两类吸引子代表简单有序运动，由相空间的规则几何图形刻画，称为平庸吸引子。奇怪吸引子代表复杂有序运动，将在第10章进一步讨论。

圣塔菲学派认为，存在另一类吸引子，称为“复杂性（complexity)”或“混沌边缘”，记作Ⅳ。4种类型的关系为

$$\text{Ⅰ及Ⅱ} \rightarrow \llcorner\text{Ⅳ}\urcorner \rightarrow \text{Ⅲ}$$

这个序列表示了动力学系统的演化序列：

$$\text{秩序} \rightarrow \llcorner\text{复杂性}\urcorner \rightarrow \text{混沌}$$

这里的“复杂性”指第4级细胞自动机规则（见8.9节）所显示的、永远出人意料的变动行为。[①] 这是一个新提法，是否为科学概念，有哪些特性，如何用数学表示，都有待探索。

一个系统可能没有吸引子，也可能同时存在多个吸引子。不同吸引子可能属于同一类型，也可能属于不同类型。原则上讲，几类吸引子的各种组合都可能出现。例如，同时存在几个结点，或同时存在不动点和极限环，或同时存在不动点、极限环、奇怪吸引子，或同时有几个奇怪吸引子，等等。当相空间同时存在几个吸引子时，整个相空间将以它们为中心划分为几个区域，每个区域内的轨道都以该吸引子为归宿，称为该吸引子的吸引域或流域。当相空间只有一个吸引子时，一切收敛的轨道都以它为归宿，整个相空间为它的流域。若把相轨道比作地面上的雨水流线，江河湖泊便是它的吸引子，各有自己的流域。系统向哪个吸引子演化，取决于初态落在哪个吸引域，初态决定系统行为的长期走向。对于同一流域中的不同初态，系统具有“遗忘”机制，演化行为的最终走向与初态的选择无关，从不同初态开始的演化过程最终达到同一结果。图4.17示意了吸引子与吸引域的关系。

吸引子是刻画系统整体涌现性的概念，具有不可分割性，即不能把它划分为两个都满足定义要求的较小集合。也不能把几个吸引子组合为一个吸引子，如平衡态 A 与周期态 B 不能合成一个单一的吸引子。

建立了系统演化方程后，可以用数学语言回答下列问题：系统有无吸引子？有几个吸引子？有哪些类型的吸引子？吸引子在相空间如何分

---

① 参见［美］M. 沃德罗普：《复杂——走在秩序与混沌边缘》，308页，台北，天下文化出版公司，1994。

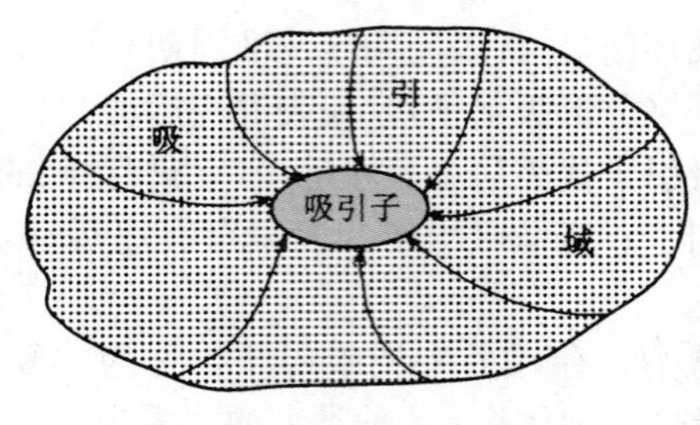

图 4.17

布？如何划分吸引域（即确定吸引域的边界）？等等。关于这些问题的一般结论，构成所谓吸引子理论。

处于不稳定定态的系统也可能“安于现状”，自身没有改变现状的动力。但它们对附近的轨道没有吸引力，反而有排斥力。一旦扰动使系统离开这种定态，排斥力将使任何轨道远离该定态而去。由此缘故，不稳定的结点、焦点、极限环、环面被称为排斥子。图 4.4（b）的定态点就是一个点排斥子。图 4.16 是一个环排斥子。除这些平庸排斥子外，还存在具有分形结构的奇怪排斥子。相空间的分形点集应区分为稳定的与不稳定的两种，前者是奇怪吸引子，后者是奇怪排斥子。研究排斥子也是吸引子理论的重要内容。在动态系统理论中，排斥子又称为源，吸引子又称为汇。一切有实际意义的轨道总是从源流向汇。

4.6 分　叉

前面的讨论是在假定控制参量不变的情形下，仅在状态空间进行研究。但控制参量也是可变的，这种变化将会影响系统的行为特性。一般情形下，控制参量的变化只能引起系统的定量变化，属于平庸情况，系统理论不太关注。但在某些临界点上，控制参量的改变将引起系统定性性质的改变，即定态点的类型、个数、在相空间的分布以及稳定性的改变等。例如，从有定态到没有定态或者相反，稳定定态变为不稳定定态或者相反（称为稳定性交换），定态类型改变，从一个定态到多个定态，或者相反等等。控制参量变化引起的系统定性性质的改变，叫作分叉。分叉现象要在控制空间中考察。控制空间中引起分叉现象的临界点，叫作分叉点。研究分叉的定义、分叉发生的条件、分叉的类型、如何求分叉解、解的稳定性、解的对称破缺等，构成所谓分叉理论。

考察 1 维系统

$$\dot{x}=ax-x^3 \tag{4.22}$$

状态空间与控制空间均是1维的，乘积空间是以a和x为坐标而张成的2维空间。它的不动点方程是

$$ax-x^3=0 \tag{4.23}$$

当$a<0$时，只有一个实数解$x=0$，代表系统的稳定平衡态。当$a>0$时，有3个不动点：$x_1=0$，$x_2=\sqrt{a}$，$x_3=-\sqrt{a}$，代表3个平衡定态。容易证明，此时的x_1为不稳定的，x_2与x_3为稳定的。$a=0$为分叉点，当a从负向增大而跨过这一点时，系统由一个定态变为3个定态，定态$x_1=0$由稳定变为不稳定，标志着系统定性性质改变了。除了这一点，a的变化只能引起系统的量变。

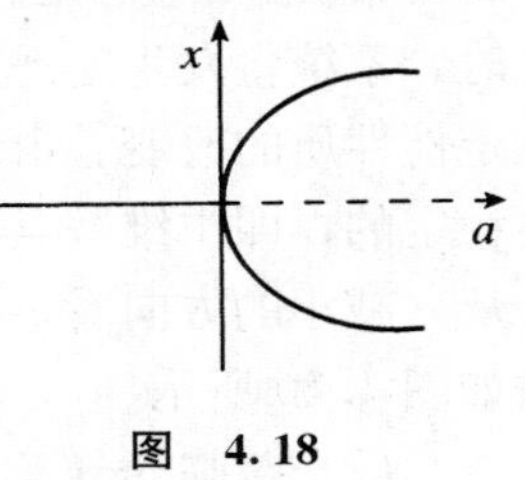

图　4.18

还可从另一角度看这类现象。给定系统$\dot{x}=f(x)$，如果存在一个函数$V(x)$，使得

$$\frac{\partial V}{\partial x}=-f(x) \tag{4.24}$$

就称该系统为有势的，称$V(x)$为它的势函数。(4.22)是一个有势系统，势函数为

$$V(x)=\frac{1}{4}x^4-\frac{1}{2}ax^2 \tag{4.25}$$

不动点是$V(x)$的极值点。图4.19是控制参量引起的势函数$V(x)$变化。$a<0$时，a的变化只能改变曲线的陡峭程度，属于量的变化，如左图。$a=0$时如中图。如果$a>0$，$V(x)$有3个不动点x_1、x_2、x_3，a的变化只能改变定态点x_2与x_3在x轴上的位置及势阱深度，也属于量的变化；但在跨越临界点$a=0$时，出现的是两类定态结构的转变这种定性性质的改变。

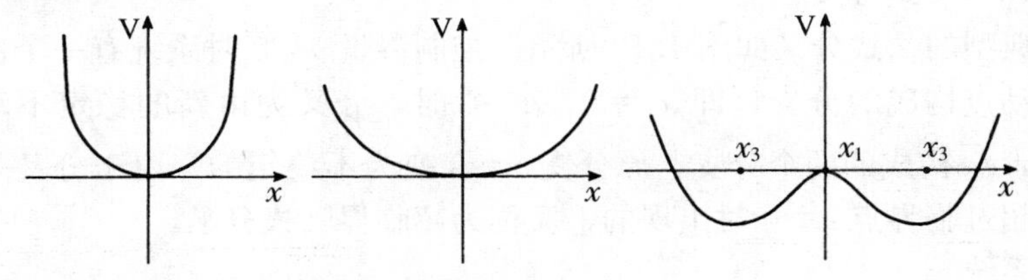

图　4.19

分叉是系统的动力学机制，因动力学方程的结构不同而不同。基本的类型有以下几种。

(1) 鞍结分叉

考察系统

$$\dot{x}=a+x^2 \tag{4.26}$$

$a>0$ 时没有不动点，$a<0$ 时有两个不动点 $x_1=\sqrt{-a}$ 和 $x_2=-\sqrt{-a}$，x_1 不稳定，x_2 稳定。$a=0$ 为分叉点，因为当控制参量减小到分叉点时，系统将发生定态点的创造（从无到有）或破坏（从有到无）。这是定性性质的改变。由于 $a<0$ 时的不动点为结点，$a=0$ 时的不动点为半稳定的，即1维鞍点，不动点的破坏是通过结点退化为鞍点而实现的；从 a 减小的方向看，通过鞍点的出现而创造出结点，故称为鞍结分叉。如图4.20所示。

(2) 跨临界分叉

考察系统

$$\dot{x}=ax-x^2 \tag{4.27}$$

不动点为 $x_1=0$ 和 $x_2=a$。与 (4.26) 不同，此系统在整个 a 轴上都有解，不存在不动点的创造和破坏。但在 $a<0$ 时，$x_1=0$ 是稳定的，$x_2=a$ 是不稳定的；在 $a>0$ 时，$x_1=0$ 不稳定，$x_2=a$ 稳定。稳定性发生交换，属于定性性质改变，故 $a=0$ 为分叉点。由于不动点稳定性发生交换这种分叉现象是在控制参量跨越临界点时出现的，因而称为跨临界分叉。图4.21描绘了这种情形。

图 4.20　　　　图 4.21

(3) 叉式分叉

典型的叉式分叉如图4.18所示。控制参量 $a<0$ 时系统有一个由稳定不动点构成的分支，即 $x_1=0$。$a>0$ 时，分叉为由新的稳定不动点 $x_1=\pm\sqrt{a}$ 构成的两个分支，原分支 $x=0$ 变为不稳定的。由于分叉是在参数超过临界点 $a=0$ 时出现的，又称为超临界叉式分叉。

系统

$$\dot{x}=ax+x^3 \tag{4.28}$$

也具有叉式分叉机制，零解 $x=0$ 与超临界分叉相同。不同的是，分叉不是发生在 a 超过临界点 $a=0$ 时，而是在 a 小于临界值时出现的，因而称为亚临界叉型分叉。另一特点是两个非 0 解均不稳定。图 4.22 描绘的是这种情形。

系统

$$\dot{x}=ax+x^3-x^5 \tag{4.29}$$

具有图 4.23 所示的分叉机制。

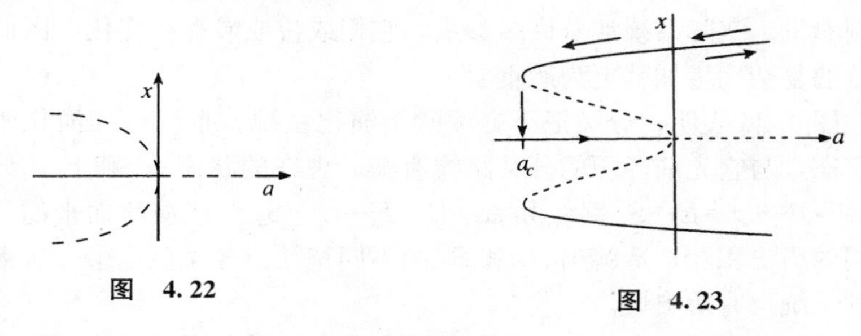

图 4.22　　　　图 4.23

对于小 x，当 $a<0$ 时分叉类似于图 4.22，$x=0$ 为稳定不动点，两个向后弯的分支是不稳定的，$a=0$ 为临界点。由于 x^5 项的作用，存在另一个临界点 a_c（<0），跨过这一点出现两个大幅值的稳定不动点分支。当 $a_c<a<0$ 时，有两种数值不同的稳定不动点可供选择。对于小的初态 x_0，系统取 0 值；对于大的初态 x_0，系统将从两个大幅值中选取一个。

（4）霍普夫分叉

如图 4.24 所示，分叉前为焦点型不动点，分叉后为稳定极限环。

（5）单极限环分叉

如图 4.25 所示。当控制参量变化到临界点时，原极限环失稳（虚线所示），同时分叉出两个稳定的极限环（实线所示）。

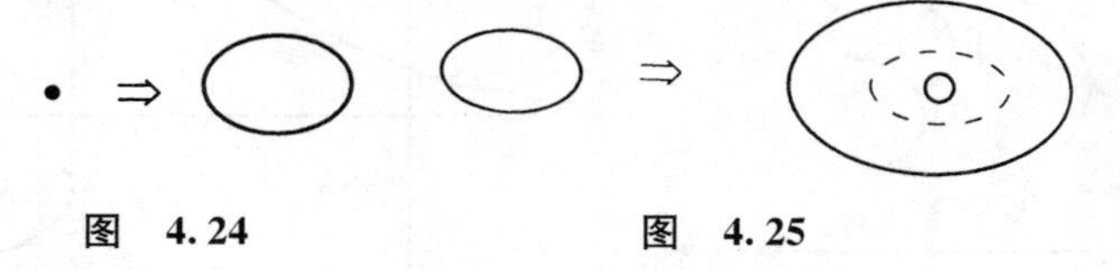

图 4.24　　　　图 4.25

（6）环面分叉

控制参量的变化还可能导致从极限环分叉出环面，或者从环面分叉出同维的其他环面，或者分叉出更高维的环面。

（7）在更复杂的情形下，可以从平庸吸引子分叉出奇怪吸引子，或从一种奇怪吸引子分叉出另一种奇怪吸引子。

上面是从数学角度对分叉的描述。分叉并非只是一种数学现象。我们在物理世界、生命世界、社会领域、工程技术以及心理思维领域，都可以发现分叉现象，表明分叉是系统演化过程中广泛存在的一种动力学机制。系统演化之所以从单一到多样、从简单到复杂，分叉机制是重要根源。实际系统的演化过程中不止出现一次分叉，而是经历一系列的分叉，形成所谓逐级分叉序列，如图 4.26 所示。不断分叉，不断产生出新的分支，导致不断增加系统的多样性和复杂性。此图中只考虑了一个控制参量。实际系统涉及许多参量，它们或快或慢都在变化，因而分叉导致的复杂性增加就更为严重了。

图 4.26 表明，分叉把历史性赋予演化系统。系统后续演化所建立的定态，与它先前经历的分叉路线有关。现在的状态 S_1 和 S_2，分别是按 $A \to B \to D \to E \to S_1$ 路线和 $A \to B \to F \to G \to S_2$ 路线演化而来的，包含不同的历史积淀，造就出 S_1 和 S_2 的不同特征。分叉理论第一次揭示出物理系统也有历史性。

当分叉点上存在不止一个新的稳定分支解时，系统面临如何选择的问题。在一般情形下，几个新定态是对称的，有相同的机会接受选择。存在两种基本选择（对称破缺）方式。一是诱导破缺选择，环境中存在某种诱导力量，迫使系统对某个新态有所偏爱。二是自发破缺选择，几种新态被选择的可能性相同，完全由偶然因素决定。图 4.27 示意了一种诱导破缺选择。虚线代表没有外部诱导作用的自发破缺选择，实线代表诱导作用造成的破缺选择。

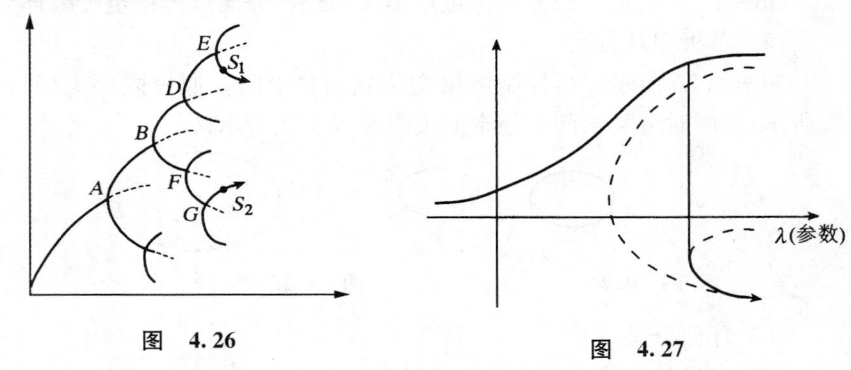

图 4.26

图 4.27

4.7 突　变

系统的演化行为有渐变与突变两种方式。基于微积分的经典数学充分研究了事物的渐变，却无法描述突变。基于微分方程定性理论的现代动力学指出克服这一困难的途径。分叉点上发生的系统定性性质改变，就是一种突变。有了前面的准备，现在可以讨论动力学的突变理论了。

渐变与突变的关系历来是科学与哲学激烈争论的问题。200年前的居维叶倡导灾变论，断言“没有缓慢作用的原因能够产生突然作用的结果”。在他看来，缓慢变化的原因只能产生缓慢变化的结果，突发性的结果必定来自突发性的原因。这种把渐变与突变完全对立起来的观点，显然是机械论的。现代动力学承认渐变与突变、连续与离散是相互联系、相互转化的。阿诺尔德认为：“对世界的数学描述依赖于连续性和不连续的、离散的现象之间巧妙的相互作用。……从光滑、连续的结构中会出现离散的结构”①。突发性原因导致突发性结果是一种平庸情形，渐变的原因导致突变的结果是一种非平庸情形，蕴藏着丰富的动力学内容。从这种科学和哲学的认识出发，突变理论明确规定它不研究一切突变现象，只研究在控制参量的缓慢变化中可能出现的系统定性性质的突变。

按照结构稳定性，动态系统可以分为三类：处处结构稳定的系统不可能发生突变，无研究的必要；处处结构不稳定的系统无法存在于现实世界，也无研究的必要；突变理论关心的是兼具结构稳定与结构不稳定两种情形的系统。更准确地说，这类系统在相空间几乎处处结构稳定，但在某些0测度的点集上存在结构不稳定性。这类系统具有丰富的动力学特性，可以发生渐变与突变的相互转化。在控制空间的结构稳定性区域中系统只有渐变，一旦走向边界就要出现从一种定态到另一种定态的突变。这就是突变理论研究的现象。

我们讨论一种典型情形。给定一个有势系统，其势函数为

$$V(x)=x^4+ax^2+bx \tag{4.30}$$

（4.25）是它的特例。有势系统只有不动点型的定态点。此系统的平衡态（不动点）方程为

$$\frac{\partial V}{\partial x}=0 \tag{4.31}$$

亦即

$$4x^3+2ax+b=0 \tag{4.32}$$

该系统有1维状态空间即 x 轴，和2维控制空间即（a，b）平面，构成

① ［俄］V. I. 阿诺尔德：《突变理论》，“英文第二版序”，北京，高等教育出版社，1990。

3 维乘积空间 $a-b-x$。系统的所有不动点形成乘积空间的一张三叶折叠曲面 M（行为曲面），如图 4.28 所示。(i) 是行为曲面 M，由奇点 $x=0$ 开始在折叠区内逐渐展开。中叶是势函数的所有极大点（不稳定不动点）的集合，上、下叶是极小点（稳定不动点）的集合。(ii) 是三叶折叠曲面在控制平面 $a-b$ 上的投影，折叠曲面中叶的两条边界（棱）投影到 $a-b$ 平面上得到由原点引出的尖顶曲线，有两个分支，其上每个点都是分叉点，故称为分叉曲线。分叉曲线是系统控制空间中的结构不稳定点集合。当控制参量 a、b 的变化没有到达分叉曲线时，系统只有定量性质的改变。当控制参量 a、b 变化到分叉曲线时，就会引起系统定性性质的突变，或者从上叶跳到下叶，或者从下叶跳到上叶。(iii) 是用适当平面截取行为曲面 M 所得到的截线，实线是极小点，虚线是极大点。这个系统显示突变理论与分叉理论有内在的联系。

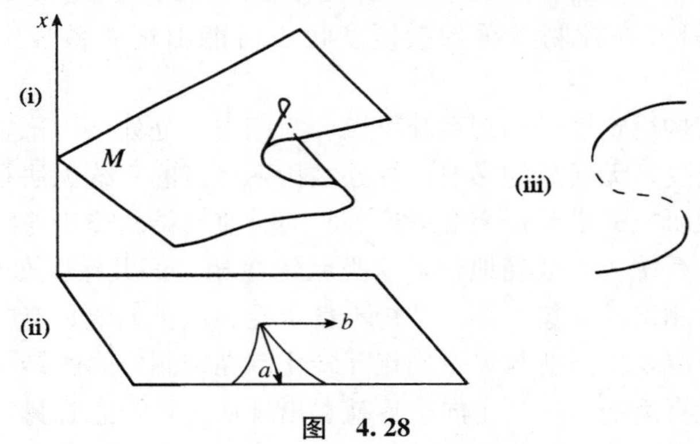

图　4.28

最简单的是折叠突变，但它的突变特征很不充分。尖顶突变是仅次于折叠突变的另一种最简单的突变形式，又几乎具备了突变的所有基本特征：

(1) 多稳态　除折叠突变外，突变系统均具有两个以上的稳定定态，即对应于同一组控制参量，势函数有不同的极小点，因而可以发生从一个稳态向另一个稳态的变化。尖顶突变是双稳态。更复杂的系统还可能有三个以上的稳态。

(2) 不可达性　在不同的稳定定态（极小点）之间存在不稳定定态，即极大点，它们是不可实现的定态，或者说是实际上不可能达到的定态。在尖顶突变中，三叶折叠曲面中叶上的点是不可达的。

(3) 突跳　在分叉曲线上，系统从一个极小点到另一个极小点的转变是突然完成的。在尖顶突变中，从上（下）叶到下（上）叶的过渡采取突跳形式。

（4）滞后　如图 4.29 所示，在尖顶突变中，当控制参量沿路径 1 变化时首先碰上分叉曲线右支，但不发生突变，要到分叉曲线的左支的 α 点时，系统才发生突跳；沿路径 2 变化时，首先碰到的是左支，但要到达右支的 β 点时，才会发生突跳。这种现象称为滞后，反映突变的发生与控制参量变化的方向有关。图 4.23 沿 a 减少的方向也有滞后。

（5）发散　在所谓退化定态点附近，控制参量变化路径的微小差别可能导致最终状态有很大不同。演化轨道对控制参量变化路径的这种敏感不稳定性，叫作发散。

突变并不仅仅是数学现象。桥梁断裂，锅炉爆炸，股市暴跌，国家政变，都是系统的突变。初等突变理论对有势系统的可能突变现象作了严格而透彻的分析，发现所谓托姆原理。这个原理断言：对于控制参量 $m \leqslant 4$ 的有势系统，存在 7 种基本突变，即折叠突变、尖顶突变、燕尾突变、蝴蝶突变、椭圆型脐点突变、双曲型脐点突变和抛物型脐点突变。对于 $m \leqslant 5$ 的有势系统，存在 11 种基本突变，除前述 7 种外，还有印第安人茅舍型、符号型脐点、第二椭圆型脐点、第二双曲型脐点等突变。m 越大，基本突变的类型越多，但原则上都是确定的。至于非有势系统的突变，是高等突变理论研究的课题，目前所知甚少。

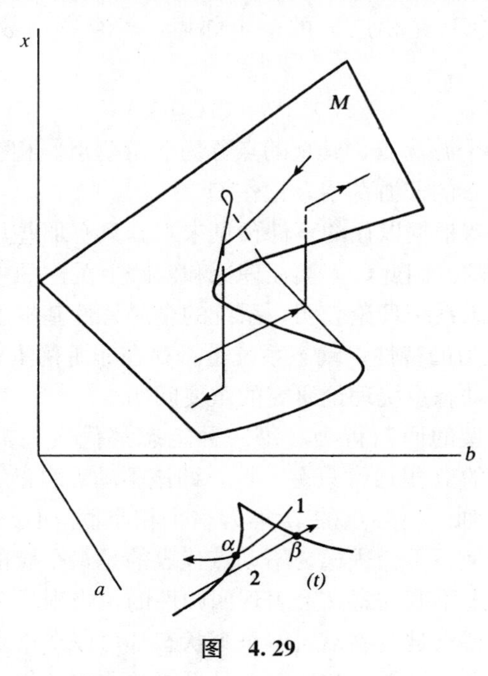

图　4.29

4.8 回归性与非游荡集

按照是否具有回归（回复）性，系统的可能状态有两类。在 $t \to \infty$ 的过程中一去不复返的状态没有回归性，反复出现的状态具有回归性。严格的回归性要求完全回复到该状态，一般的回归性只要求回到该状态的附近。有限次回归后便逃逸掉的状态，仍无回归性，只有在 $t \to \infty$ 过程中无限次地回到其附近的状态，即永不逃逸的状态，才真正具有回归性。回归的方式可以是有规则的，也可以是无规则的。通常所谓“循环往复”，“螺旋前进”，“似曾相识燕归来”，“历史有惊人的相似之处”，说的都是动态系统的回归性。

数学家把相空间中不具回归性的相点（状态）称为游荡点，把具有回归性的相点称为非游荡点。系统的动力学方程（以 φ 记之）可视为一种操作变换，把 φ 施加于初态 x_0，在 $t \to \infty$ 过程中可以得到从 x_0 出发的那条轨道上的所有点；把 φ 施加于不同的初态，经过变换可以得到相空间的所有点。令 φ（C）记对点集 C 中所有点施行变换 φ 后得到的点集，有如下关于游荡点和非游荡点的定义。

定义 4.3　令 V 记相点 x 的一个邻域，若存在实数 $\tau > 0$，当时间 $t > \tau$ 时，有

$$\varphi(V) \cap V = \varnothing \text{（空集）} \tag{4.33}$$

则称 x 为 φ 的一个游荡点；其余的点称为非游荡点。相空间中所有非游荡点的集合称为 φ 的非游荡集，记作 Ω。

人们总是希望根据以往的事件预见未来。只有那些具有回归性的行为才是可以预测的。因此，人类在理论和实践上关注的中心总是具有回归性的行为。动态系统理论表明，系统的全局特性基本上取决于非游荡集 Ω 及其附近轨道的特性。动态系统是否存在非游荡集 Ω，Ω 集的构成和特性如何，是动态系统理论研究的重要问题。

存在不同类型的回归行为。每一种定态都代表一类回归行为。焦点、结点和鞍点的 Ω 集通常只有一点，即该不动点自己。退化结点的 Ω 集可能是整个 x 轴。中心点的 Ω 集为整个相空间，任一相点都是非游荡的，在 φ 的变换下不会逃逸。不动点代表的是最平庸的非游荡集，它是在保持平衡状态不变的意义上表现回归性的。极限环和环面是较为复杂的非游荡集，特点是变动不居但每个状态都可以严格重复，且是有规则的重复。不动点、极限环和环面都是平庸的非游荡集。真正复杂的非

游荡集是奇怪吸引子，在$t \to \infty$的过程中，系统无数次地回到每个状态的附近，但并不严格回归，且这种回归是非周期的、无规则的。

研究非游荡集的一个重要模型，是斯梅尔20世纪60年代提出的马蹄变换。有兴趣的读者可参看有关的动力学著作。

4.9　瞬态特性与过渡过程

充满相空间的轨道可分为瞬态和定态两类，分别描述系统的瞬态行为过程和定态行为过程。所谓瞬态过程，并非说这种过程是短暂的，甚至是瞬间完成的，而是说它是由一系列瞬态组成的。由于分析数学建立在实数连续统上，瞬态行为原则上是一种无穷过程，要在$t \to \infty$时才能完成。实际的定态行为原则上是一种有穷过程。

从状态空间看，系统的本质特征是由定态规定的，瞬态无关紧要。在回答“系统的本质规定性是什么”的问题时，系统理论关注的中心是定态而非瞬态，即使讨论瞬态，也是为了讨论定态，通过与瞬态的比较来说明定态。但是系统的定态点是相空间的0测度集合，相空间几乎是由瞬态组成的。从相空间任意取一点，取到定态的概率为0，取到瞬态的概率为1。尽管原则上初态可以取在定态轨道上，但概率为0，实际的初态均取为瞬态，定态的建立总是通过瞬态过程而达成的。因此，为了阐明“系统获得其本质规定性的方式和过程”的问题，系统理论必须研究瞬态行为。

动力学系统的瞬态行为也分两类。一类是不向任何定态收敛的瞬态，另一类是向吸引子收敛的瞬态。一条向吸引子A收敛的瞬态轨道，随着过渡过程的延伸，瞬态的特性越来越接近定态A的特性，辨别是瞬态还是定态也越来越困难。如向极限环收敛的螺旋轨道越来越接近封闭的环，即周期运动；向奇怪吸引子收敛的周期轨道越来越接近非周期的混沌运动。这就增加了如何判断过渡过程是否结束的困难。

由于微分方程理论建立在实数连续统上，任何动态过程只能随着$t \to \infty$越来越逼近终态，不可能实际上到达终态。但现实世界不是连续统，由于存在干扰、噪声等因素，实际的动态系统均可在有限时间内到达终态。实际系统也不要求绝对到达终态，只要和终态的差距足够小，就被认为过渡过程结束了。因此，过渡过程概念是有意义的。在动力学中，这样的过渡过程被认为是短期行为，终态则被认为是长期行为。

从吸引域边缘的排斥子轨道附近开始的瞬态行为要经历一个走出排斥

子的过渡过程。靠近排斥子的瞬态具有与排斥子定态相近的特性，难以区分。特别是存在奇怪排斥子时，由于它的复杂分形结构，在演化的初期可能要经历相当长的、复杂曲折的过程才能离开奇怪排斥子。在分叉点上，原吸引子失稳而成为排斥子，迫使周围的轨道离开原定态去追求新的吸引子。但在过程开始的一段时间内，原定态的影响很强，新定态的影响很弱，走出原定态的影响范围是一种复杂的动态过程。如何快速而顺利地摆脱已经失稳的原定态的影响，是具有重大理论和实际意义的问题。这是过渡过程理论的基本课题。处于社会改革时期的人们对于摆脱旧体制的艰难都有深切的体会，摆脱旧体制的过程就是走出排斥子的过程。

思　考　题

1. 什么是系统的动力学特性？动力学是关于事物发展动力的科学吗？

2. 列举经济、政治、科学、文化等发展过程中的动力学现象。

3. 你的人生阅历中有过哪些重要的分叉现象？试用分叉理论阐明个人智力发展和社会贡献的差异的来源。

4. 从系统科学原理看稳定与发展的辩证关系。

5. 试析确定性动力学中的机械论影响。

阅　读　书　目

1. S. H. Strogatz：*Nonlinear Dynamics and Chaos*，With Applications to Physics，Biology，Chemistry and Engineering，Chapter 1－8，Addison-Wesley Publishing Company，1994.

2. J. M. T. Thompson， H. B. Stenmit：*Nonlinear Dynamics and Chaos*，Geometrical Methods for Engineers and Scientists，Preface，Chapter 1，2，3，John Wiley and Sons Ltd.，1986.

3. ［德］H. 哈肯：《高等协同学》，“导论”，北京，科学出版社，1989。

4. 刘式达、刘式适编著：《非线性动力学和复杂现象》，第 2、3、4、5 章，北京，高等教育出版社，1989。

5. 普利高津、斯唐热：《从混沌到有序》，上海，上海译文出版社，1987。

第5章 线性系统理论

数学模型是由描述系统的变量和常量构成的数学表达式。建立数学模型后，首先要区分系统是线性模型还是非线性模型。几百年来，科学研究的主要对象是线性系统。依据这些成果，系统科学建立了成熟的线性系统理论，获得广泛应用。现代科学正在转向以非线性系统为主要对象，未来的科学本质上是非线性科学。但我们必须从线性理论讲起。这不仅由于目前真正成熟的、体系化了的内容主要是线性理论，还在于线性理论是非线性理论必要的基础性知识准备，线性理论的结论和方法对于解决非线性问题有重要应用。例如，构造非线性方程的解往往要利用线性方程的解，线性稳定性分析是研究非线性系统稳定性的基本技术之一，等等。此外，非线性问题的本质常常要在同线性关系的比较中才能深刻理解。

5.1 线性关系

线性与非线性原本是一对数学概念，用以区分不同变量之间两种基本的相互关系。常量之间无所谓线性与非线性之分。变量之间最简单最基本的关系是函数关系，即因变量对自变量的依存关系。因变量与自变量成比例地变化，即变化过程中二者的比值不变，称为线性函数。否则，称为非线性函数。最简单的是一元线性函数，一般形式为

$$y=ax+\mathrm{b}\ (a\neq 0) \tag{5.1}$$

作为例子，弹簧长度 L 与拉力 F 的关系被表述为以下线性关系

$$L=\mathrm{k}F+L_0 \tag{5.2}$$

k为弹性系数，L_0 为 $F=0$ 时的弹簧初始长度。

（5.1）中参量 a 具有实质性意义，不同 a 值代表因变量与自变量的不同比率。如不同质的弹簧有不同弹性系数k。常数b没有实质意义，可以通过坐标变换［令 $x_1=x+\mathrm{b}/a$ 代入（5.1）］而消去。因此，我们只需讨论如下形式的一元函数：

$$y=ax \tag{5.3}$$

在几何学中，线性函数由平面直线或直线段表示，如图（5.1）所示：

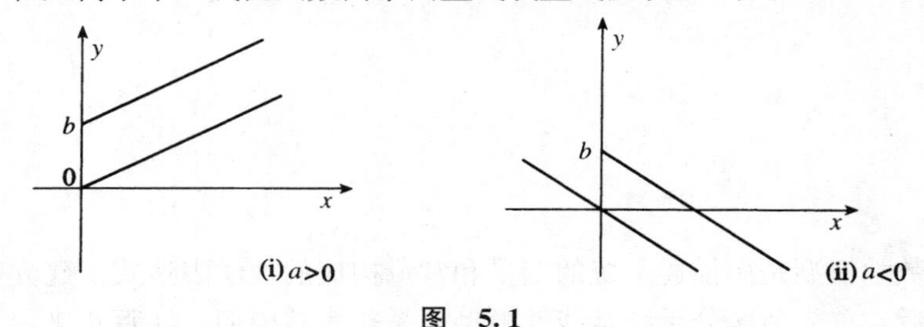

图 5.1

较为复杂的变量关系需用多元函数表示。（5.4）为二元线性函数

$$z=ax+by \tag{5.4}$$

几何上代表3维空间的一张平面。

函数描述的是一个变量对另一个变量的依存关系，不是几个变量相互影响、相互依存的关系。描述变量之间相互依存关系的主要数学形式是各种方程。（5.5）是三个变量 x_1，x_2，x_3 之间的一种线性代数关系

$$\begin{aligned} a_{11}x_1+a_{12}x_2+a_{13}x_3&\leqslant b_1 \\ a_{21}x_1+a_{22}x_2+a_{23}x_3&\leqslant b_2 \end{aligned} \tag{5.5}$$

它表示变量 x_1，x_2，x_3 只能在给定的两个代数关系内变化，每个变量的变化都影响另两个的变化。

函数和代数方程描述的是变量之间的静态相互关系。动态过程中诸变量的相互依存关系要丰富复杂得多，数学表达式中将出现微分、差分、积分等描述动态特性的项，反映这些动态量对各个变量的依存关系。设某动态过程有两个变量 x 和 y，均为时间的可微函数，导数 $\dot{x}=\frac{\mathrm{d}x}{\mathrm{d}t}$ 和 $\dot{y}=\frac{\mathrm{d}y}{\mathrm{d}t}$ 代表它们的变化速率。下述微分方程描述的是它们之间动态的线性相互关系

$$\begin{aligned} \dot{x}&=ax+by \\ \dot{y}&=px+qy \end{aligned} \tag{5.6}$$

$\frac{\mathrm{d}x}{\mathrm{d}t}$ 同时取决于 x 和 y，$\frac{\mathrm{d}y}{\mathrm{d}t}$ 同时取决于 y 和 x，反映 x 与 y 相互的动

态作用。

一般地说，令 f 代表某种数学操作，如关系、变换、运算、方程或其他，x 为数学操作的对象，$f(x)$表示对 x 施行操作 f。若$f(x)$满足以下两个条件：

(1) 加和性

$$f(x_1+x_2)=f(x_1)+f(x_2) \tag{5.7}$$

(2)齐次性

$$f(kx)=kf(x) \tag{5.8}$$

合并表示为

$$f(ax_1+bx_2)=af(x_1)+bf(x_2) \tag{5.9}$$

就称操作 f 为线性的。这是数学操作具有线性特性的基本要求，称为叠加原理。

线性和非线性还可以区分两种不同的序关系。一个序列中的事物如果前后顺序衔接，一个接着一个排成一条长链，就是线性序，如图 5.2 (a) 所示。否则，如果序列中存在分支、闭合环路或其他复杂情形，如图 5.2 (b) 和 (c) 所示，称为非线性序。

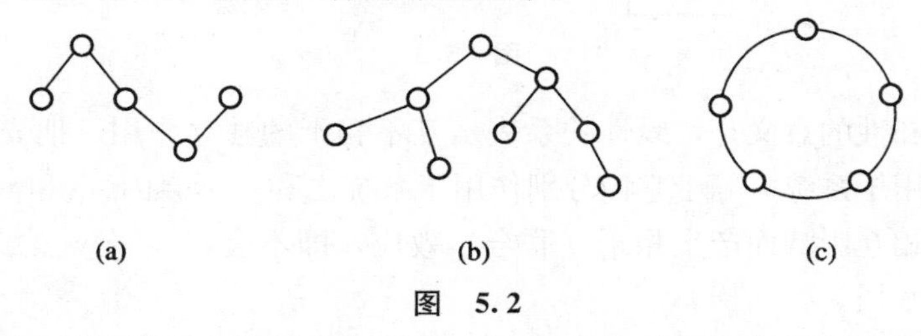

图　5.2

当实际问题被表示为数学形式，特别是解析形式时，线性与非线性的区别显而易见：只包含变量的一次项的是线性特性，其余均为非线性特性。没有给出数学表达式的实际现象，往往可以作直观的判断。一个事物的运行过程如果没有曲折、弯路、反复、振荡、间断、跳跃等现象，而是均匀展开、单向直进、一往无前，便可看作线性的。俗话所谓“水涨船高”，“道高一尺，魔高一丈”，“一分努力，一分成果”，“有一分热，发一分光”，说的都是线性关系。

5.2　线性系统

能够用线性数学模型（线性的代数方程、微分方程、差分方程等）描述的系统，称为线性系统。这类系统的基本特性，即输出响应特性、状态响应特性、状态转移特性等，都是线性特性，满足叠加原理的两个要求。上述对线性系统的基本限制是一种理论假设，叫作线性假设。(5.5) 描述的是线性静态系统，(5.6) 描述的是线性动态系统。

一个系统能否使用线性模型，没有普适的判据。除取决于系统本身非线性特性的强弱外，还与实际应用场合对允许误差的要求有关。一个对象，有时可以作为线性系统，有时不允许用线性模型，需根据具体情况作具体决断。

以系统为对象，可以充分揭示叠加原理的内涵。我们以输出对输入的响应特性为例来说明。令 u_1 和 u_2 代表两个不同输入，y_1、y_2 代表相应的输出，$u=u_1+u_2$ 代表输入 u_1 与 u_2 之和，y 代表系统对 u 的输出响应。如果系统是线性的，即满足叠加原理，则有

$$y=y_1+y_2 \tag{5.10}$$

图 5.3 是这一特性的直观表示。

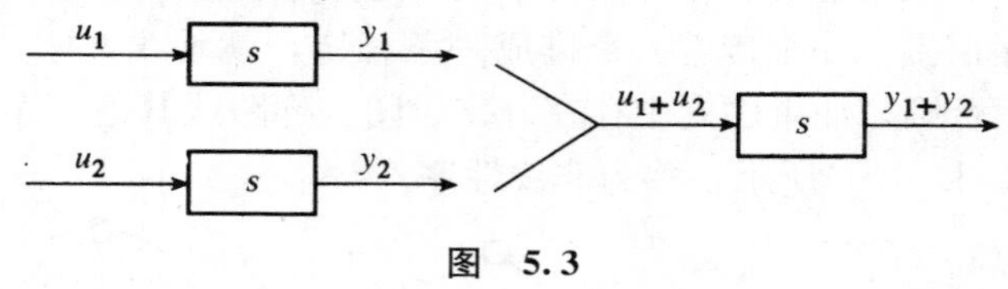

图 5.3

加和性的意义是，线性关系表示互不相干的独立作用。把 u_1 和 u_2 同时作用于系统，等于它们分别作用于系统之和，不会因 u_1 和 u_2 同时输入的相互影响而产生相干（联合）效应，即不会在 y_1+y_2 之外有所增益或亏损。

在社会系统中，人们不断采用各种举措或政策，以期获得相应的结果或效益。如果多个举措同时实施所获效益等于各个举措分别实施所获效益之和，不因这些举措同时实行的相互影响而产生相干效应，就表示该系统具有加和性，即输出对输入的响应是线性的。

齐次性不是加和性的简单扩展，它有自己的特殊含义。齐次性意味着如果在系统中将输入倍化，输出也将同样倍化，不会发生定性的、结构性的改变。例如，在输出响应 (5.3) 中，令输入 u 是 t 的频率为 ω 的周期函数

$$u=\cos\omega t \tag{5.11}$$

则输出也是频率为 ω 的周期函数

$$y=a\cos\omega t \tag{5.12}$$

除振幅扩大 a 倍，系统不会出现差频或和频或倍频等现象。频率结构保

持不变，是线性系统的重要特性。下章将看到，对于非线性系统，改变频率结构的现象是不可避免的。

满足叠加原理是线性系统的基本判据。有了数学模型，可直接按模型判别。没有数学模型时，可以用实验手段进行判别。给系统以不同输入，分别测得系统的输出，比较输入数据与输出数据即可判断系统是否满足叠加原理。加和性可以推广到多个输入 u_1，u_2，…，u_n 的情形。需要指出，叠加原理通常只适用于有限项之和，未作附加假设，不可把它推广到无限和的情形。

线性叠加原理与第 2 章讲的整体涌现原理是两种正相反对的断语。规定满足叠加原理为线性系统的基本特性，似乎将导出一个结论：线性系统不具备整体涌现性，因而整体涌现性不是系统的普遍原理，或者说线性系统其实不是系统。这是一种误解。如前所说，线性系统是一种数学抽象，是忽略了系统固有的非线性因素的结果，非线性效应是整体涌现性之源。即使对于这类系统，允许忽略的只是系统定量特性（响应特性）中的非叠加性，系统功能这种定性性质方面的非叠加效应是不可忽略的。即使线性系统，整体功能也不能归结为部分功能之和，二者一般没有可比性，部分或部分简单相加不具备与整体可作数量比较的功能。有些系统的整体功能与部分的功能是同质的，可作数量比较，但也不等于部分之和，如（3.1）～（3.3）所示。不同系统的整体涌现性一般在质和量两方面都有表现，线性模型描述的是那些只有平庸的低水平的涌现性的系统，部分之间相互作用的相干效应在定量方面的表现微弱，因而可以忽略。但系统功能等定性性质的涌现性是不可忽略的。

5.3　线性系统的动态行为描述

连续线性系统的动力学方程有如下一般形式：

$$\begin{aligned}\dot{x}_1 &= a_{11}x_1 + \cdots + a_{1n}x_n \\ &\vdots \\ \dot{x}_n &= a_{n1}x_1 + \cdots + a_{nn}x_n\end{aligned} \tag{5.13}$$

将系数用矩阵表示为

$$A=\begin{pmatrix} a_{11} & \cdots\cdots & a_{1n} \\ & & \vdots \\ a_{n1} & \cdots\cdots & a_{nn}\end{pmatrix} \tag{5.14}$$

相应的向量方程为

$$\dot{X}=AX \tag{5.15}$$

对于变系数系统，方程的系数为 t 的函数 $a_{ij}(t)$，系数矩阵记为 $A(t)$。我们只讨论常系数系统，并限定 A 为非奇异矩阵，即其行列式满足

$$\det A\ （或\ |A|）\neq 0 \tag{5.16}$$

最简单的是一维系统

$$\dot{x}=ax \tag{5.17}$$

通解为

$$x(t)=\mathrm{c}\mathrm{e}^{at} \tag{5.18}$$

c 为积分常数，由初值确定。设初值为 x_0，则特解为

$$x(t)=x_0\mathrm{e}^{at} \tag{5.19}$$

a 为特征指数，它的正负将给出两种完全不同的系统行为，如图 5.4 所示。$a>0$ 时系统发散，$a<0$ 时系统收敛于特解 $x=0$。

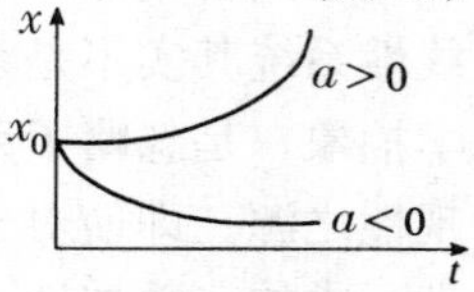

图 5.4

我们以二维系统

$$\begin{aligned}\dot{x}&=a_{11}x+a_{12}y\\ \dot{y}&=a_{21}x+a_{22}y\end{aligned} \tag{5.20}$$

为典型例子，讨论线性系统的动态行为。它的系数矩阵为

$$A=\begin{pmatrix}a_{11} & a_{12}\\ a_{21} & a_{22}\end{pmatrix} \tag{5.21}$$

有关系统行为特性的全部信息，都隐含于它的动力学方程和系数矩阵中。矩阵是描述对象整体特性的数学工具之一。方程给定后，借助代数方法，通过分析系数矩阵，可全面了解系统的动态行为。

我们寻找方程（5.20）如下形式的解：

$$\begin{aligned}x(t)&=x^*\mathrm{e}^{\lambda t}\\ y(t)&=y^*\mathrm{e}^{\lambda t}\end{aligned} \tag{5.22}$$

以 V 记待定向量

$$V=\begin{pmatrix}x^*\\ \\ y^*\end{pmatrix} \tag{5.23}$$

λ 是生长率，亦为待定数。（5.22）的向量形式为

$$X(t)=\mathrm{e}^{\lambda t}V \tag{5.24}$$

将（5.22）代入（5.20）并消去 $\mathrm{e}^{\lambda t}$，得

$$AV=\lambda V \tag{5.25}$$

或

$$(A-\lambda I)V=0(0\text{ 矩阵}) \tag{5.26}$$

I 为单位矩阵。当 $V\neq 0$ 时有

$$A-\lambda I=0(0\text{ 矩阵}) \tag{5.27}$$

这是 λ 与 v 必须且只需满足的条件。相应的行列式方程为

$$|A-\lambda I|=0 \tag{5.28}$$

即

$$\begin{vmatrix} a_{11}-\lambda & a_{12} \\ a_{21} & a_{22}-\lambda \end{vmatrix}=0 \tag{5.29}$$

这是系统（5.20）的特征方程，它的根 λ 称为特征值，与特征值 λ 对应的向量 V 称为（5.20）或矩阵 A 的特征向量。将特征方程（5.29）展开得

$$\lambda^2-\tau\lambda+\nabla=0 \tag{5.30}$$

其中

$$\tau=a_{11}+a_{22} \tag{5.31}$$

$$\nabla=a_{11}a_{22}-a_{12}a_{21} \tag{5.32}$$

解特征方程得特征根

$$\lambda_{1,2}=\frac{\tau\pm\sqrt{\tau^2-4\nabla}}{2} \tag{5.33}$$

令 V_1，V_2 分别记对应于两个特征根的特征向量，二者线性无关，由它们可张成状态空间。任一初态 X_0 均可表示为

$$X_0=C_1V_1+C_2V_2 \tag{5.34}$$

根据叠加原理，（5.20）的通解（即所有时间轨道）有如下形式：

$$X(t)=C_1\mathrm{e}^{\lambda_1 t}V_1+C_2\mathrm{e}^{\lambda_2 t}V_2 \tag{5.35}$$

例　求系统

$$\dot{x}=x-2y$$

$$\dot{y}=-6x+2y$$

在初值为（0，1）时的特解。

解　系统的矩阵方程为

$$\begin{pmatrix}\dot{x}\\ \dot{y}\end{pmatrix}=\begin{pmatrix}1 & -2\\ -6 & 2\end{pmatrix}\begin{pmatrix}x\\ y\end{pmatrix}$$

计算得 $\tau=3$，$\nabla=-10$，特征方程为 $\lambda^2-3\lambda-10=0$，特征根为 $\lambda_1=-2$，$\lambda_2=5$。设特征向量为 $V=$（v_1，v_2），满足

$$\begin{pmatrix}1-\lambda & -2\\ -6 & 2-\lambda\end{pmatrix}\begin{pmatrix}v_1\\ v_2\end{pmatrix}=\begin{pmatrix}0\\ 0\end{pmatrix}$$

对于$\lambda_1=-2$，$v_1=\frac{2}{3}v_2$。取平凡解（v_1，v_2）=（2，3）。对于$\lambda_2=5$，$v_1=\frac{1}{2}v_2$，取平凡解（v_1，v_2）=（1，2）。因而得特征向量

$$V_1=\begin{pmatrix}2\\ 3\end{pmatrix}\qquad V_2=\begin{pmatrix}1\\ 2\end{pmatrix}$$

通解为

$$X(t)=C_1\begin{pmatrix}2\\ 3\end{pmatrix}\mathrm{e}^{-2t}+C_2\begin{pmatrix}1\\ 2\end{pmatrix}\mathrm{e}^{5t}$$

取初值（0，1），有

$$0=2C_1+C_2$$
$$1=3C_1+2C_2$$

得$C_1=1$，$C_2=-2$，特解为

$$x(t)=2\mathrm{e}^{-2t}-2\mathrm{e}^{5t}$$
$$y(t)=3\mathrm{e}^{-2t}-4\mathrm{e}^{5t}$$

5.4 线性系统的相图

为把握动态特性，需要进一步讨论特征值的结构和分布。λ可能是重根，即$\lambda_1=\lambda_2$；一般情形下是单根，$\lambda_1\neq\lambda_2$。特征值λ一般为复数，以R记实部，I记虚部，则

$$\lambda=R+iI \tag{5.36}$$

$I=0$时为一对实根，或为单根，或为重根。$R=0$时为一对虚根，亦有单根与重根之分。一般情形下，R与I均不为0，是一对共轭复根。λ的各种可能取值及分布如图5.5所示，其中小坐标系$R-I$为复平面，示意特征值的分布。

不难证明，线性系统只有不动点型定态，没有极限环和环面，更没有以分形表示的复杂定态。但各种类型的不动点都可能有。（5.20）有且只有一个定态$X(t)=0$，与控制参量的变化无关。（5.20）有4个控制参量a_{11}、a_{12}、a_{21}和a_{22}。上节给出的τ和∇是控制参量的函数，可看

作广义的控制参量。特征值的分析表明，系统的动态特性完全由这两个量决定。图 5.5 表明，在以 τ 和 $\bigtriangledown$ 为坐标的广义控制平面上，可以把特征值按不同结构清楚地划分为几个区域。图 5.6 在同一平面上把线性系统所有不动点的类型和分布一目了然地表示出来。

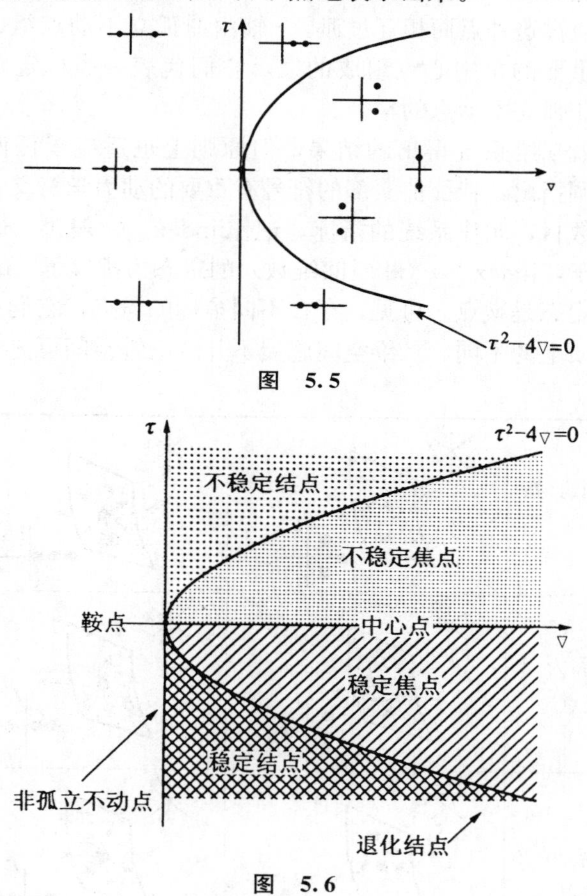

图　5.5

图　5.6

线性系统定态点的主要类型是鞍点、结点和焦点，分以下几种情形讨论。

(1) $\bigtriangledown<0$,即在左半平面,λ 为实数,且一正一负,不动点是鞍点;

(2) $\bigtriangledown>0$，$\tau^2-4\bigtriangledown<0$，即在曲线围成的区域内，$\lambda$ 为一对共轭复数，不动点为焦点，上面是不稳定的，下面是稳定的；

(3) $\bigtriangledown>0$，$\tau^2-4\bigtriangledown>0$，即在曲线与 τ 轴之间的区域，不动点是结点，上面是不稳定的，下面是稳定的。

图5.6中三条分界线值得注意。▽轴的右半轴为中心点，是稳定焦点与不稳定焦点的分界线。曲线

$$\tau^2-4\nabla=0 \tag{5.37}$$

为焦点与结点的分界线，对应的特征根为一对重实根，代表退化结点，焦点与结点通过这种点而相互过渡。τ轴由非孤立不动点组成。三条分界线中，最重要的是中心点组成的线，它们代表一类稳定定态。纵轴（$\nabla=0$）是非孤立不动点的集合。

以上是就二维系统得出的结果，但原则上也适应于任何维线性系统。需要强调指出，特征值实部的符号有重要的动力学意义。实部为正的特征根的数目，叫作系统的指标，记作index。一般讲，index＝0的定态为吸引子，index＝n（相空间维数）的定态为排斥子，index界于0与n之间的定态是鞍点。可见，存在不同指标的鞍点，它们在动力学特性方面有性质上的不同。二维空间施展不开，三维空间可充分看到这一点，如图5.7所示。

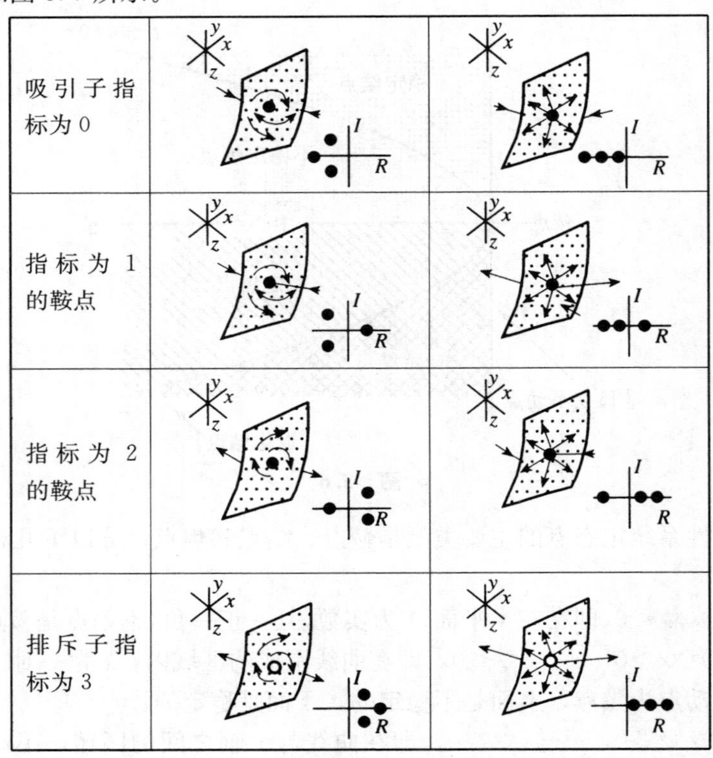

图 5.7

5.5　线性系统的平庸行为

线性系统的轨道稳定性完全取决于控制参量或特征值，与初态无关。如系统（5.17），若 $a>0$，不论从什么初态出发，轨道都向无穷发散，是不稳定的；若 $a<0$，不论从什么初态出发，轨道都收敛于平衡态 $x(t)=0$，是稳定的。只要判明一条轨道稳定或不稳定，即可断定所有轨道稳定或不稳定。唯一例外是存在鞍点时，有一个特征方向上存在稳定轨道，而其他所有轨道都是不稳定的。但与布满相空间的无穷多条不稳定轨道相比，个别稳定轨道的存在不能改变整个系统不稳定的结论。这种划一性是线性系统的重要特征。因而可以说一个线性系统是否稳定，而不只讲某条轨道是否稳定。这表明，线性系统的终态行为对初值没有依赖性，不论从什么初态出发，系统最终都会演化到唯一的终态（目的态）。

线性系统不存在极限环，表明它不可能自发产生周期运动，即所谓自激振荡。线性系统只有当外部输入周期性强迫作用时，才会产生周期运动。更不可能产生较周期运动复杂的定态行为，因为线性系统只可能存在不动点型的定态。定态类型的这种单纯性，决定了系统行为的单纯性、平庸性。

线性系统可能没有吸引子，如（5.17）式中 $a>0$ 的情形；至多存在一个吸引子，或为稳定结点，或为稳定焦点。由于不可能同时存在多个吸引子，相空间不会划分为几个吸引域。只要有吸引子，整个相空间都是它的吸引域，定态对相空间所有轨道都有吸引作用。上述系统行为的平庸性表明，线性系统没有创新，没有发展，不会升级换代。用一句西方谚语说，在线性边界里，太阳底下没新东西。欲理解现实世界为何能够发展创新，必须克服线性思维带来的局限性，学会用非线性思维识物想事。

图 5.6 表明，线性系统只有不动点型定态，至多只有一个定态，只可能发生从有不动点向无不动点，或者相反的转变，不可能出现从一个不动点向另一个不动点的转变，更不可能出现从不动点向极限环或更复杂的定态转变，不可能发生原吸引子失稳后出现新的吸引子。随着控制参量的变化，可能出现不动点的创生或消灭，或稳定性的改变。如（5.17），当 a 由正向负变化时，在 0 点发生结点从不稳定向稳定的改变，当反向变化时，在 0 点发生结点从稳定向不稳定的改变，即稳定性的交换。在这种意义上说，线性系统也存在分叉和突变，但只是平庸的分叉和突变。从严格的意义看，线性系统不存在分叉与突变这种非平庸

行为。

思　考　题

1. 什么是线性假设？什么叫线性系统？
2. 试述线性化处理的客观依据。
3. 为什么说400年来的科学主要是线性科学？

阅　读　书　目

1. S. H. Strogatz：*Nonlinear Dynamics and Chaos*，With Applications to Physics，Biology，Chemistry and Engineering，Chapter 5.

2. J. M. T. Thompson，H. B. Stenmit：*Nonlinear Dynamics and Chaos*，Geometrical Methods for Engineers and Scientists，Chapter 3.

非线性系统理论

6.1 非线性特性

线性特性本质上只有一种，不同线性函数（直线）只是比例系数不同，没有定性性质的差别，经过简单的数学变换（平移和旋转），可以完全重合。非线性特性有无穷多种可能形态。仅就一元函数看，它的一般形式为

$$y=f(\lambda, x) \tag{6.1}$$

λ 为参数。f 有无穷多种形式，如抛物线函数 $y=3x^2$，指数函数 $y=5^x$，正弦函数 $y=\sin x$ 等。它们之间有定性性质的不同，不可能由一种或几种简单形式经过某些数学变换产生出来。正是非线性的这种特点，产生了现实世界的无限多样性、丰富性、复杂性。

我们就非线性函数关系的下列几种简单而典型的情形，说明非线性的若干特征和来源，以便获得对于非线性的直观理解。

（1）变比型非线性　两个变量不按固定的比率变化。如图 6.1 所示，对于 $x_1 \neq x_2$，一般地有

$$\frac{y_1}{x_1} \neq \frac{y_2}{x_2}$$

变比特性是广泛存在的非线性现象。如实际弹簧系统的长度 L 是作用力 F 的非线性函数，不同长度时的弹性系数 k 取不同值。一般来说，一种事物的增长（经济增长、身高增长等）均非固定比例。仅仅比例变化是最简单的非线性现象，线性特性可以看作比例变化逐步趋缓的极限情形。在图 6.1 中，随着 x 的增长，y 的变化（i）为单调上升，（ii）为单调下降，在变化的单调性上，与线性特性一致。

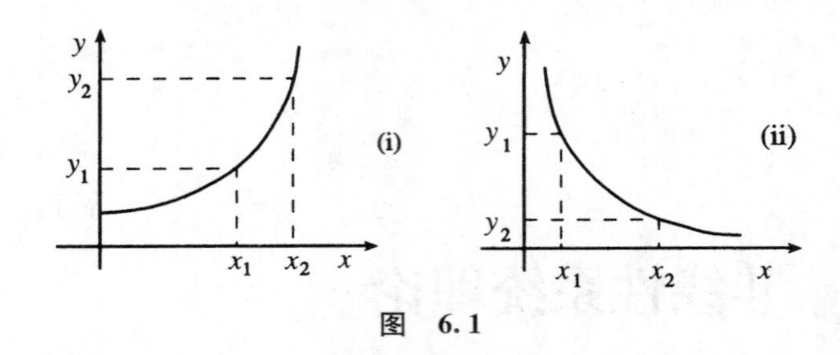

图 6.1

（2）饱和型非线性　如果单调递增或递减的函数在一定阶段后逐步

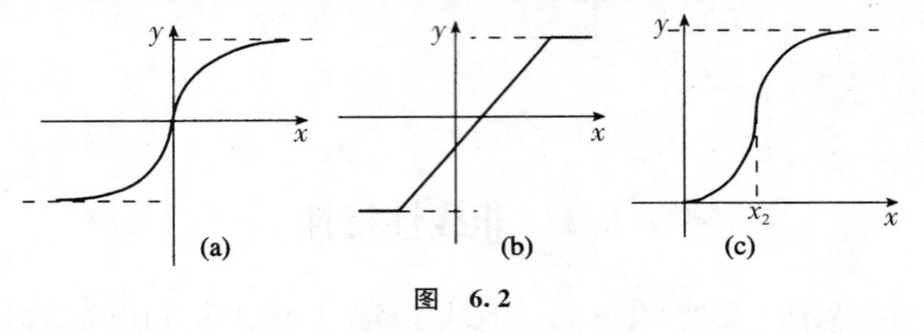

图 6.2

趋向于或保持在某一常数值，如图6.2所示，称为饱和特性。（a）图为一般情形，（b）图为用线性关系近似表示的饱和特性，（c）图为逻辑斯蒂曲线，特点是在拐点（x_0）之前函数 y 加速上升，在拐点之后转为减速上升，逐步逼近虚线。这也是一种广泛存在的非线性现象，在许多事物的生长发育中可以看到。饱和特性反映的仍是单调变化，但与图6.1比具有更强的非线性因素。

（3）拐点型非线性　图6.2（a）和（c）中都有这样一个点，函数在该点的二阶导数 $\ddot{y}=0$，表示 y 与 x 的函数关系的走向在此处发生改变。在几何上，就是曲线在此点的前后弯曲的方向不同，故称为拐点。社会的经济、政治、文化发展中，个人的思维和心理活动中，都有拐点型非线性。

（4）非单调型非线性　单调变化与线性关系有较多的共性，非单调

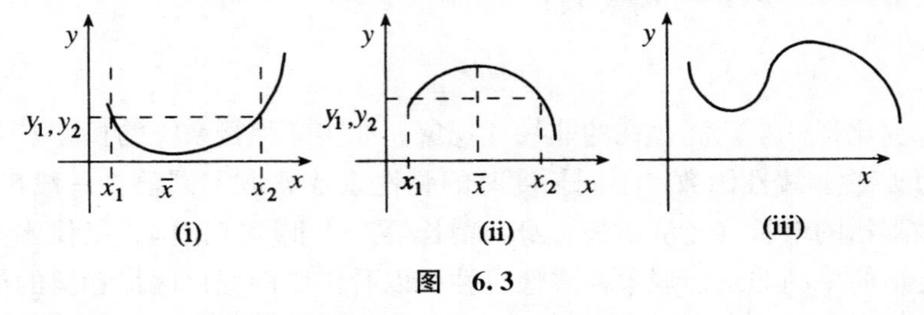

图 6.3

的函数关系表现出更强的非线性。图6.3给出几个非单调变化的函数关

系。(i)与(ii)代表抛物线函数

$$y=ax^2+bx+c \tag{6.2}$$

其中，具有实质意义的是系数a。经适当变换可写作

$$y=kx^2 \tag{6.3}$$

(iii)反映了“一波三折”的非线性现象。

(5)过犹不及型非线性　在图6.3中，$x_1<\bar{x}<x_2$，但$y_1=y_2\neq\bar{y}$，自变量x太过(x_2)与不及(x_1)对应的函数值却相同。孔子把这种现象概括表述为“过犹不及”，也是一类广泛存在的非线性。

(6)振荡型非线性　非线性更强的系统可能表现出图6.4所示振荡特性，左图为不规则的振荡，右图为正弦波动。在实际过程中看到的各种曲折、起伏、波浪运动等，都是振荡特性。

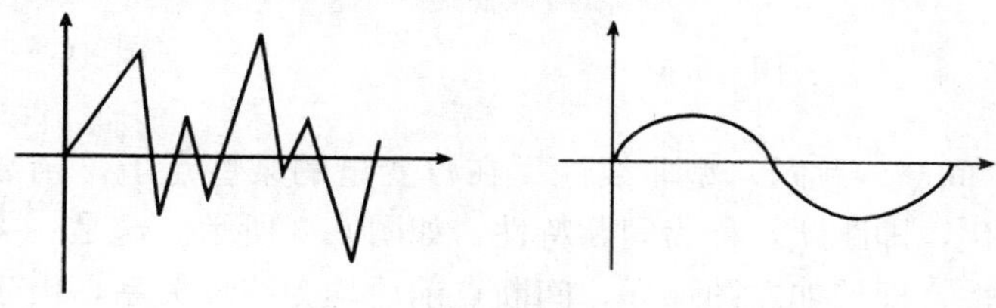

图 6.4

(7)多值响应型非线性　前几种情形的共同点是一因一果，一个输入得到一个输出，数学上的表现是用单值函数描述。它们代表完全确定论的描述方法，也可称为单线论。但大量的情形表现为一因多果的非线性现象，在同一输入作用下，系统以不同的输出去响应，表现出不确定性。在数学上，这种特性用多值函数描述，可称为多线论。如图6.5所示，(i)为典型的一元多线，(ii)为通常的多值函数。

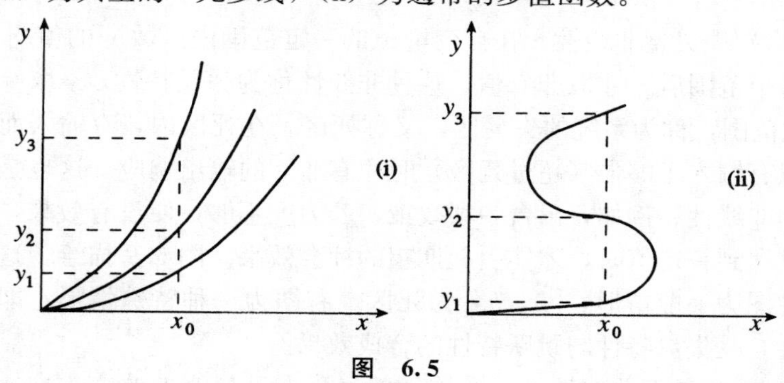

图 6.5

(8)循环型非线性　事物周而复始的运动也是普遍存在的非线性现

象，数学上用闭合曲线表示，如图6.6所示。这是一类特殊的多值特性。

（9）螺旋升降型非线性　如果图6.6的平面循环运动再加上竖立方向的或升或降、或进或退运动，就是图6.7所示的螺旋式运动。辩证哲学所谓否定之否定，就是螺旋式前进或后退的非线性现象。

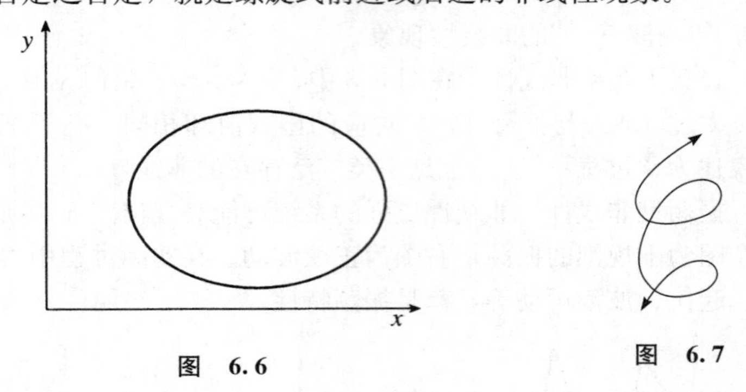

图　6.6　　　　图　6.7

（10）间断（跳跃）型非线性　在自变量的某些点上，函数发生不连续的变化，即跳跃，称为间断特性，如图6.8所示。这是一类极为强烈的非线性，即使如左图那样，间断点前后均为线性关系，由于存在间断，整体上仍显示强烈的非线性。

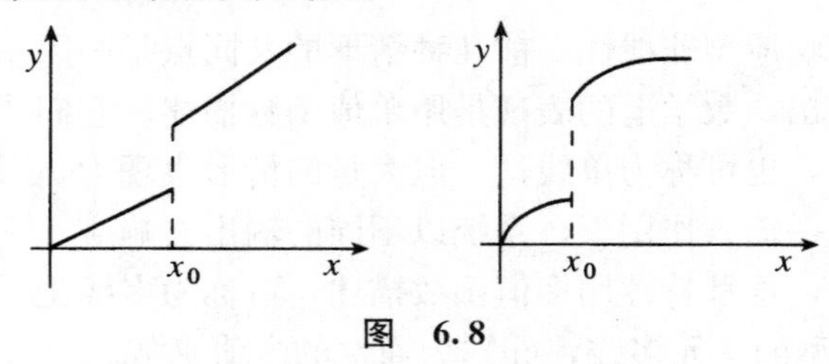

图　6.8

（11）失灵型非线性　在自变量x的一定范围内函数y的值均为0，超过这个范围后y才取非0值，这种非线性称为失灵特性。y取0值的x变化范围，称为系统的失灵区，又称死区。在死区内，有输入而无输出，只有输入足够强（超过死区）时才有非0的输出响应。这也是一种强烈的非线性。例如，出台一项政策，若力度不够，便没有效果，只有当力度达到一定值时，才能引起期望的社会效果。图6.9描绘了这种特性。左图为一般情形，$[a, b]$为死区。右图为一种特殊情形，即继电器特性，是失灵特性与跳跃特性的合成效果。

（12）折叠型非线性　一个连续的过程在某处突然改变方向，甚至发生180°的大转弯，这在实际生活中是常见的。用数学语言描述，就是

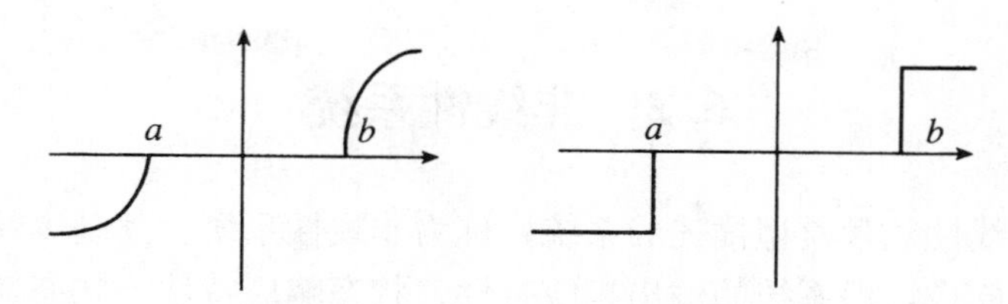

图　6.9

函数连续而它的导数发生不连续的改变。这种非线性现象称为折叠特性，可能产生更深刻的系统性态和奇异行为。图 6.10 描绘了它的简单情形。即使折叠前后都是线性关系，在整体上也是强烈的非线性。

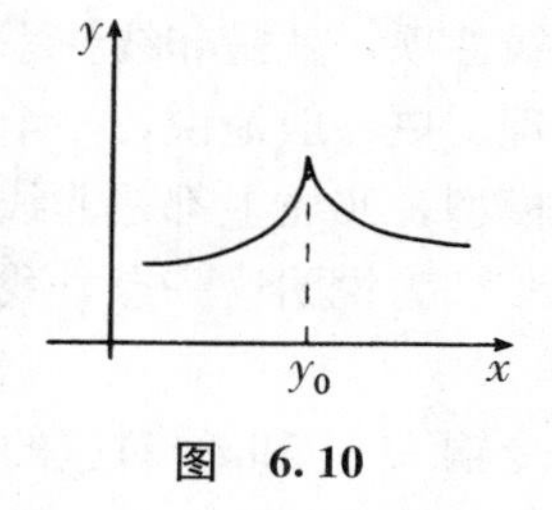

图　6.10

（13）滞后型非线性　图 4.29 所示的滞后特性也是一种重要的非线性现象，可能给系统带来某些不寻常的性态和行为。

（14）瓶颈型非线性　如果自变量不断增大，因变量却停滞不前，如图 6.11 所示，就说系统运动遇到瓶颈。

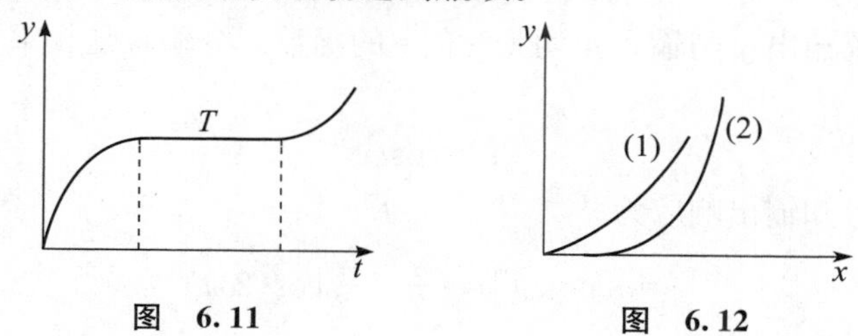

图　6.11　　　　图　6.12

（15）指数型非线性　比较图 6.12 中的两种非线性：（1）是非指数式变化的；（2）是指数式变化的，在自变量不断增加的方向上，因变量的增加起初很慢，后来越来越快，最后近乎直线上升。细胞癌变，金融海啸，俗话所谓“病来如山倒”，都是指数式增大的结果，称为指数式放大。如果从自变量不断减小（趋向于 0）的方向看，就是指数式衰减：因变量起初急剧变化，但变化速度越来越慢，接近于坐标原点时近乎不变化，物理学称为临界慢化，即俗话所谓“病去如抽丝”。

多个变量的非线性相互作用，一般用非线性方程描述，包括非线性的代数方程、差分方程、微分方程等。

6.2 非线性系统

用非线性数学模型描述的系统，称为非线性系统。其基本特征是不满足叠加原理，即系统的输出响应特性、状态响应特性、状态转移特性中至少有一个不满足叠加原理。建立起数学模型后，只要其中有一个非线性项，就是非线性系统。也可以用实验方法检验系统是否满足叠加原理。更一般地说，一个系统若不能用线性模型描述，不论是否给出数学模型，实质上都是非线性系统。

为说明这一点，我们考察以下抛物线函数描述的输出响应特性

$$y=au^2 \tag{6.4}$$

令输入 u_1 和 u_2 对应的输出响应分别为 y_1 和 y_2，则输入 $u=u_1+u_2$ 对应的输出响应为

$$y=y_1+y_2+2au_1u_2 \tag{6.5}$$

$y\neq y_1+y_2$，不满足叠加原理，因为增加了非 0 项 $2au_1u_2$，即系统自身的非线性效应，亦可说非线性因素导致的创新。

设系统输出 y 与输入 u 均为时间 t 的函数。令输入是频率为 ω 的周期函数

$$u=\cos t \tag{6.6}$$

由三角学可知输出响应为

$$y=a[\cos\omega t]^2=\frac{a}{2}+\frac{a}{2}\cos(2\omega t) \tag{6.7}$$

输出中出现非周期项 $a/2$（零频）和倍频率项 $\cos 2\omega t$，频率成分不同于输入，不满足叠加原理的齐次性要求。这种定性性质的改变，是系统的非线性特性造成的，与线性系统有定性性质的不同。

非线性效应不仅可以导致零频现象和倍频现象。如果输入作用中包含两个频率 ω_1 和 ω_2，由于非线性效应，输出频率中除有 0 频和倍频 $2\omega_1$、$2\omega_2$ 外，还有差频 $\omega_1-\omega_2$ 与和频 $\omega_1+\omega_2$，甚至出现复合频率 $n\omega_1+m\omega_2$（n、m 为整数）。不难证明，只要系统是非线性的，都会出现和频、差频和倍频，频率结构有多种可能的变化。非线性系统甚至可能出现分频现象，即输出频率为 $\omega/2$、$\omega/3$ 等，法拉第 160 多年前在物理实验中发现的这种奇异现象，最近几十年才被科学界认识。所有这些现象在线性系统中是看不到的。

对于千差万别、形态各异的非线性现象，可作如下粗略分类：

（1）弱非线性和强非线性。强弱是相对的，没有精确的分界线。如 x^2 的非线性强于 $\sqrt{x}$ 的非线性，弱于 x^3 的非线性；单调变化的非线性弱于非单调变化的非线性；小范围看是弱非线性，大范围看往往是强非线性。粗略地说，我们把可以忽略不计的非线性看作弱的，把不可忽略的非线性看作强的。弱非线性可以看作是对线性关系的偏离，允许忽略这种偏离，采用线性假设，用线性模型描述系统。

（2）非本质非线性和本质非线性。如连续、光滑变化的非线性是非本质的，不连续、非光滑的非线性是本质的。本质非线性必定是强非线性，强非线性未必是本质非线性。

（3）平庸非线性和非平庸非线性。能产生奇异行为的是非平庸非线性，否则为平庸非线性。

非线性系统也有静态和动态之分。本章只讨论动态非线性系统，且主要是连续的、集中参数的系统。

6.3　非线性系统的线性化描述

连续非线性系统的动力学方程一般形式就是（4.8），其中 f_1，$f_2\cdots$，f_n 中至少有一个是非线性函数，反映动态变量 $\dot{x}_1$，…，$\dot{x}_n$ 以非线性方式依赖于状态变量 x_1，…，x_n。与线性函数的单一形式不同，非线性函数有无穷多种不能互换的不同形式，代表无穷多种性质不同的系统特性，不可能用单一的或有限的几种方法解决非线性系统的一切问题。因此，一般地讨论方程（4.8）的求解问题是不可能的。非线性现象的这种多样性，正是现实世界无限多样性、丰富性和复杂性的根源。

最简单的是一维非线性系统，动力学方程的一般形式为

$$\dot{x}=f(x) \tag{6.8}$$

非线性函数 $f(x)$ 仍然有无穷多种不同形式，（6.8）代表无穷多种定性性质不同的系统。尽管（6.8）在相当宽的条件下存在唯一解，但一般地求解此方程仍不可能。只有当 $f(x)$ 为可积函数时，可用分离变量法求得解析解。普遍有效的办法是通过数值计算求近似解。

对于弱非线性系统，根据“非线性是对线性的偏离”的观点得到一种有效的处理方法。由微积分知，只要非线性函数 $f(x)$ 满足连续性、光滑性要求，在局部范围内可用线性函数近似代表它。考察（6.8）在 x_0 附近的局部性质。按泰勒公式展开得无穷级数

$$f(x)=f(x_0)+f'(x_0)(x-x_0)+\varphi(x) \tag{6.9}$$

第一项为0次项，第二项为1次项，$\varphi(x)$为所有高次项即非线性项之和。只要$x-x_0$足够小，高次项即可忽略不计，故称$\varphi(x)$为非线性余项。略去非线性余项后，非线性系统（6.9）即可近似表示为以下线性系统：

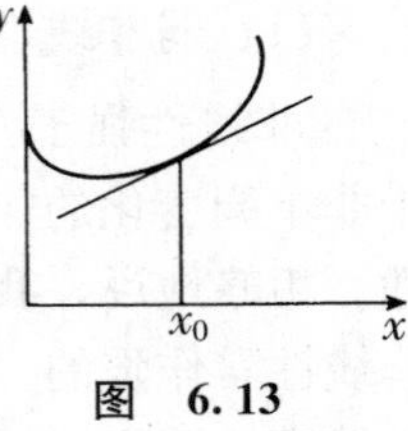

图 6.13

$$\begin{aligned}\dot{x}&=f(x_0)+f'(x_0)(x-x_0)\\&=ax+b\end{aligned}\tag{6.10}$$

其中，$a=f'(x_0),b=f(x_0)-x_0f'(x_0)$。图6.13是其几何表示。

我们就$n=2$的情形讨论（4.8），即系统

$$\begin{aligned}\dot{x}_1&=f_1(x_1,x_2)\\\dot{x}_2&=f_2(x_1,x_2)\end{aligned}\tag{6.11}$$

设f_1、f_2在(x_{10},x_{20})附近连续可微。将（6.11）展开为

$$\begin{aligned}\begin{pmatrix}\dot{x}_1\\\dot{x}_2\end{pmatrix}&=\begin{pmatrix}\frac{\partial f_1}{\partial x_1}&\frac{\partial f_1}{\partial x_2}\\\frac{\partial f_2}{\partial x_1}&\frac{\partial f_2}{\partial x_2}\end{pmatrix}\begin{pmatrix}x_1\\x_2\end{pmatrix}+\text{高次项}\\&=\begin{pmatrix}a_{11}&a_{12}\\a_{21}&a_{22}\end{pmatrix}\begin{pmatrix}x_1\\x_2\end{pmatrix}+\text{高次项}\end{aligned}\tag{6.12}$$

在(x_{10},x_{20})附近略去高次项，得到与（5.20）相同的线性方程，系数矩阵就是（5.21），可作为描述非线性系统（6.11）局部特性的线性模型。

在某一点附近把非线性模型展开，略去非线性项，化作线性模型，利用线性系统理论来分析模型，由此得到有关非线性系统局部行为的近似结论。只要系统满足连续性和光滑性要求，且限于考察局部行为，得到的结论就是可信的。这种方法叫作对非线性系统的局部线性化处理，是经典科学处理非线性问题的基本手段，有广泛的应用。

在维数取任何整数的一般情形下，只要非线性函数满足连续、光滑性要求，非线性系统（4.8）均可作线性化处理，得到相应的线性系统（5.13）。

在许多情形下，完全不考虑展开式中高次项的影响，仅仅用线性化方法得到的结论不能满足实际要求。经典科学的办法是在作线性化近似处理后，再把高次项作为扰动因素考虑进去，对结论加以修正。这叫作局部线性化加微扰方法，有重要的方法论意义，是经典科学对付非线性的主要手段。

对于大范围非线性问题，常常采取分段线性化方法，即用一系列首尾相接的折线段近似代表曲线，如沿曲折的海岸线修路。

6.4　把非线性当作非线性

上两节表明，描述系统的线性模型有两个来源，一是在允许的条件下采用线性假设，直接建立系统的线性模型；二是在不允许采用线性假设时，先建立非线性模型，再把它线性化。从方法论思想看，二者的共同点是把非线性视为系统的非本质因素，或者完全不予考虑，或者作为扰动因素给以一定的补偿。线性化加微扰方法的实质是把非线性当作线性来对待。

对于系统科学来说，研究系统的局域性质和行为是一项重要课题，却非它的主要的或中心的课题。系统科学关注的中心问题是系统的那些整体的、大范围的、长期的性质和行为，一旦涉及这种问题，（6.9）式中的高次项 $\varphi(x)$ 就不再是余项，而是主项，是决定性因素，一切尽在 $\varphi(x)$ 中，1次项才是无关大局的余项。把高次项称为余项，乃线性科学把非线性当作线性处理的方法论观点使然。线性化加微扰方法是线性科学的方法，产生于系统科学诞生之前很久，是还原论科学的创造。它只限于处理非本质的非线性问题，不能处理有间断点、不光滑点之类本质非线性问题。系统科学的主要对象是非线性系统，需要发明全新的方法。把非线性当作余项，还是主项，一字之差，反映了两种完全不同的方法论思想，表明主项和余项是可以相互转化的。

现实世界本质上是非线性的，线性系统是系统的非线性因素弱到允许忽略不计时的简化形式。把非线性因素忽略掉，我们就只能生活在线性世界，而线性世界是单一的，太阳底下没有什么新东西。被线性化处理所忽略掉的非线性因素，正是系统产生多样性、奇异性、复杂性的根源。在非线性世界中，太阳底下新东西层出不穷。

辩证唯物主义要求人们实事求是，按照事物的本来面目认识和对待事物。把这个原理用于系统科学，非常重要的一点就是反对把一切非线性都简化为线性来处理，而强调把非线性当作非线性认识和对待。这并非说研究非线性系统时不需要简化描述，而是说不要把系统产生多样性、奇异性、复杂性的根源简化掉。例如，降维是系统科学中常用的简化方法，非线性科学常常把高维系统压缩为低维系统，但系统的非线性特点被保留下来。

6.5 非线性系统的稳定性

考虑一维系统

$$\dot{x}=\sin x \tag{6.13}$$

不动点方程为

$$\sin x=0 \tag{6.14}$$

它有无穷多个不动点，对任何整数 k，$x=k\pi$ 均为不动点，如图 6.14 所示。其中，凡 $x=(2k+1)\pi$ 的点代表稳定平衡态，$x=2k\pi$ 的点为不稳定平衡态。如果考虑控制参量的影响，即演化方程

$$\dot{x}=\sin ax \tag{6.15}$$

a 的改变将使系统的稳定性有新的变化。

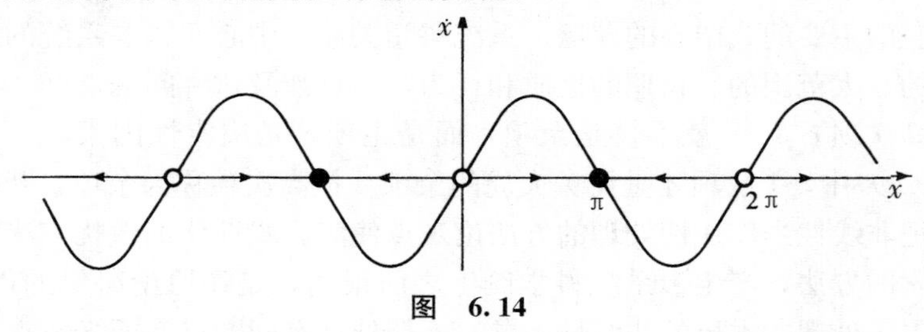

图 6.14

这个例子表明，与线性系统不同，非线性系统的基本特征是轨道稳定性的非划一性，除少数情形外，一般非线性系统同时存在稳定轨道与不稳定轨道，判明某些轨道稳定与否，不能把结论推广到其他轨道。线性系统可以谈论系统是否稳定，在非线性情形下，一般地谈系统稳定性是没有意义的，只能谈某条轨道（解）的稳定性。

非线性系统稳定性的判别方法　现在最常用的是李亚普诺夫给出的两个方法。所谓李亚普诺夫第一方法，又叫作线性近似法，是把非线性系统作线性化处理，判别所得线性系统的稳定性。由于稳定与否一般是系统的局部特性，这种判别法是有效的。只要变量变化足够小，非线性系统（4.8）的展开式中线性部分（5.13）的稳定性足以代表非线性系统的稳定性。这种分析技术被称为线性稳定性分析，在动态系统理论中有非常重要的应用。

由微分方程论知，n 维线性系统（5.13）的通解为

$$x(t)=c_1 e^{\lambda_1 t}+\cdots+c_n e^{\lambda_n t} \tag{6.16}$$

c_i 为积分常数，由初始条件决定。λ_1，…，λ_n 为特征指数。（6.16）表

明，线性系统的稳定性由特征指数 λ_i 决定，λ_i 由方程的系数（控制参量）决定。这里有三种情形：

1）当所有 λ_i 的实部 R 为负数时，轨道 $x(t)$ 是渐近稳定的；

2）当 λ_i 的实部 R 中至少有一个为正数时，轨道 $x(t)$ 是不稳定的；

3）当 λ_i 的实部 R 均非正数、但至少有一个为 0 时，轨道 $x(t)$ 可能稳定，也可能不稳定。这种情形叫作临界稳定性，需用更精致的判据来分析。

考察一维系统

$$\dot{x}=ax+bx^3 \tag{6.17}$$

显然，$x(t)\equiv 0$ 是一个定态解。我们讨论控制参量 a 对一般解 $x(t)$ 稳定性的影响。在初态 x_0 处给状态变量以小改变量 $u(t)$

$$x(t)=x_0+u(t) \tag{6.18}$$

代入（6.17），略去非线性项，得到对应的线性方程

$$\dot{u}=au \tag{6.19}$$

它的解为

$$u(t)=u(0)\mathrm{e}^{at} \tag{6.20}$$

解的稳定性分两种情形：

1）$a<0, t\to\infty, \mathrm{e}^{at}\to 0, u(t)\to 0, x(t)\to x_0$，稳定；

2）$a>0, t\to\infty, \mathrm{e}^{at}\to\infty, u(t)\to\infty, x(t)\to\infty$，不稳定。

$a=0$ 为结构不稳定点，跨越这一点，系统发生稳定性的交换。

李亚普诺夫第二方法，又称直接方法。思路是：不从解方程入手，而是研究方程的结构和参数，构造所谓李亚普诺夫函数 $V(x)$，按 $V(x)$ 性质可以对稳定性作出判断。直接方法的关键是构造函数 $V(x)$，但至今尚无通用的构造方法。

6.6　非线性系统的相图

线性系统中发现的各类不动点，如中心点、结点、焦点、鞍点，在非线性系统中均可发现。在简单而非常广泛的情形下，通过线性化处理，可按对应的线性系统来确定非线性系统的不动点。如果系统的向量场从二次或高次项开始，线性化处理无济于事，需有更精致的方法。

与线性系统不同，对于一般非线性系统，线性化处理只能提供不动点附近轨道的信息，不能确定大范围的轨道特性。要获得非线性系统大

范围的相图信息，需用所谓指标理论。指标理论提供的是一种拓扑方法，可以回答这样一些问题（就2维系统来讨论）：是否一条闭合轨道必定包含一个不动点？如果是，可能有哪些类型的不动点？哪类不动点会在分叉时消失？如何确定相平面上某个指定部分不可能有闭合轨道？等等。

非线性系统的相图的一个显著特点是可能出现极限环或多维环面。图6.15给出一个包括多个定态的2维系统相图。A为稳定焦点，B为鞍点，C为不稳定结点，D为稳定极限环。需要特别注意的是由鞍点B引出的轨道，称为鞍沿，把相平面划分为不同区域。鞍沿在相图中的作用如同地球表面上的分水岭，把相空间的流线划分为若干区域。在图6.15中，鞍沿与极限环一起把相平面划分为5个区域。确定了不动点、极限环和鞍沿，整个相平面的结构就清楚了。

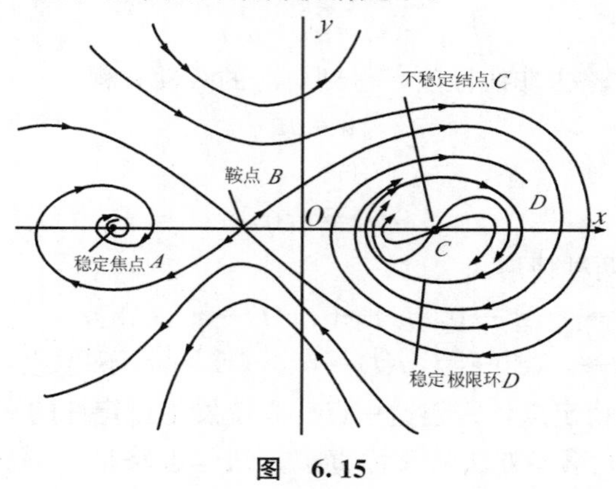

图　6.15

2维系统最复杂的行为是周期运动，相平面不会出现比极限环更复杂的相轨道。环面上的周期运动，其他更复杂的运动，要到3维以上的非线性系统中寻找。但高于3维的相图无法直观描述。要了解相图的定量特性，需对运动方程作数值分析，可用所谓Kung-Kutta方法。

6.7　非线性系统的吸引子

与线性系统一样，非线性系统可能存在吸引子，也可能不存在吸引子。例如，当$r>0$时，系统$\dot{x}=r+x^2$就没有吸引子。

线性系统只可能有点吸引子，即平衡运动。非线性系统可能有各种形式的吸引子，如点吸引子（稳定的结点和焦点），环吸引子（各种维数的稳定极限环、维数不小于 2 的各种稳定环面），奇怪吸引子（各种维数的稳定分形点集），代表各种可能形式的非平衡运动。而且，由这种非平衡点吸引子代表的运动体制是非线性系统的基本运动体制。

如图 6.16 描述的系统，具有一个稳定极限环 D，两个鞍点 A 和 C，一个不稳定结点 B。

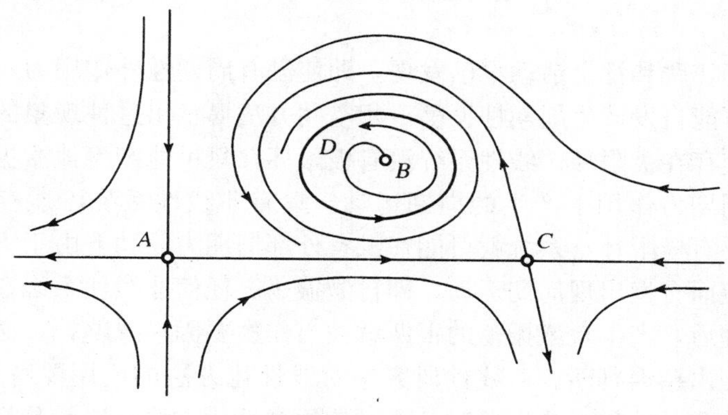

图　6.16

线性系统至多可能有一个吸引子。非线性系统可能同时存在几个吸引子。不同吸引子可能是同类的，也可能是不同类的。如图 6.15 描述的系统有两个吸引子，且为不同类型，A 为稳定焦点，代表稳定平衡运动；D 为稳定极限环，代表稳定周期运动。有些系统可能同时存在点吸引子和奇怪吸引子，或同时存在环吸引子和奇怪吸引子，或同时存在点吸引子、环吸引子和奇怪吸引子。更典型的例子可见图 10.19 所示杜芬方程的吸引子分布。原则上讲，不同吸引子的各种可能搭配都存在。多吸引子并存是非线性系统非常重要的基本特性。

若线性系统具有吸引子，必定以整个相空间为吸引域，吸引子刻画了系统在整个相空间的行为特征。这种情形在非线性系统中一般不可能。当非线性系统同时存在多个吸引子时，相空间被划分为若干区域，每个吸引子只能刻画相空间中一部分即它所在的吸引域中的系统行为。在多个吸引子并存时，划分吸引域，确定分界线，对于描述非线性系统是非常重要的。

并存于同一相空间的几个吸引子之间必然相互竞争，使系统演化具有多种可能前途。在多种可能前途中如何选择，对系统至关重要。线性系统只有一种前途，没有选择的余地。在多种可能前途中进行选择是非线性系统的另一重要特征。

综上所述，虽然吸引子理论在研究线性系统时也有用处，但只有在非线性系统中才获得真正的用武之地。有关吸引子的知识是非线性系统理论的基本组成部分。

6.8 非线性系统的自激振荡

工程实践和社会活动早已发现，即使没有周期性外作用力，非线性系统也可能自发产生周期性振荡。相空间方法揭示出这种现象的产生机制是系统存在极限环。线性系统没有极限环，只可能产生他激振荡，即在外来周期力作用下产生的周期运动。只有非线性系统可能存在极限环，只要有极限环，系统就可能在没有外部周期力驱动下由于本身的非线性效应而自发出现周期运动，即自激振荡。任何非线性系统在经过线性化处理后，产生自激振荡的根源就被当作次要因素忽略掉，必然对系统行为作出错误判断。非线性研究中对线性化方法的应用要特别注意，当问题涉及系统的振荡现象时，不可使用线性化方法。这就是把非线性当非线性的方法论思想。

极限环是相空间的闭合轨道，中心点周围也是闭合轨道，但二者有定性性质的不同。极限环是孤立的闭合轨道，它的周围不存在其他闭合轨道，只有螺旋型轨道。中心点是非闭合轨道，但其附近有无穷多条闭合轨道。设中心点位于坐标原点，$x(t)$是其附近的一条闭合轨道，对于0点的某个邻域内的任一实数c，$cx(t)$也是闭合轨道，中心点被单参数的闭合轨道族所包围。另一个区别是，中心点附近的闭合轨道既不相互吸引，也不相互排斥；极限环对周围的轨道要么吸引，要么排斥。极限环是一类定态，代表系统的一类典型的运动体制。中心点附近的闭合轨道是系统的扰动态，不代表系统的任何典型运动体制，只有被这些闭合轨道包围的中心点才代表系统的一种典型运动体制。

由于极限环有稳定与不稳定之分，非线性系统的自激振荡也有稳定与不稳定之分。稳定的自激振荡是可自行维持的，称为自持振荡。不稳定极限环对应的是非自持振荡。

并非任何非线性系统都存在极限环，因而并非一切非线性系统都可能发生自激振荡。如何判断一个非线性系统有无极限环，是非线性系统研究中具有重要理论和实际意义的问题。这个问题包括两个相反的方面。一是对于给定的系统，如何排除它存在闭合轨道。假定我们根据某些事实推断系统可能不存在闭合轨道，如何证实这一点？下述三种方法可以在一定范围内解决这个问题。

（1）梯度系统无闭合轨道。给定非线性系统 $\dot{x}=f(x)$，如果存在一个势函数 $V(x)$，使得

$$f(x)=-\nabla V(x)=-\frac{\partial V}{\partial x} \tag{6.21}$$

则可断言，这个系统不可能存在闭合轨道。

（2）如果对象不是梯度系统，但可构造一个类能量函数 $V(x)$，叫作李亚普诺夫函数，则可用类似梯度系统的方法排除闭合轨道。所谓李亚普诺夫函数 $V(x)$ 是一个连续可微的实值函数，具有以下性质：

i. V 是正定的，即 $x=x^*$（不动点）时 $V(x^*)=0$，对于所有 $x\neq x^*$，$V(x)>0$；

ii. 对于所有 $x\neq x^*$，$\dot{V}<0$。

设 x^* 为系统 $\dot{x}=f(x)$ 的不动点。已经证明，如果可以构造李亚普诺夫函数，则不动点 x^* 是全局渐近稳定的，因而系统没有闭合轨道。

（3）Dulac 判据。给定系统 $\dot{x}=f(x)$，$f(x)$ 是定义在平面上某个单连通区域 R 上的连续可微函数。Dulac 判据断言，如果存在一个连续可微的实值函数 $g(x)$，满足某些条件，则在 R 内不存在闭合轨道。

反问题是给定一个系统 $\dot{x}=f(x)$，如何确定它有闭合轨道。回答此问题的理论根据是著名的彭加勒—本狄克逊定理。设 R 为平面上的一个有限闭区域，其中不包含不动点，$f(x)$ 在包含 R 的某个开集上连续可微，C 为一条从 R 中某一点开始并始终在 R 之内的轨道，则定理断言：要么 C 是一条闭轨道，要么 C 螺旋式地趋向于某条闭轨道。在每种情形下，R 内都包含一条闭轨迹。如图 6.17 所示。

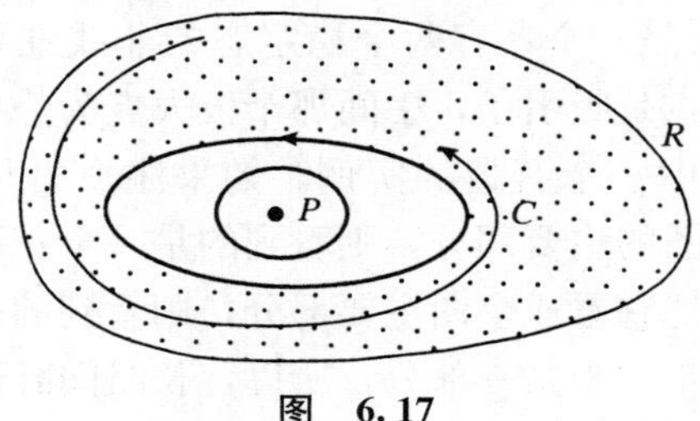

图　6.17

确定系统存在极限环之后，动力学研究的任务之一是稳定性分析。

如果作定量分析，重要的是确定系统振荡的周期和振幅，这些数量特性均由系统自身决定。

6.9 非线性系统的非平庸行为

线性系统不可能出现严格意义上的分叉、突变，分叉、突变、滞后、多重吸引子共存等是非线性系统的本质特征。非线性系统不仅可能产生自激振荡，而且能产生自组织运动、混沌运动等更不平庸的行为。系统学的主题不是线性系统的平庸行为，而是非线性系统的各种非平庸的特征和行为。技术科学层次的系统理论和系统工程的发展要解决的前沿课题，也是这些非线性问题。可以说，系统科学实质上是关于非线性系统的科学。

分叉、突变、滞后、稳定性交换、路径依赖、锁定、多吸引子并存、自激振荡、自组织、耗散结构、混沌等，都是非线性相互作用产生的系统现象，反映的是系统的整体涌现性，不可能用元素和分系统来说明其成因。

6.10 非线性系统的双稳态

非线性系统的相图中常常是多个吸引子并存。一种很简单的情形是存在两个稳定不动点 A 和 B，一个不稳定不动点 C（称为势垒）居中把两者隔开，称为双稳态。两个吸引子之间是竞争关系，系统存续运行中有时取吸引子 A 所代表的平衡态，有时取吸引子 B 所代表的平衡态。系统在两个稳定态之间反复转换，是这类系统基本的动力学行为，有重要的现实意义。系统从一个吸引子转移到另一个吸引子，必须克服横亘在中间的势垒，往往意味着系统经历重要而剧烈的变革。

图 6.18 所示就是一个具有两个稳定态的非线性系统，左图是系统的相图，两个极小点是吸引子，中间那个极大点为势垒。右图为系统的原型，是认知科学中一个有趣的实例。如果注意力集中于图的中间部分，并把它看成全图的主要部分，则看到的是一个花瓶。如果注意力集中于图的两侧，并把它看成全图主要部分，则看到的是两个人脸。人的注意力不可能长期集中于某一部分，所以，长时间盯着看此图，就会发

生稳定态的反复转换，忽而看见花瓶，忽而看见人脸。[①]

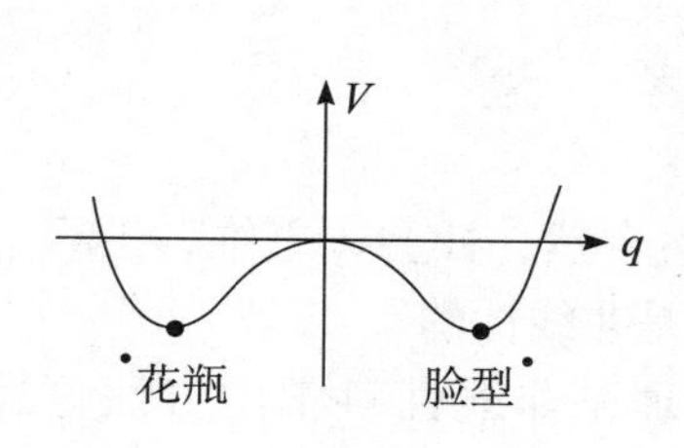

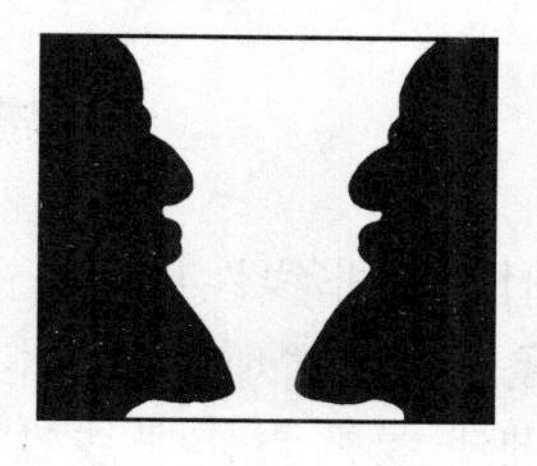

图　6.18

从接受美学看，人的审美心理也是具有双稳态的非线性动态系统。如毛泽东所说：词有婉约、豪放两派，各有兴会，应当兼读。读婉约派久了，厌倦了，要改读豪放派。读豪放派读久了，又厌倦了，应当改读婉约派。[②] 这就是一种双稳态的交替。

双稳态是经济、政治、文化、心理等系统广泛存在的一种非线性现象。美国政治体制中的两党制就是一种双稳态。共和党在台上待久了，选民觉得不新鲜了，对总统的不满意积累到一定程度，他们就想换一换执政党，经过投票选举，民主党就取而代之。民主党在台上待久了，选民同样感到不新鲜，对总统的不满意增大到一定程度，再经过投票选举，共和党又取而代之。形式上看，是选民投票决定哪个党上台，但执政党实际执行的政策主要是由支持竞选的大财团决定的。

双稳态是非线性系统的一种比较简洁而稳定的动力学体制，有它的优点。但必须注意以下几点：(1) 并非所有非线性系统都具有双稳态，一个本身不存在双稳态的系统，不能人为地要它按照双稳态运行。(2) 一个非线性系统可能既存在双稳态，也存在单稳态或多稳态，究竟采取哪种体制，取决于系统运行于控制空间的哪个吸引域。如果系统演化没有达到双稳态所在的吸引域，而系统已经历史地形成单稳态运行体制，就不可能人为地把系统改变为双稳态，需等待系统演变造成控制空间的必要改变。(3) 在双稳态体制下，从一个稳态转变为另一个稳态，必须跨越横亘在两个稳态之间的势垒，这也不是轻而易举的事，搞不好，稳

① 参见［德］H. 哈肯：《协同学》，229 页，徐锡申等译，北京，原子能出版社，1984。

② 参见蔡富清、吴万刚、黄映辉：《毛泽东与中国古今诗人》，10 页，长沙，岳麓书社，1999。

态转化或者半途而废，或者付出过大的代价。

思　考　题

1. 什么是非线性特性？试考察自然、社会、思维、工程过程的非线性现象以说明“现实世界本质上是非线性的”。

2. 把非线性当作非线性来处理是非线性科学的方法论原则，为什么？

3. 试述线性与非线性的辩证关系，说明线性方法在非线性研究中的作用。

4. 非线性是现实世界无限多样性、丰富性、奇异性和复杂性的来源，为什么？

5. 试用多吸引子共存与相互竞争的原理来理解恩格斯关于历史发展的“合力论”。

阅　读　书　目

1. S. H. Strogatz：*Nonlinear Dynamics and Chaos*，With Applications to Physics，Biology，Chemistry and Engineering，Preface，Chapter 1-4，6-8.

2. J. M. T. Thompson，H. B. Stenmit：*Nonlinear Dynamics and Chaos*，Geometrical Methods for Engineers and Scientists，Preface，Chapter 1，2.

3. 朱照宣：《非线性力学讲义》，“绪论”，北京，北京大学力学系，1987。

4. D. K. Compbell：《非线性科学》，载《力学进展》，19卷，第2、3、4期。

5. 谷超豪：《非线性现象的个性和共性》，载《科学》（上海），1992（3）。

第7章 随机系统理论

第 4、5、6 章讨论的是确定性系统，即动力学方程的结构、系数、初始条件都是确定的。但真实系统都有某种不确定性，确定性系统不过是不确定性可以忽略不计的系统的简化模型。存在多种形式的不确定性，其中极其重要而且研究得相当成熟的是随机性这种不确定性。不论是基础理论层次，还是技术科学层次，随机系统理论都属于系统科学的基本内容，是本书逻辑框架中应有的建制。鉴于它的数学工具对一般人文社会科学工作者更为陌生，本章仅限于介绍一些最初步的知识，不讨论随机系统理论的体系框架。

7.1 随机性

科学研究的任务可以一般地表述为这样一个问题：揭示条件的实现（因）与事件的发生（果）之间的关系。只要条件组 C 实现，事件 A 一定发生，这种属性称为必然性，A 称为必然性事件。太阳从东方升起，人总有一死，均为必然性事件。在条件组 C 实现下事件 B 可能发生也可能不发生，这种属性称为或然性，B 称为或然性事件。股市暴跌，投掷硬币麦穗朝上，均为或然性事件。

仅就条件组 C 的某一次实现看，或然性事件的发生是完全不确定的。这就是人文科学中常讲的偶然性，没有科学研究的价值。但现实世界中的各种条件组常常是大量反复出现的，或者是人们可以反复进行试验的，形成所谓大数现象。在现实世界中，只要考察的范围足够大，或过程足够长，就一定会显示出大数现象。在大数现象中，或然性事件 A

的出现频率显示出某种稳定性。例如，反复投掷硬币时“麦穗朝上”事件出现次数约为投掷总数的50%。事件出现频率具有稳定性的或然性，称为随机性。随机性是一种不确定性，但并非完全的不确定性。事件出现频率稳定也是一种确定性，即统计确定性。随机不定性与统计确定性是一个问题的两个相反的方面，即从相反的方向描述同一类现象的两个科学术语。随机性是具有统计确定性的或然性，随机现象服从统计规律。

随机性是客观世界固有的基本属性，把它归结于人类知识不完全是错误的。从物理领域到生物领域，从自然界到人类社会，从物质运动到思维运动，普遍存在随机性。处理随机性的基本工具是概率统计数学。但现代科学也用概率统计数学处理由于人们知识不完全导致对事件发生与否无法作出肯定判断的不确定性，使用所谓主观概率的概念。

随机事件分为离散型与连续型两种。我们就离散现象介绍描述随机性的几个最基本的数学概念。设在条件组 C 重复试验 N 次的过程中事件 A 出现 k 次，$\frac{k}{N}$ 代表 A 的发生频率。如果当 $N\to\infty$ 时，存在极限

$$\lim \frac{k}{N}=p \tag{7.1}$$

就称 p 为事件 A 的概率，有时记作 p (A)。概率满足条件

$$0\leqslant p\leqslant 1 \tag{7.2}$$

$p=0$ 为不可能事件，$p=1$ 为必然事件，可看作随机事件的特例。

设在条件组 C 实现下共有 n 个基本可能事件 A_1，…，A_n，概率应满足归一性条件

$$p(A_1)+\cdots+p(A_n)=1 \tag{7.3}$$

随机现象的数量特性在相同条件下可能取不同的值，但这些值落在某个范围内的概率是确定的。描述这种现象需要随机变量概念。同一台机器生产同一规格的螺钉，其直径大小就是一个随机变量。设一批产品共100件，内有5件次品，从中随便抽取20件，抽到的“次品数”也是一个随机变量。因为随着抽样相继进行，次品数可能是0，或1，或2，或3，或4，或5，随机变化，但各有一定的概率。更形式地讲，有

定义7.1　如果对于条件组 C 实现下的每个可能结果 A 都唯一地对应到一个实数值 $X(A)$，则称实值变量 $X(A)$ 为一个随机变量。

或者说，按一定的概率去取某些确定的数值的变量，称为随机变量。

为描述随机变量，最重要的是了解它取每个可能值的概率。用某种形式把随机变量可能取的值与取该值的概率的对应关系表示出来，就得到它的概率分布

$$p_k=P\{X=x_k\} \tag{7.4}$$

一种简单的办法是采取如下列表形式

X	x_1	x_2	x_3	$\cdots$	x_k	$\cdots$
P	p_1	p_2	p_3	$\cdots$	p_k	$\cdots$

有了概率分布，随机变量的全部概率特性就知道了。但实际问题的概率分布往往难以确定，有效的方法是计算它的某些数量特征，特别是期望和方差。上表中离散随机变量 X 的期望，记作 $E(X)$或 EX，定义为

$$E(X)=\sum_{k=1} x_k p_k \quad k=1,2,\cdots \tag{7.5}$$

既然随机性是在大数现象中表现出来的属性，就需要有一个能体现 X 取值的“平均”大小的数值。但 X 是随机变量，取不同值的概率即“机会”不同，算术平均不能反映这个特点，应当以概率加权计算平均值。（7.5）同时满足了这两个要求。

X 的实际取值是在均值 E（X）周围随机变化，仅有均值是不够的，还需知道 X 在均值周围的分散程度。这就需要方差的概念。给定离散随机变量的概率分布（7.4），它的方差定义为和数

$$D(X)=\sum_{k=1}(x_k-EX)^2 p_k \tag{7.6}$$

实际过程的随机变量往往依赖于某个参变量（常常为时间 t），表现为一个变量族。例如，某电话站在从时刻 t_0 到时刻 t 这段时间内接收用户呼唤的次数，就是依赖于时间的一族随机变量。依赖于时间或其他适当参量的一族随机变量的全体，叫作随机过程。按其特性，可分为马尔可夫过程和非马尔可夫过程、平稳过程和非平稳过程等。

7.2　随机系统

真实系统的环境都有某种随机性，对系统的行为特性发生影响。飞行器周围的气温、气压，特别是阵风，具有随机性。企业系统所承受的市场需求和价格波动等，是随机作用。真实系统自身也有随机性。飞行器动力装置的燃烧状况是随机的，企业自身也存在各种随机因素。为了研究、操作、改进系统，我们必须测量输入、输出、干扰等与系统有关

的量，观测仪器和操作过程的随机因素使测量结果为随机变量。一般来说，真实系统都是随机系统，确定性系统是对随机性可以忽略的随机系统的理论抽象。因此，需要在系统研究中引入随机性观点，建立随机系统理论。

另一方面，所谓大数现象是一种系统现象，群体行为是一种系统行为，所呈现出来的统计确定性（统计规律）是一种系统特性，即由于大量个体聚集在一起而形成的群体涌现性。概率、期望、方差等概念是刻画整体特性的数学概念，概率统计方法是描述整体特性的方法。因此，统计数学是系统科学强有力的工具。

随机系统也可以划分为静态的与动态的、线性的与非线性的、连续的与离散的、定常的与时变的等类型。在静态系统理论中，随机性主要通过数学模型进入系统描述中。输入可能为随机变量或随机过程，如服务系统的顾客为随机过程（见17.5节）；也可能模型参量为随机量。

随机性可能通过以下三种途径进入动态系统：

（1）具有随机初始条件的动态系统　系统的数学模型是确定型微分方程，但我们知道的是统计意义上的初始值，即初始值的概率分布。如统计力学中保守系统的动态行为研究，空间弹道分析问题等。这是最简单也是最早被研究的随机微分方程。

（2）具有随机参量的动态系统　随机性进入动态系统数学模型的另一种方式，即动力学方程的系数全部或部分为随机数，导致系统的动力学规律具有随机性。一般形式为

$$\dot{x}=f[x(t),t,\varphi(t,\omega)] \tag{7.7}$$

其中，$\{\varphi(t,\omega),t\geqslant0\}$为方程的随机系数。最简单的是以下1维线性系统

$$\dot{x}=\eta x \tag{7.8}$$

其中，η为随机系数。

（3）具有随机作用项的动态系统　随机性进入动态系统数学模型的又一种形式，是在确定性动力学方程中加上随机作用项$F(t)$，一般形式为

$$\dot{x}=f(x,t)+F(t) \tag{7.9}$$

这是最常见的、研究最多的情形。其中最简单且非常有用的是描述布朗运动的郎之万方程（简称L方程）

$$\dot{x}=-ax+F(t) \tag{7.10}$$

浸泡在液体中的一个大粒子（布朗粒子）受到周围液体粒子热运动引起的随机碰撞作用，可以粗略地比作球场上的足球。球速v取决于两种作

用，一个是草地的摩擦力$-\gamma v$，γ代表摩擦系数，负号表示摩擦力起阻止足球运动的作用；另一个是Ψ（t），代表球员给足球的随机冲击力。根据力学原理，足球总的运动方程为

$$m\dot{v}=-\gamma v+\Psi(t) \tag{7.11}$$

m为足球质量。以m除上式，令$a=\frac{\gamma}{m}$，$F(t)=\frac{\Psi(t)}{m}$，$x=v$，就得到方程（7.10）。

实际的随机系统可能同时具有两种或三种随机因素。如在方程（7.8）中加入随机作用项F（t），得到如下随机动态系统：

$$\dot{x}=\eta x+F(t) \tag{7.12}$$

若再考虑随机初值，就得到同时具有三种随机因素的系统。

描述随机系统动力学特性常用的数学工具是三类方程，除了郎之万方程，还有主方程（M方程）和福克—普朗克方程（$F-P$方程）。主方程常用于离散随机系统，如赌博机中粒子沿链条作或左或右的随机跳跃。以x记系统的随机变量，其概率分布函数为p（$\{x_i\}$，t），它的变化取决于它的演化史。为简化描述，通常假定系统是无记忆的马氏过程，即当前状态只与前一时刻的状态有关，与历史（更早的状态）无关。以ω（x'，x）表示系统从状态x'向状态x的转移概率，则该系统的主方程为

$$p'(x,t)=\sum\omega_{x'}(x',x)p(x',t)-p(x,t)\sum\omega_{x'}(x,x') \tag{7.13}$$

连续随机系统的动力学行为还可以用其密度分布函数p（x，t）的演化来描述，数学工具是p（x，t）所满足的偏微分方程，称为福克—普朗克方程，即$F-P$方程。

随机系统理论是确定性系统理论与随机过程理论交叉结合的产物。原则上讲，确定性系统理论的基本问题也是随机系统理论的基本问题，前者的概念和方法一般均可推广于后者。但后者的难度更大，随机系统理论远不如确定性系统理论发达。①

7.3 估计理论

定量地处理系统问题，不论分析还是综合，前提都是获得有关系统

① 这个领域的一些深入工作，可参见郭雷：《时变随机系统》，长春，吉林科学技术出版社，1993。

变量的精确数据。但有些系统变量无法直接进行观测。根据可直接观测量的数据去估算非直接观测量，这种操作就是估计。但实际情形并非如此简单。由图7.1可见，对象系统承受各种随机干扰，使得系统变量表现为一种随机量，观测系统 M 所接收到的是这种随机量。观测系统本身也受到随机干扰，包括环境的扰动、观测设施自身的噪声以及操作过程的随机因素。因此，实际观测到的数据总是随机变量，或者说它们与真实系统变量之间的误差是随机变量。从具有随机误差的观测数据中尽可能精确地获得系统特性的真实信息，这种操作称为估计。简言之，估计就是对观测数据进行去伪存真的处理。

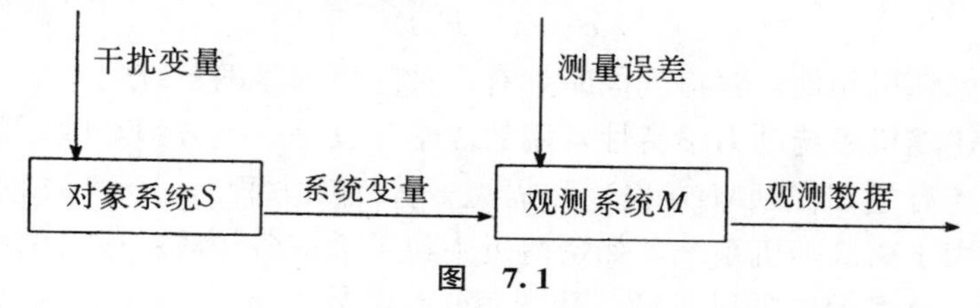

图 7.1

估计的系统意义，估计的分类，估计量的构造，估计的评价，性能指标的设定，估计的方法论，具体操作方法，特别是估计的算法，这些问题的研究形成了估计理论。由于实际问题几乎都是对随机变量的估计，估计理论的基本数学工具是概率统计。估计理论是随机系统理论的重要组成部分。

静态系统和动态系统都有估计问题，但估计理论主要用于动态系统。按估计量的系统意义，可分为参数估计和状态估计两种。在已知系统数学模型的结构时，根据系统输入、输出的观测数据估计模型中的参数，称为参数估计。根据输入、输出的观测数据估计系统的内部状态，称为状态估计。参数估计是构造一个平稳过程使之收敛于真实的参数值的问题，随机过程的平稳性允许以简单的统计性质来计算估计量。随机动态系统的状态估计往往是一种非平稳过程，需用较复杂的统计性质来计算估计量。

设待估计的变量为 x，以 $\hat{x}$ 记对它的估计，观测数据序列计为 $\{z_1, \cdots, z_j\}$。估计的前提是假定 $\hat{x}$ 为观测数据序列的函数

$$\hat{x}=\Phi(z_1,\cdots,z_j) \tag{7.14}$$

重要的是函数 Φ 的构形，需要根据对象系统和问题要求的不同来确定。最简单的是带有测量误差的被测量值 x 的估计，以算术平均值 $\bar{x}$ 为估计量。设已获得对 x 的 j 次有误差的测量 $\{x_1,\cdots,x_j\}$，则

$$\hat{x}=\bar{x}=\frac{1}{j}\sum x_i \tag{7.15}$$

可看作等概率（$p=\frac{1}{j}$）情形下的随机估计。

依观测数据与待估计状态在时间上的相对关系，状态估计可分为三类：预测估计，滤波估计，平滑估计。我们就离散动态系统加以说明，系统特性如图 7.2 所示。

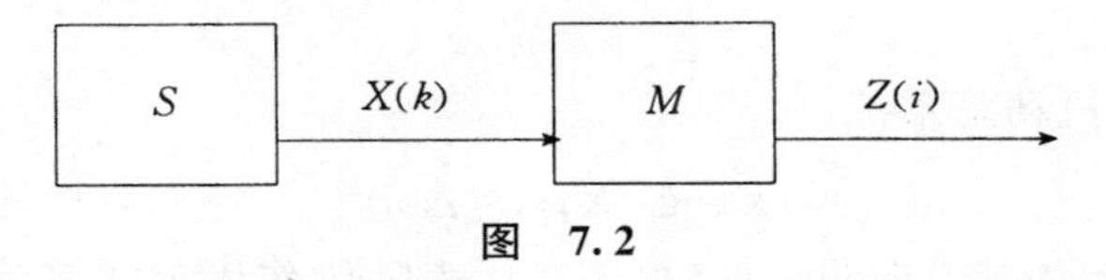

图　7.2

设已获得观测数据 z_1，…，z_j，用它们估计 k 时刻的状态量$x(k)$，估计量记作 $\hat{x}\left(\frac{k}{j}\right)$，则

1）$j<k$ 为预测估计，即对未来状态的估计，估计 k 时刻的状态只能用k 时刻以前的观测数据；

2）$j=k$ 为滤波估计，即实时估计当前时刻的状态；

3）$j>k$ 为平滑估计，即对过去状态的估计。

换作连续时间 t，这些表述完全适用于连续动态系统。

在理想情形下，估计量与待估计量相等，即 $\hat{x}\left(\frac{k}{j}\right)=x\ (k)$，称估计是准确的。实际情形很难如此，需要计算估计误差。令

$$\Delta x\left(\frac{k}{j}\right)=x(k)-\hat{x}\left(\frac{k}{j}\right) \tag{7.16}$$

记估计误差。$\Delta x\left(\frac{k}{j}\right)=0$ 为准确估计，$\Delta x\left(\frac{k}{j}\right)\neq 0$ 为不准确估计。为评价不准确的估计，引入损失函数 $L=L\left[\hat{x}\left(\frac{k}{j}\right)\right]$，$L$ 为 n 个 状态变量的标量函数，当估计误差为 0 时，$L=0$。损失函数还应满足某些其他特殊条件，有多种不同形式，构造损失函数难免包含使用者的偏好。

估计的评价通常分“过得去的”和“最优的”两种。损失函数 L 也是随机变量，确定 L 后，通常取它的数学期望 J 为性能指标

$$J\left[\Delta x\left(\frac{k}{j}\right)\right]=E\left\{L\left[\Delta x\left(\frac{k}{j}\right)\right]\right\} \tag{7.17}$$

来评价损失 L 的大小，J 最小的是最优估计。可见，所谓最优估计并非

损失最小，而是使损失的均值（数学期望）最小，亦即统计平均意义上的最优。这样，最优状态估计可确切表述如下：给定观测数据$z_1,\cdots,z_j$，如果一个估计$x\left(\frac{k}{j}\right)=\Phi_k[z(1),\cdots,z(j)]$能使性能指标$J\left[\Delta x\left(\frac{k}{j}\right)\right]$为最小，就称它是状态量$x(k)$的一个最优估计。

7.4 随机稳定性

给定随机动态系统

$$\dot{X}=G[X,t,\xi(t,\omega)] \tag{7.18}$$

t为时间，X为状态向量，$\xi(t,\omega)$代表随机作用力或其他随机因素。确定性系统的各种稳定性概念，如局部稳定与大范围稳定，渐近稳定与非渐近稳定，轨道稳定与输入—输出稳定，在随机情形下均有对应物。但随机情形下的稳定性问题有更大的多样性，且是按概率论语言刻画的，描述的是统计意义下的系统稳定性。本节只涉及系统（7.18）的特解$X=X^*(t,\omega)$的稳定性问题。

设系统（7.18）满足条件

$$G[0,t,\xi(t,\omega)]\equiv 0 \tag{7.19}$$

$X(t)\equiv 0$为其平凡解(平衡态)，X_0代表初值扰动。我们介绍几种关于平凡解的稳定性概念。注意，它们都是在统计意义下的稳定性。

（1）弱随机稳定　如果对每个$\varepsilon>t_0$和$\varepsilon_1>0$，存在一个$\delta>0$，使得当$t\geqslant 0$和$|X_0|<\delta$时，就有

$$p\{|X(t,\omega;X_0,t_0)|>\varepsilon_1\}<\varepsilon \tag{7.20}$$

则称平衡解$X(t)\equiv 0$是弱随机稳定的。

这是确定性系统L稳定性概念的推广，在初值偏离足够小时，并不要求每个$X(t)$的偏离都足够小，而是要求不满足条件的$X(t)$的发生概率p足够小，即满足统计意义下的L稳定性要求。

（2）弱随机渐近稳定　如果平衡解是弱随机稳定的，且对每一$\varepsilon>0$，存在一个$\delta=\delta(\varepsilon)>0$，使得当$|X_0|<\delta$时，有

$$t\to\infty,\lim p\{|X(t,\omega;X_0,t_0)|>\varepsilon\}=0 \tag{7.21}$$

就称平衡解是弱随机渐近稳定的。

与确定性系统一样，渐近稳定性是对稳定性的更强要求，但不是要求一切特解$X(t)$趋于0，而是要求不满足要求的特解的发生概率p趋于0，即满足统计意义下的L渐近稳定性要求。

（3）p 稳定　如果对每个 $\varepsilon>0$，存在一个 $\delta>0$，使得当 $t\geqslant t_0$ 和 $|X_0|<\delta$ 时，有

$$E|X(t,\omega;X_0,t_0)|^p<\varepsilon \quad (p>0) \tag{7.22}$$

就称平衡解是 p 稳定的。$p=1$ 为均值稳定性，$p=2$ 为均方稳定性。

（4）渐近 p 稳定　如果平衡解是 p 稳定的，且对于充分小的 $|X_0|$，有

$$t\to\infty, \lim E|X(t,\omega;X_0,t_0)|^p=0 \tag{7.23}$$

就称平衡解是渐近 p 稳定的。

在随机情形下，判别稳定性的基本依据仍然是李亚普诺夫直接方法，构造随机李氏函数 $V(x)$。这里同样没有普适的构造方法。[①]

原则上说，前几章所述确定性动态系统理论的基本概念均可推广到随机系统理论。但这方面成熟的理论成果不多，本章不作进一步的讨论。

思　考　题

1. 辨析下列概念：确定性、偶然性、随机性。

2. 存在随机性是宇宙的固有特征，抑或随机性仅仅是人类智力有限性的产物？

3. 系统科学如何克服完全决定论的弊病？

阅　读　书　目

1. ［德］H. 哈肯：《协同学》，第 6 章，北京，原子能出版社，1984。

2. ［美］G. N. 萨里迪斯：《随机系统的自组织控制》，第 1、3 章，北京，科学出版社，1984。

① 有关随机稳定性的详细理论分析，可参见胡宣达：《随机微分方程稳定性理论》，南京，南京大学出版社，1986。

第8章 自组织系统理论

8.1 概　述

在现实世界的不同领域和层次上，随处可以看到各种各样的结构、模式、形态。在物理层次上，有晶体、山峦、云团、星球等。在生命层次上，有形形色色的花卉、树木、形态迥异的飞禽走兽等。在社会领域，有家庭、社区、村镇、城市、国家等。在精神领域，有语言、概念、理论、文化等。这些结构、模式、形态是如何产生的？如何演化的？有无支配它们的一般原理？回答此类问题从古以来就是对人类智力的巨大挑战。历史上先进的哲学学说把它们判定为事物“自己运动”的产物，只是一种思辨的回答，虽然正确，却没有揭示出事物如何“自己运动”的机制。只有自组织理论能够提供科学的答案。

第一批自组织理论出现于19世纪中叶。达尔文的进化论是生物学的自组织理论，自然选择（或物竞天择）原理就是一种自组织原理。马克思的五种社会形态演进理论是关于社会历史的自组织理论，生产力决定生产关系、经济基础决定上层建筑的原理是对社会历史系统自组织机制的一种理论阐述。相变理论是物理学的自组织理论，系统地解释了物质三态转变的机理。三者都是某个特定领域的自组织理论，但都未提出和使用自组织概念。前两种理论还停留于对自组织现象的定性描述，尚不满足现代科学的规范要求。相变理论是关于自组织现象的定量描述，但限于物理学范围，且只能描述平衡过程的自组织。在当时的科学水平上，不可能提出和建立一般的自组织理论。

20世纪中叶，情形有了根本的改观。相变理论经过几十年的发展，对平衡相变的机制和规律有了本质的了解，为非平衡相变研究创造了条件。早期的系统理论家，特别是阿希贝和维纳，明确提出建立自组织理论的学科任务，阿希贝还出版了专著《自组织原理》。

更重要的是，20 世纪 60 年代末以后，出现了一批以揭示一般自组织规律为目标的科学学派，代表人物有普利高津、哈肯、艾根、巴克等，提出耗散结构论、协同学、超循环论、自组织临界态理论，以现代科学的前沿成果为依据，建构描述自组织现象的概念框架。还应提到圣塔菲学派的工作。以霍兰（J. H. Holland）、阿瑟（B. Arthur）、考夫曼（S. A. Kauffman）、朗顿（C. G. Langton）等人为代表，这个学派在 80 年代以来给自组织理论以新的强有力的推动。

成熟的自组织理论应是系统学的核心部分之一。但目前还没有建立起这种理论。一方面，各个学派都提出许多非常深刻而诱人的概念、原理和方法，使人们强烈地意识到自组织理论的辉煌前景。另一方面，不同学派或不同学者的理论都有自己的特殊背景，普遍性不够，各自只给出自组织理论的一些片断，许多提法是含混的，相互之间还有矛盾。要把这些片断整合成一个自洽的概念体系，给自组织现象以系统的、连贯的、深刻的解释，还有很多很大的困难。本章不奢望给出自组织理论的体系框架，只对最基本的内容作些介绍。

8.2　自组织类型

现代科学还难以给出自组织的普适分类，一些已提出的分类各自带有明显的学科背景的局限，不可简单地推广于其他领域，但仍有广泛的参考价值。

相变理论基于热力学把相变分为两大类。如果发生相变时系统的热力学势函数连续，但其一阶导数不连续，称为一阶相变。特点是势函数代表的物理性质连续变化，但其一阶导数代表的物理性质在相变点发生突变，称为临界相变。如果相变时势函数及其一阶导数都连续，称为二阶相变，或连续相变。二阶相变的特点是势函数及其一阶导数代表的物理性质在相变时都连续变化，不会出现间断现象。严格地说，这是热力学系统的分类。但对更广泛的自组织现象，都很有启发意义，二阶相变尤其如此。如圣塔菲学派把发生在混沌边缘的自组织作为二阶相变的对应物来理解，颇有见地。

普利高津把自然界自组织产生的结构分为两大类。通过平衡过程中的相变而形成的有序结构，称为平衡结构，如晶体、超导体等。平衡结构的基本特点是无须与外界环境进行交换即可保持其结构，甚至只有隔断与外界的联系才能长久保持自己。系统在远离平衡态的条件下通过相变而形成的有序结构，称为耗散结构，基本特点是只有与外部环境不断交换物质、能量、信息，才能保持有序结构。这种分类是以现代热力学为根据给出的，但耗散结构十分广泛，不仅存在于物理界，一切生命系统和社会系统都是耗散结构，精神领域的各种系统，如语言、科学理论、文化形态等，也是耗散结构。经过进一步提炼，耗散结构有可能成为系统学的重要概念。

哈肯按照引起自组织运动的不同方式给出一种分类：（1）改变控制参量引起的自组织；（2）改变组分数量引起的自组织；（3）瞬变引起的自组织。这里完全抛开物理学或其他具体学科的背景，用动态系统理论的语言进行表述，已经属于系统学的分类。但是否属于完备的分类，还有待研究。

8.3　自组织判据

一个系统在演化过程中是否建立起某种结构、形成某种模式、创造某种形态，应有确切的判别根据，特别希望能以精确的数学工具来判别。自组织理论尚不成熟的重要标志是目前还没有这种判据。不同自组织理论分别提出自己的判据，一般还不能通用。主要有以下几种：

自由能判据　这是相变理论的判据。令 E 记系统的总能量，F 记系统的自由能，T 记绝对温度，S 记热力学熵，它们满足以下公式

$$F=E-TS \tag{8.1}$$

相变理论认为，平衡相变是由自由能 F（表示系统的组织程度）与热力学熵 S（表示系统的混乱即无组织程度）之间的竞争所推动的，F 与 S 达成的某种妥协，决定了系统采取某种最小自由能状态，从一般状态自发演化到最小自由能状态就是实现了自组织。最小自由能原理解释了相变的宏观机理。玻耳兹曼进一步以概率观点给相变以微观的解释，提出微观粒子的能级分布公式

$$P_i=\exp\left(\frac{-E_i}{\mathrm{K}T}\right) \tag{8.2}$$

其中，E_i 为第 i 能级的能量，P_i 为粒子占据该能级的概率，K 为玻耳兹曼常数。（8.1）与（8.2）一起称为玻耳兹曼有序性原理，完整地解

释了形成平衡结构的自组织过程。

熵判据　粗略地讲，熵是系统无序程度的度量，即系统无组织程度的度量。组织的建立和瓦解过程都是熵变过程。从无组织到有组织，从低组织度到高组织度，是系统的反熵过程。自组织是系统在无外界干预下自我反熵的过程。令 dS 记系统的熵的改变量（微分），$dS>0$（增熵）表示组织程度减小的变化，$dS<0$（减熵）表示组织程度增加的变化，因而熵的变化可以作为自组织的判据。相变理论最早把熵 S 作为判据。普利高津加以推广，用熵作为非平衡相变的判据，提出超熵概念，建立耗散结构论。但熵判据有很大局限性，不仅要求对象能够作为热力学系统来研究，而且只有在能够给出熵 S 的可计算数学形式时才有实际意义，这只在很有限的情况下能够做到。哈肯认为熵判据太粗糙是有道理的。

信息判据　由于把信息视为负熵，有序度、组织度增加的过程是系统增加信息的过程，有序度、组织度减少的过程是系统损失信息的过程。一些系统理论家，特别是控制理论家，试图以系统信息量的变化作为自组织的判据，令 γ 记系统的剩余度（详见 14.5 节）

$$\gamma=1-\frac{H}{H_m} \tag{8.3}$$

γ 在 0 与 1 之间取值，$\gamma=0$ 表示系统完全无序，系统增加信息意味着增加剩余度，即

$$\frac{d\gamma}{dt}>0 \tag{8.4}$$

在系统自组织过程中，信息熵 H 和最大熵 H_m 都是时间的函数。将 (8.3) 代入 (8.4)，有

$$H\left(\frac{dH_m}{dt}\right)>H_m\left(\frac{dH}{dt}\right) \tag{8.5}$$

最大熵 H_m 由系统的规模（可能状态数）决定，$\frac{dH_m}{dt}>0$ 表示系统不断增加状态和元素，相当于系统从环境中吸收营养而不断壮大其规模，即自我组织。$\frac{dH}{dt}<0$ 表示系统通过实践和学习不断从外界获取信息，增加有序度，也是自我组织。① 但把 H 和 H_m 表示为可计算的形式有很多困难，信息判据（8.5）的适用范围可能更小。

---

① 参见王鼎昌：《“量—质”信息与控制论系统》，载《信息与控制》，1981 (1)。

序参量判据　如果宏观变量 P 当系统处于无序状态时为 0，处于有序状态时不为 0，P 的性质可以指示有序结构的产生和转变，则称 P 为系统的一个序参量。相变理论最先提出序参量概念。哈肯把它推广到非平衡相变，提出序参量原理，建立了有广泛应用的协同学。但序参量判据也不是普适的，像生命、社会、思维等复杂系统，一般难以确定有效的序参量。哈肯把语言、科学学派等作为序参量，只在隐喻的意义上有价值，无法对系统作出定量描述（有人因此而建议称为序因子），也就无法应用协同学原理处理这类问题。

非线性动力学没有明确提出自组织判据问题。它以稳定定态概念来表征系统结构，到达稳定定态就意味着建立起一定的有序结构，从一个稳定定态向另一个稳定定态转变就是从一种有序结构向另一种有序结构转变。这实质上也是一种判据，只要有了系统的动力学方程，即可按严谨的数学方法作出判断，十分有效。但当面临没有或无法建立动力学方程的复杂系统时，这种方法也无助于解决问题。

8.4　自组织原理

自组织理论的基本信念是：尽管现实世界的自组织过程产生的结构、模式、形态千差万别，必定存在普遍起作用的原理和规律支配着这种过程。现代科学还不能系统地揭示自组织的一般规律，但已获得许多深入的认识，提出一系列自组织原理，主要有：

涌现原理　一种自行组织起来的结构、模式、形态，或者它们所呈现的特性、行为、功能，不是系统的构成成分所固有的，而是组织的产物、组织的效应，是通过众多组分相互作用而在整体上涌现出来的，是由组分自下而上自发产生的。自下而上式、自发性、涌现性是自组织必备的和重要的特征。

开放性原理　一个与环境没有任何交换的封闭系统不可能出现自组织行为，对环境开放即与外界进行物质、能量、信息交换的系统才可能产生自组织运动。普利高津以总熵变公式

$$\mathrm{d}S=\mathrm{d}_iS+\mathrm{d}_eS \tag{8.6}$$

为工具，科学地论证了开放性是自组织的必要条件。如图 8.1 所示，d_iS 是系统内部混乱性产生的熵，称为熵产生，热力学原理决定熵产生为非负量，$\mathrm{d}_iS\geqslant0$；d_eS 是系统通过与环境相互作用而交换来的熵，称为熵交换或熵流，可正可负。有四种可能情形：

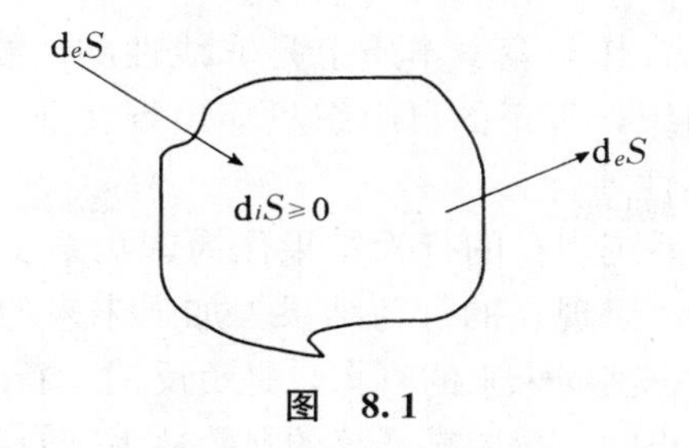

图　8.1

(1) $d_eS=0$，系统是封闭的，与外界没有交换，内部熵产生使系统混乱程度不断增加，不可能出现自组织，只可能产生组织的自发退化；

(2) $d_eS>0$，与外界交换得到的是正熵，总熵变 $dS>0$，系统以比封闭状态下更快的速度增加混乱程度，不会发生自组织；

(3) $d_eS<0$，但 $|d_eS|<d_iS$，通过对外开放从环境中取得负熵，但从环境中得到的负熵不足以克服内部的熵增加，总熵变 $dS=d_iS+d_eS\geqslant 0$，系统也不会发生自组织；

(4) $d_eS<0$，且 $|d_eS|>d_iS$，从环境中得到的负熵大于内部的熵增加，总熵变 $dS<0$，系统出现减熵过程，即自组织过程。

上面的论证表明，对外开放是系统自组织的必要条件，封闭系统不可能出现减熵运动；但开放性只是自组织的必要条件，错误的开放从外界得到的是正熵，必将导致系统有序结构更快的瓦解；正确的开放才能从外界得到负熵，但若开放程度不够，通过熵交换从外部得到的负熵不足以克服自身的熵增加，仍然不能出现自组织。只有正确而又充分地对外开放，才能保证系统出现自组织。

以上论证只对于明确定义了可计算熵的系统才有实际意义。但在隐喻的意义上，其结论适用于一切系统。

系统从无到有的自组织运动是逐步区分内部与外部，把自己与外部环境区分开来的过程。系统不仅要有开放性，同时要有封闭性或隔离机制，以保证已积累的信息和能量不至流失，防止外部有害因素的侵袭。自组织过程是系统开放性与封闭性的统一。

非线性原理　满足叠加原理的线性相互作用无法产生自组织需要的整体涌现性，整体涌现性是系统组成部分之间、系统与环境之间非线性相互作用的产物，是典型的非线性效应。组分之间的相互作用大体分为合作和竞争两种形式，都是系统产生自组织的动力。没有组分之间的合作，没有系统与环境之间的合作，不会有新结构的出现。没有组分之间的竞争，特别是没有系统与环境中其他系统的竞争，也不会有新结构出现。合作与竞争本质上是非线性的。线性相互作用至多能产生平庸的自组织，真正的自组织只能出现在非线性系统中，而且要有足够强的非线性才行。

反馈原理　把系统现在的行为结果作为影响系统未来行为的原因，这种操作称为反馈。以现在的行为结果去加强未来的行为，是正反馈。以现在的行为结果去削弱未来的行为，是负反馈。新的结构、模式、形态在开始时总是弱小的，需要靠系统的自我放大（自我激励）机制才能生长、壮大。这就是正反馈机制。新系统常常是先生成它的基核，再凭借正反馈机制逐步长大。但新结构不能一直生长下去，到一定程度就应稳定下来，不再增加规模，即系统应有自我抑制（自我衰减）机制。这就是负反馈机制。正反馈与负反馈适当结合起来，才能实现系统的自我组织。线性系统要么有正反馈而无负反馈，要么有负反馈而无正反馈；非线性系统才可能同时有正反馈和负反馈，把两者适当结合起来，使系统能够自我创造、维持和更新。

不稳定性原理　新结构的出现要以原有结构失去稳定性为前提，或者以破坏系统与环境的稳定平衡为前提。但新结构只有能够稳定下来才算确立了自己，并在环境中存续运行下去。一个不具备稳定机制的系统不可能真正产生出来，更不可能保持自己。自组织是稳定性与不稳定性的统一。鉴于不稳定性对自组织过程具有革命性意义，按照哈肯的说法，统称为不稳定性原理。线性系统要么稳定，要么不稳定，不可能同时存在稳定轨道和不稳定轨道；非线性系统可能同时存在稳定轨道和不稳定轨道，甚至同一条轨道部分稳定、部分不稳定，因而能够既使旧模式失稳，又使新模式稳定下来，从而产生自组织。

支配原理　系统内部的不同组分、要素、趋势、力量、变量、模式之间如果不分伯仲，一样地起作用，系统就不会形成有序结构；只有形成少数趋势（或力量、模式、中心部分等）去引导、规范、支配大量其他组分、要素、趋势、模式等，使它们协同动作，才能形成有序结构。这种起支配作用的模式或力量，哈肯称为序参量，也就是亚当·斯密称为“看不见的手”的东西。这种支配模式是在组分之间、系统与环境之间相互合作与竞争中形成的，反过来，系统的组分、要素又是在这种模式的支配下相互合作与竞争，从而建立系统的有序结构的。不能在不同模式之间形成支配—服从关系的群体，不会出现有序结构。

涨落原理　状态量对其平均值的偏离，称为涨落。涨落的特点是随机生灭，或大或小。按其来源，有内涨落和外涨落之分；按其规模，有小涨落、大涨落、巨涨落之分。真实系统都存在涨落。涨落在自组织中起极为重要的作用，系统通过涨落去触发旧结构的失稳，探寻新结构，系统在分叉点上靠涨落实现对称破缺选择，建立新结构。如图 8.2 所示，x_1 和 x_2 是系统的两个稳定态，系统处于 x_1，但 x_2 是更优越的状态。如果没有足够强的涨落推动，系统就不可能越过势垒 $\bar{x}$（极大点），发现并趋达 x_2。所以，普利高津认为，涨落导致有序。

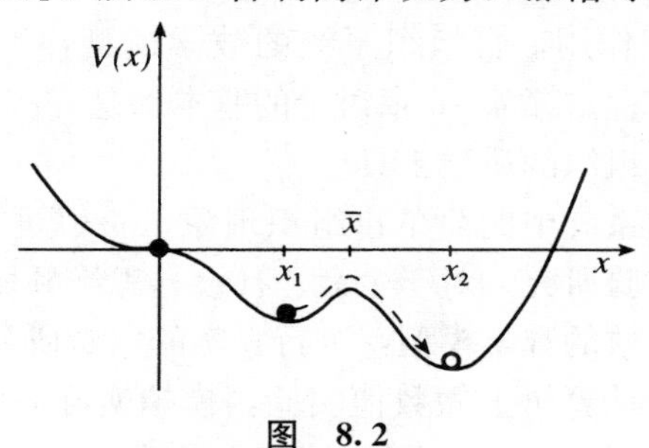

图　8.2

环境选择原理　在系统自组织过程中，一种结构或模式，特别是活的结构或模式，要接受环境的评价和选择，被环境选择的系统不一定是各方面最优者，但必定是能与环境协调共存者，至少是为环境允许存在者。这是广义达尔文原理。

诗圣杜甫云："欣欣物自私。"诗仙李白云："万物兴歇皆自然。"元素或组分的自发行为是系统自组织的基础。在没有中央集中控制机构、没有关于系统如何整合的统一指令的情况下，系统的组分为了自身的生存发展，只根据各自能够获取的局部信息而采取行动，只在局部范围交换信息，不"了解"也不"考虑"自己的行动将对系统整体产生怎样的影响，带来何种后果，这就是自发性，它对系统整体目标具有盲目性。但只要条件适宜，这种自发运动能够使系统整体呈现出有序运动，这就是自发的自组织。

8.5　自组织的描述方法

自组织过程是系统组分之间的互动互应过程，一个组分的行为变化，必然引起其他组分的回应，发生相应的行为变化，又反过来影响到该组分，形成复杂的互动互应网络关系。系统与环境之间也有互动互应，系统的每一变化都引起环境的回应，环境的每一变化也引起系统的回应。正是在这种互动互应过程中，系统不断试探、学习和自我评价，寻找新的结构和行为模式，接受环境的评价和选择。因此，自组织过程必定是一种动态过程。

现代科学方法论建立在理论、实验、计算三大支柱上。理论方法的核心是建立数学模型。计算指在电脑上进行数值模拟——一种新的实验方式，叫作数值实验。三种方法在自组织理论研究中均有大量应用。

作为动态过程的自组织运动，需以动力学方程作为数学模型。由于不存在特定的外部作用，自组织系统的数学模型，不论连续的或离散的，只能是齐次方程。第4～6章讨论的基本都是齐次方程描述的系统，因而提供了刻画自组织的适当工具。

对于物理化学系统中的简单自组织现象，一般可以建立数学模型，可以进行真实的实验研究。对于生命、社会、思维领域的复杂自组织现象，目前还没有有效的数学模型，进行真实的实验研究也很有限。最适用的方法是在电子计算机上做数值实验，模拟实际系统的自组织现象。早期系统理论家维纳、申农、阿希贝等人首先应用这种方法研究自组织，现代系统理论家特别是圣塔菲的学者更把电脑模拟作为研究自组织的基本手段。

关于自组织现象的另一种属于系统科学的分类，是按照自组织过程实现的不同系统功能或方式来划分的，包括：自创生，自生长（发育），自校正，自镇定，自适应，自维生，自学习，自复制，自修复，自更新，自老化，自消亡，等等。在实际系统中，同一自组织过程常常同时包含几种方式。例如，自适应常常包含自学习，通过自学习而达到适应环境。复杂系统的自创生，如地球上第一个活细胞的创生，必定同时包含自镇定、自维持、自学习、自适应、自复制等。下面五节将分别讨论其中的五种自组织形式。

8.6 自创生

系统的自创生，本义指在没有特定外力干预下系统从无到有地自我创造、自我产生、自我形成。一些作者把系统的自我更新、自我修复也算作自创生，容易引起误解。就复制出来的个体而言，作为从无到有的新产物，有创生的意思，但复制必须先有一个样本或母体，复制体的结构并非真正新的创造。自我更新亦然。严格意义上的自创生应指在没有样本或母体的条件下，一种全新的结构、模式、形态从无到有地自我产生出来。世界上第一个活细胞的出现是自创生，活机体中常见的细胞复制不是自创生，而是自复制。

第 3 章指出，新系统产生的基本方式之一是差异的整合，即许多被当作未来系统的元素和分系统的事物或实体经过整合而形成统一整体。从未被整合的事物群体（集合）到经过整合形成具有新的涌现性的统一整体，就是新系统的创生过程。如果这种整合是在没有特定外力干预下自发完成的，就是系统的自创生。除人类有意识地创建的系统外，现实世界的系统大多是自我创生的。

设想在同一环境中出现大量不同的实体或小系统，由于同一环境的制约，它们逐渐发生相互联系、相互作用、相互回应，以至每一个实体的变化都受到其他实体的影响，并影响其他实体的变化。但多个实体之间存在相互作用不等于形成一个新系统，可能只是互为环境，对 A 来说，A 与 B 的相互作用属于 A 与它的环境相互作用的一部分。但如果其中的 n 个实体或小系统通过相互作用以及与环境中其他实体的相互作用而整合成为一个统一体，区分开内部与外部，就表示创生出一个包含这 n 个组分的新系统。其本质差别是后者产生了整体涌现性，而前者没有出现这种整体涌现性。确切的判据是，后者作为整体具有统一的稳定定态（目的态），前者不存在稳定定态。

研究这种系统自创生的理想手段是动力学方法。设有 n 个（一般应为巨量的）实体或小系统，各有自己的动力学方程，且互不耦合。假定从某一时刻起，彼此开始相互作用，每一个的变化都引起其余小系统的回应。这种互动互应关系发展到一定程度，总体上可以用一个联立方程组描述。一般来说，这是一种反复试探、评价、修正、选择的过程，动力学规律（方程的数学结构）和控制参量都在变化中。为简化描述，假定第一步是其中的 n 个实体或小系统形成确定的联立方程组描述它们的相互关系，但控制参量的选择尚未保证这个联立方程组具有稳定定态，即还没有形成具有特定整体涌现性的系统。第二步是控制参量变化，在控制空间中搜索，一旦得到稳定定态，动力学特性得以固定下来，就形成一个包含 n 个组分的新系统。这就是系统的自创生。

最简单的情形是环境中有两个互不相关的小系统，动力学方程分别为

$$\dot{x}=f(x) \tag{8.7}$$

$$\dot{y}=g(y) \tag{8.8}$$

由于环境的变迁或自身的演化，二者出现了耦合，运动方程变为

$$\dot{x}=f(x)+p(x,y) \tag{8.9}$$

$$\dot{y}=g(y)+q(x,y) \tag{8.10}$$

$p(x,y)$与$q(x,y)$表示x与y的耦合作用。在数学上，(8.9)和(8.10)构成的联立方程组就是一个2维系统。广义地说，这就是系统的自创生。但在系统学中，只要这个联立方程组没有稳定定态，即没有形成稳定的整体结构和行为模式，它还不能代表一个系统，仍然是同一环境中两个相互影响的不同系统。但环境在变化，这两个系统也在变化。一旦演化过程使联立方程组获得至少一个稳定定态，就表示二者已经整合为一个较大的系统，产生了由稳定定态代表的整体涌现性。从（8.7）与（8.8）开始耦合到联立方程（8.9）与（8.10）出现稳定定态的过程，就是两个小系统的整合过程，即新的较大系统的自创生过程。在动力学理论中，为简化分析，假定动力学规律已经形成，要讨论的自组织运动是在控制空间中寻找稳定定态。控制空间分为甲、乙两部分，设甲区无稳定定态，乙区有稳定定态。控制参量从甲区向乙区的变化并在乙区中搜寻稳定定态的过程，就是系统的自创生过程。

讨论两个线性系统$\dot{x}=ax$和$\dot{y}=ey$的整合。设它们的耦合形式为

$$\begin{aligned}\dot{x}&=ax+by\\ \dot{y}&=cx+ey\end{aligned} \tag{8.11}$$

如果经过一定的演化过程系数a、b、c、e获得适当的数值，使这个联立方程组有了非0稳定不动点，就意味着二者整合为一个新的2维系统。这表明，线性系统并非完全不可能出现自创生，但只能出现平庸的自创生，即只能形成由平衡态代表的整体涌现性。

令x代表食用植物A的草食动物的种群成员数，当它与某种肉食动物（以y记其种群成员数）走到同一环境中，就出现了捕食与被捕食的关系。经过一定的演化过程，相互之间形成由洛特卡—沃尔特拉方程描述的关系

$$\begin{aligned}\dot{x}&=k_1Ax-k_2xy\\ \dot{y}&=k_2xy-k_3y\end{aligned} \tag{8.12}$$

容易证明，这个方程组存在非0稳定定态S（x_0，y_0）：

$$x_0=\frac{k_3}{k_2},\ y_0=\frac{k_1A}{k_2} \tag{8.13}$$

这是一个中心点型定态，如图8.3所示。

从两种动物x与y走到同一环境开始，到形成（8.12）所示的耦合关系，再演化到稳定定态（8.13），它们终于整合为一个生态系统。

以下方程

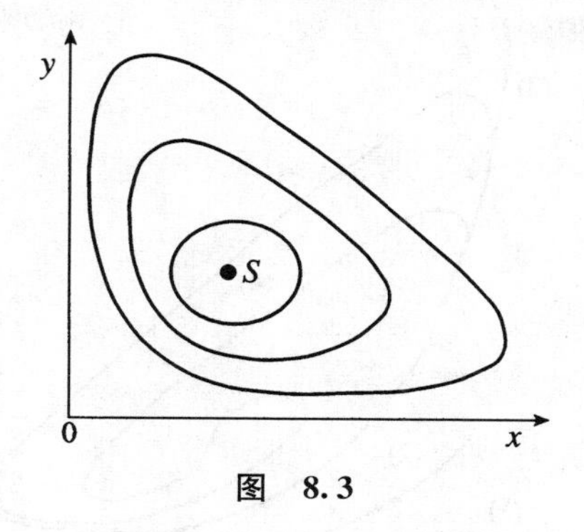

图　8.3

$$\dot{x}=A+x^2y-Bx-x$$
$$\dot{y}=Bx-x^2y \tag{8.14}$$

是普利高津为首的布鲁塞尔学派为解释化学反应现象提出来的，称为三分子模型或布鲁塞尔器，也可以解释生物钟、生态系统等。S 为均匀定态，B 小于临界值时稳定。如果两种动物在适当的环境中建立了这种相互作用，并当控制参量 B 超过临界值时，即

$$B>1+A^2 \tag{8.15}$$

均匀定态失稳，方程组（8.14）出现一个稳定极限环，从不同初值出发的运动都趋向于这一周期轨道，表示两种动物通过相互作用自我组织成为一个有稳定周期的生态系统，如图 8.4 所示。周期性表示，随着草食动物规模增大，肉食动物的规模也增大，导致草食动物减少，然后肉食动物也减少，又导致草食动物再次增大，如此循环往复。这种现象在自然界是常见的。具有周期性稳定定态的自组织只能出现于非线性系统中。

复杂系统的自创生不是单纯的自整合过程，还包含自稳定、自维持、自适应、自学习、自复制等多种自组织形式。一个典型的例子是第一个活细胞的自创生，探索它的机理是自组织理论的重大课题。著名的理论方案之一是艾根的超循环论，假定早期地球已经分别进化出具有自催化、自复制、自适应能力的前体，即原始蛋白体和原始核酸。要把这种前体整合成细胞，还需有更精致的系统机制和更有效的组织模式。艾根认为，线性链式耦合或分支式耦合方式都不行，简单的反应循环或催化循环方式也不行，“能够进行这种整合的机制只能由超循环这类机制提供”①。超循环是由催化循环构成的复杂循环。依靠这种机制，实现

① ［德］艾根、舒斯特：《超循环论》，58 页，上海，上海译文出版社，1990。

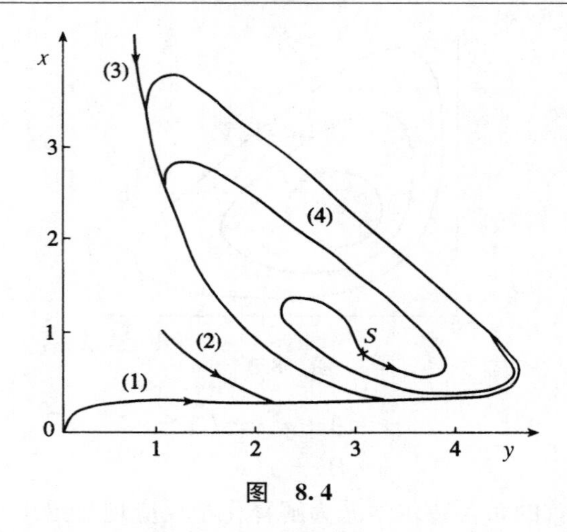

图 8.4

了把复制与变异、分解与合成、耦合与隔离、协同与竞争、稳定与不稳定统一起来，保证了最原始的翻译机构能够产生出来并得以进化。超循环论断言，自然界正是依靠这种机制渡过信息难关，积累起活细胞必需的巨大信息量。

建立复杂自组织的动力学方程至少目前是很困难的。较为有效的方法是计算机模拟。目前已有一些成功的工作。在给定环境中的大量实体相互作用，必然形成一种网络联系，因而可能用遗传回路的概念在计算机上进行模拟。相互作用的最简单方式是相互打开或关闭，在反反复复的开开关关中寻找能够稳定下来的网络结构。圣塔菲学派的考夫曼用这种“两种输入信息”的网络模型进行研究，发现连接过分松弛的网络不会有稳定结构的自创生，连接太紧密的网络过度敏感，无法安定下来，也不可能出现有序结构。但如果处于中间情形，既有必要强度的连接，又不太紧密，网络就会经历一个过渡阶段而安定下来，形成稳定的、自我协调统一的结构。

以经济系统自创生为例。大量经济实体（个人、家庭、公司等）在现实社会环境中相互依存、竞争、合作，互动互应，不断学习，不断自我调整，最终形成稳定运行的整体，就是现实的经济系统。这种系统自创生可以在计算机的虚拟世界中进行模拟。以一定的微程序作为这些实体的代理作用体或行动者（agent)，让大量 agent 群集于一定的环境中，彼此相互作用（或合作，或竞争，或既合作又竞争)，开始形成某种弱连接的网络。网络中的 agent 可以通过交换部分“基因”（计算机密码）而发生突变，成为表现出不同行为的新 agent。网络中的 agent 还与网络外的其他 agent 相互作用，接受环境的评价与选择。这种内部的或外部的相互作用不断进行，最终形成某种能稳定运行的有机整体，就是新的经济系统。一个著名的模型叫作“阿斯彭”系统。这是一个虚拟的经济世界，由 1 万个虚拟家庭和 1 500 个虚拟工厂、公司、银行、学校组成，可以模拟国家和特定行业的经济行为、不同货币和财政政策的影响等。每个 agent 都能发生某些变化，可以有不同的行为，能够自行进化。如有的家庭强调价格便宜，有的家庭注重商品质量。管理者只设定初始环境和界限，让 agent 在互动互应中进化。设计者并未规定 agent 之间要合作，但在自组织过程中，这些虚拟公司能像真的公司那样在形势困难时相互合作，共渡难关。当然，“阿斯彭”的规模还太小，与真实经济系统相距太远。专家们设想，如果能有一个包含 10 万个 agent 的模型，就可能大大逼近真实系统的自组织。

8.7 自生长

最早按现代科学规范研究自组织的阿希贝认为，自组织有两种含义，一是组织的从无到有，二是组织的从差到好。[①] 一般来说，不能要求系统一经产生便很完善。自创生首先要解决从无到有的问题，然后才能解决从差到好的问题，即自我发育、自我完善、自我成熟。活系统尤其如此。最简单的自我完善是系统规模的增大，即系统组分的不断增加，叫作自生长。研究自生长是自组织理论的重要课题之一。

贝塔朗菲曾用微分方程描述系统的自生长。他讨论的是方程 (6.8)，即 $\dot{x}=f(x)$。展开为泰勒级数，并假定没有要素的“自然发生”，即绝对项为 0，因而得

$$\dot{x}=ax+bx^2+\cdots \tag{8.16}$$

忽略高次项，得到 (6.8) 的线性近似 (5.17)，它的解为

$$x=x_0\mathrm{e}^{at} \tag{8.17}$$

表示线性系统按指数规律生长，称为自然增长率，如图 5.4 所示。指数增长率在化学、生物、社会等方面均有应用。

指数增长律描述的是系统的无限生长，只能在小范围内近似反映真实情况。真实系统的自增长是非线性的，需考虑展开式 (8.16) 中的 2

① 参见［美］贝塔朗菲：《一般系统论——基础、发展和应用》，90 页，北京，清华大学出版社，1987。

次项方能逼近真实系统的自生长。此时方程的解为

$$x=\frac{ace^{at}}{1-bce^{at}} \tag{8.18}$$

它反映的是系统的有限增长律，如图6.2（c）所示的S形曲线。化学中用它描述自动催化反应。在社会学中，所谓弗哈尔斯特定律用它来描述有限资源下的人口增长。

自然界有种类繁多的生长过程，服从不同的生长规律，需用不同的生长模型来描述。最简单的是许多物理系统呈现的结晶树枝状生长模式。如雪花（一般地，晶体）的形成，大气中灰尘凝聚成块状结构，水流中微粒凝聚成须状物等。这些现象可看作单纯的生长过程，只要出现基核或“种子”，就会逐步把周围某些微粒吸收聚集起来，形成宏观系统。但这类系统要么无法建立动力学方程，要么所建立的非线性方程无法得到解析解。兰热（J. S. Langer）基于对雪花形成过程热扩散的分析，并假定冻结核表面呈S形，建立了雪花形成的微分方程组，由于方程的非线性和基核表面的复杂性，很难用解析方法研究。计算机模拟方法是研究这种自增长的有效工具。已发现多种模型，一个著名的例子是有限扩散凝聚模型，简称DLA模型。

考虑2维系统（状态空间为格子化的平面区域）的DLA模型，其生长规律为：

（1）给定一个作为基核的粒子，位于格子的原点上；

（2）在远离原点的格子点上放一个可以随机游走的粒子，有两种游走的可能结局：当它走到与基核相邻的格子时立即停止，表示与基核凝聚在一起，当它远离基核走向边界时，就取消这个粒子；

（3）不论到达哪种结局，都把第三个粒子放在远离边界的格子上，让它随机游走，重新接受上述两种选择。

重复实行这种操作，即可形成如图8.5那样的凝聚体。它可看作真实凝聚体的平面影像，相当逼真地反映了这类系统通过自生长而逐步长大的过程。修改DLA规则，可得到其他生长模式。

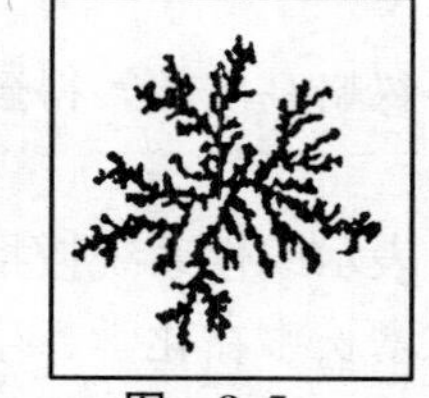

图 8.5

生物的自生长是通过细胞的大量自复制来实现的。其中，植物的生长规则比较单纯，可归纳为以下几点[①]：

① 参见王东生、曹磊：《混沌、分形及其应用》，6.1节，合肥，中国科学技术大学出版社，1995。

(1) 破土而出的茎秆在一些叫作节的部位长出新枝；

(2) 大多数新枝上又长出更新的枝，这种分枝行为反复进行；

(3) 不同的枝彼此有相似性，整个植物呈现自相似结构。

植物可看作由大量枝、节组成的系统，可以根据以上三点建立模型，对植物生长作形式化描述。20 世纪 60 年代末，林登迈耶(A. Lindenmayer) 把乔姆斯基的生成转换语法引入生物学，以简单的重写规则和分枝规则为基础，建立了关于植物的描述、分析和发育模拟的形式语法，称为 L-系统。

20 世纪 80 年代中期，普鲁森科维奇 (P. Prusinkiewicz) 等人把 L-系统与计算机图形学、分形学结合起来，完善了植物生长的分枝模型。我们就最简单的情形加以说明。

设分枝化发生在 2 维平面上，每次分枝长出的均为单位长 1，或者顺原枝方向延伸，或者旋转一定角度 α（如取 45°）。这样，图 8.6 中左边的植株就可以用中间的图形作为数学模型，在计算机上产生右边所示的植株。

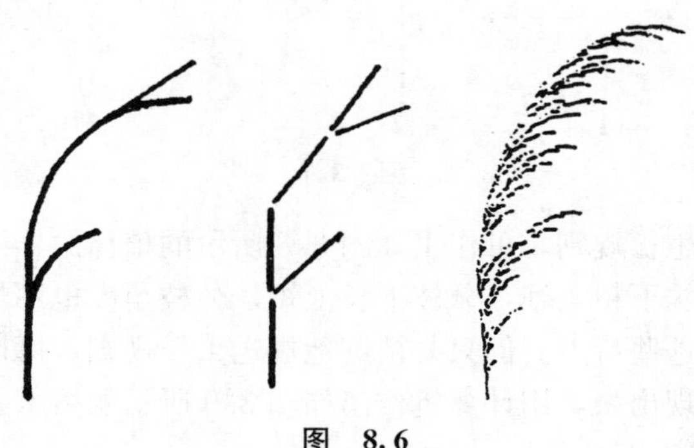

图 8.6

若以 [] 表示向右分枝，以 ( ) 表示向左分枝，“[”或“(”表示分枝开始，“]”或“)”表示分枝结束，就可以对植物生长规则（重写+分枝）作形式化的表达，使计算机能够理解。若图的生长规则的形式化表示为

$$
\begin{aligned}
&1)\quad a\longrightarrow d(c)b\\
&2)\quad b\longrightarrow d[e]a\\
&3)\quad c\longrightarrow b\\
&4)\quad d\longrightarrow d\\
&5)\quad e\longrightarrow d(a)b
\end{aligned}
\tag{8.19}
$$

从“种子” a 开始，采取上述规则，得到以下发育序列

时间	结　构	所用规则
0	a	种子
1	$d(c)b$	规则 1
2	$d(b)d[e]a$	规则 4,3,2
3	$d(d[e]a)d[d(a)b]d(c)b$	规则 4,2,4,5,1
⋮	⋮	⋮

在 2 维平面上，这个系统的生长过程的前三步如图 8.7 所示。

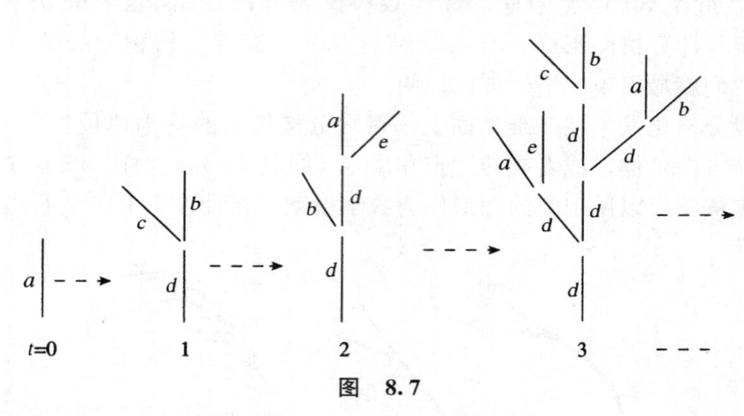

图　8.7

恰当规定生长规则，可作出如图 8.8 所示的植株。

真实的植株下粗上细，分枝下长上短，分枝角度也不尽相同，上述模型不能反映这些特点。但只要精细地规定生长规则，可以相当逼真地把这些特征表现出来，用计算机作出如图 8.9 所示的树木来（取自《混沌、分形及其应用》）。

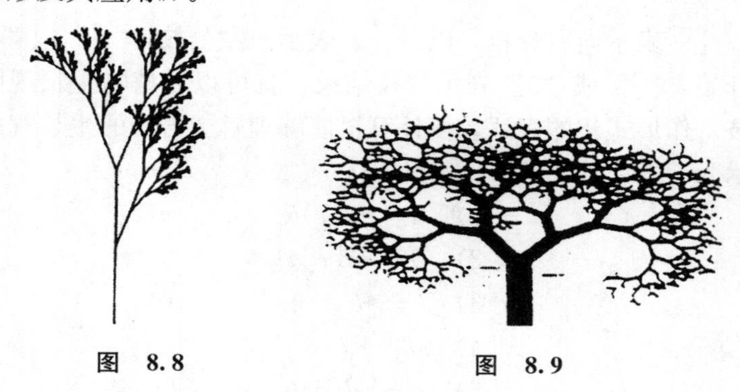

图　8.8　　　　图　8.9

8.8 自适应

适应与不适应是刻画系统与环境关系的概念。从外部看，适应指系统与环境之间的物质、能量、信息交换是以一种稳定有序的方式进行的。从内部看，适应指系统的组分之间以一种稳定有序的方式彼此合作与竞争、互动与互应。系统与环境进行稳定有序的交换，组分之间稳定有序地互动互应，两方面互为因果。一旦这种稳定有序的方式被破坏，系统就处于不适应环境的状况，或者变革自身以重新适应环境，或者被迫解体。如果系统对环境的适应靠自己力量建立和维持，就是自适应。

自适应有多种表现形式。最简单的自适应是自镇定。处于稳定状态标志着系统与环境相适应，干扰作用造成的瞬态表示系统与环境不适应，克服干扰使系统回到稳定态代表系统从不适应到适应的演化。但自镇定是一种平庸的自适应行为，线性系统也可以呈现这种自适应行为，且只能有这种自适应行为。

适应性是与不适应性比较而言的。系统原本适应于环境，由于环境变化，或系统自身变化，或两者都变化，导致系统与环境不再适应。起初系统只需作些调整（不涉及定性变化）即可恢复适应；变化到一定阈值，系统只有抛弃原有的结构方案或行为模式，建立新的结构或行为模式，才能重新适应环境。这是自适应问题的典型提法。现在的自组织理论研究的大多属于此类问题：针对物理化学领域中的简单巨系统，特别是能用一个或少数几个状态变量描述的系统，以精确的数学模型和严格控制的实验手段研究系统如何通过改变结构去适应变化了的外部条件。就新结构的从无到有而言，它也是自创生。但这里不是把非系统的群体整合为系统，而是改变原系统的结构，称为自适应更准确。

一个著名的例子是贝纳德流。如图 8.10 所示，厚度为 h 的液体由

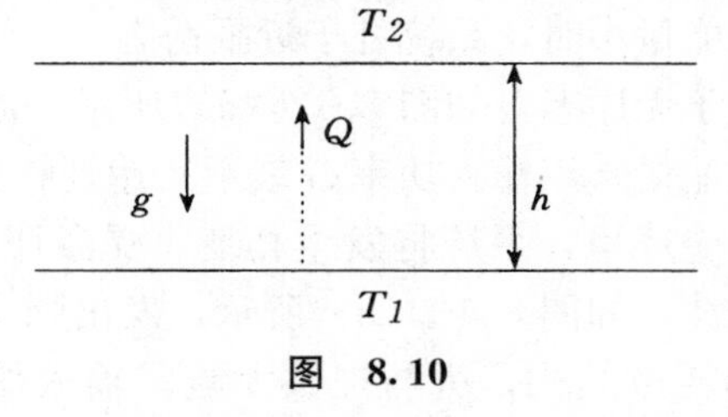

图　8.10

上下两块平板与环境隔开，h 比平板的尺度小得多，理论上可看作无限

宽平板。起初平板上下温度相同，$T_1=T_2$，温差 $\Delta T=T_1-T_2=0$，系统处于处处均匀而宏观上静止的平衡态。这是一种稳定态，表示系统与环境相适应。平衡态的特点是系统的组分之间只有分子半径范围的微观关联，宏观尺度上液体分子处于无组织状态。现在开始从底部加热，$T_1>T_2$，液层上下出现非0的温差 ΔT。液体完全保持原状态则不再适应环境，但也无须大变，只要出现从下到上的热传导 Q，保持近平衡态，系统与环境仍然适应。随着温差的加大，热传导 Q 也加大，但近平衡态可保持不变，宏观上分子仍是无组织的，运动图像没有定性性质的变化。温差代表环境压力。当温差即环境压力增大到某个临界值 $\Delta T=\Delta Tc_1$ 时，近平衡态本质上不再适应环境，必须对液体分子进行宏观尺度上的组织，建立全新的结构，才能重新适应环境。这就是图8.11所示的结构，称为贝纳德花纹。其中，（a）是从上面看到的贝纳德花纹，呈规则的六角形对流元胞，尺度约 10^{-1}cm，已属宏观构形。（b）是从竖截剖面上观察到的贝纳德花纹，每个元胞内的分子都被组织起来，协调有序地从下到上按同一方向流动，到达顶部的分子由于重力作用沿着元胞边缘向下流动；相邻元胞的分子按不同的方向流动，若一个是左旋，另一个必为右旋。这是一种稳定构形，即耗散结构，表示在温差到达临界值时，只有按贝纳德花纹把分子在宏观尺度上组织起来，系统才能与环境适应。如果继续加大温差，液体仍可保持这种结构，只需作些量的调整，系统与环境还是适应的。但若温差增加到另一个临界值 $\Delta T=\Delta Tc_2$，对流元胞式结构也不再能适应环境压力，系统将出现新的相变，形成滚筒式的耗散结构，与环境达成新的适应。

另一个著名的例子是激光。图8.12为一固体激光器的略图，由嵌有特殊原子的棒状材料构成，两端镶有两面镜子，并与一个提供能量的外泵源耦合。棒状材料中的原子受到输入能量的激发。输入能量为0时是热平衡态。当输入能量非0时，原子受激发产生电子轨道跃迁，就会发出光波。当输入能量小时，系统处于近平衡态，受激原子各自独立地发光，系统整体处于无序态，如图8.13（a）所示，激光器相当于一个普通灯管。当输入能量（用输入功率 G 表示）达到临界值 Gc_1 时，这种近平衡结构不再适应环境，系统将发生相变，受激原子采取合作行动，按同一方向发射光波，如图8.13（b）所示，发出强大的激光。激光是一种远离平衡态的耗散结构，可与提供大能量输入的环境达成新的适应。继续加大能量输入到下一个临界值 Gc_2，激光结构也不再适应环境，系统将又一次发生相变，建立脉冲光这种新的耗散结构，与环境达成新的适应。随着输入能量的进一步增加，将会出现新的临界点，用另一种耗散结构取代之，形成新的适应关系。

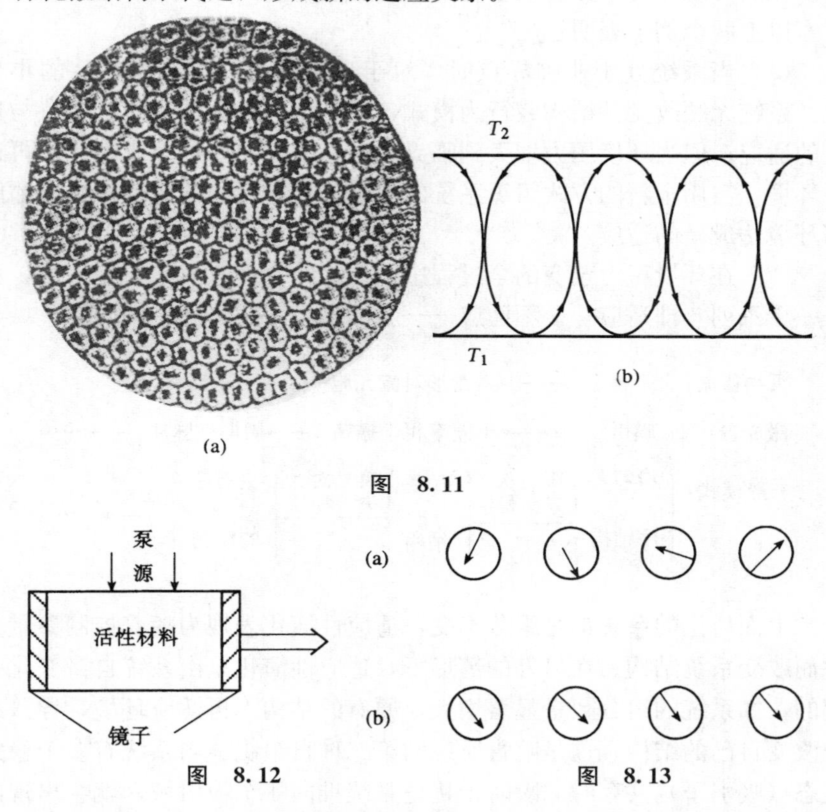

图　8.11

图　8.12

图　8.13

以上两例均为物理系统的自适应问题，可以用实验方法进行研究。温差 ΔT 和输入功率 G 是控制参量。这两个例子都是通过改变系统控制参量而引起的结构改变来考察自适应的。如果能建立系统的动力学方程，这种研究完全可以用数学方法进行。仍讨论激光系统。根据激光理论，受激原子的运动遵循场方程、原子偶极子方程和原子数反转方程，经过简化处理，得到以下方程

$$\dot{E}=(-k+G)E-\beta E^3+F(t) \tag{8.20}$$

其中，E 为光场强度，$F(t)$ 为随机外作用力，k、G（输入功率）、β 均为控制参量。抛开外作用项 $F(t)$，上式是（4.11）的一种特殊形式。上述以实验方法改变输入功率 G 对系统自适应的研究，可以转换为用非线性动力学方法在控制空间中研究当控制参量 G 变化时，系统如何分叉、突变、对称破缺选择，精确地计算出临界值 G_{c_1}、G_{c_2} 等。对贝

纳德流随着控制参量的改变而出现的自适应演变也可作这种数学描述。一切能够写出动力学方程的系统，都可用这种方法研究其自适应行为。

以上两个例子表明：

（1）当系统处于非临界点时，对于环境压力（控制参量）的小变化，系统无须改变其结构或行为模式，只要作些小的调整即可保持与环境的适应；但当环境压力增大到临界点时，系统的原结构或模式不再适应环境，需用全新的方式组织系统的元素，建立新的结构或模式，才能与环境达成新的适应。

（2）在环境压力改变的全过程中，系统的自适应演化不是一次，而是一个系列，即适应——不适应——新的适应——……。例如：

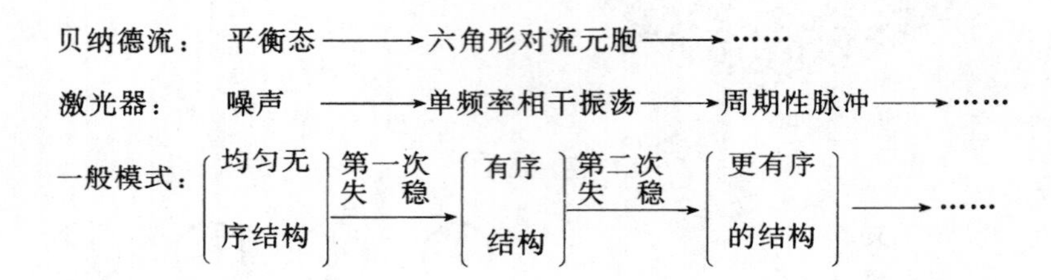

上面讨论的系统都是组分不变，适应性演化表现为随着控制参量变化而改变系统结构。在另外的情形下，适应性演化是由系统自身变化引起的，如系统的组分数量显著增大，原有的结构不再适应环境，导致系统改变自己的结构。这是哈肯所说的第二种自组织。当系统有多个稳定定态（吸引子）共存时，瞬时干扰把系统推向哪个吸引域，就会出现向该吸引子演化的自适应运动。这是哈肯所说的第三种自组织。

复杂的自适应现象同时包含学习、生长、复制、创新等操作，需要运用计算机模拟来研究。适应的基本机制之一是系统通过与环境互动而积累经验（也是一种自生长），去修正和重组基本单元。霍兰的遗传算法（GA），又称基因算法①，提供了理解这种机制的计算机模型。遗传算法是一种类似于生物进化的自然选择机制的计算机程序，可通过进化与自然选择获得解决复杂问题的能力。它需要建立一种能够表示任何计算机程序的基因码，使得程序基因型（组成程序的数位）中的任何变化，都能引起程序表现型（程序所干的事情）发生质的变化。霍兰为此设计了一套由规则组成的分类者系统，分类者是由0、1两个数组成的

① ［美］J. H. 霍兰：《基因算法》，载《科学》（重庆），1992（11）。

数位串，如100101011，011001100等。其中每一数位都与该规则的输入和输出是否具有某种特征相对应（1代表具有某个特征，0代表不具有该特征），以区分众多的处理对象。改变数位串中的任何数位，就改变了程序的行为。遗传算法的关键就是处理这些数位串。生物产生新基因的方法是组配（两个配子相遇而交换染色体，生成一种结合子）与突

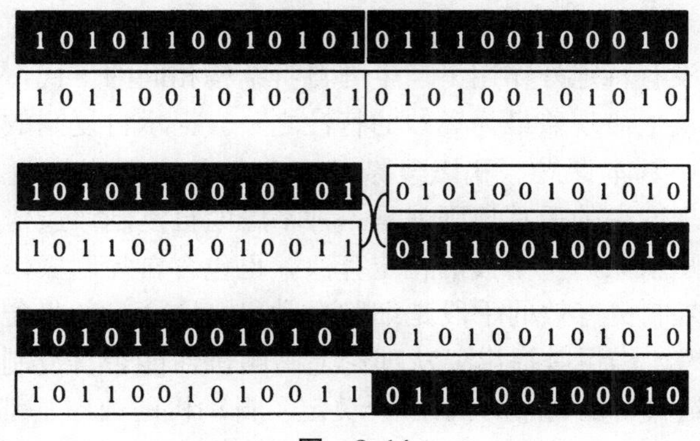

图　8.14

变，遗传算法能模拟这两种机制。图8.14所示为两个程序通过交换部分基因码而进行基因重组的机制，与真正的有机体基因重组的机制相同。把两个串并排起来，沿左右方向任取一点，交换两串的左边部分，产生两个后代，一个后代包含第一个串在交换点左边的符号和第二个串在交换点右边的符号，另一个后代包含第一个串在交换点右边的符号和第二个串在交换点左边的符号。基因算法也通过突变的办法改造少部分数位串，以保证不产生不能继续进化的单一群体。

遗传基因操作器包含交换、反演、突变。遗传算法通过把基因操作器应用于种群中最成功的表现型所对应的基因型而产生变体。此算法的要点如下：

（1）依据表现型的成功程度选择基因型对，表现型越成功，它的基因型越可能被选择；

（2）应用基因操作器于所选择的基因型对，创造“子代”基因型；

（3）以第二步产生的子代取代最不成功的基因型。

用一个随机选择的分类者去启动系统，使行动者四处游荡（随机游荡），在行动中学习，积累经验，接受环境的评价和选择，经受优胜劣汰的磨炼。如此一代一代地发展下去，那些最终能够圆满解决问题的数位串将占据优势。当然，目前基因算法的运行规模还远远小于生物进

化，但已有许多成功的应用，所提出的模型表现了与自然界的共生、寄生、生物的“军备竞赛”、拟态、形成小生境、物种产生等现象相类似的特征，在自组织研究中显示了诱人的前景。

8.9 自复制

系统在没有特定外作用下产生与自身结构相同的子代，叫作自复制或自繁殖，是生命现象最为奥妙的特性之一。揭示自复制的机制是自组织理论的另一基本课题。稍微复杂的自生长和自适应均包含某种自复制。L-系统理论中的重写规则就是一种平庸的自复制。遗传算法代表一种描述如何从双亲产生子代的特定算法，也包含自复制操作。

研究自复制更有效的手段是细胞自动机（CA）。20世纪40年代末，计算机之父冯·诺伊曼提出要从理论上阐明机器能否自复制（即是否有能够自动构造自身复制品的机器），奠定了自动机的数理基础。他的用意不是制造一个真实的机器，而是创造一个模型系统；所谓“细胞”，指系统的基本单元，所谓“机”，指CA中非静止细胞的一个有限集。

与L-系统、GA一样，CA也是一种递归算法，反复使用一组简单的规则于全域（universe）中的细胞，以产生某种结构。其特点为：

（1）离散化：空间离散化，全域被分为许多格子（对于2维细胞自动机，格子为正方形，或三角形，或六角形），呈网格状，细胞处于离散的位置（格点）上；时间离散化，在每一时步所有格点上的状态都可以发生同步变化；状态离散化，细胞只有有限个可能状态。CA是一种离散系统，因而又称为点格自动机。

（2）演化规则：CA是动力学系统，在每一时步上，格点或细胞按一定规则更新或转移它的状态；更新规则通常是确定性的，用转移函数描述；规则是局部的、近距离的，格点上状态的变化只依赖于邻近格点和自身的状态。

不同的格子，不同的状态集，不同的转移规则，构成不同的细胞自动机。最简单的是两个状态（如左或右，大或小，白或黑，等等），可用0（关）和1（开）作数字化表示。对于1维系统，转移规则可取（8.21）式，这表示在时刻 t 相邻格子的数目之和为奇数的格子，在 $t+1$ 时刻将把自己的状态变为1，相邻格子数目之和为偶数的那些格子，

$$C_i(t+1)=\begin{cases}1,\text{若 } C_{i-1}(t)+C_{i+1}(t)\text{ 为奇数}\\0,\text{若 } C_{i-1}(t)+C_{i+1}(t)\text{ 为偶数}\end{cases}\tag{8.21}$$

在$t+1$时刻将把自己的状态变为0。具体表示为

$$0+1=1+0=1,\ 0+0=1+1=0 \tag{8.22}$$

此式表明细胞之间的作用是非线性的。

20世纪70年代以来，细胞自动机有了长足发展。1970年，肯威（Cunwey）提出一个叫作“生命游戏”的自动机模型。“生命”在一个长方形格子上运转，格子中的细胞或死或活。如果一个细胞死亡，但恰好有三个活的邻居，它将在下一时刻重新得到生命。如果一个细胞活着，仅当它有两个或者三个活邻居时才能继续活着。已经证明，这个系统有自复制能力，给定适当的初始条件，它能模拟任何可能的计算机。

1984年，理论物理学家沃夫拉姆（S. Wolfram）引入物理学和计算机科学的方法研究细胞自动机的演化。他以细胞自动机作为连续动力学系统的离散逼近，引入熵等热力学量来描述系统行为；又把细胞自动机刻画为产生语言的机器，去生成与不同复杂水平的规范语法规则相一致的模式。沃夫拉姆发现，细胞自动机作为一类动力学系统，有四种吸引子态。

Ⅰ型：不动点，代表均匀定态。

Ⅱ型：周期吸引子，代表周期运动。

Ⅲ型：混沌吸引子，代表貌似无规的确定性运动。

Ⅳ型：一种动力学理论直到当时尚未发现的新定态。20世纪80年代末，朗顿等人发现，这就是一种处于“混沌边缘”的定态，即圣塔菲学派所讲的“复杂性”。

一个有趣而最简单的例子是朗顿用细胞自动机构造的能自我复制的“圈”，如图8.15所示。每个细胞有8个可能状态0，1，2，3，4，5，6，7。按一定的规则经过151步演化，可得到图8.16所示的两个圈，表明初始构形成功地复制了自己。[①]

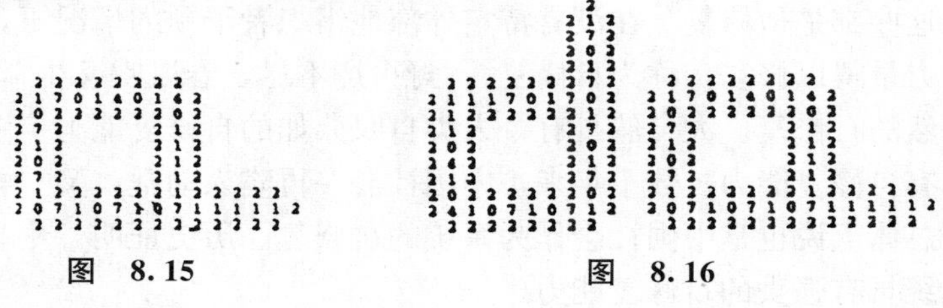

图　8.15　　　　图　8.16

---

① 参见C. Langton，*Artificial Life*，New York，Addison-Wesley，1989，p. 29。也可参见谭跃进、高世楫、周曼殊：《系统学原理》，7.3节，长沙，国防科技大学出版社，1996。

以上是确定型细胞自动机模型，每次使用相同的结果。如果加进随机成分，在几种可能性中随机地作出选择，就得到随机型细胞自动机模型，可以模拟更复杂的自复制现象。

8.10 自修复

系统在存续运行中难免出现故障，或受到伤害，能否排除故障，修复“伤口”，恢复到正常情况，对系统十分重要。修复损伤是系统维生论的重要课题。理想的修复是受伤害的系统完全恢复如初，机器系统的排除故障一般即如此。但对于生物机体、社会等复杂系统来说，实际情况往往不可能达到这种要求，有时也不必如此苛求。在许多情况下，只要系统整体上能够恢复到基本正常生存运行，就认为系统得到修复。

系统的修复具有十分复杂的机理，人类现在还所知甚少。因此，给以精确的定义，建立一般的理论描述，现在还做不到。但在某些简单情况下，可以给出系统修复的精确判据，建立相应的理论。令 $P=P(t)$ 为我们关注的系统性能指标，t 记时间。设系统在 $t_0=0$ 时受到伤害，受伤害后的系统性能降低为 $P(0^+)$，意味着系统无法正常生存运行和发挥功能，需要修复。如果从 t_0 时刻起，性能指标 $P(t)$ 开始增大，

$$P(t)>P(0^+) \tag{8.23}$$

就说系统进入修复过程。设系统正常运行的最低要求为 $P^*>P(0^+)$，如果存在一个时刻 $T>0$，当 $t\geqslant T$ 时，有

$$P(t)\geqslant P^*>P(0^+) \tag{8.24}$$

就说系统实现了修复。

存在两种系统修复方式。靠外部力量得以修复的是他修复。机器出现故障，靠维修工来修复；地震造成房倒、桥断，靠政府组织力量救灾重建，这些都是他修复。在没有特定外部他组织者干预的情况下，系统靠自身力量得以修复，称为自修复。“野火烧不尽，春风吹又生”，说的是大自然的自修复。大自然具有令人类自叹弗如的自修复能力。人类社会也具有自修复能力。数千年来，中国社会一再陷入动乱，又一再恢复生机，总体上说也是中国社会作为系统的自修复。历史证明，中华民族作为系统具有强大的自修复能力。

自修复是自组织的一种重要机制和表现形式，研究自修复是自组织理论的重要内容。迄今为止的机器系统基本上靠人工修复，但已有一些高级机器可以在一定程度上实现自修复，未来的智能机器将会有越来越

高明的自修复能力。生命系统的自修复机制异常精微奥妙。人体系统的许多伤病都能够完全靠自己加以修复，即伤病的自愈。一些动物失掉四肢可以再长出新的，远胜于人类。吴承恩突发奇想，让被砍去脑袋的孙悟空能够自动长出新脑袋，虽为文学夸张，对于了解系统的自修复，也不无启发。自组织理论关注的中心问题是自修复的内在机理和基本规律，还有待系统科学的未来发展。

思　考　题

1. 自组织的基本特征是什么？

2. 自发性在事物发展中有何积极意义？如何辩证地理解自发性与自觉性的相互关系？

3. 自组织理论是怎样把必然性与偶然性、确定性与随机性统一起来的？

4. 阐明非线性相互作用和反馈机制在自组织过程中的作用。

5. 试析耗散结构论、协同学、超循环论对于分析复杂自组织过程的局限性。

阅　读　书　目

1. ［德］H. 哈肯：《协同学：大自然构成的奥秘》，戴钟鸣译，上海，上海科学普及出版社，1988；凌复华译，上海，上海译文出版社，1995。

2. 苗东升：《系统科学原理》，第12～15章，北京，中国人民大学出版社，1990。

3. 苗东升：《系统科学辩证法》，第5～8章，济南，山东教育出版社，1998。

4. 沈小峰、吴彤、曾国屏：《自组织的哲学——一种新的自然观和科学观》，北京，中共中央党校出版社，1993。

5. 曾国屏：《自组织的自然观》，北京，北京大学出版社，1996。

他组织系统理论

在哲学中，自我与他者（他物）是两个互为存在条件的矛盾方面。反映在科学技术中，自组织与他组织是两个互为存在条件的矛盾方面。反映在系统学中，自组织理论与他组织理论是两个相互补充的部分，二者缺一不可。理论自然科学已从不同方面研究过他组织问题，虽有很多成果，尚不能简单地移入系统学。仿生学、设计理论、管理科学等都是研究他组织问题的技术科学，积累了丰富的材料，也不能简单地算作系统科学的内容，更不能当作系统学。早期的系统科学虽无他组织这个术语，但主要内容都是有关他组织的。控制学、运筹学等属于系统科学中技术科学层次的他组织理论，钱学森于20世纪70年代末、80年代初多次提到的理论控制论、理论运筹学和理论事理学应属于基础科学层次的他组织系统理论，它们的任务是更集中地研究系统的运筹、决策和控制等共性问题。本章只就他组织理论作点一般性讨论。

9.1　组织　自组织　他组织

组织是现代科学各个领域广泛使用的概念。尤其在系统科学中，组织是少数最基本的概念之一。揭示从自然界到人类社会的各种组织如何产生、生长、维持、演化、管理的机理，是现代系统研究前沿的中心课题。随着系统科学的不断发展，我们对组织概念的理解愈益深入全面，但仍有许多基本问题有待探讨。

在系统科学及相关学科的文献中，常常把组织与自组织看作一对矛盾概念，相比较地对二者加以界定。如协同学就是这样的。把自组织作为组织的反面隐含着一个判断：自组织不是组织，而是非组织。这显然不正确，自组织当然是一种组织，但组织不一定是自组织。为克服这一逻辑毛病，控制学家列尔涅尔把组织称为有组织。但把自组织与有组织作为一对矛盾概念，隐含着另一个判断：自组织不是有组织，而是无组织。这同样有逻辑毛病，自组织必定是有组织的，但有组织的未必是自组织的。自组织可作为名词，有组织不可能作名词使用，可以讲"这是一种自组织"，不可以讲"这是一种有组织"。吴彤提议用"被组织"代替"组织"，也不妥。与有组织相同，被组织也是形容词或动词，不是名词，不能表示实体。讲"生物体是自组织"，通；讲"机器是被组织"，不大符合汉语习惯。

从逻辑上看，组织是属概念，自组织是它下面的种概念之一。与自组织（self-organization）相对应的另一个种概念是非自组织，或称他组织（英文拟为 hetero-organization）。因而有

$$
组织\begin{cases}自组织\\他组织\end{cases}
$$

这样界定的组织、自组织、他组织三个术语都既是名词，可以表示某个实体或系统；也可以作为动词，表示某种过程或操作，与系统科学的习惯用法一致。哈肯讲的组织就是他组织。

自组织与他组织都是组织的真子类。作为实体，两类对象都是组织起来的群体，即有组织的群体，区别或者在于组织力或组织指令来自群体内部，还是来自群体外部；或者在于系统内部组分是否分化为组织者与被组织者两类。组织力来自系统内部的是自组织，组织力来自系统外部的是他组织。按哈肯的表述："如果系统在获得空间的、时间的或功能的结构过程中，没有外界的特定干预，我们便说系统是自组织的。这里的'特定'一词是指，那种结构和功能并非外界强加给系统的，而且外界是以非特定的方式作用于系统的。"[①] 例如激光器，在阈值前后只有输入功率大小的不同，没有加入任何有关原子如何协同行动的指令，协同现象完全是自发出现的，是系统的自组织行为。

类似地，如果系统是在外界的特定干预下获得空间的、时间的或功能的结构的，我们便说系统是他组织的。"外界的特定干预"就是他组织作用。机器是人按照特定的方式设计制造的，绵羊"多利"是英国科

① ［德］H. 哈肯：《信息与自组织》，29页，成都，四川教育出版社，1988。

学家用克隆技术人工复制出来的，都是他组织。他组织过程是自上而下进行的，具有某种强制性，自觉性是人工他组织的特点。

一种观点将自组织与被组织作为一对矛盾范畴，不合逻辑。自我与他者（他物）是哲学中的一对矛盾对立面，主动（自动）与被动是科学技术和日常生活中讲的一对矛盾对立面，不可混淆。一个连队是一个系统，连长是系统内部的组织者，部属是被组织者，却不存在“被组织”。连队是一个具有组织者与被组织者这种内部划分的他组织系统，不可称为被组织系统，仅仅考察其中的被组织者没有意义。总之，被组织不是系统科学的必要概念。

9.2　他组织的类型及其系统意义

任何系统都是在一定的环境中存续演化的，环境对系统发挥着不可轻视的组织作用。环境给系统提供资源，施加约束，都会对系统如何组织、整合自己产生作用。这就是环境对系统的他组织，虽然是外在的组织作用，却是系统生成、维生、演化和发挥功能所不可或缺的因素。一般来说，这种外在他组织对系统的组织作用是必要而不充分的，它只是压缩了系统的可能性空间，系统采取什么样的结构和行为模式，还有很大选择范围。例如，同一地理环境中，可以有很多显著不同的动植物生存发展；同样的学校环境，造就的人才各式各样；同一家庭环境生长的孩子有不同的性格、行为、业绩。但在有些情况下，外在环境可能对系统的生成、存续和演变产生决定性的组织作用。如吉林的镜泊湖，汶川的唐家山堰塞湖，都是地壳运动这种外部作用造成的局部地理小系统。帝国主义在殖民地建立的傀儡政权，也是这类他组织系统。前者可以称为资源约束型外部他组织，后者则是强制型外部他组织。

对于复杂系统，特别是复杂巨系统，仅仅有外部环境的他组织作用是不够的，还需有内在的他组织。由于这类系统的组分具有显著的异质性，无论是系统内部基本组分之间、分系统之间的互动互应关系，还是整个系统与外部环境的互动互应关系，都复杂多样。仅靠外部环境的资源约束，或强制作用，无法管理好数量众多、特性各异的组分，需要协调相互关系，合理分配资源，才能成功地应对复杂的环境。所以，随着系统由简单向复杂的演化，内部组分及其相互关系必然发生分化，少数组分集结成为特殊的分系统，能够获取、处理、使用有关系统整体状况的内外信息，拥有发号施令的权力，成为整个系统的组织者，其他组分和分系统则成为被组织者，必须服从组织者的指挥管理，否则将受到制裁，甚至被逐出系统。系统从没有内部他组织者到出现内部他组织者的演化，就是贝塔朗菲讲的中心化趋势，它所产生出来的中心部分或主导部分，就是系统的内部他组织者，亦即控制中心。系统的内部他组织大体又分为两种：在宇宙进化出有意识的高等动物、特别是人类之前，只有无意识的他组织；高等动物特别是人类出现之后，这些生命个体具有自我意识这种控制中心，即有意识的他组织。两者比较，无意识的他组织是低级形态的他组织，相对简单些；有意识的他组织是客观世界中最高级、最复杂的他组织。由此得到他组织的以下分类：

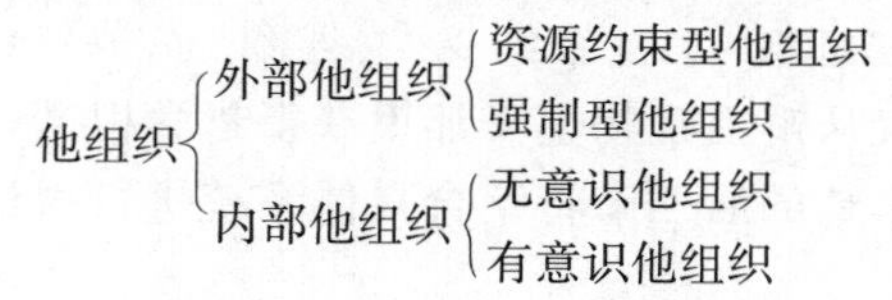

如果把组织作用或组织力区分为天然的与人工的两种，则他组织也有天然的他组织和人工的他组织两种。两种外部他组织都包含天然型和人工型，无意识的他组织必定是天然型的，有意识的他组织必定是人工型的。

我们的宇宙是自组织的产物，没有什么外在的创世者，必定有其外部环境，只是我们还不了解它。但只要有自组织，就存在外部环境的他组织作用。所以，自组织与他组织是两个难解难分的矛盾对立面。但总体上看，自组织是第一位的、主导的，外部他组织是第二位的、辅助的。系统的内部他组织是在宇宙自创生后的演化过程中出现的。当自然界沿着不断增加复杂性的方向演化到一定阶段时，为对付不断增加的复杂性，系统需要分化出不同层次，或分化为中心部分与非中心部分，高层次对低层次、中心部分对非中心部分具有某种他组织作用，由此出现了具有控制中心这样的内部他组织系统。总体说来，出现内部他组织是系统演化的一种建设性趋势，是宇宙进化的高级阶段。

唯物主义向来以事物自己运动来解释宇宙万物的生成和演化。自组织理论给这一论断提供了科学的解释，揭示出事物自己运动的根本机制是自组织。不过，单纯的自组织系统也具有重大缺陷。其一，不能利用系统的各种整体信息，是资源的严重浪费。其二，自组织建立在组分的自发性基础上，完全靠自发行为去协调行动、把握系统整体目标，属于一种随机搜索，即撞大运，有效性太低。其三，组分的自发行为必然导致系统整体行为的波动起伏，当系统规模太大时，特别是复杂的巨型系统，这种起伏波动可能被系统自身和环境的非线性因素放大，导致系统失稳，严重时可能摧毁系统。如果系统自身具有适宜的调控中心，在系统自组织过程中施加适当的他组织作用，限制和克服自组织固有的缺陷，抑制、管控和引导自发性，做到自组织与他组织优势互补、劣势互抑，必将使系统产生出最佳的整体涌现性。由此得出一个系统学的重要原理：自组织与他组织相结合远胜于单一的自组织或单一的他组织。以符号∧表示相结合（而非逻辑学的析取运算），∨表示仅取其一（而非合取运算），≫表示远胜于（数学上读为远大于），则上述原理可以表示为以下公式：

$$\text{自组织} \wedge \text{他组织} \gg \text{自组织} \vee \text{他组织} \tag{9.1}$$

这一原理不仅从辩证唯物主义那里获得哲学根据，而且得到无数经验事实的证明。本章的后四节将结合具体系统进行讨论。

9.3 人工他组织原理

人工设计、制造、组建、操纵、控制的系统都是他组织系统，人工创造新事物和操控既有事物的过程都是他组织过程。迄今为止对他组织的研究主要是对人工事物的研究，故有人工科学的称谓。

根据组织力的特点，人工他组织有三种类型：

(1) 指令式，他组织力是强制性的，系统运行的一切步骤、细节均为外部组织者严格规定，如指令性计划，行政系统上级对下级的命令，军事命令，地面监控系统对卫星定位的控制等；

(2) 诱导式，组织力不是强制性的，而是指导（或引导或诱导）式的，如指导性计划，政策性引导，启发式教育等；

(3) 限定边界条件式，不许系统运行超出设定的边界，只要在边界范围内，系统完全是自治的，如中央对香港事务的管理，政府通过企业法、劳动法等对企业的规范等。

根据设计和运行原理，人工他组织系统分为仿自组织的与非仿自组织的两类。自然界存在的任何自组织系统，人类一旦认识了它的结构原理或运行机制，迟早要仿制出某种类似物，要它提供特定的功能服务。最典型的自组织系统是生物机体，仿照生物机体的自组织原理设计器件，是人工他组织系统设计思想的重要来源。仿生学及其在工程技术中的应用已有大量成果，应据之提炼设计制造他组织系统的仿自组织原理。中国文化讲的“师法自然”就是人工他组织的基本原理。

仿照自然界的自组织系统（原型）建造人工系统时，可以使用与原型相同的构筑材料和结构方案，也可以使用完全不同的构筑材料和结构方案，只要获得与原型系统相同或相近的功能即可。这就是所谓功能模拟方法，在技术科学和工程技术中已有长足的发展。目前人类掌握的构筑材料基本限于物理化学材料，仿照生物自组织的他组织主要着眼于功能模拟，结构和运行原理只在某些方面近似于生物自组织，有些甚至完全不同于生物自组织。典型的例子之一是电脑这种他组织系统。用电子器件制造的计算机，不论是早期的串行式还是近来发展的并行式，其基本构件和工作原理都不同于人脑。名为"深蓝"的电脑战胜国际象棋大师卡斯帕洛夫的事实表明，人脑的许多功能，特别是逻辑推理、计算，可以用构造完全不同于人脑的系统来模仿。电脑的发展可以走模拟人脑的道路，也可以走别的道路。

原则上说，每一种自组织方式均有对应于它的他组织方式，人们在自然界发现的一切自组织方式，迟早要通过人工仿制而形成相应的他组织方式。有系统的自产生，就有系统的人工设计和制造。有系统的自发育，就有系统的人工培育，如人工育种、培养接班人等。有系统的自镇定，就有人工从外部镇定系统，如意大利当局为防止比萨斜塔的倾倒所采取的举措，又如 20 世纪 40 年代美国政府为防止蒋介石政权被中国人民推翻所实施的种种干涉中国内政的行动。有系统的自修复，就有他修复，如工人维修机器、医生治疗病人等。有系统的自繁殖，就有人工的他繁殖，如复印书报、克隆动物等。生命过程和化学过程包含大量自催化现象，化学试验和化工生产过程中依靠从外部加入催化剂而完成的催化作用，是他催化。学习也有两种，一种是自学习，即无教师的学习；另一种是有教师的学习，即学习活动中的他组织。对于一切仿自组织的他组织系统，自组织理论的原理和方法都有用武之地。

大量的他组织系统是非仿自组织的人工创造物，在自然界没有对应物。人不能从自然界直接获得这种系统的设计思想。绝大部分机器都是这种人工系统。但不能说它们一定是违背自然的。实际上，今天的自然界是从它的起始点经过漫长的历史过程发展而来的，经历了无数次分叉、突变、锁定，在每个分叉点上都发生过对称破缺选择，某一种可能性被选择、锁定，其余的可能性就被淘汰。只要人类认识了物质世界的客观规律，就可以创造出那些在现实世界没有对应物、却是这个世界本来可能有的、但在它的历史发展的某个时刻被对称破缺选择淘汰了的存在物。另一种可能是，某些物质系统要在诸多条件聚集齐备时才能产生，但自然界靠随机性把这些条件聚集齐备的概率极其微小，致使这种系统很难自然而然地产生出来。当人类认识了自然规律后，人为地促使这些条件聚集齐备，就可以把它们创造出来，人类的理性还可能避免自然界盲目的自组织过程大量多余的曲折。不论哪种情况，符合物质世界运动规律是设计和操作人工他组织系统最根本的原则。自组织原理在这里仍起作用。医生治病的各种措施需在患者体内生物学自组织过程的基础上发挥作用。

从哲学上讲，自组织与他组织是一对矛盾，相互排斥又相互依存。他组织运动实质上建立在自组织运动之上，是在自组织运动的基础上发展出来的。自行组织起来的宇宙逐步产生出他组织，表明自组织需要他组织，自组织与他组织相结合，方能产生更高级的组织形态。在自然界自发进化出来的系统中，只要有等级层次划分（中心与边缘的划分是一种特殊的层次划分），上层对下层就有一定的他组织作用。高等动物的中枢神经系统对其他系统有他组织作用。但不论由人工力还是自然力造成的他组织系统，只要是物质的，都要遵循物质运动规律。一个人工系统一旦被创造出来，就有它自己的运动规律，即某种自组织运动。工程上的自动器是人造的他组织系统，但一经投入运行便能够自动地根据环境的某些变化重新组织自己的运动，即自组织运动。非自动器的人工装置也不是绝对的他组织，因为外部作用力只有转化为系统内部的运动，通过系统组分之间的相互作用才能起作用，他组织力要通过自组织力来起作用。对于克隆动物，在母体内按生物自组织机制孕育（“借腹怀胎”）极为重要。

哈肯指出：“显然，自组织系统与人工装置之间的分界线并非严格的。在人工装置中，人设定的某些边界条件使组分的自组织成为可能；在生物系统中，一系列自我设定（self-imposed）的条件允许并指导着自组织。”[①] 哈肯常把激光器看作处于自组织与他组织边界上的系统，因为尽管在控制参量达到相变阈值时原子之间的协同动作是自行组织起来的，但控制参量到达阈值是人工控制的。所谓市场经济，在市场这个中观层次上是高度自组织的，在参与市场竞争的每个企业内部却是高度计划管理的，职工的行为受到强制式的他组织力支配。

---

① H. Haken，*Advanced Synergetics*，Springer-Verlag，1983，p. VII。

9.4　他组织系统的动力学方程

他组织过程也是动力学过程。一个他组织系统若能用动力学方程描述，必定为非齐次方程，方程中包含代表他组织力的外作用项（驱动项或强迫项）。连续他组织系统动力学方程的一般形式为

$$\dot{X}=G(X)+F(t) \tag{9.2}$$

X 为状态向量，$F(t)$为他组织力。这个方程可以描述一大类不同系统。对于化学反应，F 是反应浓度的函数。对于心脏系统，F 是起搏器施加的周期性外作用力。在群体动力学中，F 可能是食物供应量。在社会系统中，F 可能是上级的指令。

对于这类方程，经典动力学、现代非线性动力学等学科在强迫运动的题目下已有大量研究，为建立他组织系统理论提供了丰富的材料。一个著名的例子是以杜芬方程

$$\ddot{x}+k\dot{x}+x^3=B\cos\omega t \tag{9.3}$$

描述的二阶非线性系统，外作用项为时间 t 的余弦函数（幅值为 B，频率为 ω），$k\dot{x}$是阻尼项。令 $y=\dot{x}$，以 x、y 为状态变量，杜芬方程可表示为一阶联立方程组

$$\begin{aligned}\dot{x}&=y\\ \dot{y}&=-ky-x^3+B\cos\omega t\end{aligned} \tag{9.4}$$

若记

$$X=\begin{pmatrix}x\\y\end{pmatrix},G(X)=\begin{pmatrix}y\\-ky-x^3\end{pmatrix},F(t)=\begin{pmatrix}0\\B\cos\omega t\end{pmatrix} \tag{9.5}$$

杜芬方程就取得（9.1）所示向量形式。

另一个著名的例子是范德坡方程描述的二阶非线性系统

$$\ddot{x}+\alpha\ (x^2-1)\ \dot{x}+\omega_0 x=A\sin\omega t \tag{9.6}$$

对于瑞利 1896 年提出的这个方程，范德坡在 20 世纪 20 年代就电路系统作了深入的理论和实验研究，在动力学发展史中占有重要地位。但 80 年代以来，人们用新的观点重新研究范德坡方程和杜芬方程，发现这些系统都有异常丰富多样的动态行为，由于过去的研究只限于很窄的参数范围而未发现。围绕这两个方程的研究大大丰富了非线性动力学，对于建立系统学的他组织理论颇具价值。

可以把他组织系统转化为自组织系统来研究。动力学早就从数学上讨论过这个问题。在杜芬方程中，令 $x_1=x$，$x_2=y$，把时间 t 作为第

三个状态变量，即 $x_3=t$。得到以下与方程（9.4）等价的3维系统

$$\begin{aligned}\dot{x}_1&=x_2\\ \dot{x}_2&=-x_1{}^3-kx_2+B\cos\omega x_3\\ \dot{x}_3&=1\end{aligned}\qquad(9.7)$$

就是说，一个2维的他组织系统，如果把时间 t 作为另一维，在3维空间中就成为自组织系统。一般地，一个 n 维他组织系统，若把时间 t 作为新的状态变量，就转化为 $n+1$ 维空间中的自组织系统。如果以适当的办法减少1维，就可能把自组织系统变为他组织系统。

哈肯以另一种方式讨论过自组织与他组织的相互转化。他组织的特点是因果界限绝对分明，他组织作用项 $F(t)$ 只是原因，不是结果，不遵从系统的动力学方程；状态变化只是他组织作用的结果，不会成为 $F(t)$ 变化的原因。这实际上是对现实的一种简化处理。最简单的情形是只有一个状态变量 x 和一个外力 $F(t)$ 的系统。为保证 $F=0$ 时系统是稳定的，要求系统有阻尼，即满足条件

$$\dot{x}=-\gamma x\qquad(9.8)$$

其中，$\gamma>0$ 是阻尼系数。加入外作用力 F 得到他组织系统的方程

$$\dot{x}=-\gamma x+F(t)\qquad(9.9)$$

为进一步讨论，取一种特定的他组织作用

$$F(t)=ke^{-\gamma_1 t}\qquad(9.10)$$

其中，γ_1 可正可负。（9.10）满足

$$\dot{F}=-\gamma_1 F\qquad(9.11)$$

取“绝热近似”假设，即假定系统的时间常数 $T_0=1/\gamma$ 远小于外作用力的时间常数 $T=1/\gamma_1$。这意味着系统的过渡过程十分短暂，可以略去不计，即自组织因素允许忽略不计，只考虑定态 $\dot{x}=0$。即

$$0=-\gamma x+F(t)\qquad(9.12)$$

由此求得

$$x=\gamma^{-1}F(t)\qquad(9.13)$$

此式表明，系统的终态（定态）完全由外力决定。这正是他组织的特点。

但在实际情形下，他组织力 $F(t)$ 与系统的状态变量或多或少是相互作用的，原因与结果的界限并非绝对分明。在社会系统中，上级不仅向下级发出指令，也受到下级的作用，根据下级的行为或反馈信息修改指令。“载舟之水也覆舟”，说的就是被领导者对领导者的巨大反作用。在高等动物机体中，中枢神经不仅控制其他系统，也受其他系统运行状

况的影响。对卫星的控制作用要依据卫星实际运行状态的反馈信息加以调整。这些都反映他组织力 $F(t)$ 受系统行为结果的影响，即受系统动态规律的影响，并非完全独立于系统而变化的。方程（9.2）及其特例（9.9）是忽略了 X 的变化对 $F(t)$ 的影响而得到的。哈肯指出，“为描述自组织现象显然要把外力作为整个系统的一部分”，“要把它们作为遵从运动方程的量”①。如果能以数学形式表示这种影响，即表示 $F(t)$ 如何遵从动力学方程，就可以把他组织方程变为自组织方程。

令 x_1 记 $F(t)$，仍取特定形式（9.10），x_2 代表原状态变量，阻尼系数记为 γ_2。他组织系统（9.9）可表示为

$$\dot{x}_1 = -\gamma_1 x_1 \tag{9.14}$$

$$\dot{x}_2 = -\gamma_2 x_2 + x_1 \tag{9.15}$$

这是在（9.14）中忽略了 x_1 与 x_2 之间的相互作用项 h（x_1，x_2）的结果。把这一项考虑进去，例如取 $h(x_1, x_2) = a x_1 x_2$，得到

$$\dot{x}_1 = -\gamma_1 x_1 + a x_1 x_2 \tag{9.16}$$

$$\dot{x}_2 = -\gamma_2 x_2 + x_1 \tag{9.17}$$

更一般地应是

$$\dot{x}_1 = -\gamma_1 x_1 + h(x_1, x_2) \tag{9.18}$$

$$\dot{x}_2 = -\gamma_2 x_2 + k(x_1) \tag{9.19}$$

[哈肯取 $k(x_1) = b{x_1}^2$]。只要这两个联立方程有稳定定态解，就代表一个自组织系统。仍取“绝热近似”假设，即

$$\gamma_2 \gg \gamma_1 \tag{9.20}$$

可利用 $\dot{x}_2 = 0$ 近似地求解（9.17），得

$$x_2(t) \cong \gamma_2^{-1} x_1(t) \tag{9.21}$$

用协同学的语言讲，x_1 是序参量，支配 x_2 的变化，（9.21）表明系统（9.17）立即追随系统（9.16）而演变，故称系统（9.17）受（9.16）役使。（9.13）与（9.21）实质是一回事。在他组织中外部组织力起支配作用，在自组织中序参量起支配作用，二者有某种本质的联系；当把他组织转变为自组织时，外力就变成序参量，当把自组织转变为他组织时［忽略 $h(x_1, x_2)$］，序参量就变为外力。这表明，哈肯所谓可以对自组织与人工系统作统一的理论描述的意见是有道理的。

控制科学是迄今为止发展最为充分的一门他组织理论，并且一开始

① ［德］H. 哈肯：《协同学》，245 页。

就是作为系统科学的分支学科而发展的。控制作用是他组织力，又称为输入变量。控制科学着眼于输入—输出关系，处理方法有所不同。我们仍采用第4章的记法，u 为控制作用，x 为状态变量，y 为输出变量。在状态空间中，动态系统的运行演化可以更细致地划分为两种过程：输入或初态引起的系统状态变化为动力学过程，状态和输入引起的输出变化常看作静力学过程。从结构看，动态系统可用方框图表示为

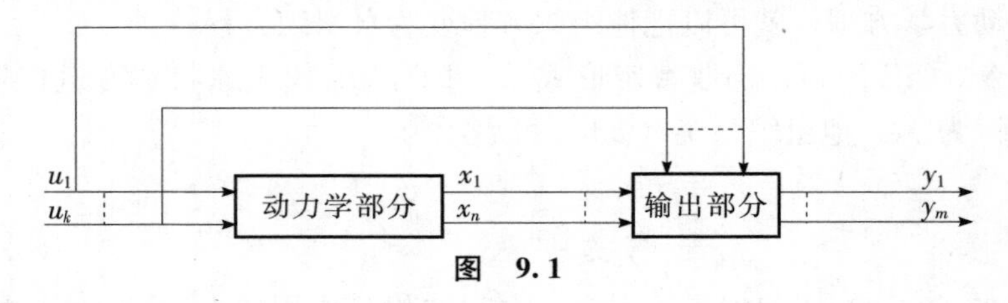

图 9.1

若采用向量形式，可简单表示为

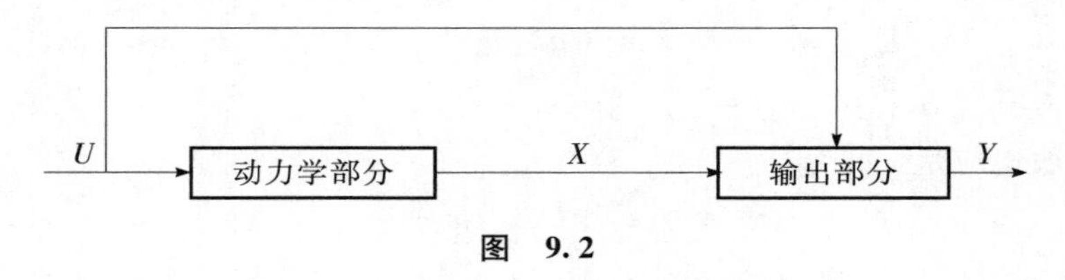

图 9.2

系统的动力学部分用动态方程描述，静力学部分用输出响应函数刻画，二者一起构成系统的状态空间描述。对于线性控制系统，状态空间描述的一般形式为

$$\dot{X}=AX+BU \quad （状态方程） \tag{9.22a}$$

$$Y=CX+DU \quad （输出方程） \tag{9.22b}$$

其中，A、B、C、D 为常系数矩阵

$$A=(a_{ij})_{nn} \qquad B=(b_{ij})_{nk}$$

$$C=(c_{ij})_{ln} \qquad D=(d_{ij})_{lk} \tag{9.23}$$

DU 一项代表输出对输入的直接响应。在许多情形下，这种直接作用可以忽略不计，输出只对状态变量作出响应，即 $D=0$。相应的状态空间描述为

$$\dot{X}=AX+BU$$

$$Y=CX \tag{9.24}$$

对于变系数线性控制系统，系数矩阵的元素为时间 t 的函数，记作 $A(t)$,$B(t)$,$C(t)$,$D(t)$,状态空间描述的一般形式相同，写作

$$\dot{X}=A(t)X+B(t)U$$
$$Y=C(t)X+D(t)U \tag{9.25}$$

哈肯曾“用黑格尔的哲学语言”讨论自组织与他组织之间既对立又合作的辩证关系，进而论述协同学与控制学的辩证关系。“一方面在控制论中，大部分构造的系统都有一个目的，外界以一种特定的或者说明确的方式对系统施加控制。我们可以把这种控制称为硬控制、直接控制或者确定控制，通过这种控制，系统实现既定的目的。另一方面，协同学所指的控制是一种软控制、间接控制或者说不确定控制。”① 他认为，可以用统一的观点研究自然界的自组织和人工装置，在自组织与控制之间找寻一种适当的合成或平衡。“就现阶段来说，协同学可以说是一门关于自组织的理论。但作为协同学未来的发展途径之一，我们可以将系统中的组织与自组织及其间的相互作用加以综合考虑。”② 这个思想对于系统科学的发展是重要的。

9.5　他组织系统的动力学特性

他组织系统（9.2）的动力学特性由两种因素决定：一是他组织作用 $F(t)$ 的特性，二是当 $F(t)=0$ 时自由系统

$$\dot{X}=G(X) \tag{9.26}$$

的动力学特性。我们把 $G(X)$ 为线性函数的（9.2）称为线性他组织系统，$G(X)$ 为非线性函数的（9.2）称为非线性他组织系统。通常从两方面考察这类系统，一是在初始条件为 0 时考察系统对他组织作用的响应特性，称为零初值响应，或强迫响应；一是在他组织作用为 0 的条件下考察系统对初值扰动的响应特性，称为零输入响应，或自由响应。

对于线性他组织系统，可以求得闭式解。线性状态方程（9.22a）的解为

$$X(t)=e^{A(t-t_0)}X(t_0)+\int_0^t e^{A(t-\tau)}BU(\tau)\mathrm{d}\tau \tag{9.27}$$

其中，$e^{A(t-t_0)}X(t_0)$ 为自由响应，$\int_0^t e^{A(t-\tau)}BU(\tau)\mathrm{d}\tau$ 为强迫响应。

线性他组织系统的运动特性主要由他组织作用决定。如果 F 为 t 的线性函数，他组织系统仍然是平庸的。如前节所说，当外作用项 F 为 t

---

① ［德］H. 哈肯：《协同学——理论与应用》，233 页，北京，中国科学技术出版社，1990。

② 同上书，224 页。

的非线性函数时，在把 t 也作为状态量的 $n+1$ 维空间中，系统成为非线性的。由于他组织作用的非线性，这个系统将出现线性自治系统不可能有的行为。例如，阻尼强迫线性振子

$$\ddot{x}+3.2\dot{x}+256x=256\sin t \tag{9.28}$$

在零输入时（自由运动）只有平衡运动。但由于有正弦输入作用的驱动，系统的状态响应是具有与输入相同频率的周期运动，如图 9.3 所示。

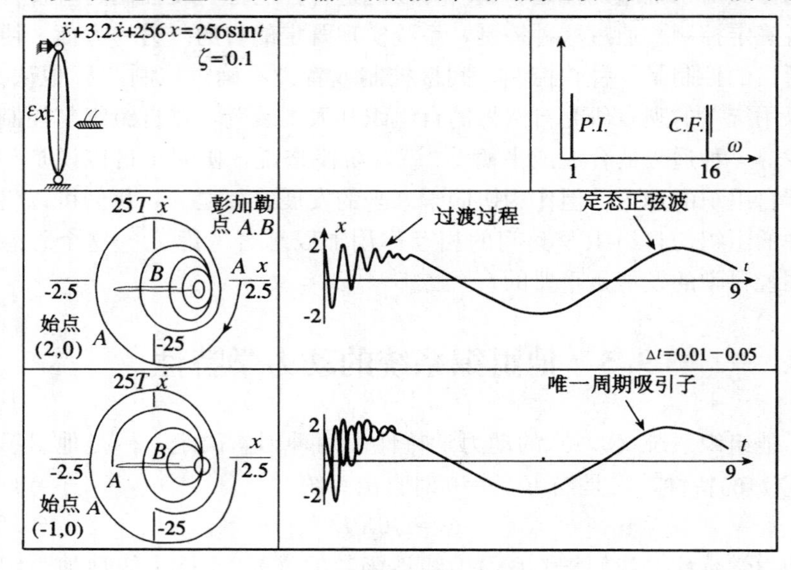

图 9.3

上图为物理模型，一个有钉状末端的钢条，由一个带正弦交流电的电磁铁从侧面作小幅度的振荡来驱动。从任一初值开始，经过一定的瞬态过程，系统将稳定于唯一的周期吸引子上。中图取初值（$x=2$，$\dot{x}=0$），左边为相平面（x，$\dot{x}$）上的轨道，右边为时间域上的运动。下图增加另一初值（$x=-1$，$\dot{x}=0$），由两个不同初值开始的轨道只有瞬态过程的不同，最终都稳定于由他组织作用决定的周期运动。由于叠加原理的作用，线性他组织系统的响应特性与他组织作用定性上相同，只在某些定量特性上有所改变。

非线性他组织系统对外部驱动作用的响应特性由系统自身（齐次方程部分）的非线性特性和驱动作用共同决定，因而响应特性与他组织作用常有定性性质的不同。考察以下强迫项为 0 的杜芬方程

$$\ddot{x}+0.4\dot{x}+x^3=0 \tag{9.29}$$

（9.29）只有平衡态，不会出现自激振荡。如图 9.4 所示，这是一个稳

定焦点型吸引子，从任何初值出发，系统最终都收敛于平衡态（$x=0$，$\dot{x}=0$）。

如果对（9.29）施加周期性外作用力，系统就会响应以周期运动，但出现了线性系统中不可能有的复杂情形。如以下杜芬方程

$$\ddot{x}+0.08\dot{x}+x^3=0.2\cos t \tag{9.30}$$

在同样的周期外作用力驱动下，这个系统可以响应以五种不同的周期运动，即相空间同时有五个周期吸引子并存，整个空间分为五个吸引域。系统最终以哪一种周期运动响应他组织作用，取决于初始状态落在哪个吸引域。

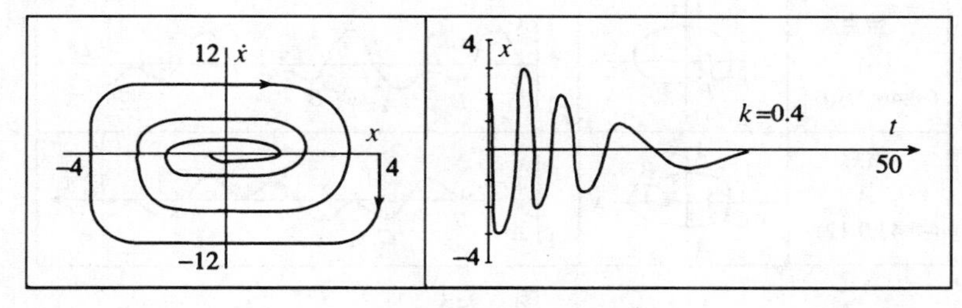

图　9.4

图 9.5 中未画出瞬态过程，左边为相平面运动，右边为时间域上的运动。多吸引子并存是非线性系统的基本特征之一。10.9 节将介绍杜芬方程更复杂的运动。图 9.5 所示为图 10.19 中（a）区的情形。

范德坡方程（9.6）要比杜芬方程更复杂，有 4 个控制参数 α，ω_0，ω，A。在混沌学诞生之前，已经了解这种系统有如下特点：

（1）当 $A=0$（自由系统）且 $\alpha\gg1$ 时，系统有自激振荡。

（2）在适当外作用下系统将出现分频现象，响应频率为外作用频率 ω（基频）的 n 分之一，即 ω/n，如二分频 $\omega/2$，三分频$\omega/3$等。动力学把分频现象又称为次谐波现象，反映非线性系统的一种奇异特性。下面的章节将看到，分频与混沌有密切关系。

（3）在给定控制参数时，同一受迫振子可能进入不同的次谐波运动（即多个周期吸引子并存），取决于振子如何启动。

（4）当存在两个不同终态时，在最终安定于其中一个之前，系统将在两个可能终态之间犹豫很长时间（即有很长的瞬态过程）。

建立描述他组织系统动态特性的完整理论，有待非线性动力学的进一步发展，以及系统学家的精心提炼。

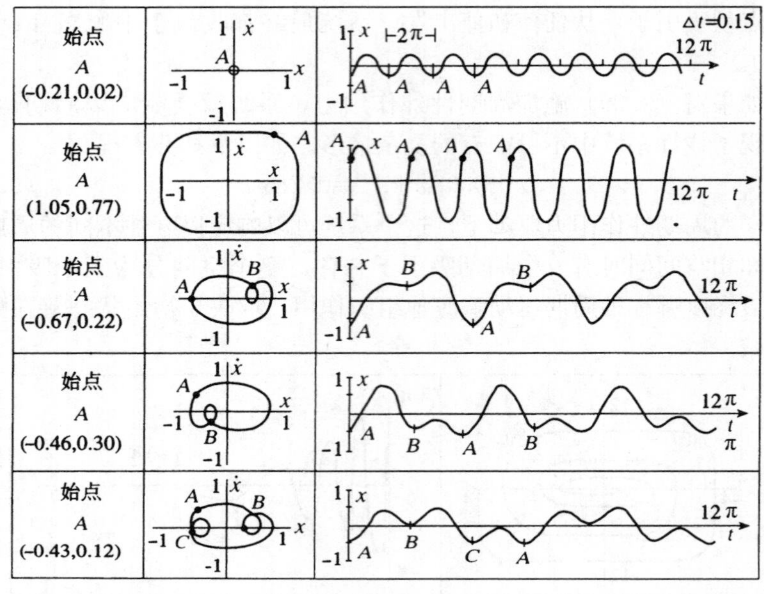

图　9.5

9.6　能控性与能观性

20世纪60年代以来发展起来的现代控制理论，对他组织系统的研究在很大程度上已超出技术科学层次，接近于或达到基础科学层次。能控性与能观性概念的提出就是重要表现。钱学森曾指出：“事物因素、信息和控制量形成一个相互关联体系，表现为可以用数学表达的一系列关系。……理论控制论的任务就是根据这些定量的关系预见整个系统的行为。有些问题在控制论中是有决定性意义的：如系统的能控性问题和能观测性问题的普遍理论。”[①] 有关能控性和能观性问题的普遍理论应是系统学的他组织理论的重要组成部分。

任何控制任务都是通过输入控制作用以影响和改变系统的状态或输出而实现的。但并非在任何情形下都能找到适当的控制作用来实现预期的控制目标。有时存在适当的控制作用能使系统从给定的初态转移到预期的终态，有时则不存在这种控制作用。医生给患者治病，打针吃药即施加控制作用，目的是使病人从患病态转移到正常态。药到病除的系统

① 钱学森：《工程控制论》，修订版，“序”，北京，科学出版社，1983。

是能控的，不治之症是不能控的。简言之，能控性是指控制作用对系统行为状态影响能力的一种度量，一切他组织系统都有能控性问题。

本节主要就线性系统（9.22a）讨论能控性和能观性问题。

定义9.1　设系统在时刻 t_0 时处于初态 x_0，如果在有限时间间隔 $[t_0,t]$ 内能找到一个控制作用 $u(t_0,t)$ 使系统从初态 x_0 到达稳定平衡态，就称初态 x_0 是能控的。如果系统所有初态都能控，就称系统是完全能控的；否则，称系统是不完全能控的。

线性系统的能控性问题已有成熟的理论。能控性准则可简捷地表述为：定常线性系统（9.22a）状态完全能控的充分必要条件是其能控性矩阵

$$(\mathrm{B} \mid AB \mid A^2B \mid \cdots \mid A^{n-1}B) \tag{9.31}$$

是满秩的（秩为 n）。

有效地控制系统要求掌握系统的内部状态信息，能够直接观测的只是系统的输入和输出信息，因而需要依据输入和输出数据来确定内部状态。从输入输出数据可以获得状态数据的系统是能观测的，否则为不能观测的。医生通过望、闻、问、切去获得病人体内状况的信息，根据是人体作为系统有能观性；又往往不能获得全部信息，原因在于至少对于今天的科学来说，人体还有不能观测的一面。精确地讲，有

定义9.2　令 x_0 记 t_0 时刻的系统状态，如果存在时刻 $t>t_0$，使得在区间 $[t_0,t]$ 上能由 $u(t)$ 和 $y(t)$ 唯一地确定 x_0，就称初始状态 x_0 是能观测的（即系统在时刻 t_0 的状态是能观测的）；如果所有初态都是能观测的，就称系统是完全能观测的。

线性系统的能观性问题也已有成熟的理论。能观性准则为：线性定常系统（9.22）完全能观测的充分必要条件是其能观性矩阵

$$Q=\begin{pmatrix} C \\ CA \\ \vdots \\ CA^{n-1} \end{pmatrix} \tag{9.32}$$

是满秩的（秩等于 n）。

非线性系统的能控性和能观性问题，还没有普适的理论和判据。系统学主要研究非线性系统，这方面没有突破性进展，就谈不上建立钱学森所说的有关能控性和能观性的普遍理论。这也表明发展系统学的他组织理论的任务还很艰巨。

9.7 人体系统的自组织与他组织

以系统科学的观点和方法研究人体的学问是人体科学，目前尚属初创阶段，困难重重。问题之一在于对人体作为系统所涉及的自组织与他组织这对矛盾所知甚少。西方现代科学对人体系统的研究主要由生理学和医学承担，建立起庞大的理论体系和应用技术，可资利用。但由于深受机械唯物论和还原论的影响，西方现代科学基于机器模型构建理论，既不能深刻理解人体系统的自组织，也不能深刻理解人体系统的他组织。倒是古老的中医由于遵循朴素的辩证思维，以极其丰富的实践经验为依据，对人体系统的自组织和他组织都有相当深刻的理解，是建立人体科学极为宝贵的资源。

中医对人体系统的他组织因素有相当全面的认识。首先是特别重视天地巨系统这个外部环境对人体系统的资源型他组织作用。从系统生成论看，中医认识到“人以天地之气生，四时之法成”。在人体系统的生和成这种自组织过程中，天地大环境通过提供资源（即气）和施加约束发挥着重要的组织作用。从系统维生论看，中医认为人体正常运行必须做到“人天相应”、“法天则地”等，表现出对天地造化的他组织作用的敬畏和服从。这种观点既体现在养生和医疗中，也体现在医理、医德、医术各方面，有待深入研究和发掘。

中医对人体系统内部他组织的作用也有深刻认识。中国文化包括中医讲的心，既是整个心脑系统，也指人的自我意识，绝不仅仅是解剖学讲的心脏。“志气统其关键”，对于人体系统的生理和心理活动而言，自我的思想感情和意志力是关键性的内部他组织作用。通过自我意识的适当控制，外则做到“贼风邪气，避之有时”，内则做到“志闲而少欲，心安而不惧，形劳而不疲”，“恬淡虚无，精神内守”，人就可以理直气壮地说：“病安从来!”

自远古人类实现医、病分家以来，以治病救人为己任的医生就成为病人身体系统从病态向健康态转变的外部强制性他组织者。西医特别发展了医生作为外部他组织者的强制性作用，忽视了人体系统的自组织性。迄今为止的西医是对抗医学，以消灭病体的细菌、病毒、割除发生病变的器官为目标，轻视人体系统的自愈能力。中医也强调病人要遵医嘱这种强制性，抨击讳疾忌医之类社会现象，但相信病人的自愈是战胜疾病的基础，医生的治愈只起辅助作用，针药之类他组织措施的功用不在于杀敌制胜，而在于调理病体系统的内部关系，调动内在的自组织因素，帮助人体自组织地战胜疾病。西医在很大程度上割裂了人体系统的自组织和他组织、自愈和治愈的辩证关系，中医的优势正在于承认并善于运用这种关系。

医生治病救人的过程涉及两种他组织，一是医生这个外部他组织者，二是病人自我意识这个内部他组织者，两者协调配合还是相互掣肘，效果大不相同。中医对此有深刻认识，强调医疗之道在于“必先治神”，包括治医生之神和病人之神，两者都是治病过程中决定病体系统如何变化的他组织者。关键是医生，应该做到“守己之神，以合彼之神”，力求医疗举措与病人的自我意念调控相互配合，产生最大的医疗效果，即治疗过程的整体涌现性。

但中医毕竟是基于古代文化对医疗保健经验的总结，只有经过创造性的提炼和转化，才能成为人体科学的内容。

9.8　经济系统的自组织与他组织

人类经济活动是一种复杂的巨型系统，既存在自组织，也存在他组织，问题在于两者的关系如何。在商品经济形态下，市场是经济作为系统的关键性自组织机制，宏观的计划、监管、调控是他组织机制。两者结合得好，经济系统能够健康有效地运行；结合不好，经济系统就会陷入病态。此乃数百年世界经济发展历史证明了的真理。

18 世纪中叶，亚当·斯密提出“看不见的手”这一著名概念，从理论上论证自由资本主义的合理性和优越性。他认为，商品经济的参与者通常既不打算促进公共利益，也不知道他自己是在什么程度上促进公共利益，他从事经营管理所关心的仅仅是自己利益的最大化。然而，“在此种情况下，与在其他许多情况之下一样，有一只无形的手在引导着他去尽力达到一个他并不想达到的目的。……他追求自己的利益，往往使他能比在真正出于本意的情况下更有效地促进社会利益”[1]。每个人都追求自身利益最大化，不考虑整个社会的利益如何，由于市场的自组织作用，却能够在客观上促进社会利益。这正是自组织的神奇之处。资本主义能够战胜封建主义，市场经济强大的自组织作用是关键因素之一。

① ［英］亚当·斯密：《国富论》，325 页，唐日松等译，北京，华夏出版社，2006。

但斯密过高估计了市场的调节能力，特别是维持系统稳定性的能力。历史表明，资本的贪婪本性必定导致市场调节失灵，一再爆发经济危机。马克思洞悉资本主义市场经济的奥秘，深刻揭示其弊病，批判了对市场经济自发性的盲目崇拜，指出对经济进行宏观调控的必要性。随着自由资本主义向垄断资本主义的过渡，出现了富可敌国的大垄断集团，单纯的市场调节远远无法保证世界资本主义经济的稳定性，有效的他组织对市场进行监管更加必要。两次世界大战的爆发，1929年世界性经济危机的出现，苏联计划经济的初步成功，迫使西方进行反思，产生了主张对市场进行监管的凯恩斯主义，其实质是在资本主义制度内使经济的自组织与他组织实现一定程度上的结合。

不过，计划经济对市场自发性的批判过了头，没有看到这种自发性是市场经济内在自组织的根基所在，有很积极的建设性作用；同时又把计划性的积极作用绝对化，看不到经济系统的他组织也有其局限性，过度的他组织将压抑自组织机制，使系统失去活力。由于对经济运行中自组织与他组织关系的认识严重背离辩证唯物主义，新生的苏联采用高度集中的计划经济体制，在渡过战后恢复这种特殊时期后，活力日减，最终走向停滞。另一方面，资本主义经济一经走出经济危机，贪婪的资产阶级就不再容忍对市场进行监管，凯恩斯主义又逐渐失宠。在此大背景下，新自由主义在20世纪70年代迅速走红，并成为美英政府的官方经济理论，放弃对经济活动的监管，纵容甚至保护金融寡头不择手段地追逐利润，终于导致2008年震惊世界的金融海啸。客观形势迫使西方主要国家重新举起政府他组织这一武器，采取前所未有的大规模救市举措。诚所谓三十年河东，三十年河西！历史再次证明，否定经济他组织是要受到严厉惩罚的。

中国经济在这次世界性危机中的抢眼表现，给世人提供了新的选择。1970年代末，中国社会开始改革开放，放弃高度集中的计划经济体制，引入市场机制，试图把市场与计划、自组织与他组织在社会制度层面上结合起来，着手建立社会主义市场经济。尽管只是极初步的成功，问题多多，但人类经济活动的一种新模式已经依稀可见。采取凯恩斯主义的资本主义经济有可能避免陷入灭顶之灾，却无法避免经济危机的反复出现；成熟的社会主义市场经济也无法消除经济波动，因为这是经济系统的非线性动力学特性所决定的，但可以避免使波动演变为危机。

从哲学上说，市场与计划的辩证统一，自组织与他组织的辩证统一，是商品经济唯一科学的运行模式。把两者的结合以制度形式固定下来，用一整套有效的具体机制来实现，那就是成熟的社会主义市场经济。就管理层面看，社会主义对市场起他组织作用，必须按照社会主义原则管住、管好市场，否则就不是社会主义市场经济。未来商品经济消亡后，经济运行仍然是自组织与他组织的辩证统一，但具体表现形式今天无法预料。

9.9　社会系统的自组织与他组织

人类社会是在动物社会基础上自我组织起来的，不存在外在的设计者和组织者。即使现代社会，由于其特别巨大的规模，特别多样化的组分差异，特别复杂的非线性相互作用，特别复杂的层次结构，特别丰富的动力学特性，以及这样那样的不确定性，社会系统内部时刻都存在不同规模、不同层次、不同式样的自发自组织运动，人类社会不可能没有自组织。

但人具有自觉能动性，一种客观规律性一旦被认识，哪怕只有一部分人认识，他们就会自觉付诸实施，有计划地影响社会大众，干预社会进程，这就是社会系统的他组织运动。原始社会的部落首领、巫师等已经在扮演社会系统他组织者的角色。随着阶级划分的出现，产生了国家这种社会结构，形成凌驾于社会之上的强大的他组织力量。在现代社会中，从家庭、社区到国家，都存在充当他组织者的社会力量，自觉地干预相应领域的社会生活。联合国、WTO、WHO 等国际组织都是为干预和组织国际生活而组建的，都是世界事务的他组织者。人类社会不可能没有他组织运动，社会他组织的出现和不断强化，总体上是社会系统进化的表现。

所以，一切社会系统都是自组织和他组织的结合体。他组织趋势过强，没有充分的自组织，社会就会僵化，失去活力；自组织趋势过强，没有足够有效的他组织去引导和制约自发性，必然产生巨大的盲目性，内斗不已，社会将陷入混乱。只有将自组织和他组织适当结合起来，优势互补，相互激励又相互制约，依靠自组织激发活力，依靠他组织消除盲目性，社会系统才能健康地存续发展。

现代社会是法治社会，成功的法治社会必定是自组织和他组织的适当结合。其一，立法部门制定法律是他组织，但合理的法律条文并非立法机关主观设想的，它具有深厚的自组织土壤，这就是全体社会成员和部门在自发地调节关系、处理纠纷、解决矛盾的长期反复实践中积累的大量问题、经验和教训，以及他们对法治的需求。其二，司法部门拥有强制执行法律的责任和权力，是典型的他组织机构，但如果没有全体社会成员自觉的自我约束（自律）和相互约束（他律），单纯依赖司法机关强制执法，也不可能有真正的法治。使遵纪守法成为每个社会成员的自觉行为准则，甚至成为无意识的习惯，做到在各自非常有限的活动范围内自律和他律，乃是法治社会的自组织基础。

中国改革开放事业取得伟大成就，一个重要原因就是把自组织和他组织较好地结合起来。高度集中的计划经济的弊病就在于严重束缚了市场这种自组织，需要通过社会系统的体制改革来消除它，解放社会经济运行的自组织力。盖达尔在俄罗斯按照完全自由市场经济理论搞改革，推行所谓“休克疗法”，其失败从反面证明了否定他组织作用的谬误。

科学、文艺的发展也是自组织与他组织的统一。政府的规划、组织、引导、提供保障十分必要，但如果一切都在政府掌控之中，社会资源都交由少数指定的学术带头人支配（垄断），没有科学家、文艺家在政府计划之外独立自主的、自发的努力，没有科学的和文艺的“黑马”不时从政府视野外冒出来，科学文化也无法真正发展起来。所谓百花齐放，百家争鸣，实质就是用党和国家的方针政策这种他组织手段给科学界和文艺界的自组织保驾护航。

甚至军事问题也应提倡自组织和他组织相结合。服从命令听指挥是军事活动的铁律，但古人已懂得“将在外，君命有所不受”，就是对战争自组织因素的某种认可。弱小民族在科技、工业、经济落后条件下进行的反侵略战争，把广大人民动员起来，人自为战，村自为战，巷自为战，形成战线犬牙交错的人民战争，是一种战争自组织行为，在未来战争中仍具有重要意义。毛泽东是这一学说的提出者，他把人民战争视为自组织与他组织的统一，强调革命政党（人民战争的他组织者）对人民战争的发动、组织和领导。随着信息高技术的普及化，获取、交流、传送信息的能力极大提高，需要也能够给个人或团队以更大的作战自主权。新军事理论应当重视他组织和自组织相结合的问题。

历史的辩证法表明，社会系统的整体演化只能是自组织的，不能单纯靠自身来实现，必须通过内在的局部他组织为自己开辟道路。社会巨系统整体上一旦失去稳定性，就会产生出诸多协同学讲的集体运动模式，它们都是社会系统的局部他组织力量，各有自己追求的目标，按照各自掌握的信息而行动，彼此或竞争，或合作，或既竞争又合作，必然呈现出自发性和盲目性。经过长期反复的互动互应，即古人讲的“逐鹿中原”，一旦其中某个集体运动模式代表了系统整体运行的目标，掌握了整体的运行规律，就会脱颖而出，取得支配地位，它也就转化为系统的序参量，即系统内部的他组织者，其他模式成为被组织者，或被消灭，系统整体上便自组织地建立起新的稳定有序态。全部中国史，20世纪的世界史，极其有力地体现出这一规律。

总之，观察社会现象，处理社会问题，一定要把自组织和他组织恰当地结合起来。这是一条重要的系统原理，违背它必定会带来重大失误，甚至造成灾难。

9.10　从控制自然到自然控制

从早期的伺服系统理论到现代控制理论，主要研究机器等人工设施的控制问题，受控者与施控者界限分明，是极端的他组织。随着人类生产活动在广度和深度上不断扩大，加上控制工程的巨大成就，人们正在把控制理论和工程从机器推向大自然。这种趋势不可阻挡，但把现有的控制理论及其工程实践原则大规模地施加于自然界，坚持人或人造机器完全是施控者、自然系统完全是受控者的理念，无节制地改天换地，将使自然变得越来越不自然，甚至有使自然环境“断臂毁容”的危险，势必严重危及人类的生存发展。

从理论基础看，伺服系统理论和现代控制理论，乃至维纳的控制论，都建立在以牛顿力学为代表的西方科学上。(9.1）式中的他组织作用（控制作用）$F(t)$，在力学中称为外力或强迫作用项，是由人或人造机器强加于被控对象的，施控者本身不受被控对象的任何影响，如此处理只在一定范围内才是合理的。从文化层次看，这些理论的深层底蕴是西方关于人类必须也能够征服自然的信念，培根说得更极端，科学研究就是拷问自然。面对全球性的环境保护问题和调控问题越来越多的出现，这种科学文化及其培育出来的控制理念和工程实践原则日益暴露出严重的负面效应，必须另找因应之道。

曾庆存倡导自然控制论，即“研究自然环境的自控行为与人工调控的机理以及人工调控的理论、方法和技术”；他把控制目标锁定为“对自然环境的合理或最优的利用和调控，以便自然环境和人类沿着合理的或协调的方向演变”，提出研究和利用“自然环境的自控行为”[①] 的思想，是控制科学的一个创新。以此为生长点，可能形成全新的控制理念和控制工程。

不过，所谓自然控制的本质特点主要不在于受控对象从机器转向自然界，而在于“自然地”控制，即控制理念和行为原则要顺应自然，最大限度地调动、利用、发挥自然对象之间固有的或可能有的相互作用，以最少的人工干预达到控制目标。其文化底蕴应是中国传统哲学讲的天人合一和道法自然的理念；表现在科学思想上，就是充分了解和尊重自然系统的相互制约、相互促进的关系（即自控行为），尽量采用顺其自然、因势利导、四两拨千斤式的控制理念，即柔性控制、软控制，使控制中的人工性减少到最低水平。事实上，中华民族在漫长的文明建设实践中早已有一些杰出的创造，极好地体现了这种自然控制的思想原则，体现了不同于现代控制科学的别样控制理念。我们考察以下两点。

先看水利建设。按照现代科学技术，水利工程无非是劈山凿洞，挖沟开渠，修堤筑坝，通过强行改变自然面貌而达到控制目标。但秦代李冰父子修建的都江堰水利工程与此不同，他们利用当地山形、水势、沙流特定的相互作用，立足于梳理三者的相互关系，执行因势利导的控制原则，以极少的人工设施就解决了问题，当地的自然环境极少被改变，所获取的水利成就却是惊人的。历经2000多年的运行后，今天仍在造福人类，令人叫绝。修建都江堰是水利工程上实施自然控制的不朽典范。按照中国文化的底蕴，水利建设应做到人文与造化同工。

医生治病救人也是控制。西医把人体看成机器，治病立足于打针、开刀、截肢、换器官，遵循的是现代控制论的原理和方法，即控制自然。中医把人体看成有机整体，治病立足于调整人体系统自身的关系，着眼于恢复和保持身体各部分的协调平衡，尽量避免把人为的组分、结构、功能强加于人体系统，是典型的自然控制。

他组织理论是一门关于如何调整、控制、改变、维护人与人、人与自然关系的基础科学。对自然的某些干预、改造是必要的，但更应重视激励和调动自然界本身的自控能力，通过调整、梳理自然系统固有的相互作用来达到控制目的。这样的控制论和他组织理论尚不存在，但一定会产生。建立这种理论既不能完全脱离现代科学另搞一套，更不能完全

---

① 转引自李喜先主编：《21世纪100个科学难题》，329页，长春，吉林人民出版社，1998。

沿袭现代科学那一套，而应当吸收东方文化的优秀成果，开辟一条新道路。

思　考　题

1. 从信息传递方式看自组织与他组织的区别。

2. 用系统科学原理阐述现代经济中市场机制与宏观调控的作用及相互关系。

3. 只有把自组织理论与他组织理论结合起来才能给社会现象以科学的解释，为什么？

4. 按照系统学原理说明宏观调控的必要性、可能性及基本原则。

阅　读　书　目

1. ［德］H. 哈肯：《协同学》，第 7.1、7.2 节，北京，原子能出版社，1984。

2. ［德］H. 哈肯：《协同学讲座》，136～137 页，西安，陕西科学技术出版社，1987。

3. 苗东升：《自组织与他组织》，载《中国人民大学学报》，1988 (4)。

4. ［美］H. A. 西蒙：《人工科学》，第 1、5、6 章，北京，商务印书馆，1987。

章

混沌系统理论

非线性系统，不论自组织的或者他组织的，不仅可能有平衡运动和周期运动，还可能有复杂的非周期运动，如混沌。在激光系统中，当输入功率增大到使脉冲光失稳后，就会出现混沌运动的紊光。在贝纳德流系统中，当上下温差增大到使滚筒式运动体制失稳后，就会出现混沌运动体制。一般情形下，当非线性系统离开平衡态足够远，平衡运动、周期运动、准周期运动都失稳后，就可能出现混沌运动。有些系统甚至在平衡态失稳后直接进入混沌态。在这个意义上说，混沌是非线性系统的普遍行为或通有运动体制。因此，研究混沌运动是系统科学的重要课题之一。

10.1　典型系统

所谓典型系统，一是能鲜明地表现出混沌的主要特征，二是数学模型简单，容易处理。在离散系统中，通常取逻辑斯蒂方程（4.13）或（4.14）为典型系统。它的生态学解释是无世代交叠的虫口系统，x 为状态变量，a 或 λ 为控制参量，方程给出第 n 代虫口数 x_n 与第 $n+1$ 代虫口数 x_{n+1} 的确定性关系。给定 x_n 计算 x_{n+1} 的操作叫作迭代，迭代过程就是系统的演化过程，也分瞬态和终态两个阶段。相空间是 1 维的，即区间 [0，1]。控制空间也是 1 维的，即区间 [0，4]。我们来分析这个系统的动态特性，但不作具体的数学推导计算，主要说明定态行为。

在控制空间分段讨论不动点方程

$$ax(1-x)=x \tag{10.1}$$

(1) $0<a<1=a_0$　存在两个不动点 $x_1{}^*=0$ 和 $x_2{}^*=1-\frac{1}{a}$，$x_1{}^*$ 是稳定的，$x_2{}^*$ 是不稳定的。任取初值 $x_0\in(0,1)$，经过若干次迭代（瞬态过程），系统将趋于终态 $x_1{}^*=0$。这意味着种群系统趋于灭亡。在 $a-x$ 平面上，这类终态位于图 10.4 中 a 轴上的 $0-a_0$ 线段上。

(2) $1<a<3=a_1$　$a_0=1$ 是一个临界点，$a>1$ 时不动点 $x_1{}^*$ 失稳，$x_2{}^*$ 变为稳定的。任取初值 x_0 进行迭代，经过一段过渡过程，系统最终将稳定到定态 $x_2{}^*=1-\frac{1}{a}$，如图 10.1 所示。

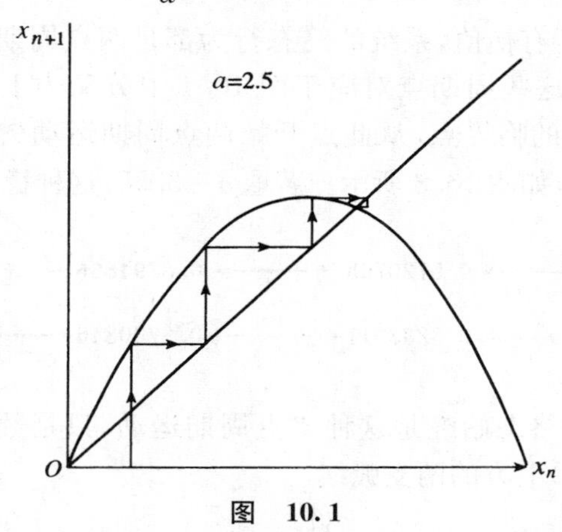

图　10.1

$x_2{}^*$ 随 a 不同而不同。例如，取 $a=2$，终态为 $x_2{}^*=0.5$；取 $a=2.5$，终态为 $x_2{}^*=0.6$。随着 a 的增大，稳定平衡态 $x_2{}^*$ 也增大，但系统行为没有定性性质的变化。这类定态点表示为图 10.4 中区间 (a_0, a_1) 上方的那段弧线。

(3) $a_1=3<a<a_2$　$a_1=3$ 是又一个临界点，只要 $a>3$，$x_2{}^*$ 就失去稳定性（由虚线表示失稳的轨道，下同），出现一对稳定的周期点 x_1 和 x_2，在瞬态过程结束后，系统将稳定于两点周期运动，如图 10.2(a)所示。若取 $a=3.15$，系统的终态是以下两点周期运动。

$$0.5334947 \rightleftarrows 0.7839657$$

这表示如果虫口数今年为 $\bar{x}_1$，则明年为 $\bar{x}_2$，后年又回到 $\bar{x}_1$，如此循环往复。如图10.2(b)所示。

(4) $a_2<a<a_3$　在 $3<a<a_2=1+\sqrt{6}$ 的范围内，不论 a 取何值，对于

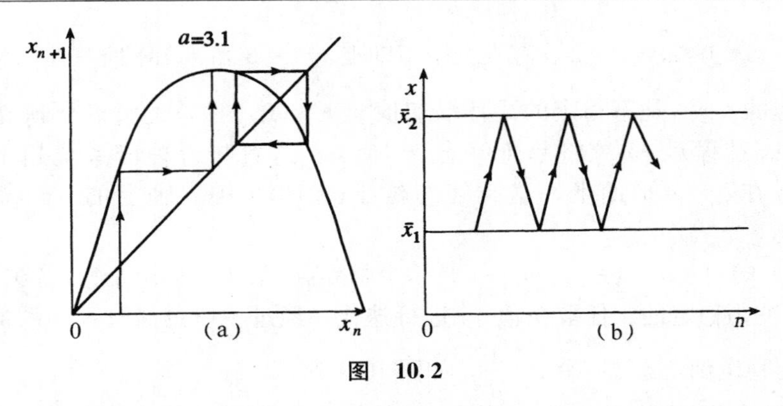

图 10.2

(0,1)内的几乎所有初值，系统的终态行为都是两点周期，差别只是周期点的数值大小。这些周期点对应于图 10.4 中分叉为上下两支的弧线。$a_2 \cong 3.4495$ 是新的临界点，从此点开始两点周期运动失稳，代之以稳定的 4 点周期运动，如图 10.3 所示。若取 $a=3.55$，这种稳定的 4 点周期运动为：

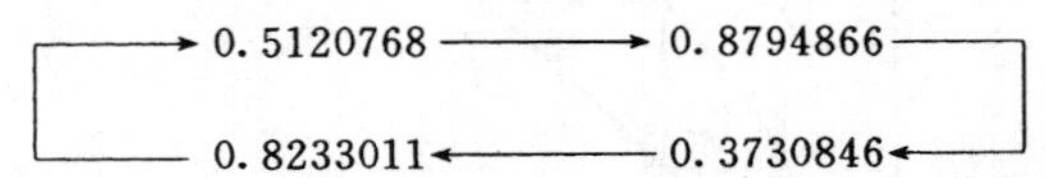

只要 $a<a_3$，系统终态始终是这种 4 点周期运动，只是数量有差别，如图 10.4 所示(a_2,a_3)上方的两支弧线。

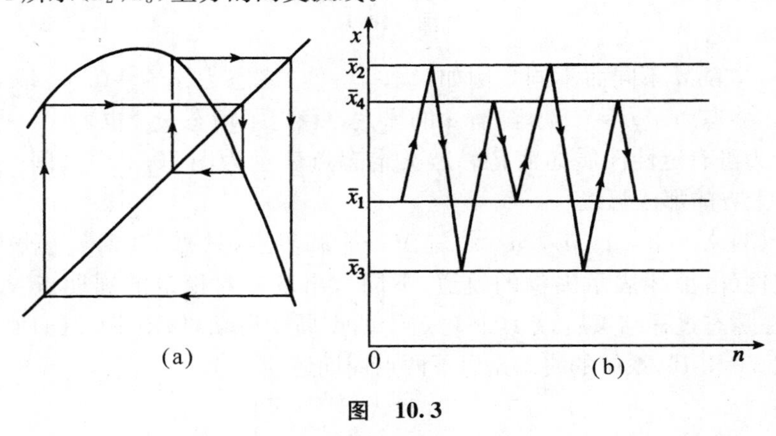

图 10.3

(5)$a>a_3$　$a_3 \cong 3.5441$ 是新的临界点，由此点开始 4 点周期运动失稳，代之以稳定的 8 点周期运动。随着 a 继续增大，还会相继出现无穷多个临界点 $a_4, a_5, \cdots, a_k$。每当跨越一个新的临界点 a_k，原来稳定的 2^{k-1} 点周期运动就失稳，代之以稳定的 2^k 点周期运动。这种每经过一次分叉稳

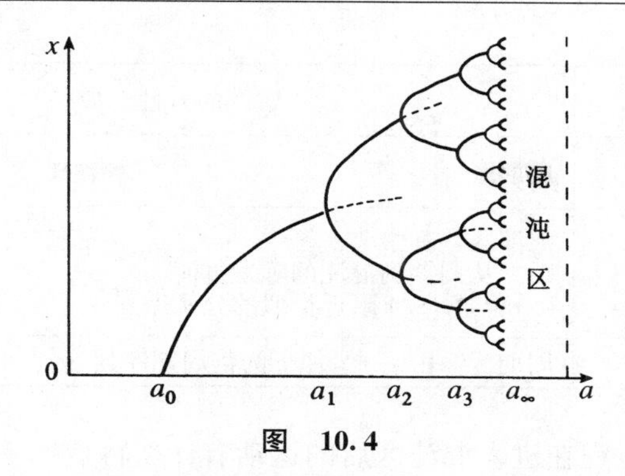

图 10.4

定运动周期就增加一倍的现象，称为倍周期分叉。一直到

$$\lim k \to \infty, \lim a_k = a_\infty (=3.569945\cdots) \tag{10.2}$$

一切周期运动均失稳，系统进入周期无穷大即非周期的运动体制，亦即混沌运动。如图10.4所示，$0<a<a_\infty$为系统的周期区，$a_\infty<a<4$为系统的混沌区。横轴a为控制空间，纵轴x为相空间，共同张成2维的乘积空间，即$a-x$平面。图10.4就是在这个乘积空间考察系统，直观形象，对于低维系统十分方便。

连续系统通常以洛伦兹方程

$$\begin{aligned} \dot{x} &= -\sigma(x-y) \\ \dot{y} &= rx-y-xz \\ \dot{z} &= xy-bz \end{aligned} \tag{10.3}$$

为典型系统。这是一个3维系统，x、y、z为状态变量，σ、r、b为控制参量。相空间和控制空间都是3维，乘积空间是6维，无法像逻辑斯蒂方程那样作直观考察，只介绍下表以便于后面讨论混沌运动的特性。

洛伦兹系统分叉与混沌一览表

参数r的范围	解 的 性 质
<1	趋向无对流定态
1～13.926	趋向三个不动点之一
13.926～24.06	存在无穷多个周期和混沌轨道
24.06～29.74	出现一个奇怪吸引子，但仍有一对稳定不动点
29.74～148.4 99.526～100.79 145.9～148.4	混沌区，其中 为一个内嵌的倍周期序列 为倍周期分叉序列

续前表

参数 r 的范围	解 的 性 质
148.8～166.07	周期区
166.07～233.5 166.07～169 233.5附近	混沌区，其中 从周期到混沌的阵发过渡 与148.4附近类似的分叉序列
233.5～∞	周期区，由 $r\to\infty$ 往下的倍周期序列

逻辑斯蒂方程在进入混沌区后的运动有什么特点？一般地说，混沌运动有什么特点？这是本章讨论的中心。本章后面几节主要是对混沌作非形式化的描述，略去遍历性、混合性等必须用艰深数学工具才能说明的混沌性质。现在尚无关于混沌的严格而普适的数学定义。这里只介绍1维连续映射的混沌定义。

定义10.1　令 $f(x)$ 为区间 I 到自身的连续映射，如果满足以下条件

（1）f 的周期点的周期无上界

（2）存在 I 的不可数子集 S，满足

a. 对于任何 x，$y\in S$，当 $x\neq y$ 时有（$n\to\infty$）

$$\lim\sup|f^n(x)-f^n(y)|>0 \tag{10.4}$$

b. 对于任何 x，$y\in S$，有（$n\to\infty$）

$$\lim\inf|f^n(x)-f^n(y)|=0 \tag{10.5}$$

则称 $f(x)$ 描述的系统为混沌系统，S 为 f 的混沌集。

10.2　以分形几何描述的动力学特性　奇怪吸引子

第4章至第9章表明，相空间的几何方法是描述系统动态特性的强有力工具。混沌作为非线性系统的典型运动体制，也需要几何工具。但只限于描述规则图形的传统几何学已不适用，描述混沌需用曼德勃罗创立的分形几何学。

耗散系统的混沌是奇怪吸引子上的运动。奇怪吸引子又叫分形吸引子，因为它们都是相空间的分形点集，不能用传统的规则几何图形表示。保守系统没有吸引子，但它的混沌运动的复杂几何特征同样需用分形刻画。曼德勃罗创立的分形几何既是描述奇怪吸引子的强有力数学工具，也是描述保守系统混沌运动的复杂几何特征的强有力工具，常被称为混沌几何学。

先看两个用数学方法形成的分形。图 10.5 是在 1 维空间形成的分形点集，称为康托集合。从一个有限线段开始，把它三等分，除掉中间一段，再对其余两段作同样处理，将这种操作无限进行下去，最后剩下的点集，就是 1 维空间的分形集。其特点是包含无穷多个点，不连续、非均匀地分布在线段上，总长度为 0，却是不可数的点集，能与区间 [0，1] 建立一一对应。形象点说，这种点集仿佛无数尘埃不规则地落在一条线上，故又称为康托尘埃。

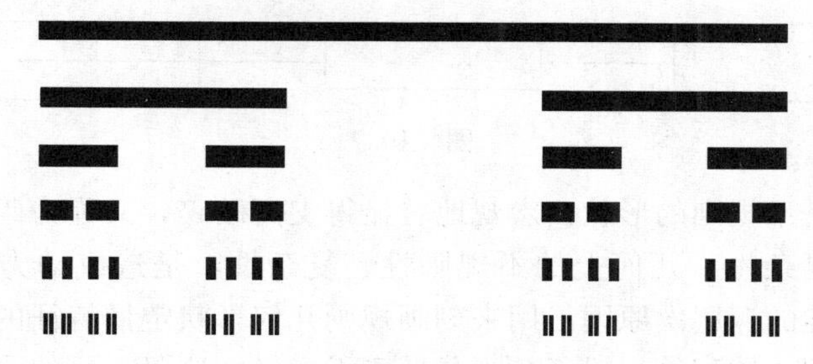

图　10.5

以图 10.6 中的正方形为源图，把它 9 等分，除掉中心那一块，

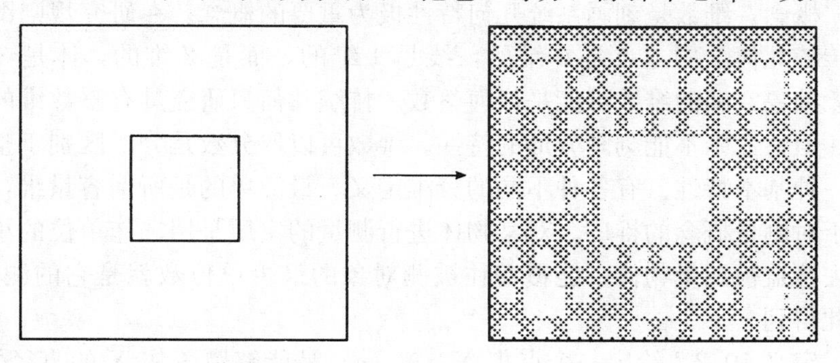

图　10.6

对余下的 8 块再作 9 等分，再除掉中心那一块，把这种操作无穷地进行下去，最后剩下的点集合，是一个平面上的分形图，称为谢尔宾斯基地毯。特点是处处有洞但连续，面积为 0 但周长无穷大。

分形的特点是部分与整体具有某种自相似性。按上述数学方法作出的分形，部分与整体具有严格意义上的自相似性，任意取出一部分，都具有与整体完全一样的结构。这种自相似表现在无穷多层次之间。混沌系统在相空间形成的奇怪吸引子一般不具有这种严格的自相似性，而表现为具有无穷多的层次嵌套，从任何尺度去看都具有更小尺度上的精细结构，并不要求任何部分都与整体具有完全相同的结构。

混沌系统存在奇怪吸引子的根源在于系统自身的强烈非线性。图10.7示意的是厨师揉面团操作的几何模型，由伸缩变换和折叠变换构成，俗称面包师变换。首先把面团横向拉长、纵向拉细，然后将它折叠对齐，如此反复进行，以至无穷。折叠是一种非常强烈的非线性变换。设 p 与 q 是面团中两个相邻的点，在如此反复拉伸与折叠的变换中，两点的轨道不断分离、会聚、穿插包抄、盘旋缠绕，最终形成了极其复杂的分形结构。混沌系统都有这类非线性变换。

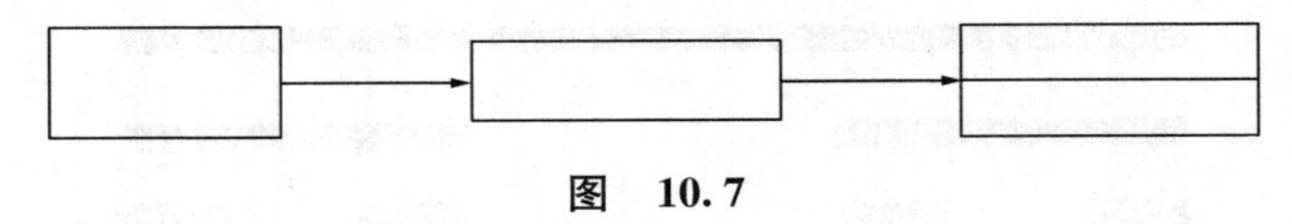

图 10.7

分形是不规则的形状，宏观地看显得支离破碎，又称为碎形。不规则性连通复杂性。几何上的不规则性、复杂性，是造成动力学不规则性、复杂性的深层次原因。用来刻画规则几何形状定量特征的概念，如长度、面积、体积等，对于刻画分形已无意义，这里需要的是刻画图形不规则程度、复杂程度的定量概念。由此引出分维（可以取分数值的维数）概念。维数是刻画系统几何特性极为重要的概念。在研究规则图形的传统几何学中，点是0维的，线是1维的，面是2维的，体是3维的，抽象空间的维数可能是任何整数。传统几何只研究具有整数维的图形。但整数维不能刻画分形的特性。维数可以取分数是分形区别于整形的一种基本特性。有各种不同的分维定义。最简单的是所谓容量维，产生于对测量概念的推广。对某物体进行测量的实质是用选作单位的小物体去覆盖被测量物体，能覆盖住被测对象的最少单位数就是它的测度。由此得到

定义10.2　给定一个点集 X，N（ε）是能够覆盖住 X 的直径为 ε 的小球数，如果极限

$$D_0=\lim_{\varepsilon\to 0}\frac{\mathrm{Ln}N(\varepsilon)}{\mathrm{Ln}\,\frac{1}{\varepsilon}} \tag{10.6}$$

存在，就称 D_0 是点集 X 的容量维。

现在讨论几种混沌系统的奇怪吸引子。首先看逻辑斯蒂方程。状态空间是纵轴上的区间［0，1］。$a=a_\infty$ 时的系统运动还不是典型的混沌，但它的吸引子已具有分形结构，是对纵轴上线段0—1施行类似康托集那样的分割挖空变换而形成的，包括把一切失稳的 2^k 周期点挖去。$a>a_\infty$ 后出现典型的混沌运动，每个 a 值对应一个具体系统，相空间0—1

线段被以更复杂的方式分割挖空，包括去掉一切周期点。不同的 a 有不同的 D_0，$a=a_\infty$ 时 $D_0=0.538$，3^n 周期的极限点对应的 $D_0=0.34$。

另一个较简单的离散混沌系统是埃农方程

$$x_{n+1}=1-a{x_n}^2+y_n$$
$$y_{n+1}=bx_n \tag{10.7}$$

这是一个 2 维系统，吸引子为相平面上的分形图形，如图 10.8 所示，(b) 为 (a) 中方框部分的放大，(d) 为 (c) 中方框部分的放大，显示埃农吸引子具有层次无穷嵌套的复杂结构，但并非部分与整体严格自相似。经计算，当 $a=1.4$，$b=0.3$ 时，此吸引子的分维 $D_0=1.26$。

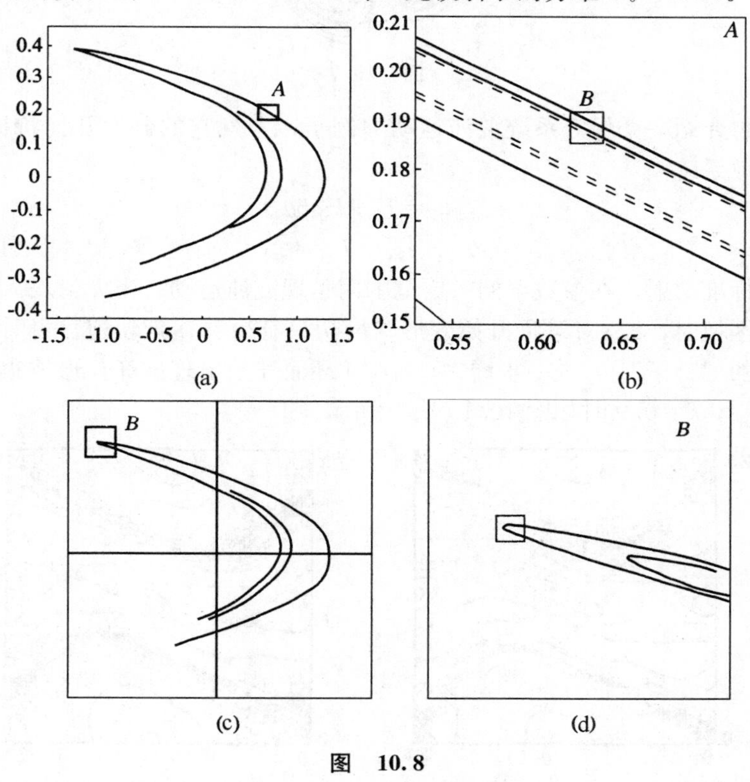

图　10.8

洛伦兹系统的奇怪吸引子如图 10.9 所示，取 $r=28$，$b=8/3$，$\sigma=10$。这是一个 3 维空间的分形点集，有点像一对蝴蝶翅膀，由相连的两扇组成，具有无穷嵌套的自相似结构，在任何尺度下观察都显示出多层次结构，但并非严格自相似，把某一部分放大，不一定有类似蝴蝶翅膀那样的整体形态。它的容量维 $D_0=2.06$。

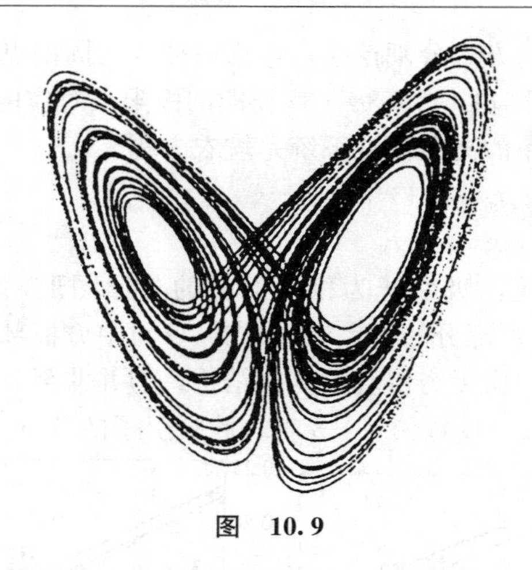

图 10.9

再介绍一个保守系统混沌运动的例子，考察它的分形几何特征。2维离散系统

$$J_{n+1}=J_n+k\sin\theta_n$$
$$\theta_{n+1}=\theta_n+J_{n+1} \tag{10.8}$$

称为标准映射，在参数 k 的一定范围内呈现混沌运动。当 k 值增大到不可积区域时，KAM 环面开始变形，最初只有少数迷走轨道，可看作随机性的“种子”；k 进一步增大，KAM 环面开始出现破坏，形成很小的随机层，k=0.9 时如图 10.10（a）所示。

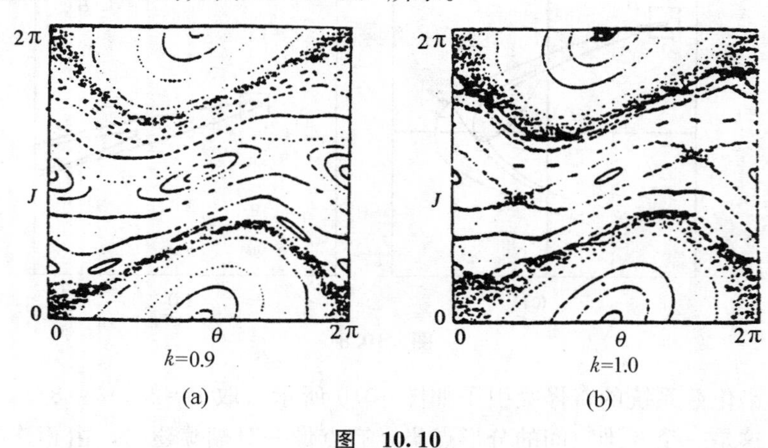

图 10.10

随着 k 的进一步增大，KAM 环面进一步破坏，在中央小岛两侧双曲点附近生成新的随机层（阴影），k=1.0 时如图 10.10（b）所示，大部分仍为规则运动岛。当 k 增大到 3.0 时，随机性占主导地位，进入全局混

沌，只有两个规则运动的小岛，如图 10.10（c）所示。

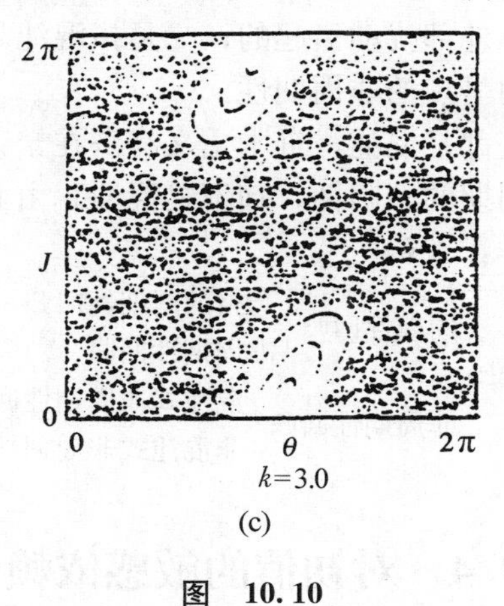

(c)

图　10.10

10.3　非周期定态

奇怪吸引子上的运动是一种定态行为。因为奇怪吸引子是相空间的低维点集合，从吸引域中任一点开始的运动在经历一定的过渡过程之后，都会进入这个点集合；一旦进入，不论以后的运动多么混乱，就再也不会走出去。因此，就整体看，这个低维点集合代表系统的一种稳定定态。在奇怪吸引子上的运动是系统的一种稳定定态行为。

奇怪吸引子不是周期轨道，也不是多个周期轨道的叠加（准周期轨道），而是不能分解为周期轨道之和的分形点集。与周期运动相同，在奇怪吸引子上的运动具有回归性，每个状态都会一再地重复自身。但回归性不等于周期性。混沌运动的回归性是不严格的，一是只要求回到附近的状态，不要求完全重复该状态；二是在不规则的时间上重复自身，不能要求按确定的周期回归。具有回归性也是稳定定态即吸引子的特征之一。

在动力学很长的发展史上，直到 20 世纪 70 年代之前，科学界都把非周期运动看作瞬态行为，不承认系统可能存在非周期的定态行为。日本学者上田皖亮早于洛伦兹发现了混沌，由于权威物理学家囿于传统偏见，把非周期运动与瞬态行为等同起来，这个重大发现被否定了。洛伦兹第一个冲破传统偏见，承认非周期运动也可能是定态行为，提出“确定性非周期流”的概念，发现了混沌，对系统科学作出重大贡献。

非周期性虽然不是混沌运动的本质特征，却是它的必要特征。混沌必定是非周期运动。但混沌不是任意一种非周期运动，而是确定性的非周期性。所谓“确定性”，一是指混沌是由确定性动力学方程自身产生的非周期运动，不是外部扰动引起的；二是指混沌是一种定态行为，不是系统在过渡过程中呈现的非周期性。

非周期定态未必都是混沌。资本主义经济在繁荣与危机之间的反复交替，也是一种非周期的回归性，却不是混沌。由此得到非线性系统回归性的一个完备分类：

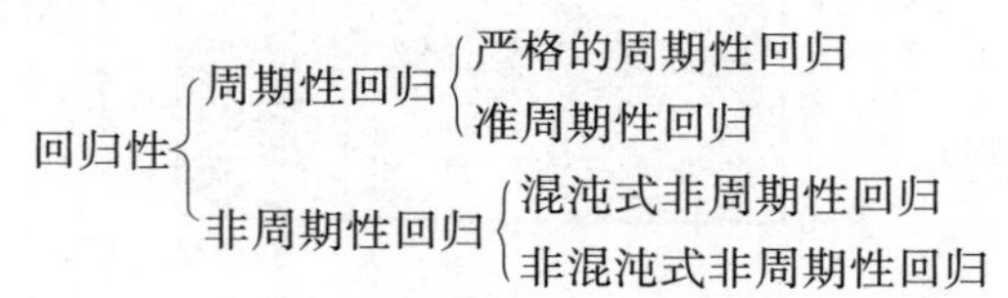

10.4 对初值的敏感依赖性

非周期性还不足以表示混沌运动的本质特点。系统长期行为敏感地依赖于初始条件才是混沌区别于其他运动体制的本质特征。

动力学系统的长期行为（略去过渡过程的终态行为）取决于系统的动力学规律（由系统的数学方程表述）和初始状态。对于给定数学方程的系统，运动轨道由初值决定，称为轨道对初值的依赖性。仔细分析，这里有三种情况。对于具有渐近稳定吸引子的系统，在吸引域内系统的终态行为有“遗忘”初值的机制，从任何初值开始的轨道都走向同一吸引态，即系统的长期行为不依赖于初值。对于中心点型不动点附近的运动轨道，或者保守系统等能面上的运动轨道，初值的不同将导致轨道的不同，即轨道对初值有依赖性；但只要初值相差不大，轨道的差别也不大，即稳定性理论讲的“初值的小偏离只能导致轨道的小偏离”，表明轨道对初值具有不敏感的依赖性。第三种情形是轨道敏感地依赖于初值，初值的微小差别在后来的运动中被不断放大，导致运动轨道显著的不同。混沌运动就属于这种情况。

为使读者获得关于敏感依赖性的具体印象，不妨就逻辑斯蒂方程作些数值分析。下表给出的是就三个不同初值计算的状态数值，初值之差在 10^{-6} 数量级，经过 300 次迭代所得状态 x_{300} 之差却达到整个状态空间的尺度，即 $10^0=1$ 的尺度，相差 6 个数量级。对于混沌系统，只要初值之差不为 0，在后续演化中不同轨道将按指数式相互分离，造成在相空间尺度上的巨大差别。真可谓“差以毫厘，谬以千里”。

初始值 \ 迭代次数 n	1	2	50	300
0.199999	0.639997	0.921603	0.001779	0.597519
0.200000	0.640000	0.921600	0.251742	0.987153
0.200001	0.640002	0.921597	0.421653	0.004008

洛伦兹是现代混沌的发现者之一，他提出著名的"蝴蝶效应"来形象而夸张地说明这种敏感依赖性：纽约的一只蝴蝶扑腾一下翅膀这样微小的初值扰动，可能导致三个月后得克萨斯州天气（大气系统的长期行为）的巨大不同。

动力学早已发现在非混沌运动中也可能出现对初值的敏感依赖性，但与混沌运动有原则的不同。考虑经典力学著名的理想摆

$$\ddot{x}+\omega^2\sin x=0 \tag{10.9}$$

x 为角位移，$\dot{x}$ 为角速度，相空间是由 x 和 $\dot{x}$ 支成的平面。由于运动的周期性，只需考虑 $-\pi<x\leqslant\pi$ 的一段，如图 10.11 所示。图中连接鞍点 $A(-\pi,0)$ 和 $B(\pi,0)$ 的两条分界线，把相平面分为三个区域，对应三种不同的定态行为。中间是摆动区，上下是方向相反的转动区。从三个区域的内点引出的轨道都是不敏感地依赖于初值，以其邻域内的其他点为初值的轨道仍属于同一类型，不会被放大到引起轨道定性性质的改变。但三个区域的两条分界线特别是它们的两个交点$(\pm\pi,0)$则不同，初值的任何微小偏差，都会导致运动轨道改变其类型，或为围绕中心点的周期摆动(中间区)，或为由右向左的转动(下区)，或为由左向右的转动(上区)。但是，这个系统的相空间中具有这种性质的点只是零测度的集合，系统取这种点为初值的概率为零。混沌系统则不同，奇怪吸引子是非零测度的点集，吸引域中所有点都具有这种性质，初值的任何偏差都会被放大，进入吸引子的位置稍微不同，轨道将指数式相互分离。

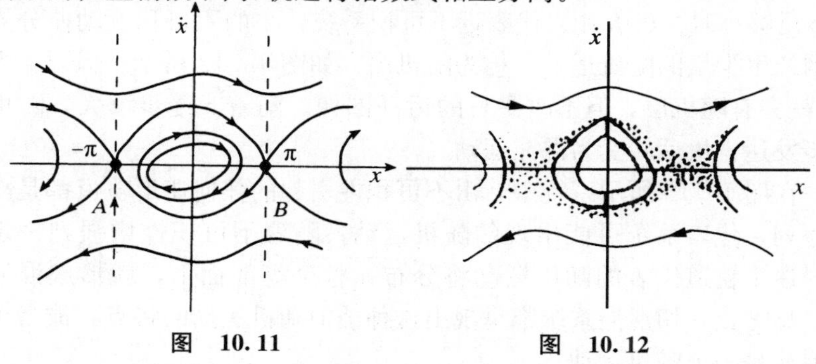

图　10.11　　　　图　10.12

图10.11中作为分界线的两条轨道很值得注意,其上的相点在$t\to\infty$时趋于鞍点A或B,属于非周期运动。可见,存在不是混沌运动的非周期轨道。

10.5 确定性随机性

与动力学以往研究的运动形式平衡态、周期态、准周期态相比，混沌性是一种不确定性。控制参数进入混沌区后，系统状态在相空间的演化类似于物理学研究的布朗粒子在溶液中的无规行走，表现出貌似随机运动（见第7章）那样的不规则、不确定。考察逻辑斯蒂方程在$a>a_\infty$后的相轨道，参见图10.13。取一初值x_0进行迭代，共迭代500步，前面一段计算所得x_n属于瞬态过程。为躲过瞬态，舍掉前300步，把其余200步所得x_n（定态）标在纵轴上的相空间0—1线段中。所得结果显然是一个无规数列，与通常所说的随机数原则上无法区分。为了看得更清楚些，令控制参数a取在4片混沌区（见10.7节），这时的相空间及奇怪吸引子被分为4部分。代表定态的后200步迭代结果的x_n将顺序落入这4个混沌片中，这是确定的，但每一片都有无穷多个相点，x_n究竟落在哪个点上是完全无规的、随机的，形成分布在4个小区间上的随机数。

洛伦兹方程也一样，只是具体表现方式不同。从图10.9两片中的某一片开始，相点沿着某条轨道由外向内绕行，会随机地突然跳到另一片的某条轨道上重新由外向内绕行，然后又随机地跳回第一片，如此在两片之间随机地来回跳跃。

方程（10.9）描述的是可积保守系统，不会发生随机运动。但只要加入不可积扰动项$\varepsilon\sin(kx-\Omega t)$,就得到以下不可积系统

$$\ddot{x}+\omega^2\sin x-\varepsilon\sin(kx-\Omega t)=0 \tag{10.10}$$

当ε足够小时，（10.10）代表近不可积系统，小的不可积扰动使分界线周围产生少量的随机运动，称为随机层，如图10.12所示。只要ε不为0，就会有随机层，但不改变总的运动图像。随着ε逐步增大，随机层逐步发达，最后转变为混沌运动。

在图10.10所示系统中，由不可积性引起的任何迷走轨道都是随机数序列，代表系统可能出现的随机运动；随着不可积性增强到一定阈值，迷走轨道代表的随机运动将分布在整个等能面上，就形成混沌行为。总之，一切混沌系统都呈现出这种类似随机运动的特点，或者干脆说混沌是一类随机运动。

凡随机现象都表现出某些统计确定性，遵循统计规律，因而才可能成为科学描述的对象。混沌被当作一种随机现象，也由于它表现出一定的统计规律。上述以及其他被研究过的混沌运动都表示出某种统计确定性，需用概率统计方法描述。如作频谱分析，计算李亚普诺夫指数和分维等统计量。混沌具有类似于随机噪声的宽功率谱，不同于周期运动具有尖峰的功率谱。

10.1 节所给混沌的数学定义也反映出这种随机性。（10.4）表示从不同初值引出的两条轨道不时会相互远离，不论初始误差多么小，总会在某些时刻显著的远离。（10.5）表示从不同初值引出的两条轨道不时会无限靠近。对于任意选择的两个初值，轨道时而远离，时而靠近，飘忽不定，正是随机运动的特点。

但混沌运动的随机性与第 7 章讲的随机性有原则的不同，那里的随机性是通过运动方程中加入随机外作用力或随机系数或随机初始条件等三种方式表现出来的，应称为外在随机性。混沌系统的动力学方程是确定的，既没有随机外力，也没有随机系数或随机初值，随机性完全是在系统自身演化的动力学过程中由于内在非线性机制作用而自发产生出来的。混沌是确定性系统的内在随机性，一种自发随机性，或动力学随机性。这样就得到以下的非形式化定义。

定义 10.3　混沌是一种确定性随机性，即确定性系统内在产生的随机性。

发现确定性随机性不仅具有重大科学意义，而且具有重大哲学意义。确定性与随机性历来被科学和形而上学哲学视为完全对立的东西，混沌却证明两者是相通的，或者说是矛盾的统一，确定性内在地包含随机性。自称是混沌福音传教士的物理学家福特写道："因此虽然与通常的意见相反，但在'确定性地随机的'这一说法中绝对没有矛盾。确实，可以非常合理地建议，混沌的最一般定义应该写作：混沌意味着确定论地随机。"[①] 不论福特是否自觉，他在这里是为辩证法作辩护，提倡用辩证逻辑定义混沌这个现代科学概念，使两个对立的义项不可分割地包含在同一定义中。在科学上，发现确定性系统能内在地产生出随机不确定性，需用统计方法描述，预示着有可能把确定论和概率论两种对立的描述体系沟通起来。如果能做到这一点，必将带来科学的极大进步。

① 转引自木水共编：《走向混沌》，55 页，上海，上海新学科研究会，1995。

10.6 长期行为的不可预见性

科学理论的功能是给对象系统的内在机理作出解释，预测它未来的演化过程。经典科学发现两大类系统，发展了两套描述体系。一类是确定性系统，典型代表是机械运动，发展了确定论的描述体系，即牛顿力学的描述体系。一类是随机性系统，典型代表是热力学过程，发展了需借助统计概念进行论证的概率论描述体系，即统计力学的描述体系。不论是把统计规律看作一大类客观系统固有的属性，还是看作来自人类知识的不完备，概率方法都是与确定论描述体系性质完全不同的另一种描述体系。

按照确定论描述体系，一个确定性系统的动力学规律是完全确定的，表现为它的数学模型是完全确定论的，系统的每个具体行为轨迹完全由初始条件决定，给定初始条件后，可以精确地预见它的未来。如人造卫星何时进入设计轨道，何时到达近地点，可以相当精确地预测。随机系统则相反，它的未来行为每一步都无法预测，或者说只能作统计意义上的预测。如投掷硬币，只能预测麦穗朝下的概率为0.5。

混沌是确定性系统的运动体制，但与上述经典科学的基本信念不同，由于内在非线性机制造成对初值的敏感依赖性，混沌系统的长期行为是不可预测的。任何实际系统的初始条件都不可能绝对精确地确定，误差是不可避免的。只要初始条件稍有误差，通过在混沌运动过程中逐步非线性地放大、积累，当过程进行到足够长以后一切初始信息将损失殆尽，进一步计算所得结果完全不反映系统的真实状态，系统将走向何方不得而知。在这一点上，它与随机运动是一样的。确定性与可预见性并非一回事，确定性系统的长期行为不可以预见，这是混沌研究带来的重要新认识。

但随机系统的短期行为也是不可预测的。投掷硬币的结果每一次都不可预测。混沌是由确定性系统产生的，它的短期行为是可以预测的。不论 n 多大，在逻辑斯蒂方程中由 x_n 计算得到的 x_{n+1} 都是精确的。这是内随机性与外随机性的又一区别。短期行为可以预测而长期行为不可预测，是混沌运动的另一主要特征。

非线性系统普遍存在混沌运动，混沌的长期行为不可预测，这个发现揭露出科学认识中长期存在的一种盲目性，使我们意识到人类的预见能力极其有限。现实世界的系统都是非线性的，控制空间存在混沌区是非线性系统相当普遍的现象。只要系统处于混沌区，我们就无法对它的长期行为作出预测。但混沌运动并非绝对不可预测。确定性非线性系统的混沌区在控制空间的位置是确定的，奇怪吸引子在相空间的位置也是确定的，每个吸引域的范围是确定的（尽管分界线具有分形结构，难以精确划分），从初值开始的运动必定走向吸引子，奇怪吸引子的分维数是确定的，系统在其上的运动遵循统计规律。这些都是确定性因素，因而使混沌运动又有可预见的一面。从实用的角度看，人类对于未来的长期行为并不需要把握它的细节，只要对整体趋势有个大概估计就可以了。人类在实践中遵循的原则是："一万年太久，只争朝夕。"混沌运动长期行为不可预测性的发现不应成为新的悲观论的依据。

实际上，混沌学研究从另一方面增加了人类的预见能力。对于许多貌似混乱无规的复杂过程，人们在长期实践中积累了大量数据，因无法处理而被视为不可预见的现象。混沌研究使人们理解了它们可能是某个低维奇怪吸引子上的混沌运动，如果能够构造出适当的奇怪吸引子，就可运用混沌学知识对它进行描述，作出某种预测。科学家已从数学上证明，在不知道系统动力学方程的情况下，根据实际数据构造出奇怪吸引子是可能的。这种吸引子重构技术已被应用于许多过去认为不能预测的问题，例如用于股票市场等复杂系统的预测，并取得很好的效果。以发现长期行为不可预测震惊了世界的混沌又扩大了人类可预测的范围，许多长期无法预测的现象获得了预测方法，这是很富启发性的。

10.7　混沌序：貌似无序的高级有序性

混沌现象给予人们的第一印象往往是混乱不堪，毫无规则。东西方各种文化从古至今都有混沌这个术语，都包含（但不限于）混乱的语义。因此，没有接触过现代混沌研究文献的人很容易从一般文化的角度去理解这一现代科学概念。我国一些社会科学工作者曾把混沌学译为混乱学、纷乱学、紊乱学、杂乱学，就说明这一点。但这是一种误解。

混沌有表观混乱的一面，但混沌不等于混乱，在似乎混乱的表观下存在着多样、复杂、精致的结构和规律，是一种貌似无序的复杂有序，一种非平庸的有序，一种与平衡运动和周期运动本质不同的有序运动。我们仍以逻辑斯蒂方程为例子来说明这一点。图 10.13 是该系统在乘积空间上的分叉—混沌全图，其中混沌区［a_∞，4］绝非混乱一片，而是包含着极为丰富的动力学规律。这里主要介绍以下几点。

（1）倒分叉　混沌区从右到左有一个倒分叉序列，首先是 1 片混沌

（混沌1带区），后分叉为2片混沌（混沌2带区），再顺序分叉为4片混沌（混沌4带区）、8片混沌（混沌8带区）、…、2^k片混沌（混沌2^k带区），分叉点都是确定的，形成一个反向的周期为2^n的混沌带序列。这种混沌区的周期倍化的倒分叉序列与周期区的正分叉序列相对应，从两个相反的方面收敛到同一参数值a_∞，极具规则性。

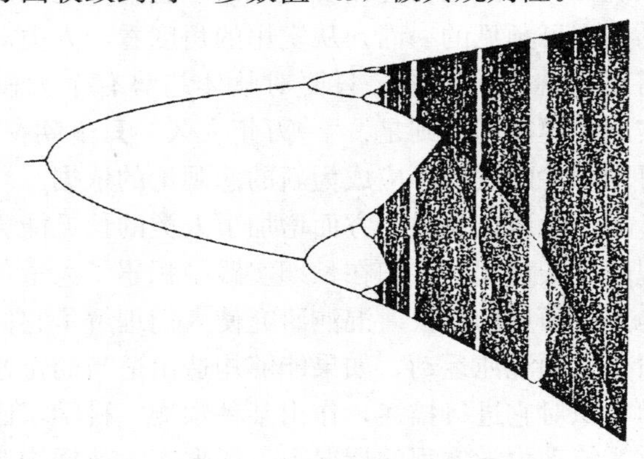

图 10.13

（2）周期窗口　混沌区内存在许多长度有限的小区间，参数a在这些小区间取值时系统作周期运动，故称为周期窗口。图10.13混沌区内从右向左肉眼可见的有3个周期窗口，系统在这里分别作周期为3、5、7的有序运动。有趣的是这个混沌区内存在以一切自然数为周期的窗口。这表明，当控制参数a在混沌区内变化时，系统并非总是混沌运动，而是交替地采取混沌与周期两种运动体制。周期窗口在混沌区内是严格按照所谓沙道夫斯基序列排列的：

$$\begin{gathered}3,5,7,9,\cdots\\3\times2,5\times2,7\times2,9\times2,\cdots\\3\times2^2,5\times2^2,7\times2^2,9\times2^2,\cdots\\3\times2^n,5\times2^n,7\times2^n,9\times2^n,\cdots\\2^m,\cdots,32,16,8,4,2,1\end{gathered}\tag{10.11}$$

在混沌1带区内由右至左主要存在3、5、7等一切奇数周期窗口；在2带区内主要周期窗口为3×2，5×2，7×2，9×2，…；在2^n带区内的主要周期窗口为3×2^n，5×2^n，7×2^n，9×2^n，…。进一步分析还可发现更精致的规律，显示出高度的有序性。

（3）自相似层次嵌套结构　图10.13的混沌区具有层次无穷嵌套的自相似结构，不但混沌区内有周期窗口，周期窗口内也有混沌区，层层相套。图10.14是图10.13中某部分的放大，与图10.13具有相同的结构，也有倍周期分叉正序列和混沌带倒分叉序列。

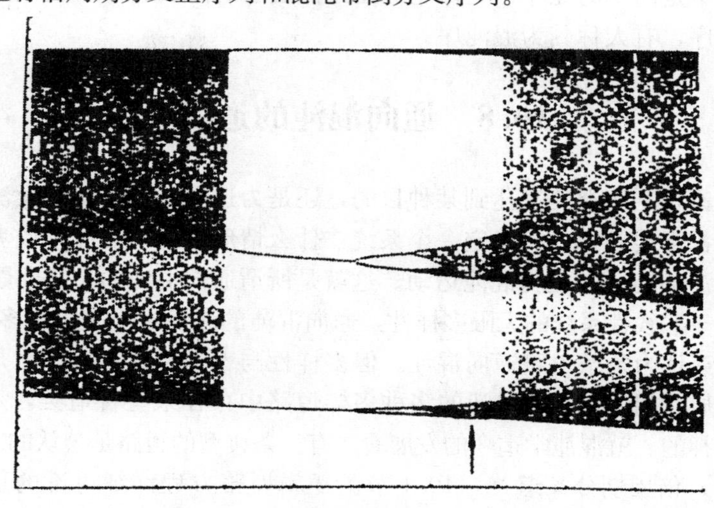

图　10.14

若把图10.13的混沌带看作一级的，则从周期窗口中任取一股放大后看到的是二级混沌带。二级混沌带中存在大量三级序列，其中最明显的又是一个“3点周期”（实际是原系统的9点周期）。缩小观察尺度，还可以看到各种更小尺度的混沌带。更精致的数学分析将揭示出这个系统在混沌区的更微妙的自相似性，其规律性之精致令人叹为观止。

（4）普适性与标度律　上述从图10.13中看到的复杂而精致的分叉与混沌特性，本质上不是逻辑斯蒂方程独有的，在相当程度上反映了非线性动力学系统的一种普遍存在的特性，即普适性。同样的分叉与混沌结构出现在一大类不同非线性系统中，称为结构普适性，MSS定理为之提供了一种方便的形式化描述。同样的定量特征也可在一大类不同非线性系统中发现，称为测度普适性。如周期区分叉序列中两个相邻分叉点的距离 a_n-a_{n-1} 随 n 增大而按一定规律收缩，费根鲍姆发现存在以下极限

$$\lim_{n\to\infty}\delta_n=\lim_{n\to\infty}\frac{a_n-a_{n-1}}{a_{n+1}-a_n}=\delta \qquad (10.12)$$

δ 代表分叉序列的收敛速率，可能是一个普适常数，与映射的具体特性无关。当 $r=2$ 时，有

$$\delta=4.66920609\cdots \qquad (10.13)$$

还发现一些别的普适常数。

逻辑斯蒂映射是非常简单的非线性系统，它的混沌运动尚且呈现如

此复杂而精致的有序性，一般非线性系统的情形更可想而知了。因此，混沌绝不是简单的无序，更像是被无序掩盖着的高级有序，貌似无序的复杂有序，有人称其为混沌序。

10.8 通向混沌的道路

不论是利用混沌来达到某种目的，还是为达到某种目的而设法避免混沌，都需要掌握如何确定一个系统在什么情形下出现混沌，或者如何从非混沌的运动转变为混沌运动。这就是所谓通向混沌的道路问题。

由于非线性系统的无限多样性，通向混沌的途径也应是多种多样的，有人甚至认为条条道路通向混沌。但多样性与普适性、统一性也是一对辩证矛盾，相信在通向混沌的多种多样道路中存在某些普适类，是符合科学精神的。就混沌学迄今的发展看，有三条典型的道路是公认的。

（1）倍周期分叉道路　10.1节就逻辑斯蒂方程详细讨论的这种通向混沌的道路，也存在于2维映射、洛伦兹方程以及其他系统中。其基本特点为

平衡态→两点周期→四点周期→…→无限倍周期凝聚→混沌

（2）准周期道路　这是为解释湍流发生机制提出来的一种混沌发生方式，后来在一些物理系统中得到证实。其基本特点为

平衡态→周期运动→准周期运动→混沌

即系统在准周期运动失稳后转为混沌运动。

（3）阵发道路　这种通向混沌的道路在数学上与所谓切分叉有关，在物理上涉及某种瓶颈现象。我们不作这方面的分析，仅就图10.15作些说明。当动态系统演化到进入狭窄通道时表现为近似的规则运动，走出通道则表现为非周期的随机运动，总体看表现为一阵周期一阵混沌，最后完全转变为混沌。

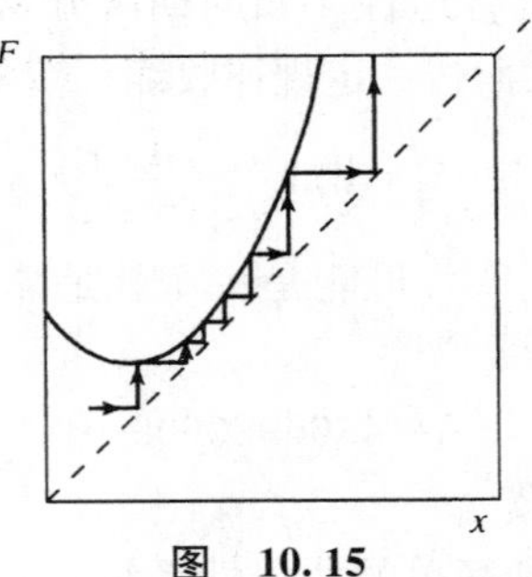

图　10.15

10.9　他组织混沌

上面的讨论都是针对自组织系统的。本节讨论他组织混沌。

由于叠加效应，线性系统当且仅当输入混沌的强迫作用时，系统将响应以混沌运动，非混沌的他组织作用不可能使系统产生混沌行为。非线性系统则不然，由于自身的非线性效应，输入非混沌的强迫作用有时可能使系统以混沌运动响应之，输入混沌的强迫作用有时可能使系统以非混沌的运动响应之。不是简单地模仿他组织作用，而是依据自身特点对他组织作用加以吸收、变换、改造，创造具有自己特色的运动体制，是非线性系统具有奇异特性的重要表现。外来作用与自身的特性相结合，创造有自己特色的结构、机制和行为模式，是非线性系统的固有特性。为什么中国现代化不能采取全盘西化的方针，必须走中国特色之路，这里提供了它的系统学机理。

我们仍以几个具体系统来考察他组织混沌的若干特点。

1960 年，正在攻读博士学位的日本学子上田皖亮在研究杜芬方程时已发现混沌，但直到 1978 年茹勒在日本讲学后才被介绍给世界学术界。这之后，上田对杜芬方程作了深入而系统的研究，使人们对这个他组织系统的动力学特性有了相当完整的了解。讨论以下杜芬方程

$$\ddot{x}+0.05\dot{x}+x^3=7.5\cos t \tag{10.14}$$

以数值积分求解这个方程，在 $x-t$ 平面上画出解的图像。图 10.16 是对初值（$x=0$，$\dot{x}=0$）作出的，系统经过短暂的瞬变后进入唯一的混沌吸引子。

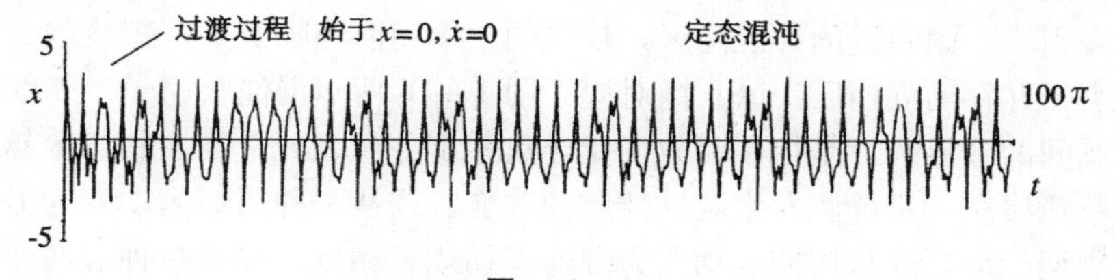

图　10.16

为更清楚地观察这个吸引子定态，图 10.17 略去瞬态过程，增大时间序列到 200π。

由此图看出这个定态有以下特点：

（1）有回归性，但不规则，是一种非周期的回归性（波形在不规则

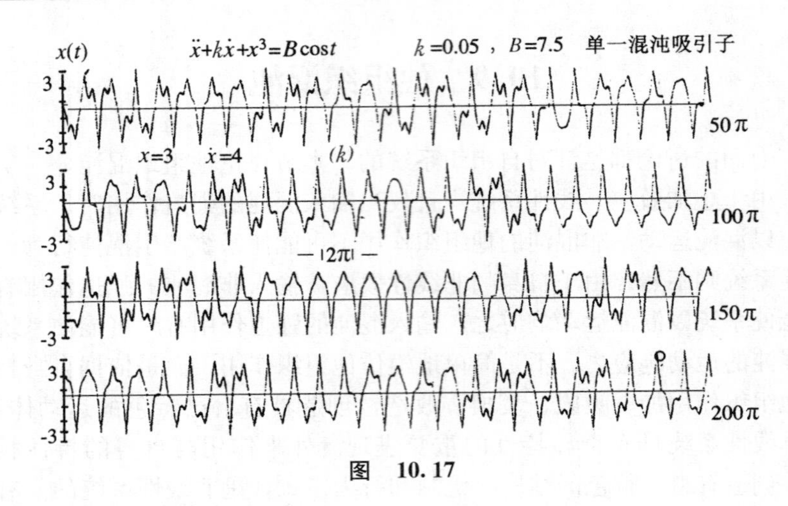

图 10.17

的区间上重复自己）；

（2）有随机性，但动力学方程是确定性的，他组织作用 $F(t)=7.5\cos t$ 也是确定性的，因而是一种确定性随机性；

（3）对初值有敏感依赖性，如图 10.18 所示，从两个邻近的初值（3，4）和（3.01，4.01）出发的轨道按指数方式相互分离，开始时几乎是重合的，但很快就有了显著差别。

这些特点确实表明，杜芬方程已进入混沌定态。

杜芬方程描述的是有两个控制参数的系统。杜芬等早期动力学家对方程（9.3）的研究限于很窄的参数范围，无法看到它的丰富动力学内容。上田皖亮在 2 维控制空间 $k-B$ 平面上全面地考察了杜芬方程，发现可以划分为如图 10.19 所示的从（a）到（u）共 21 个主要区域，系统在这些区域各有不同的动力学特性。（a）区对应于图 9.5 所示 5 种周期吸引子。画斜线的为混沌区，长线的是单一混沌吸引子，短线的是多吸引子并存的混沌区。（k）区对应于图 10.16 所示混沌吸引子。弧线为区域间的分界线，是控制参数变化导致系统分叉之处。当控制参数越过这些弧线时，系统就发生定性性质的改变，或从一种周期运动变为另一种周期运动，或从周期运动变为混沌运动或者相反，或从一种混沌变为另一种混沌，或发生稳定性的交换、吸引子的消失，等等。杜芬方程属于不太复杂的系统，尚有如此多样的动力学特性，由此图可以想见一般非线性系统的动力学图像该是多么丰富多彩了。

杜芬方程的奇怪吸引子，即日本吸引子，如图 10.20 所示。

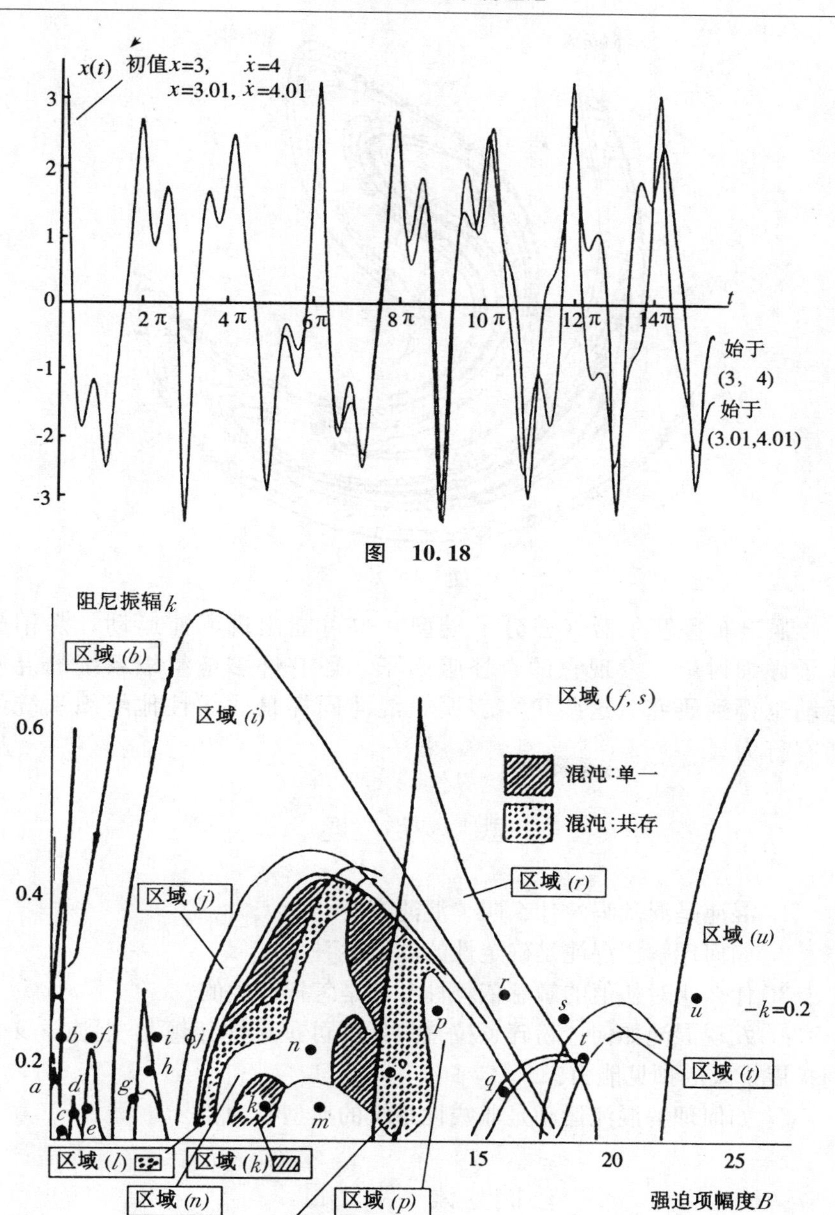

图 10.18

图 10.19

范德坡在20世纪40年代已发现系统（9.6）在周期性外力作用下呈现随机行为，由于受传统观点束缚未予重视，使他与混沌擦肩而过。

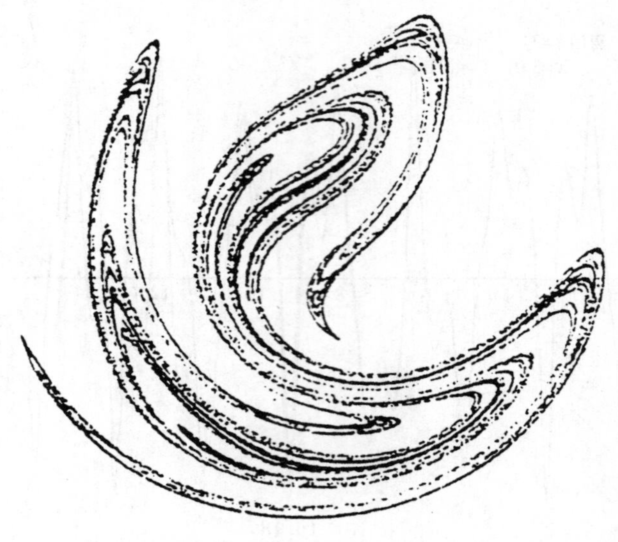

图 10.20

强迫布鲁塞尔器（三分子模型）也可能出现混沌运动，郝柏林作了详细讨论，发现它的奇怪吸引子。还有许多他组织系统的混沌运动也得到研究。这些事实表明，混沌同样是非线性他组织系统的通有行为。

思 考 题

1. 混沌是混乱吗？什么叫“混沌序”？

2. 如何理解“混沌是确定性的随机性”？

3. 什么叫对初值的敏感依赖性？它是怎样产生的？

4. 发现混沌如何“粉碎了拉普拉斯的可预见性狂想”？混沌学又如何扩展了人的预见能力？

5. 如何理解混沌运动是非线性系统的典型行为？

阅 读 书 目

1. ［美］格莱克：《混沌——开创新学科》，上海，上海译文出版社，1990。

2. 苗东升、刘华杰：《浑沌学纵横论》，北京，中国人民大学出版社，1993。

第11章 复杂性研究与系统科学

11.1 复杂性研究概述

第二次世界大战结束后的事态发展，日益表明我们正处于科学发展史上的一个大转折时代。这就是从经典的机械论科学向新兴科学的转变，或按普利高津的说法，是从简单性科学向复杂性科学的转变。从20世纪40年代起，世界科学界对复杂性的探索已历时半个多世纪，方兴未艾，更大的高潮还在后头。

复杂性探索的第一次重大努力，归功于现代系统研究的开创者们。贝塔朗菲指出，一般系统论以至整个系统研究兴起的现实背景，是现代的技术和社会已变得十分复杂，以至于传统的方式和手段不再满足需要。“我们被迫在一切知识领域中运用‘整体’或‘系统’概念来处理复杂性问题”①。一般系统论就是他为处理复杂性问题准备的理论工具。从科学思想和科学哲学的角度看，这个时期复杂性探索的最高成就集中体现于信息学家魏沃尔的著名论文《科学与复杂性》。文中区分了简单性和复杂性，把复杂性划分为两类，即无组织的复杂性和有组织的复杂性，认为19世纪主要发展的是简单性科学，20世纪前半期主要发展的是关于无组织复杂性的科学，即建立在统计方法上的那些学科，而未来50年的科学将主要研究有组织的复杂性，电子计算机和系统方法是它的强有力工具。这些观点对以后的科学发展产生了很大影响，直到今天

① ［美］贝塔朗菲：《一般系统论——基础、发展和应用》，2页，北京，清华大学出版社，1987。

仍然可以明显地感觉到它。

复杂性探索的真正高潮始于20世纪70年代产生的自组织理论。普利高津、哈肯、艾根断言复杂性是物质世界自组织运动的产物，坚持以自组织为基本概念揭示复杂性的本质和来源。艾根特别研究了生物复杂性的起源，阐述在宇宙的化学进化阶段产生的大分子基础上，如何通过超循环这种自组织机制克服信息危机，产生出最初的生命细胞，从而阐明生物复杂性是如何从物理简单性中产生出来的。哈肯把复杂系统作为协同学的研究对象，认为“由大量数目的部分所构成”和“具有复杂的行为”是这种系统的两个基本特征①，试图推广信息论，以代数复杂性为基础定义一般复杂性，把复杂性研究的要点归结为对复杂系统空间的、时间的或功能的结构变化，提供以统一观点处理复杂系统的概念和方法。从科学思想和哲学的角度看，这个时期更深刻的工作属于普利高津学派。他们从科学转型的历史高度审视问题，断定现代科学在一切层次上都遇到复杂性，主张“结束现实世界简单性”这一传统信念，倡导把复杂性当作复杂性来处理，建立复杂性科学。在具体操作上，他们以耗散结构为基本概念，论证在远离平衡态的条件下，物理系统由于出现耗散结构而产生“最低限度的复杂性”，为后来进化出生物复杂性和社会复杂性提供了物理学前提。主要由于他们的工作，人们理解了复杂性是从物理到生物、从自然到社会、从实体到心灵诸领域普遍存在的，差别只在于复杂性的类型、程度、层次的不同。

在20世纪80年代末以来的西方复杂性研究中，圣塔菲研究所的工作最引人注目。这个由诺贝尔奖得主盖尔曼、安德森、阿罗等人发起的研究集体，吸引了一批科学大家参与。他们的目标是建立能够处理一切复杂性的一元化理论，主要手段是计算机模拟。但是，关于是否存在这种一元化的理论，计算机得到的结果是否都是关于自然的东西，圣塔菲的学者之间（更不必说其他学者）一直有激烈争论。从科学哲学的角度看，建立一门处理一切复杂性的一元化理论的目标很不现实，复杂性科学是未来科学的总称，而不是一门新学科。这些问题正是导致他们感到“困惑”② 的原因。但圣塔菲学派的成绩卓著，他们发展的演化经济学已纳入主流经济学中，关于人工生命、复杂适应系统、免疫系统、

① ［德］H. 哈肯：《信息与自组织》，10页，成都，四川教育出版社，1988。

② ［美］约翰·霍根：《复杂性研究的发展趋势——从复杂性到困惑》，载《科学》（重庆），1995（10）。

Hopfield联想记忆模型等领域的研究，深化了学术界对复杂性和复杂性科学的理解。他们提出的"混沌边缘"概念和复杂性来自混沌边缘的观点，关于处理复杂系统问题的AN（自动机网络）方法，都很有价值。钱学森认为："在面对一个开放的复杂巨系统，要是专家们还不熟悉，对其整体客观行为毫无把握，那么AN方法不失为一得之见"①。

自20世纪80年代末以来，钱学森提出开放复杂巨系统概念，制定了研究开放复杂巨系统的可行方法，带领我国一批学者开展多方面的开拓性研究，取得重要成果。这是钱学森近20年来从事系统科学研究的逻辑延伸，也是他总结和借鉴国内外有关复杂性研究的结果。

11.2　复杂性

复杂性是复杂性研究居第一位的基本概念，又是极难准确定义的概念。1996年，霍根补充塞思·劳埃德的统计，收集到45种复杂性定义，它们是：

信息、	熵、	算法复杂性、
算法信息含量、	费希尔信息、	雷奈熵、
自描述代码长度、	矫错代码长度、	Chernoff信息、
最小描述长度、	维数或自由度、	Lempel-Ziv复杂性、
关联性、	演算共有信息、	共有信息或通道容量、
储存信息、	条件信息、	条件演算信息含量、
计量熵、	分形维、	自相似、
随机复杂性、	混合、	拓扑机器容量、
有效复杂性、	分层复杂性、	树形复杂性、
同源复杂性、	时间计算复杂性、	空间计算复杂性、
热力学深度、	逻辑深度、	基于信息的复杂性、
规则复杂性、	区别性、	Kullbach-Liebler复杂性、
费希尔距离、	分辨力、	信息距离、
演算信息距离、	汉明距离、	长幅序、
自组织、	复杂适应系统、	混沌边缘。

新的复杂性定义还在陆续提出，迄今为止已有不下50种。吴彤把它们归结为信息类、熵类、描述长度类、深度类、复杂性类、多样性

① 《钱学森1993年7月27日致戴汝为的信》，载《自然杂志》，17卷2期。

类、维数类、综合（隐喻）类等。为了解它们的某些特点，简单介绍以下几种：

有效复杂性，指一个系统显示“规律性”（而不是随机性）的程度；

体系复杂性，指由一个体系结构系统不同层次所显示的多样性；

语法复杂性，指描述一个系统所需要的语言的普遍性程度；

热力学深度，指将一个系统组织在一起所需热力学资源的数量。

显然，这类定义都和系统研究有关，都有很大局限性，只能在某个特定范围使用。要把它们综合成为一个能够较为广泛使用的定义，至少在目前是不可能的。复杂性之为复杂性，在于它的实际表现具有无穷的多样性和差异性，普遍适用的复杂性定义也许并不存在。至少目前不必追求统一的复杂性定义，应当容忍和接受不同意义下的复杂性定义，允许不同学科有不同定义，只接受一种定义就否定了复杂性本身。还应当区分不同层次的复杂性，物理、生物、社会、意识这些现实世界的不同层次各有性质不同的复杂性，物理系统的复杂性属于最低层次的复杂性，意识和社会系统的复杂性属于最高层次的复杂性。既不可拿低层次的复杂性代替高层次的复杂性，也不可拿高层次的复杂性代替低层次的复杂性，不同层次的复杂性需有不同定义，使用不同的研究方法。

复杂性是客观的，还是主观的？复杂性研究必须回答这个问题。传统看法认为，一个问题是简单的还是复杂的，只能相对划分，在没有找到解决办法之前它是复杂的，一旦认识了它的特性，找到解决办法，它就变得简单了。这类问题的确大量存在，但若把所有复杂性问题都归于这一类，那就太片面了。现实世界还存在许多这样的问题，即使我们认识了它们的特性，即使找到解决办法，它们仍然是复杂的。这是本体论意义上的复杂性，即客观复杂性。粗略地说，科学认识的对象世界由三大块组成，第一块是本体论意义上的复杂性，它们必定也是认识论意义上的复杂性。第二块是认知复杂性，即那些虽然不属于本体论意义上的复杂性，却属于认识论意义上的复杂性，亦即那些人们没有认识前显得复杂、找到解决办法后就显得简单了的复杂性。第三块是在本体论和认识论上都属于简单性的对象。总之，现实世界既有简单性，又有复杂性，还有介于二者之间的情形，三者都是扎德意义上的模糊概念，都属于科学研究的对象。

还可以从方法论上区分简单性和复杂性。20世纪70年代，软系统方法论的倡导者切克兰德曾指出：“历史上，系统思维是作为应付复杂性的一个尝试而产生的，这种复杂性存在于自然现象以及社会和人的现象中，它使经典的科学方法的还原主义归于失败。”[①] 切氏明确地把复杂性与系统论联系起来，也就把简单性与还原论联系起来，第一次从方法论上区分了简单性和复杂性。钱学森在 90 年代给出更明确的表述：“凡现在不能用还原论方法处理的或不宜用还原论方法处理的问题，而要用或宜用新的科学方法处理的问题，都是复杂性问题，复杂巨系统就是这类问题。”[②] 在无法给出能够较为广泛接受的复杂性定义之前，有了从方法论区分的根据，即可有效地开展复杂性研究了。

11.3　把复杂性当作复杂性

经典科学方法论的核心是简化原则，即把复杂性转化为简单性来处理。支撑这一原则的是这样一个认识（一个未曾言明的假设）：现实世界本质上是简单的，复杂性不过是一种假象，揭去这层假象即可看到一切系统都是简单的，都可以用简单的方法处理。随着经典科学取得越来越大的成果，这一方法论思想被一些科学哲学家推向极端，演变为一种教条：“在任何情形下追求简单性都是基本的”。他们武断地认为，不存在复杂性科学，倡导复杂性研究不过是“开错了药方”，所谓复杂性科学其实是一种不成其为学问的“混杂学”。这种方法论思想在今天的学术界仍然根深蒂固，要发展复杂性科学，必须清除这种谬见，解放思想，转变观念，建立新的科学方法论。

复杂性科学的方法论集中表现于这样一个科学原则：放弃现实世界简单性的假设，把复杂性当作复杂性对待。这一原则有不同的表现方式，重要的有以下几方面：

（1）把开放性当作开放性对待，不要试图把开放系统简化为封闭系统来处理；

（2）把非平衡态当作非平衡态对待，不要试图把非平衡系统简化为平衡系统来处理；

（3）把不可逆过程当作不可逆过程对待，不要试图把不可逆性简化为可逆性来处理；

（4）把模糊性当作模糊性对待，不要试图把模糊系统简化为精确系

① ［英］P. 切克兰德：《系统论的思想与实践》，303 页，左晓斯、史然译，北京，华夏出版社，1990。译文有改动。

② 转引自王寿云、于景元、戴汝为等：《开放的复杂巨系统》，54 页，杭州，浙江科学技术出版社，1996。

统来处理；

（5）把非线性当作非线性对待，不要试图把非线性简化为线性来处理；

（6）把混沌当作混沌对待，不要试图把混沌运动简化为周期运动来处理；

（7）把分形当作分形对待，不要试图把分形简化为整形来处理；

（8）把软系统当作软系统对待，不要试图把软系统简化为硬系统来处理；

（9）把人工事物当作人工事物对待，不要试图把事物本身的人为因素简化掉；

（10）社会现象最复杂，切忌按照物理学甚至力学的方法把社会现象简单化，如按照力学的最小作用原理解释社会现象，制定行动纲领。

这并非说复杂性科学完全不讲简化，而是说不要把造成系统复杂性的根源和本质简化掉。一切科学理论都是对客观世界的简化描述，但要在把握复杂性本质特征的前提下进行简化。例如，洛伦兹把一个7阶动力学方程降低为3阶方程，简化的幅度相当大，但保留了方程的非线性，结果发现了混沌。而在他之前的好几代科学家与混沌擦肩而过，一个重要原因是他们力求把非线性作为非本质因素简化掉。

从哲学上看，所谓把复杂性当作复杂性，就是辩证唯物主义倡导的按照事物本来面目认识事物的原理，切忌主观武断的简单化。这也就是毛泽东倡导的实事求是原则。对于复杂性科学来说，简化描述仍然是必要的，却不再是基本的、首要的。还原论科学的简化是为了消除复杂性，复杂性科学的简化是为了把握复杂性，要简化掉的是那些掩盖事物固有的复杂性的表面现象。

11.4　复杂性科学

1979年，耗散结构论创始人普利高津和斯唐热出版了《新的联盟》（20世纪80年代出版修订本时改名为《从混沌到有序》）一书，对正在兴起的复杂性研究热潮进行总结，提出复杂性科学的概念。80年代以来，这个概念逐渐为学界接受，越来越多的人在谈论复杂性科学，成为科学前沿的一大热门话题。但对于什么是复杂性科学以及它的学科地位等问题，迄今仍没有较为一致的看法。复杂性概念难以定义，决定了复杂性科学也难以定义。不过，只要摒弃从定义入手讨论问题的做法，什么是复杂性科学的问题还是可以讨论的。

就学科内容看，复杂性科学主要由两大块组成。一块是各个学科中的复杂性研究，包括力学、物理学、化学、天文学、生物学、生态学、经济学、社会学、军事学、政治学等，现代科学的每个学科都有自己的复杂性研究，它们都属于复杂性科学的内容。另一块是各种新兴的跨学科研究，如可持续发展、环境保护与治理、全球化、国际金融系统稳定性等问题的研究，类似的新的重大问题今后还会陆续涌现出来，它们是典型的复杂性问题，传统的研究方法、手段、组织形式远远不够用了。这类研究建立的科学知识体系都属于复杂性科学，甚至可能发展为复杂性科学的主干部分。

一种流行的看法认为，复杂性科学是一门 21 世纪的新学科。说复杂性科学属于 21 世纪是有道理的，因为它的真面貌可能要到这个世纪末才能大体看清楚。但把复杂性科学看成一门新学科是错误的，因为不能把力学、物理学、化学、天文学、生物学、生态学、经济学、社会学、军事学、政治学等学科中的复杂性研究都归入一个学科，否则，全部人类科学都属于一个学科了。那些跨学科研究将打破现有学科界限，发展成一系列全新的科学领域，它们更无法划归一个学科。从广度看，复杂性研究涉及的是科学的所有分支；从深度看，复杂性研究带来的变革不是在学科林立的现代科学体系中增加一个新学科，而是在自然观、科学观、方法论、思维方式等方面的重大变革，属于科学系统整体的深层次的变革。科学作为一种知识系统是一种演化的、动态的系统，复杂性研究将导致这个动态系统整体的转型。以往 400 年主要由西方国家建立的现代科学，其主体属于简单性科学，其历史使命是帮助少数发达国家实现以工业化为标志的现代化，属于科学系统的一种历史形态，发展到今天它已越过自己的顶峰，不能满足人类进一步发展的需要了。正在兴起的复杂性科学是科学系统的新的历史形态，其历史使命是消除过去 400 年的科学技术及其资本主义应用带来的种种负面效应，帮助全人类实现以信息化、生态化为标志的新型现代化。复杂性科学的兴起意味着科学作为系统整体的革命性变革。这并非说简单性科学即将消失，而是说它即将失去作为科学系统主体的地位，关于简单性现象仍有许多问题有待探讨，但代表科学发展未来的是复杂性研究。

把现有的科学系统称为简单性科学，把正在兴起的新型科学称为复杂性科学，总有不能令人满意的感觉，随着复杂性研究的深入，人们或许会找出更恰当的称谓。一种替代方案是，把前者称为还原论科学，把后者称为涌现论科学。

11.5 复杂系统理论

对于复杂性科学和系统科学的关系，也存在一些混乱认识，有必要加以澄清。

一种说法认为，复杂性科学属于系统科学，或者说复杂性科学是系统科学发展的新阶段。既然复杂性科学的研究涉及现代科学的所有学科，接受这种说法就等于用系统科学代表未来科学的全部，不仅包括力学、物理学、化学、生物学、生态学、经济学、军事学、社会学、政治学等的复杂性研究，而且包括各种跨学科研究，这显然不正确。复杂性科学的范围要比系统科学广泛得多，只有其中有关复杂系统一般规律的研究才是系统科学的内容。所以，复杂性科学既不隶属于系统科学，也不代表系统科学发展的新阶段。

另一种说法认为，系统科学是复杂性科学的一部分。诚如贝塔朗菲所说，系统科学是为对付各个领域的复杂性而建立的，系统科学总体上是复杂性研究的产物。但就系统科学迄今的发展历程看，系统研究在头30年中真正发展起来的是线性系统理论，运筹学、控制理论、系统工程等重要分支所处理的对象都是所谓“结构良好”的系统，它们属于简单系统问题的理论和技术。所以，不能把系统科学全部划归复杂性科学，只有关于复杂系统的研究，即所建立的复杂系统理论以及相关的工程技术，才属于复杂性科学。总之，系统科学与复杂性科学之间不是包含与被包含的关系，而是交叉关系。

但也必须强调，系统科学与复杂性科学之间存在紧密联系，是其他科学部门不可比拟的。复杂性研究的早期开拓者几乎都是系统科学家，系统科学家是开创复杂性研究的主力军。造成上述两大误解的客观原因也在于二者之间的这种紧密联系。复杂事物是简单事物经过整合或组织而涌现的，复杂性是对简单性进行整合或组织而涌现的结果，一旦把系统整体还原到它的组成部分，整体层次的复杂性便不复存在。因此，复杂性研究的兴起有赖于科学在指导思想和方法论上出现深刻的转变，超越还原论，确立涌现论。这一艰巨的任务首先是由系统科学承担和完成的。系统科学负有为复杂性研究提供方法论的重任，这是二者之间更深层次的联系。

就系统科学来说，建立线性理论、简单系统理论是其发展历程的必经阶段，却不是它的主要目标，更非终极目标。线性系统理论、简单系统理论是系统科学的重要组成部分，却不是它的主体部分，系统科学的主体部分是非线性系统理论、复杂系统理论，以及相关的工程技术。大约在 20 世纪 80 年代，系统科学各个层次、各个学科都开始向复杂性进军，建立复杂系统理论，发展相关的复杂系统技术，成为系统科学各个层次、各个学科的主要目标。复杂系统理论属于系统科学，代表系统科学发展的新阶段，如此定位是准确的。

早在 20 世纪 50 年代，艾什比就提出“研究复杂系统的战略”问题，认为“不能指望有一种理论可以达到牛顿理论的那种简单性和精确性”①。半个世纪的发展证明这一论断是正确的。建立复杂系统理论的任务极其复杂艰巨，需要新的科学方法论和科学哲学。经过近半个世纪的努力，不同学派提出多种理论框架，各具独特的理论魅力，也表现出各自的局限性。我们将在以下两章介绍其中的两种。

思　考　题

1. 什么是复杂性？

2. 什么是复杂性科学？

3. 说明复杂系统理论和复杂性科学的区别和联系。

4. 如何理解“把复杂性当作复杂性来对待”？这是否意味着否定科学的简化原则？

阅　读　书　目

1. 尼克里斯、普利高津：《探索复杂性》，罗久里、陈奎宁译，成都，四川教育出版社，1986。

2. 钱学森：《创建系统学》，太原，山西科学技术出版社，2003。

3. *Paul Cilliers*：*Complexity and Postmodernism*，Routledge，11，New Fetter Lane，London，1998.

4. 苗东升：《什么是复杂性》，载《自然辩证法通讯》，2000（6）。

5. 北京大学现代科学与哲学研究中心编：《复杂性新探》，北京，人民出版社，2007。

---

① ［英］艾什比：《大脑设计》，34 页，乐秀成、朱熹豪等译，北京，商务印书馆，1991。

第12章 复杂适应系统理论

圣塔菲研究所成立于1984年，最初的目标是建立关于复杂性的一元化理论，后接受约翰·霍兰的核心思想，把注意力集中于一类叫作复杂适应系统（简称CAS）的对象上，由此形成的理论体系便称为复杂适应系统理论，在世界复杂性研究中产生了重要影响。

12.1 涌现——圣塔菲的核心理念之一

贝塔朗菲晚年把涌现概念引入系统科学，要求学界按照系统理论定义涌现概念，并未获得系统科学已有分支如控制论、运筹学等学科的响应。影响广泛的耗散结构论、协同学、超循环论等自组织理论，以及突变论、混沌论、非线性动力学等基于精确方法建立的系统理论，尽管事实上都在研究系统的整体涌现性，但都没有明确引入涌现概念。最早领悟到涌现概念重要性的是那些特别关注复杂性问题、开始质疑精确描述方法普遍适用性的非主流系统科学家，如控制论早期代表人物之一的阿希贝、倡导人工科学的司马贺等。其中最突出的是倡导软系统方法论的切克兰德，他接受和发展了魏沃尔的观点，强调科学面临新的复杂性，原有科学方法暴露出局限性，认定系统思维的发展正是科学面对这种局势作出的一种反应，提倡以涌现与等级、通信与控制为核心概念，建构系统思维的理论框架，以对付复杂性。尽管他的工作只给出关于这两对概念的定性阐述，但产生的影响不可低估。

在迄今为止的各种系统理论流派中，最旗帜鲜明地以涌现观点来研究复杂性的是圣塔菲学派。欲了解他们的核心思想，必须抓住涌现问题。在 1984 年的成立大会上，他们就强调涌现观点，宣称正在兴起的复杂性研究乃是“科学中正在涌现着的综合”。创建时期的几次研讨会已表明，每个问题的核心都涉及一个由大量主体或行动者组成的系统，这些主体在相互适应和竞争中不断自组织，形成更大的结构，产生新的涌现行为。到 20 世纪 90 年代中期，他们已明确意识到复杂性研究实质上是一门关于涌现的科学，把涌现和适应性、进化、学习、自组织、复杂等一起当成圣塔菲理念（圣塔菲主题），在世界系统科学界树起一面新的理论旗帜。1998 年，霍兰发表第一部论述涌现问题的科学专著《涌现——从混沌到有序》。正是由于他们的努力，涌现概念在系统科学界开始受到广泛重视，复杂性研究的欧洲学派、中国学派等就是在他们的影响下开始重视研究涌现现象的。普利高津、哈肯等人后期著作也引入涌现概念，但没有给出新的阐释，没有引出什么新结论，涌现概念并未成为其理论的有机组成部分。

什么是涌现？圣塔菲最富创造性的学者霍兰的观点代表了他们的共识：“像涌现这么复杂的问题，不可能只是服从一种简单的定义，我也无法提供这样的定义。”[①] 在目前情形下，摒弃追求精确定义的传统做法，通过考察种种现实存在的涌现现象，归纳概括涌现的一般属性，是唯一可行的办法。按照圣塔菲学者的见解，涌现现象至少具有以下特性：

涌现的普遍性。从无生命世界到生命世界，从自然界到人类社会，从社会活动到精神活动，涌现现象无处不在，生命、意识、创造性思维就是最神奇的涌现现象。

涌现的系统性。发生涌现现象的事物不仅包含大量组分，而且都涉及组分的相互作用，涉及不同层次的划分、新层次的形成，因而属于系统现象和系统特性。

涌现的恒新性。无法预料，出其不意，是涌现的一个重要特征。卡斯蒂甚至把永恒的新奇性当成涌现现象的本质特征。霍兰等人不赞同这种说法，认为它有否定涌现现象客观性之嫌，如承认这个特点会造成预测涌现的困难。

涌现的本质是什么？涌现反映的是现实世界的“复杂系统永不停息

① ［美］约翰·霍兰：《涌现——从混沌到有序》，4 页，陈禹等译，上海，上海科学技术出版社，2001。

地把自己组织成各种形态的趋向"[①]。按照霍兰的表述，涌现就是大来自小，或者多来自少，或者复杂来自简单。霍兰认为，所谓以小生大或由简生繁都有"投机致富"的味道，给涌现增加了神秘性。这也是以往的科学不研究涌现的主要原因。

涌现概念的科学解释能力如何？圣塔菲学者借助涌现概念对复杂性的阐释，显著扩展了系统思想。人工生命创立者兰顿根据涌现概念来阐释生命："生命是一种形式性质，而非物质性质，是物质组织的结果，而非物质自身固有的某种东西。无论核苷酸、氨基酸或碳链分子都不是活的，但是，只要以正确的方式把它们聚集起来，由它们的相互作用涌现出来的动力学行为就是被我们称为生命的东西。"[②] 如何借助涌现概念阐释其他神奇现象，揭示系统现象和复杂性的本质，兰顿的这段话给我们提供了范例。

12.2 复杂性的圣塔菲诠释：适应造就复杂性

圣塔菲学者中最先对复杂性概念作出系统的专题论述的是盖尔曼，他把探讨简单与复杂的意义看成有关简单性和复杂性的科学研究的三大课题之一（另两个是复杂适应系统之间的相似和差异，复杂适应系统在各种不同过程中所起的作用）。盖氏的认识可以归结为以下几点。(1) 简单性和复杂性是自然界固有的两个基本面，夸克是对简单性的隐喻，美洲豹是对复杂性的隐喻，应从两者的联系和对比中理解复杂性。(2) 简单性指缺少复杂性，原意为只包含一层，和非层次结构相联系；复杂性一词来源于"束在一起"的意思，和层次性相联系。(3) 无论简单性，还是复杂性，下定义都不是简单的事，鉴于复杂性内涵的多样性，必须定义多种不同的复杂性。(4) 存在不同等级层次的复杂性，任何复杂适应系统至少具有某种最低程度的并有适当定义的复杂性。(5) 存在各种各样的复杂性，其中应特别重视复杂适应系统所呈现的复杂性，因为正是在这里形成圣塔菲学派对复杂性的共同理解和研究路线。(6) 应从演化的角度探寻简单与复杂的关系，复杂适应系统在演化中不断增加自身的复杂性，产生新的复杂适应系统。

---

① ［美］M. 沃德罗普：《复杂》，157页，北京，三联书店，1997。

② C. G. Langton ed., *Artificial Life* (*I*), Addison-Wesley Publishing Company, 1988, p. 41.

作为还原论科学大师，盖尔曼自然特别青睐定量化、精确化的复杂性定义，考察了已有的计算复杂性、算法复杂性的定义，给出原始复杂性和有效复杂性的定义。然而，一旦进入复杂适应系统，他也承认这里的复杂一词不必有严格的意义。作为精确科学大师的盖尔曼带头为不精确概念辩护，被戏称为“老帅的倒戈”。

另一位对复杂性概念作过系统探讨的圣塔菲学者是 J. L. 卡斯蒂，有专著《复杂状态》（*Complexification*）问世。他把复杂性和系统规模联系起来，视中等规模、基于局部信息的相互作用、智能性和自适应性为复杂系统的几个关键成分。在描述复杂性的种种特征时，卡斯蒂特别强调涌现现象和令人惊奇性。这原本是圣塔菲学派的共识，他们普遍相信复杂性是对简单事物进行组织的产物，复杂性存在于组织之中，是系统组成因素之间以无数可能的方式相互作用的结果。但卡斯蒂强调得过了头，把是否发生涌现现象作为区别简单系统和复杂系统的显著特征，这等于断言简单系统没有涌现。卡斯蒂特别强调惊奇性的意义，视惊奇性为涌现和复杂性的本质特征，将复杂性的来源视为惊奇性的产生机理，把复杂性科学看作惊奇的科学，这些提法受到其他学者的质疑。

霍兰很少就复杂性定义作正面的专题讨论，但通过对各种复杂适应系统的考察，形成这样一个基本信念：适应造就复杂性。我们把它称为霍兰命题，其要点是：（1）复杂性有很多侧面，圣塔菲关注的是围绕适应性的复杂性；（2）复杂性是生成的，不是给定的，提出“生成的复杂性”概念；（3）复杂性生成的内因是系统或事物为了维持生存和求得发展而适应环境，在适应中涌现出复杂性。霍兰命题实际上是一个科学假设，但集中反映了圣塔菲学派对复杂性的基本共识。

不妨就城市这种典型的 CAS 来理解霍兰命题。以北京市为例，它由形形色色的实体如商店、学校、公司、机关组成，它们具有主动性、能动性，会学习，有预测能力。为了在变化多端的环境中生存发展，这些实体不断总结经验，调整行为模式，破旧立新，提高自己的适应性，结果使自身越来越复杂。城市属于层次结构系统，各个层次上的更大单位以至于整个北京市也在不断总结经验，调整行为模式，破旧立新，力求适应迅速发展的国内形势，适应经济全球化对中国社会造成的引力和压力（前些年的一个重要环境压力是开好 2008 年奥运会），不断学习和变革。正是这种大大小小的适应性行为使北京越来越复杂，以至于连那些老北京人都深感不认识今天的北京了。

12.3 复杂适应系统（CAS）

圣塔菲把系统划分为非适应性的（如恒星）和适应性的两类，后者又分为直接适应性的和复杂适应性的。直接适应性系统的典型代表是自动恒温器，只有一个固定不变的程序，靠对周围环境变化的直接负反馈作出反应，没有信息压缩，没有图式的提炼和改进，没有偶然变异，没有竞争。专家系统虽然比它进了一步，但内部图式固定不变，不能从经验中学习，还不是真正的复杂适应系统。

现实生活中处处存在复杂适应系统。小者如儿童学习语言，教练训练运动员，公司推行一项有风险的商业计划（如联想兼并 IBM），作家编撰小说，学者著书立说，都是复杂适应系统。大者如北京、上海、巴黎等城市的运行发展，中国、印度、巴西等国家的和平崛起，东亚一体化，经济全球化，也都是复杂适应系统。自然界同样大量存在复杂适应系统，动物个体的免疫系统，蚁群，热带雨林，地球生态系统，都是复杂适应系统。具体的复杂适应系统千差万别，但也显示出许多共同特征：由大量的不同组分聚集而成，组分之间存在广泛的相互作用，能够在环境中学习，积累经验，通过改进自身行为规则而适应复杂多变的环境，从而使系统在整体上表现出运行的协调性和行为模式的持存性。

从更深层次看，复杂适应系统的行为是一整套发达的信息运作，包括信息的获取、加工、压缩、提炼、传送、利用、消除等。按照盖尔曼的总结，研究 CAS 主要关注的是：（1）信息怎样以数据流的形式到达系统；（2）CAS 如何寻找数据流中的规律性，如何把它们从一些偶然的特征中提取出来，并提炼成可调整的图式；（3）观察这些图式如何与附加信息相结合，得出适用于现实世界的结果。第三项又包括对被观察系统的描述，对未来事件的预测，对 CAS 自身行为的规定，这些描述、预测和规定给现实世界造成怎样的后果，这种后果又如何反馈回来影响内部图式，促进不同图式的竞争，以及通过选择和淘汰而达到进化，等等。这一整套操作如下图所示。其内容包括：（1）收集信息，积累经验；（2）处理信息，总结经验，提炼内部模式；（3）把内部模式与现场实时信息结合起来，描述环境，预测未来；（4）采取行动，作用于现实世界；（5）反馈行动后果的信息，评价、改进内部模式。

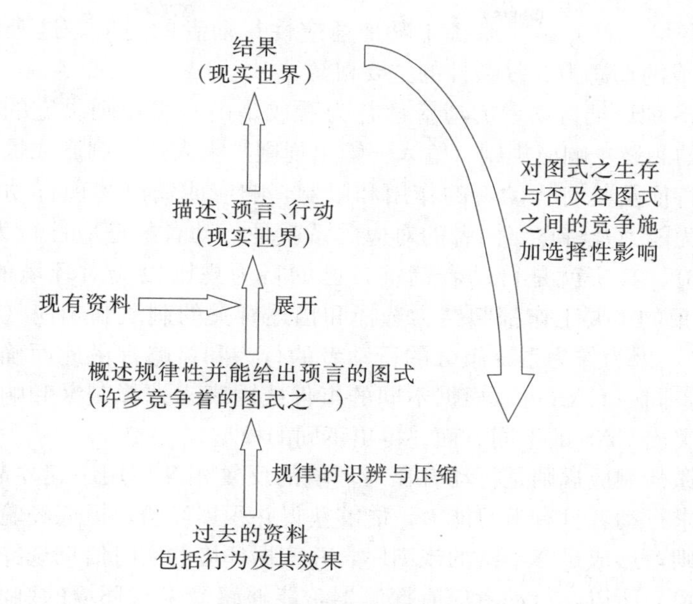

图 12.1　复杂适应系统的运作

12.4　适应性行动者

CAS 理论对系统描述方法的改进首先从对元素的刻画或规定作起。在控制理论中，系统的最小组分是机械的或电磁的元件，属于没有个性和主动性的实体，服从物理规律。在耗散结构论、协同学等自组织理论中，系统的元素是物质原子或分子，虽然在不停地运动，但没有个性，没有对环境的适应性，可以按照概率统计方法处理。正是对组分特性的如此设定，决定了这些系统理论无法处理复杂适应系统问题。CAS 理论通过引进适应性行动者（adaptive agent）① 概念，以行动者作为系统的元素，找到一条克服上述缺点的道路。

适应性行动者的根本特点是具有主动性，能够感受环境，自我学习，主动地调整、改变自己，以便能动地适应环境。中枢神经系统的神经元，免疫系统的抗体，经济系统的公司，都是这样的行动者。大量具有主动性的行动者在相互作用中努力地相互适应，寻找和创建能够相互适应并共同适应外部环境所需要的行为规则，由这样的行动者整合而成的系统，就是复杂适应系统。系统中的不同行动者互为环境，一个行动

① agent 流行的译文是主体，我们认为译成行动者（行为主体）可能更恰当。

者适应环境，首先是对系统中其他适应性行动者的适应。这个特征是CAS生成的动态模式复杂性的主要根源。

CAS理论把行动者的适应性行为看成是由一组规则决定的，可以用通常的刺激—响应规则（输入—输出规则）来表达，刺激或输入反映环境的特征及其对行动者的作用和限制，响应或输出体现行动者的特征、行为能力及特点，两者的对应关系就是行动者的适应性行为规则。所谓适应，其实就是行动者调整自己的行为规则以应对环境的刺激。CAS建模的主要工作都归结为选择和描述有关的刺激和响应（或输入和输出），因为作为系统组分的行动者的行为和策略都由此而确定。一般来说，同一CAS可以根据不同的事件或因素来选择刺激和响应，不同选择突出CAS的不同方面，得出不同的模型。

刺激—响应规则是行动者在与环境的反复相互作用中建立起来的，这就要求行动者具有学习能力，能够获得并积累经验，提炼经验以制定行为规则，形成足够丰富的规则库，并依据环境的实时信息选择规则去应对环境。所以，行动者应有探测器，能够感受来自环境的刺激信息。通常情况下，行动者被刺激包围，不断有大量信息涌入，其中大部分是无用的，故行动者必须善于过滤和压缩信息，只接受最有用的少量信息。行动者还需有效应器，能够对输入信号进行译码，以便选择适当的行为规则，对环境的刺激作出响应。在任何给定时刻，行动者的全部响应行为应由在该时刻活动的一组效应器产生。

从信息运作角度看，规则的描述可采用人工智能发展起来的“如果……，则……”规则来编码表达。因此，规则具有如下形式（见图12.2）：

(1)如果蝇子在右侧,则头向右转20度
(2)如果蝇子在左侧,则头向左转20度

图12.2　刺激—响应规则

如果（得到环境刺激的信息），则（发出适当的响应行动指令信息）。

一系列这种“如果……，则……”规则的集合，构成 CAS 的规则库。如何形成规则，如何选择和执行规则，如何调整和更新规则，反映出 CAS 的适应能力。

CAS 理论认为，行动者的适应性行为不是按照一套预先计划设定、经过逻辑加工的规则体现的，而是把规则视为有待检验和取舍的假设，存在矛盾、冲突和不一致既是不可避免的，也是必不可少的，因为进化过程需要提供多种多样可能的选择。

小的复杂适应系统还可以充当适应性行动者，构成大的复杂适应系统。新的、越来越复杂的 CAS 就是这样演化出来的。

12.5　CAS 的基本特性

由那些用规则描述的、相互作用的行动者组成的系统，就是复杂适应系统。霍兰认为，同时具有以下 7 种特征（4 个特性和 3 种机制）的对象都是 CAS，以它们为基础大体就可以建立一个共同的理论框架来分析所有的复杂适应系统。

（1）聚集（特性）。单个适应性行动者很难生存，众多适应性行动者聚集在一起，就可能涌现出协调性、适应性和持存性。动物群体，城市，市场，学术界，一切 CAS 都是这种由大量适应性行动者聚集而成的存在物。圣塔菲研究所本身是复杂性研究领域的一个聚集体。众多较小规模的聚集体可以进一步聚集，形成较大规模的聚集体。正是在这种聚集体的再聚集中，形成 CAS 的层次结构。怎样把适应性聚集体区分开来？行动者相互作用在边界内如何被引导和协调？这些相互作用如何超越低层行动者的行为？回答这类问题才能解开 CAS 的种种谜团。

（2）标识（机制）。古语云：“插起召兵旗，自有吃粮人。”在 CAS 的聚集过程中，引导众多适应性行动者辨别方向、选择目标、确定和哪些行动者合作或竞争以及合作竞争的方式，需要一种贯穿过程始终的机制，即标识。标识是聚集体的一面旗帜，或一个组织纲领，CAS 利用标识操纵对称性。聚集需要选择，选择前的可能性空间是对称的，有各种各样的可能选择方案意味着必须打破对称性，实现对称破缺选择要靠标识。标识能促进选择性相互作用，提供具有协调发展性和选择性的聚集体，揭示层次结构的形成。

（3）非线性（特性）。支配聚集过程中的行动者之间、它们和外部环境之间的相互作用本质上是非线性的，相互适应不可能是线性的。线性特性是平庸的，非线性特性才有创造性。CAS 的复杂性是由非线性因素引起的，线性相互作用只能产生简单性。特别是各种正负反馈形成的环路，再交叉、缠绕而形成复杂的网络。但现在的建模方法大多建立在线性假设上，为 CAS 建立模型所关心的应是非线性相互作用的效果如何反映在模型中。

（4）流（特性）。CAS 都是非平衡系统，其中存在各种物质、能量和信息的流动。把行动者看成节点，把相互作用看成边，CAS 可以表示成网络，再把其中流动的物质、能量、信息统称为资源，则一个 CAS 就是一个三元组，由节点、边、资源三者构成。例如，中枢神经系统由神经元、神经元连接、神经脉冲构成，因特网系统由计算机网站、电缆、消息构成，等等。CAS 的三元组的存续运行要靠资源分配来实现，关键是限定主要连接的相互作用，用标识定义网络。因为系统适应过程应挑选有益于相互作用的标识，使带有这种标识的行动者扩大；排除造成不良后果的标识，淘汰带有不良后果的标识的行动者。CAS 在此过程中表现出两种重要特性：一是乘数效应，能够放大有益标识；二是网络中的再循环效应，利于保护资源，提高资源利用率。两者都能显著提高 CAS 的适应能力。

（5）多样性（特性）。CAS 多样性的含义是多方面的，行动者的多样性，相互作用的多样性，标识的多样性，响应规则的多样性，环境的多样性等。多样性并非偶然出现的，而是行动者不断适应环境的结果，呈现为一种动态模式。每个行动者都生存于由其他行动者提供的小生境中，每个小生境都可以被若干能够在其中适应和发展的行动者所利用，每个行动者在进入一个小生境后有可能打开更多的小生境，为更多行动者开辟更大的可能性。再考虑非线性相互作用、资源再循环的增强以及其他因素，CAS 多样性的来源便不难理解。

（6）内部模型（机制）。行动者的适应性依赖于它的预测能力，预测的机制在于行动者的内部模型。行动者在大量涌入的输入信息中进行识别和选择，剔除细节，将经验提炼成各种图式，这些图式的集合就是内部模型。当某个图式（或类似的图式）出现时，行动者依据内部模型估计随之将发生哪种后果，叫作预测。行动者如何将经验提炼成图式？如何利用模型的时间序列预测未来事件？是描述内部模型要解决的问题。内部模型是可变的，模型变异受选择和进化支配，进化就是选择有效模型，淘汰无效模型。如果考察一个行动者的内部结构能够推断出它的环境特性，这个内部结构就是该行动者的内部模型。

（7）积木（机制）。这里指的是构筑行为规则的积木，搭建内部模型的积木，不是作为行动者或系统实际组分的积木。内部模型是一个规则的有限集合，但它面对的是一个不断变化的环境，能够在恒新的环境中反复出现的模型才有意义。对 CAS 的规则加以分析就会发现，尽管规则在变化，或增添新规则，或淘汰旧规则，或设置临时规则，但一些基本的建筑砖块还是存在的，大量看似不同的规则由这些积木组装搭建而成。规则可以重组，重组就是创新，大量新事物都是重组原有事物的结果，全新的创造总是少量的。特别是层次结构的系统，较高层次的积木是由对较低层次的积木进行整合、组织而涌现出来的，在某个层次上确立的积木经过选择性组合，会成为高一层次的积木，进化会在所有层次上不断生成和选择积木。由此也规定了还原论方法在 CAS 理论中还有重要作用。

12.6　适应性的刻画

CAS 理论的任务是刻画各个层次的行动者以至整个系统的适应性，前面几节已有所涉及。但是，行动者获得经验时如何改变系统行为方式，即行动者的适应能力，还需有进一步的刻画。CAS 理论在处理这个问题时，主要是通过和生物系统的类比并联系社会系统的经验来制定描述框架的。具体归结为以下三个步骤：

第一，建立执行系统模型。如 12.4 节所刻画的那样，一个探测器、一组规则和一个效应器构成一个执行系统，利用执行系统可以给不同类型行动者的适应能力以统一的刻画。

第二，由信用分派产生适应性。行动者每次以行动回应环境的刺激后，必须对规则作出评价，以便奖赏成功者，使它得到加强，通过优胜劣汰而进化。竞争应当以经验为基础，某个规则赢得竞争的能力取决于它过去行为的有用性。为定量地刻画这种能力，CAS 理论引入适应度概念，适应度越大表示规则越强。每次使用规则应对环境后，行动者将根据经验（使用的效果）修改适应度，这就是学习。而在经验基础上修改适应度的过程，就是信用分派。信用分派的实质是向系统提供预知未来结果的假设，通过比较和评价规则，强化能够用于后期使用的规则。竞争是用于描述适应性行动者的信用分派方法的基础。

第三，由规则发现产生适应性。行动者的行为就是选择和运用规则，规则的多少优劣决定行动者对环境的适应能力。规则不是预先给定的，它们是在行动者和环境互动中发现、设计、更新、增加的。霍兰的遗传算法只使用交换和突变两种遗传操作，即可提供迄今最好的描述方法。规则的发现和创新类似于生物的世代延续繁殖，可用三个步骤模仿该过程：

（1）根据适应度繁殖。从现有群体中挑选规则（用字符串表示）作为父母，规则的适应度越大，越有可能被选作父母。适应度指导增加或减少给定规则的使用。

（2）重组。父母规则通过配对、交换和突变以产生后代规则。交换生成的后代不同于其父母，产生由步骤（1）传递的模式的新组合。可见交换可以生成新模式。

（3）取代。进化过程“记住”那些提高了适应度的规则，即在经受了检验的情景中生存下来的规则，以后代规则取代现有群体中的选定规则。这个循环重复多次，能够连续产生许多世代。

有了上面定义的概念和描述的过程，就有了 CAS 理论关于适应性行动者复杂行为统一描述的基本骨架，再辅以各种具体的算法和模型，即可处理许多现实的复杂适应系统问题。

12.7 CAS 建模与回声模型

依据以上对适应性行动者的描述，可以建立简单、可视化的模型，通过刻画行动者的行为和交互作用，给自然选择造就复杂结构的过程以某种有说服力的解释。从信息运作角度看，就是把前面描述的理论框架转换为计算机模型，把系统运行转换为数据的抽取、组织、传送。由此建立了回声模型。回声模型是以生物、生态、经济系统为主要背景提炼出来的，建立在资源和位置这两个概念上。资源是广义的，用字母表示，字母串刻画资源的组合，资源可以更新。用资源刻画位置，一组相互连接的位置代表地理环境，每个位置都有一些资源和若干行动者，形成一种位置网络。资源量因位置而异，贫瘠处是沙漠，丰富处是喷泉，介于其间的是池塘。为了繁殖，行动者通过交换而收集资源，复制染色体。

回声模型是 CAS 理论使用的一类模型。在最简单的模型中，行动者的功能是寻找可以交换资源的其他主体，进行交换、保存和加工资源。行动者只有两个组成部分，一是存放所有资源（字母串）的仓库，二是决定行动者能力的“染色体”（字母串），即行动者的遗传物质。行动者交互作用的能力取决于在染色体字母串的片段里定义的标识，包括进攻标识和防御标识。回声模型中的行动者如下图所示：

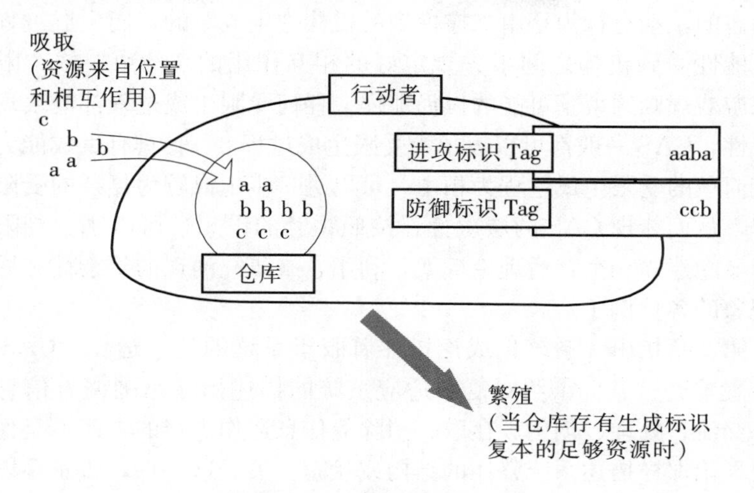

图 12.3　回声模型中的行动者

不同行动者之间能否实现交换，要看一方的进攻标识与另一方的防御标识匹配得如何。匹配得好，进攻方可以获取大部分资源；匹配不当，只能获取对方库存的过剩资源，甚至一无所获。所以，在这个模型中，一个行动者的前途完全取决于它携带的标识对。

层次结构是 CAS 的普遍特征。但上述基本模型还不足以表现各种复杂层次结构的涌现方式，必须加以扩展，使它能够模拟从单个“种子”逐渐演变为一个有组织的、复杂的聚集体的过程。这就要增强行动者的适应能力，扩充模型的机制。例如，允许选择性交互作用的机制，允许资源变换的机制，确定行动者相互黏着的机制，允许选择性交配的机制、条件复制的机制，等等。

12.8　CAS 理论走了多远

各种系统理论虽然千差万别，但有一点是共同的：讨论的系统是给定的，即使考察系统的演化，其组分也不变，变化的只是系统的结构、状态、行为等。也就是说，它们都是构成论的系统理论。CAS 理论则不同，作为一种复杂系统理论，它的一大特点是把复杂性视为生成的而非既成的，基于生成论来建立描述复杂性的概念框架。

为了给复杂性的涌现建立普适的描述框架，CAS理论提出受限生成过程（cgp）概念，代表一个精确描述的系统模型。“过程”表示模型是动态的，动态行为是由支撑模型的机构“生成”的，而生成过程的各种可能性受到机构之间事先规定好的相互作用的“约束”或“限制”，就像游戏规则约束了可能的棋局那样。任何受限生成过程都能表现出涌现特性，CAS一般都可以表示为受限生成过程。cgp具有生成能力，以比较简单的受限生成过程为积木，可以进一步生成较为复杂的受限生成过程，从而体现CAS的层次性。按照霍兰的设想，可以基于受限生成过程概念建立一个普适理论框架，利用它来研究涌现的复杂性和展现涌现现象的各种例子。

第3章指出，系统生成论描述着眼于系统的信息运作，CAS理论也体现了这一点。霍兰对复杂适应系统的描述始终是围绕着信息的获取、交流、处理、创生、存取、消除等信息运作进行的，而不是像其他系统理论那样描述系统整体的结构或状态。关于这一点，盖尔曼表述得更明白。他认为，“研究复杂适应系统时，我们通常关注系统对信息的处理”，研究复杂适应系统所用方法的特点是“集中研究信息”①。图12.1也表明，盖尔曼完全是从信息运作的角度考察复杂适应系统的运作，这一点与他精通的物理学大不相同。

同样是生成论的系统描述，超循环论完全围绕第一个活细胞如何从无到有的生成这个独一无二的特殊系统问题来建立理论，尽管其中蕴涵的生成论思想可能有普遍意义，但它所制定的具体描述框架缺乏普适性。CAS理论是针对一大类系统提出的，它提供的描述框架可在相当广阔的范围内参考和应用，凡可以用规则描述的CAS都能使用这套方法。

与分形论相比，CAS理论对系统生成起点即“微”的刻画不够有力，但对生成过程的刻画较为深刻、丰富。分形的生成过程基本上是生成规则的重复展开（数学的迭代操作），对系统生成过程中信息的采集、加工、存取、积累的刻画比较单调贫乏，不考虑信息的消除，信息运作水平总体上不高。CAS理论着眼于描述生成过程中行动者的学习和适应行为，信息的采集、加工、存取、积累、消除、识别等运作多样而复杂。特别是遗传算法，能够用数学手段同时模拟遗传和突变，描述两个

① ［美］M. 盖尔曼：《夸克与美洲豹》，23、25页，杨建邺、李湘莲译，长沙，湖南科学技术出版社，1997。

系统通过交换部分基因码来重组基因，使 CAS 理论的描述框架更接近于真实的系统生成过程。

圣塔菲学派被称为世界复杂性研究的中枢，其影响之大，在当今世界所有复杂性研究组织中无出其右者。但复杂性研究毕竟是科学战线最复杂的新战场，绝非几十年就可以开拓出来的。圣塔菲学派创立时的初衷过于乐观，对复杂性研究的困难估计不足，建所十年后便有人说他们从复杂性走向困惑，此说不无道理。就目前的 CAS 理论看，整体上处于总结经验、提炼思想、形成洞见的初期，给出的描述框架带有明显的隐喻性，生物学、经济学的色彩过浓，概念的界定、原理的阐述都相当粗糙，含混之处随处可见。总之，CAS 理论还很不成熟。

复杂性研究属于新事物，存在困惑是不可避免的、正常的。事实上，复杂性研究的所有学派目前都处于困惑中。重要的是 CAS 理论为涌现现象和复杂性研究提供了一个颇有生命力的生长点，系统科学可以从中抽取新的思想、原理和方法。

思　考　题

1. 列举你身边的 CAS，并说明适应造就复杂性。

2. 动态系统理论是构成论的，CAS 理论是生成论的，这样说的根据是什么？

3. 如何研究涌现？CAS 理论对你理解涌现有何启示？

阅　读　书　目

1. ［美］M. 沃德罗普：《复杂——诞生于秩序和混沌边缘的科学》，北京，三联书店，1997。

2. ［美］约翰·霍兰：《隐秩序——适应性造就复杂性》，周晓牧、韩晖译，上海，上海科技教育出版社，2000。

3. ［美］约翰·霍兰：《涌现——从混沌到有序》，陈禹等译，上海，上海科学技术出版社，2001。

4. ［美］M. 盖尔曼：《夸克与美洲豹》，杨建邺、李湘莲译，长沙，湖南科学技术出版社，1997。

开放复杂巨系统理论

按照钱学森关于科学技术体系的层次划分，开放复杂巨系统研究的理论成果应区分两个层次，一是作为基础科学的开放复杂巨系统理论，宜称为开放复杂巨系统学；另一个是技术科学层次的理论成果，宜称为开放复杂巨系统理论。迄今的研究主要属于后者，即开放复杂巨系统理论。至于开放复杂巨系统学，目前只有一个十分粗略的框架，大体就是本章介绍的内容，故不宜讲已经建立起来了。

13.1　从系统学到复杂性研究

复杂性意味着多样性、差异性、非平凡性，这也就决定了科学家走向复杂性研究之路的多样性、差异性、曲折性。钱学森的道路就颇具独特性。系统科学诞生的20世纪40年代，钱学森正在美国从事火箭研究(航天科技的前身)，那是当代最复杂的科学技术之一。与此同时，他也关注新兴的系统工程和运筹学，特别是通过创立工程控制论，对初创时期的系统科学有了深入的把握，深刻领悟了正在兴起的系统思维。鉴于复杂性研究的方法论主要由系统科学提供，这一时期的工作为钱学森后来走向复杂性研究作了重要的前期准备。

回国后的钱学森脱离了国际科学界复杂性探索的前沿，是一大损失。但是，在科学技术和经济发展极端落后的中国发展航天科技是人类历史上一项前所未有的复杂事业，汇聚了种种尖锐复杂的矛盾。肩负中国导弹火箭事业科技指挥重任，又使钱学森获得接触、理解、驾驭这种复杂性的特殊条件，实践出智慧、出思想，这对他后来转向复杂性研究有决定性影响，钱学森的复杂性研究具有鲜明的中国特色，主要根源正在于此。

和国外同行相比，钱学森的复杂性研究有几个显著特点。其一，以马克思主义哲学，特别是《实践论》和《矛盾论》为指导，在这一点上钱学森十分执著。其二，钱学森是从创建系统学而走向复杂性研究的，把复杂性研究放在建立系统学、完善系统科学体系的工作中，坚持用系统观点阐释复杂性，用系统方法处理复杂性问题。其三，回国后的钱学森逐步介入新中国建设的方方面面，给中国社会主义事业的发展提供理论武器和实行方法，成为他研究复杂性的主要目的。开放复杂巨系统理论开辟了复杂性研究的一条独特途径，既吸收了国外复杂性研究的成果，又体现了现代科学和中国古代文明的精华、现代中国革命和建设的成功经验的结合。

13.2　系统的新分类

给对象以正确的分类，把握不同类对象的特殊矛盾和特殊运动规律，是科学研究取得成功的关键。完备的分类是建立完备的学科体系的前提。系统科学也如此。大体上说，有两种系统分类方法。一种是非系统科学的系统分类，如按组分的基质特性划分，有物理系统、生物系统、社会系统，或物质系统与心理系统，实体系统与符号系统，等等。这种分类比较直观，贴近现有学科分支的思路，适于应用系统科学解决其他学科中的问题。但由于它的着眼点过分放在系统的具体含义上，反而失去系统的本质。如果一部著作或教科书是按物理系统、生命系统、地理系统、军事系统、社会经济系统分章阐述的，尽管它对系统科学的发展可能很有价值，仍不能算作系统科学的著作，而属于系统科学的应用即交叉领域的作品。本来意义上的系统科学著作不应采取这种逻辑框架。

系统科学关于系统的分类应突出的是对象类型的系统意义，即撇开组分的具体基质特性和组分之间相互作用的具体特性，仅仅把对象作为系统来区分。例如，封闭系统与开放系统，静态系统与动态系统，有控制的系统与无控制的系统，就属于系统科学的系统分类。如果侧重于考察系统模型的数学性质，系统科学还有线性系统与非线性系统、离散系统与连续系统、确定性系统与不确定性系统、定常系统与时变系统等划分。系统科学各分支还有更细致的系统分类。但强调分类的系统意义，是系统科学有别于其他学科的基本特点。

上述系统分类都是按一定标准给出的两分式划分，不是完备的系统分类。由于除一般系统论和正在建立中的系统学之外，系统科学的其他分支都是从某个特定角度观察系统现象而建立起来的，无须考虑系统的完备分类问题。贝塔朗菲生前并未明确提出关于系统的完备分类的学科任务。但系统科学发展到今天，为建立它的完整学科体系，特别是建立系统学这门基础理论，给出系统的完备分类已成为必须解决的课题。克勒认为："系统科学中首批要完成的最重要任务就是发展一种恰当的系统分类学"，"一种有实用价值的可靠的系统分类学理应把在各种传统的科学学科、工程和人类投入力量的其他领域被证明是有用的系统类别都考虑到"①。克勒从 20 世纪 60 年代开始探讨这个问题，最后形成所谓 GSPS 系统分类学。这是一种系统认识论型的等级体系，最低层次是源系统（层次 0），然后顺序为数据系统（层次 1），生成系统（层次 2），结构系统（层次 3），元系统（层次 4），元元系统（层次 5）……克勒系统分类的思辨色彩太浓，与系统科学的实际发展脱节，很难成为实际研究工作的有效工具，因而是不成功的。

20 世纪 70 年代末以来，为解决有关建立系统科学体系和系统学的问题，钱学森一直在探讨系统分类问题。他对系统分类的哲学依据是毛泽东的矛盾学说。"科学研究的区分，就是根据科学对象所具有的特殊的矛盾性。"② 每门具体科学关于研究对象的分类，应以对象本身的客观性质为依据，不应以人的认识层次为准则。钱学森是在研究各种具体系统中提出分类问题的。他十分关心人脑系统、人体系统、社会系统、地理系统的研究，特别是中国社会改革开放和发展问题的研究，希望寻找一个恰当的科学概念来概括这些具体系统的共性，以便完全从系统的角度把握这些对象。通过多年探索，他给出如下系统分类：

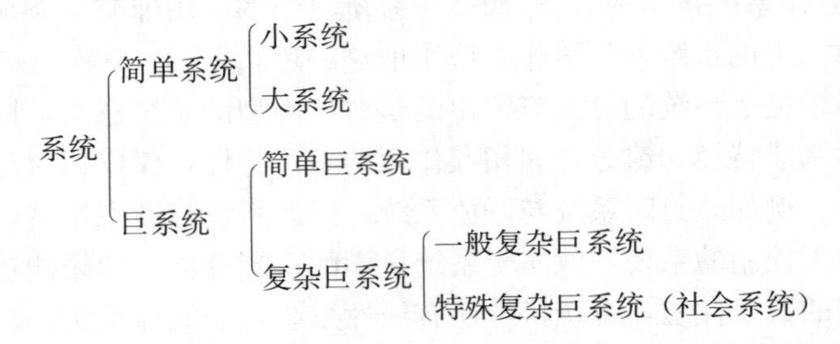

显然，这是典型的系统科学分类，也是一种完备的系统分类。

---

① ［德］G. J. 克勒：《信息社会中二维的科学的出现》，载《哲学研究》，1991（9）。

② 《毛泽东选集》，2 版，第 1 卷，309 页，北京，人民出版社，1991。

13.3　巨系统

早期系统科学（一般系统论除外）研究的系统，只有少量基本环节或元件，规模很小。随着被研究系统的规模逐步增大，20 世纪 60 年代提出大系统概念，建立了大系统理论，把从前研究的对象称为小系统，或中小规模的系统。大系统理论发现，系统规模的增大会引起系统性质上的某些改变，增加理论分析和工程处理的困难。认识到系统规模是决定系统性质的重要因素，提出按规模大小对系统分类，是对系统科学的一个贡献。但并未提出按规模给出系统完备分类的问题。贝塔朗菲在 20 世纪 60 年代考虑过由巨量元素组成的系统问题，认为系统科学特别是一般系统论需要研究的主要就是这类“巨数”问题。但他没有进一步引申到系统的新分类问题，未能提出相应的概念。

20 世纪 70 年代的系统科学界对规模大小影响系统性质这一点有了更深入的认识，开始考虑比一般大系统规模更大的系统问题。钱学森在应用系统理论解决实际社会问题的探索中接受了按规模大小划分系统的观点，进一步提出“巨系统”（giant system）概念。他在论述社会系统工程时指出：“这不只是大系统，而是‘巨系统’，是包括整个社会的系统”[①]，强调这类问题的范围和复杂程度是一般工程系统所没有的。

钱学森最先注意到的巨系统是社会系统，考虑的是中国社会主义建设的实际问题。建立系统学的需要使他意识到必须从系统工程的范围中走出来，在更大的视野中考察。在研究了贝塔朗菲、普利高津、哈肯、艾根等人的著作后，发现他们的自组织理论研究的都是巨系统。像贝纳德流、激光器之类物质系统，包含的微观组分数在 10^{23} 数量级，是最典型的巨系统。此外，人的大脑，人的躯体，动物躯体，人类生存的地理环境，以至整个宇宙，都是巨系统。这表明，巨系统的存在十分广泛，在客观世界的各个领域都可以发现，在人类生活的宏观层次上尤其普遍。

规模通常是按照系统的组分数目 N 或分系统数目 n 表示的，显然属于扎德意义上的模糊概念，外延为模糊集合。在小系统、中等系统、大系统之间不存在精确的分界线 N_1（n_1）和 N_2（n_2）。德林尼克曾试图使大系统概念精确化，提出“假定一个系统的规模是用参数 N 表示其

① 钱学森等：《论系统工程》，增订本，32 页。

‘大’……N可以代表构成它的分系统（或组成部分）的数目，或是数学表示法中的变数数目，或其他的含义”①。如此界定的系统规模仍有不确定性，小系统与大系统之间，大系统与巨系统之间，仍然不存在截然分明的界限。钱学森也主张按组分数目表示系统规模，但认为只能相对地加以区分。钱学森对“大”和“巨”的解释是：分系统数量达到几十、上百，这个系统称为大系统。……如果分系统数量极大，成万上亿、上百亿、万亿，那是巨系统了。如此划分确有其合理的一面。从理论描述和实际应用看，由几十个分系统组成的系统和由万亿个分系统组成的系统必有重大差别，应当属于不同类型。但如此划界也有令人生疑之处。从字面上看，大系统的上界似乎为$n_1=100$，巨系统的下界似乎为$n_2=10\ 000$，根据何在？从上百到成万是一个很大的数量范围，分系统从上百到成万之间的系统就没有类型的差别（质变）吗？成万到万亿也是一个很大的范围，其间的系统没有类型的差别（质变）吗？一些学者因此不接受巨系统概念，他们的质疑确有合理之处。

但钱学森对大系统和巨系统的划分绝非只考虑规模这个定量特征，至少还考虑到以下两方面的系统定性特征。一是两者在结构方面的不同。大系统一般也包含不同层次，但没有形成宏观与微观的层次划分。地区电力网是大系统理论经常论及的对象，空间地域跨度大，但它的组分电厂、变电站等也是宏观的，不存在微观层次。而一切巨系统都有宏观与微观的层次划分，基层组分必定是微观事物，它们的行为特性不可能直接影响巨系统的宏观整体行为特性。不仅社会之类复杂巨系统有微观与宏观的层次划分，就是贝纳德流之类简单巨系统也如此。巨系统把微观组分整合为宏观系统，大系统把也是宏观事物的组分整合为大系统整体，两种整合方式有性质上的不同。

二是系统属性的不同。大系统与小系统相比，尽管出现许多新现象，增加了理论描述和实际处理的难度，但总的说来还没有全新的质变，仍然有路可寻。从大系统到巨系统这一步，单纯的规模增大将导致系统出现全新的性质。钱学森指出：“量变可以引起质变：H. Haken等人的协同学（Synergetics）证明这是可能的，即巨系统的统计理论说明巨系统中会出现简单系统中没有的现象，如自组织现象。”② 小系统和

① R. F. Drenick, “Large-Scale System Theory in the 1980's,” *Large Scale System*, 1982(2), p. 29.

② 钱学森等：《论系统工程》，增订本，270页。

大系统只有平凡行为，巨系统可能表现出许多非平凡行为。描述这类系统需要新的概念框架，建立巨系统理论。耗散结构论、协同学、超循环论都是巨系统理论，它们的理论框架是不可能从考察大系统现象而得到的。描述大脑、人体、社会、地理环境以至整个宇宙，都需要用巨系统概念。

不同的对象要求用不同的研究方法。钱学森提出一个具有重要方法论意义的看法：应当“搞清大系统与巨系统的区别，大系统控制论是不能直接用来解决巨系统问题的”[①]。处理小系统和大系统的经典系统理论仍大量使用还原方法。但系统规模越大，还原方法越难奏效，越需要运用系统思想从整体上认识和解决问题。这是协同学等巨系统理论与大系统理论的主要区别之一。描述巨系统，关键之一是用自组织概念。一切巨系统都包含强烈的自组织因素，经常出现自组织运动。物理、化学、生物巨系统如此，大脑、社会、地理环境等巨系统也如此。在社会经济系统中，高度集中的计划经济之所以失败，就在于它是按照大系统理论的递阶控制原理（见15.8节）管理经济运动这种巨系统，经济人不能自主的经营管理，严重压制了商品经济的自组织运动。但社会经济运动不能完全排除他组织因素，企业内部严格的计划管理也是必需的，国家施行一定的宏观调控是必需的，现代世界甚至需要某种超国家的、全球范围的调控。排除一切宏观调控（他组织）的市场经济，已被证明是一种有严重弊病的过时模式。

概言之，对于巨系统，按照系统规模作粗略的把握是必要的，却不是充分的。重要的还要看系统是否出现宏观与微观的层次划分，是否存在不可忽视的自组织现象。规模足够巨大，大到出现宏观与微观的层次划分，必须充分考虑自组织现象，那就是巨系统。巨系统概念是一个新的认识工具，代表一种新的研究方法。钱学森反复强调“用巨系统观点研究人”[②]。这同样适用于其他巨系统：用巨系统观点研究人体、大脑、经济、生态等。总之，巨系统概念的提出代表系统方法的一个新水平，系统思想的一个新高度。

大系统理论是一门技术科学，介于系统学和系统工程之间，一般归于控制学。钱学森的巨系统理论包含系统研究的基础科学。耗散结构论无疑是基础科学，但明显地依赖于物理学脚手架，尚不属于系统科学要

---

① 钱学森：《大系统理论要创新》，载《系统工程理论与实践》，1986（1）。

② 钱学森：《人体科学与当代科学技术发展纵横观》，157页，北京，中国人体科学学会。

建立的巨系统理论。甩开一切脚手架，建立仅仅从系统观点来描述和处理巨系统问题的基础理论，就是巨系统学。

13.4 复杂巨系统

20世纪80年代前半期，钱学森对普利高津、哈肯、艾根等人的理论成果寄予厚望，相信有了巨系统、自组织等概念，把已有的系统理论融会贯通，综合起来，建立统一的理论框架，就可以有效地描述和处理各种巨系统问题。这导致他关于建立系统学的努力。但建立系统学的实践表明，这个估计过分乐观了。

哈肯等人的理论是以贝纳德流、三分子模型、激光器之类系统为背景建立起来的，处理的主要是物理化学巨系统，能给出精确的定量结果。应用于生物、社会巨系统时，一般得不到这种精确定量的结果，多半是在隐喻的意义下使用的。钱学森的巨系统概念是在应用系统工程、运筹学和控制学研究社会问题时提出来的。他指出："巨系统的特点有两个：一是系统的组成是分层次、分区域的，即在一个小局部可以直接制约、协调；在此基础上再到几个小局部形成的上一层相互制约、协调；再在上还有更大的层次组织。"[①] 这显然是以社会系统为背景进行概括的，用于生命系统亦成立，但与激光器一类巨系统颇为不同。自组织理论研究的物理化学系统，微观层次与宏观层次界限分明，原则上不存在中间层次，可以从微观直接过渡到宏观。这表明，多层次结构并非一切巨系统的基本特征，不同巨系统之间仍有质的差别，不可能用统一的理论对所有巨系统作出同样有效的解释。巨系统仍有不同的类别，需用不同的系统理论描述。

不同巨系统之间在规模上仍可能有显著区别。例如，贝纳德流作为物理系统有10^{23}数量级的微观组分，社会系统的规模要比它小得多。中国是世界上最大的社会系统，微观组分（个人）有13亿之多，但也不过1.2×10^{9}，小14个数量级。两者相比，前者似乎应称为"超级巨系统"。但众所周知，后者的描述比前者困难得多，至今没有可用的理论。大脑作为系统，在空间占有上十分有限，应是小系统；若从行为特性看，是至今仍无适当处理方法的巨系统。这些事实表明，在巨系统这个等级上，再按规模大小进行分类已无实际意义，"超级巨系统"并非一

① 钱学森等：《论系统工程》，增订本，33页。

个很有价值的概念，不能提供新的系统思想。应该寻找新的标准对巨系统进行分类。第 1 章指出，系统的内在规定性由元素与结构两方面决定。元素之间、分系统之间的相互作用可能单纯，也可能复杂多样。这是造成系统特性和行为显著不同的更重要的根源。按结构的复杂程度进行分类，可以更好地把握系统。巨系统尤其如此。这是 20 世纪 80 年代兴起的复杂性研究提供的重要启示。

系统的规模大小与复杂性之间有某种联系。规模很小的系统谈不上复杂性，人们总有办法把它的结构和特性描述出来。只有巨系统才可能产生真正的复杂性。但规模巨大只是产生复杂性的必要条件。即使元素和分系统的数目巨大，只要“花色品种”很少，相互作用单纯，系统的结构就不会复杂。协同学等处理的对象主要就是这种系统。例如，贝纳德流作为系统，元素是同种液体的分子，尽管数量极大，但相互关系十分简单，可以用热运动和分子相互作用来描述，借助数学方法直接从微观过渡到宏观，建立系统的运动方程。这类规模巨大但结构和行为简单的对象，钱学森称之为简单巨系统。

如果元素和分系统不仅数量巨大，而且“花色品种”繁多，即组分异质性突出，相互作用必然复杂。组分种类的多样性和差异性，是产生结构复杂性的主要根源。这类对象与上述简单巨系统有显著区别。组分数量巨大、种类繁多、彼此差异显著的系统，必须按等级层次方式组织起来，除元素层次和系统整体层次外，还有大量中间层次，不同层次之间又有相互联系、制约、过渡的问题。钱学森作过这样的描述：“巨系统内部是有层次的，一个层次一种运动形式，高一层次就有高一级的运动形式，因而各层次性能也不同。高一级层次常常会出现较低一级层次所没有的性质，再高一层又有新的性质。”① 多层次是复杂性的又一重要根源。在多层次系统中，知道了下一层次的情况并不能立即知道上一层次的情况，尤其不能苛求从最低层次的情况直接了解系统整体的情况。有些系统甚至连有哪些层次也不清楚，更难于作理论分析。钱学森把这类对象称为复杂巨系统。大脑、人体、生物机体、思维、社会、地理环境、整个宇宙都是复杂巨系统。

复杂巨系统之所以复杂，还表现在系统的过程性上。巨系统的“另一个特点是系统大了，作用就不可能是瞬时一次的，而要分成多阶段来

---

① 钱学森等：《论系统工程》，增订本，353 页。

考虑”[①]。这里谈的主要是阶段性，过程由多个阶段（分过程）构成，阶段性是过程的一种规定性。钱学森同一时期在谈到“巨大而复杂的”农业系统时认为：农业系统“从时间上来说，是由若干阶段组成的一个时期，在进程和顺序上，渗透往返，盘旋曲折”[②]。他认为，必须注意农业生产发展两种过程，一个是主要矛盾演变发展的过程，一个是计划协调中的顺序变化过程。而“这两种过程交织在一起，使农业生产的发展过程十分曲折复杂”[③]。

复杂还表现在系统的动态性上。考虑过程性不一定考虑瞬时性，考虑瞬时性的过程性才是动态性。作为著名力学家的钱学森无疑深谙这种联系，前面所引他的话中已提及瞬时性，实质就是动态性。

最关键的是系统的非线性。复杂性主要来源于非线性相互作用，这种非线性相互作用存在于基层组分之间、分系统之间、层次之间、系统与环境之间。组分异质又数量多的系统，组分之间的关系必定是非线性的。所以，钱学森认为：“对子系统的多变，不要认为是其不确定性，子系统的行为与它所处的环境有关；这样系统环境影响子系统，而子系统行为又影响系统，所以是高度非线性的。”[④] 就是说，正是高度非线性导致系统复杂多变。

总之，复杂巨系统中的复杂一词并非泛泛而论，组分的异质性、结构的多层次性、过程的多阶段性和动态性、相互关系和作用的非线性，就是钱学森所说的复杂性的具体内涵。

13.5 开放复杂巨系统

前面几节单就系统规模和结构来刻画复杂性，显然有局限性。如第1章所说，完整的系统规定性还包含外部环境对系统的制约和影响。系统处于怎样的环境中，环境超系统是否复杂，系统对环境开放的方式和程度，系统与环境相互作用的方式，都直接影响或规定着系统的复杂性。普利高津等强调开放性是自组织产生和维持的必要条件，但没有从复杂性的增减方面讨论对外开放如何影响系统特性，对于他们研究的简单巨系统，环境的影响非常简单，可以用控制参量的变化来描述，系统对环境的作用则完全不考虑。复杂巨系统难于这样处理。一个系统从封

---

① 钱学森等：《论系统工程》，增订本，33页。

② 同上书，126页。

③ 同上书，133页。

④ 《钱学森书信》，第10卷，258页，北京，国防工业出版社，2007。

闭转向充分开放，必定显著增加其复杂性。中国社会改革开放前后的巨大差别是一典型事例。对于复杂巨系统，开放将引起每个组分发生相应的变化，产生许多新的分系统以便管理系统与环境的交换活动，从而导致整个系统运行机制、行为方式和功能效益的改变。基于这些考虑，钱学森进一步提出开放复杂巨系统概念，认定研究这种系统构成一个新的科学领域。

系统科学初创时就强调开放性，开放理论是一般系统论的主要支柱之一。但钱学森重新强调开放性有特定含义。这不仅凝结了他对中国改革开放的丰富实践内容的系统学反思，也体现他对开放性概念的拓展，特别强调社会系统中组分及分系统与外部环境交换信息，通过开放获取信息，不断进化。这些特性对于认识和处理复杂巨系统问题很有价值。

钱学森在 1989 年提出开放复杂巨系统概念后，很快引起他的学生、人工智能专家戴汝为的注意。从 1990 年起，他与钱学森、于景元合作研究开放复杂巨系统，并把这个概念引入人工智能领域，开辟 AI 研究的新思路。80 年代初，美国人工智能专家 Hewitt 等人着手清理传统 AI 的封闭系统思路，在 AI 领域提出开放系统概念。1991 年，他们又提出“开放系统科学”的概念。[①] 国内外的这些动向并非巧合，它反映系统科学发展的一种新动向，以及系统科学与人工智能的相互交叉。

从开放复杂巨系统理论的发展过程看，三个限制词巨（型）的、复杂的、开放的是逐步加上的：1978 年提出巨系统概念，1987 年提出复杂巨系统概念，1989 年提出开放复杂巨系统概念。三个限制词并非简单的叠加，它们代表钱学森关于系统概念的认识的三次飞跃：

巨系统→复杂巨系统→开放复杂巨系统

实际复杂巨系统都是开放的，因而开放复杂巨系统的存在相当普遍。但就目前认识水平看，主要是六种：宇宙系统，地理系统，生物圈系统，社会系统，人体系统，大脑系统。它们之间有如图 13.1 所示的嵌套关系。这些系统都可以从不同角度区别分系统。原则上讲，与总系统同维的分系统也是开放复杂巨系统。例如，在社会系统中，经济、政治、文化乃至军事对阵等分系统均为开放复杂巨系统。

对开放性的深入研究，导致钱学森按照系统与环境关系对巨系统作出如下完备分类：

---

① 参见 Carl Hewitt，Jeff Inman，“DAI Betwixt and Between：From ‘Intelligent Agents’ to Open System Science，” IEEE Transactions on Systems，*Man and Cybernetics*，Vol. 21，No. 6，1991。

（1）简单环境中的简单巨系统，如贝纳德流，激光器；

（2）复杂环境中的简单巨系统，如智能机器人，环境复杂多变，系统却是简单的；

（3）简单环境中的复杂巨系统，如人体系统，人脑系统，对国际社会交往极少的封闭社会，在研究问题的一段时间内环境变化不大，可看作简单的环境；

（4）复杂环境中的复杂巨系统，如今天改革开放中的中国社会及其国际环境都是极其复杂的。

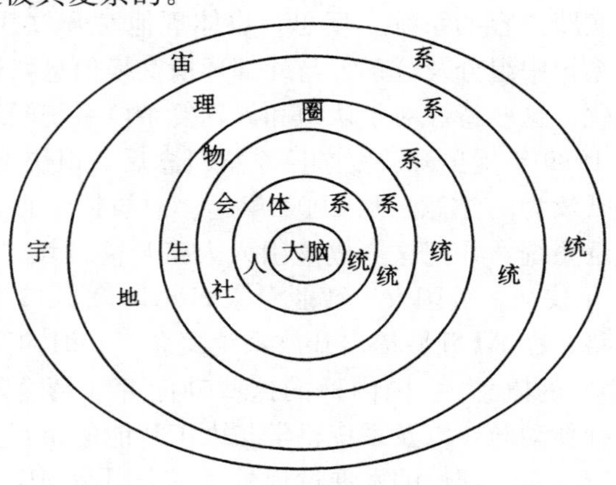

图 13.1

对系统作定量描述的前提是获取有关系统的必要数据。复杂巨系统概念使人们认识到，系统的新分类也带来对数据的新认识，需要区分小数据和大数据两个类别，小数据表征的是简单系统和简单巨系统，大数据表征的是复杂巨系统。大数据有四个特点：（1）数据是海量的，反映系统规模的巨大性；（2）数据不全是定量的、数值的，表明复杂巨系统必须定性与定量相结合；（3）不追求数据的精确性，允许数据有混杂性，反映系统内在差异性显著；（4）数据更新的快速性，反映系统具有强烈的动态性。第一点反映系统的巨型性，第二、三点反映系统的复杂性。新兴的大数据技术为处理复杂巨系统问题提供了新的手段，大数据技术是复杂巨系统的技术，它的发展将有助于提炼技术科学层次的复杂巨系统理论。

13.6 特殊的开放复杂巨系统

不同的开放复杂巨系统之间仍然有显著差异。其中，钱学森把社会看作特殊的开放复杂巨系统。他认为："我们过去对社会的研究是不够的，至少是不全面的，因为没有从特殊复杂巨系统这个观点出发。"①我们今天面临的问题，都是中国社会这个特殊的开放复杂巨系统的问题，必须用特殊复杂巨系统这个概念，把社会作为整体进行研究，发展一套特殊的系统理论、方法、技术。由于没有这种理论、方法、技术，无论是毛泽东等国家领导人，还是钱学森等学者，或者一般干部和平民百姓，都"曾经头脑简单过"，对中国社会主义建设的特殊复杂性缺乏认识，留下深刻的经验教训。

社会系统的这种特殊复杂性，首先表现在作为系统基本组分的人，其自身就是开放复杂巨系统。人的躯体是开放复杂巨系统，除了生命现象共同的复杂性，还有因人具有意识所产生的复杂性，需要人体科学（医学是其重要组成部分）来研究。人的思维活动是开放复杂巨系统，有逻辑思维与非逻辑思维、抽象思维与形象思维、常规思维与创造性思维等区别，而思维支配人的行动，需要思维科学来研究。人的行为不是简单的条件反射，不是有输入就有相应输出的简单控制系统，而是开放复杂巨系统，需要行为科学来研究。人接收信息后要分析、判断、决策，然后再行动，这个过程又是变化多端的。人生活在社会关系中，需要用社会科学来认识人的本质特性。作为社会存在的人有多种多样复杂的需求，生理的和心理的，经济的、政治的和文化的，描述和处理有关人的问题需要综合应用钱学森所讲的 11 大门类的科学知识。这是任何其他开放复杂巨系统都不可比拟的。

由于以人为基本组分，社会系统与环境的关系具有其他任何系统不具有的复杂性。社会系统具有两种环境，自然环境和由其他社会构成的社会环境。社会系统对自然环境是全方位开放的，须臾不能离开与自然环境交换物质、能量、信息。每个具体的社会系统又对其他社会系统开放，相互进行物资、资金、技术、知识、信息、人才等交流，又相互制约。在经济全球化时代，社会系统相互开放达到空前的程度，而且愈演愈烈。由于具有自觉能动性，人不但依靠环境，而且能动地开发、改造环境，还会破坏环境，使得社会系统与其环境的关系特别多样、丰富、复杂。

由于以人为基本组分，社会系统的内在异质性特别发达。社会成员有民族的、阶级的、阶层的、地域的、家族的不同，社会分系统有

① 钱学森：《创建系统学》，新世纪版，42 页，上海，上海交通大学出版社，2007。

经济的、政治的、文化的、宗教的不同，历史的、现实状况的、未来可能走向的不同，等等。不同分系统的差异，不同层次的差异，不同地域的差异，等等，如此多样复杂的内在差异，是所有其他开放复杂巨系统无法比拟的。要把相互差异极大的巨量组分整合为一个整体，不能不形成各式各样的、大小不一的、界限不清的分系统。由于以人为基本组分，社会系统的层次结构特别复杂。其他开放复杂巨系统的层次往往是按照单一标准划分的，社会系统具有多种多样的层次划分，有行政区划的层次，有权力结构的层次，有财产占有的层次，有文化教育的层次，有学术水平的层次等等，而且不同层次的界限不清。所以，不论从纵向看，还是从横向看，社会系统的结构复杂性都是其他任何系统无法比拟的。

由于以人为基本组分，社会系统的非线性特别发达。一个社会系统内部的不同个人之间、不同分系统之间、不同层次之间，以及不同社会系统之间，经济的、政治的、文化的、意识的相互关系、相互作用都是非线性的。非线性的各种可能表现形式在社会系统中应有尽有，而且十分显著强烈。例如，凡涉及量的变化、不同力度的问题，就会存在过犹不及型非线性；凡存在反馈的地方，就有因果循环的非线性等等。

由于以人为基本组分，社会系统具有强烈的动态性。一个社会系统内部的不同个人之间，不同分系统之间，不同层次之间，不同国家、国家集团之间，经济的、政治的、文化的、意识的相互关系、相互作用都是动态过程，动力学系统的稳定性、快速性、鲁棒性等表现得十分明显而复杂。

由于以人为基本组分，社会系统的不确定性特别强烈。社会系统不仅承受自然环境中各种不确定性造成的后果，而且自身还会产生政治的、经济的、思想意识的不确定性、风险性。宗教的、意识形态的、学术思想的矛盾斗争，阶级、民族、国家之间的矛盾斗争，重大自然灾害，都会给社会系统带来种种不确定性。处于转型期的社会尤其突出，突发事件层出不穷，真可谓“等闲平地起波澜”（刘禹锡：《竹枝词》），给社会治理带来很大的复杂性。

从宏观上整体地看，社会系统具有三种形态，即经济的社会形态，政治的社会形态，意识的社会形态。经济的社会形态指社会经济制度，包括生产、分配、交换、消费的方式，各种社会经济关系。政治的社会形态指社会政治制度，主要是国家政权的性质、形态，包括政党制度、管理体制、军事体制、法律体制和社会政治关系等。意识的社会形态指社会思想文化体系，主要是哲学、宗教、伦理道德、教育、科学技术、文学艺术等。它们是社会巨系统的三个一级宏观分系统，每一个又都是特殊的开放复杂巨系统，三者的相互关系也是极其复杂的。社会系统要正常运行发展，应该把这三个分系统统一起来考虑，整体地、协调地规划、组织、管理它们的运行，这一过程的复杂性不言而喻。但把社会看作特殊的开放复杂巨系统的理论迄今尚未建立起来，这应该是系统科学与社会科学的一项共同的前沿课题。

13.7　复杂性的系统学定义

11.2 节给出的复杂性定义，大多数不属于系统科学的范畴，即使其可以应用于某些系统研究，由于含义要么太狭窄，要么太宽泛，用途也不大。例如，把复杂性定义为信息，等于把一切系统都算作复杂系统，因为考察系统必然涉及信息问题；把复杂性定义为热力学熵，大量无法定义熵概念的系统（特别是社会系统）便不能使用这种复杂性定义；把复杂性定义为自组织或自组织临界性，便排除了他组织产生的复杂性，而人工性同样造就复杂性，司马贺对此早有论述。显然，复杂性的这些定义都算不上系统科学的定义，尤其不能算作系统学的定义。

1993 年，钱学森指出："所谓'复杂性'实际是开放的复杂巨系统的动力学"①。从文字表达看，这个定义有两个毛病：其一，动力学是一门学科的名称，不是一种系统属性的名称；其二，用复杂定义复杂性，有自我定义的逻辑毛病。但这两点都是表面的，容易消除。所谓开放复杂巨系统，根据多年来钱学森在不同场合下的论述，指的是具有下列特征的一大类系统：

（1）系统规模巨大，即巨型性；

（2）系统组分彼此差异显著，花色品种多，即异质性；

（3）系统是按照等级层次方式整合起来的，即等级层次性；

（4）非线性相互作用，即非线性；

（5）系统和环境之间不断交换物质、能量、信息，即开放性。

钱学森把具有上述特性的系统称为开放复杂巨系统，把这类系统的动力学特性称为复杂性。或者说，规模的巨大性、组分的异质性、结构的等级层次性、相互作用的非线性、对环境的开放性、行为的动态性等

① 钱学森：《创建系统学》，456 页，太原，山西科学技术出版社，2001。

综合在一起，所涌现出来的系统特性就是复杂性。

13.8 从定性到定量综合集成法

简单系统可以通过对组分的数学模型直接综合而得到系统的数学模型，即控制论和运筹学的做法。简单巨系统不能用这种直接综合的方法，但可以用统计方法从微观过渡到宏观，建立系统的数学模型。协同学对此有很好的说明。现代科学没有提供从复杂巨系统的微观描述过渡到宏观描述的统计方法，更不能从直接综合组分描述中得到系统整体的描述。因此，开放复杂巨系统目前还属于没有理论方法的研究对象。硬性套用解决简单巨系统问题的理论和方法去解决开放复杂巨系统问题，不是科学的态度，也是无济于事的。

但开放复杂巨系统是人们在实际生活中天天都在接触的，实践着的人们从不同方面取得有关这些系统的经验知识，积累了大量信息和统计资料，特别是各行各业专家的经验、直觉和判断力。现代科学的不同分支也从不同侧面研究了这些系统，还原到基础层次对它们作出描述，积累了大量知识。现代信息技术，特别是计算机技术，极大地提高了收集、存储、处理信息的能力，以及在计算机上模拟大规模复杂过程的能力。从唯物主义认识论看，具备这些条件，人类原则上就能够处理开放复杂巨系统的问题。关键是如何运用这些信息、资料、经验、知识和技术去获得有关复杂巨系统整体的全面而深入的认识，即解决开放复杂巨系统的方法论问题。

随着计算机和人工智能技术的发展，一些人提出建立所谓自主的人工智能系统，期望完全依靠巨型智能机解决复杂巨系统问题。事实证明这是行不通的。解决开放复杂巨系统问题只能实行人—机结合、以人为主的技术路线。这也是个方法论问题。

钱学森认为，解决开放复杂巨系统问题目前唯一有效的办法，就是使用从定性到定量的综合集成法，简称综合集成（meta-synthesis）。其要点如下：

（1）直接诉诸实践经验，特别是专家的经验（包括数据）、不成文的感受、判断力，把这些经验知识和现代科学提供的理论知识结合起来，甚至与前人或古人的知识结合起来；

（2）专家的经验是局部的、多半是定性的，要通过建模计算把这些定性知识和各种观测数据、统计资料结合起来，实现从局部定性的知识达到整体定量的认识；

（3）把人与计算机结合起来，充分利用知识工程、专家系统、智能机器长于逻辑运算、速度高、容量大、不怕疲劳等特点，同时发挥人脑的洞察力、长于形象思维的优点，使两者取长补短，相互激发，产生出更高的智慧。

综合集成的实质是专家经验、统计数据和信息资料、计算机技术三者的有机结合，构成一个以人为主的高度智能化的人—机结合系统，发挥这个系统的整体优势，去解决问题。对开放复杂巨系统的综合集成要以人类积累的全部知识为基础来进行，要在整个现代科学知识体系中作大跨度的跳跃，实行“泛化”思维①，集大成，得智慧。钱学森称其为大成智慧。在哲学上，就是把经验与理论、定性与定量、人与机、微观与宏观、还原论与整体论辩证地统一起来。这是方法论层次上的综合集成，是系统科学方法最概括的表述，因为一切系统方法均可作为它的特殊情形。至于作为具体操作方法的综合集成工程，我们将在最后一章予以讨论。

开放复杂巨系统理论和综合集成法提出的时间很短，一些问题尚待研究。例如：

（1）基本概念“开放复杂巨系统”有待进一步界定，“种类多”、“差异大”、“多层次”等用语太含糊，“大”与“巨”之间难以给出确切界限（像军事对阵问题，钱学森学派有时讲大系统，有时又讲巨系统），但如宋健所说，相对精确的界限还是应当有的。

（2）综合集成法的成功强烈依赖于专家经验，这是它的优点，也是它的局限性所在。如果某项复杂巨系统工程刚刚兴起，专家对它也缺乏了解，经验不足，综合集成同样无济于事。

（3）综合集成要求达到专家群体对计算机模拟结果没有异议，把所有专家的经验都综合于最后的整体定量认识中，这就需要证明解是存在的。这叫作综合集成的“解的存在性问题”，是开放复杂巨系统研究的基本理论问题之一。

作为还原论与整体论辩证统一的系统论，在具体操作层面上要解决的问题，是如何从描述部分过渡到描述整体。纵观系统科学的整体发展，按照钱学森的总结，这样的系统方法因对象不同可以分为三类（三个层次）：

---

① 参见王寿云等：《开放的复杂巨系统》，300页，杭州，浙江科学技术出版社，1996。

对象	方法
中小系统	直接综合方法
简单巨系统	统计综合方法
复杂巨系统	综合集成法

至于大系统，原则上仍可以用直接综合法从描述组分过渡到描述整体，顶多再利用计算机进行计算试验，帮助完成这种过渡。

13.9 建立系统学的新思路

20世纪80年代，钱学森的基本思路是把信息学、控制学、运筹学、系统工程与一般系统论、耗散结构论、协同学、超循环论、微分动力系统、混沌学等融会贯通，综合起来，形成一门关于一般系统的基础科学，即系统学。系统学讨论班就是为此而组织的一个Seminar式的学术论坛。由于景元、朱照宣、郑应平、姜璐等学者组成的小班，是具体承担这一任务的战斗队。由于种种原因，《系统学》这本书未能面世，但他们的努力是有成绩的。

在得到13.2节所述系统分类后，钱学森意识到系统学的对象是巨系统，也有分支学科，原来设想的只是简单巨系统学，还应有复杂巨系统学，它不可能在现有系统理论基础上经过综合建立起来，因为这些系统理论研究的对象基本是简单巨系统，难以反映复杂巨系统的矛盾特殊性。简单巨系统学的条件已基本具备，关键是复杂巨系统学。由此而引出关于开放复杂巨系统的研究。

在概括出“综合集成法”这个重要概念后，钱学森对于建立系统学有了全新的想法。他写道：“把从定性到定量综合集成法作为系统学的主干，说明其他系统方法作的是适合其他特殊条件的特例，是分支。即不是由提高简单系统、大系统、简单巨系统，建立开放的复杂巨系统理论，而是从复杂巨系统按级作的特例来分化出其他系统理论。把其他理论工作者团结在我们的周围。这是先讲大的总观点，然后讲特例；先建立总的理论，然后讲各种条件下简化的特例。也是从开放的复杂巨系统学建立系统学。从繁到简。”① 但如何实践这个纲领性的观点，尚无进一步的阐述。

如何建立开放复杂巨系统学是项难度很大的科学任务。目前只能像

① 王寿云等：《开放的复杂巨系统》，299页。

钱学森一再讲的那样，从一个个具体的开放复杂巨系统（大脑、人体、社会等）着手。这样得到的结果还属于这些具体领域的系统理论，应看成技术科学层次的复杂巨系统理论，不能简单地算作系统学。复杂巨系统理论的研究成果足够丰富了，再从中提炼系统学的概念、原理、方法。例如，钱学森从人体系统研究中发现，可以把状态概念引入系统学，提出功能态概念。还应当注意圣塔菲学派等的成果，如他们关于涌现性的思考可能对系统学有重要意义。涌现性是还原性（释放性）的对立面，找到描述系统的整体涌现性的一般方法，才算找到最终超越还原论的道路。圣塔菲学派宣称以复杂适应系统为研究对象，以建立复杂适应系统的一元化理论为目标，这同钱学森学派以开放复杂巨系统为对象、以建立开放复杂巨系统学为目标相当接近。圣塔菲的主要人物都是在基础科学层次卓有成就的学者，注重对复杂系统运行演化机制和基本规律的研究，不大关心复杂性研究的当前应用问题。他们的长处正是中国从事系统学研究的主力的短缺之处。所以，我们认为，建立开放复杂巨系统学应当“偏师借重圣塔菲”。

13.10 建立开放复杂巨系统的唯象理论

基础科学层次的开放复杂巨系统理论，即开放复杂巨系统学，目前还无从下手，只能留待未来。技术科学层次的开放复杂巨系统理论，既然还没有基础层次的理论来指导，目前只有走先建立唯象理论的路子。所谓唯象理论：“就是从现象出发，光描述现象，把各种复杂现象的数据用数学的关系表达出来。唯象理论不能深问，深问也说不出道理。”[①] 建立唯象理论也要透过现象看本质，从表象上看唯象规律是看不出来的。

唯象理论是科学理论的一种形态。科学理论归根结底来自实践经验。从认识论看，一种开放复杂巨系统，只要积累了足够丰富的实践经验，原则上就能够在正确的哲学思想指导下，通过总结经验建立它的唯象理论。钱学森曾谈到建立人体科学、脑科学等方面的唯象理论。他指出，《黄帝内经》是古代中医的唯象理论，以阴阳五行学说为框架，把古代中医的丰富经验条理化、系统化，对于指导后代中医发挥了巨大作用。但《黄帝内经》毕竟是两千年前的理论，今人应当用现代科学技术

① 钱学森：《人体科学与现代科学发展纵横观》，320页，北京，人民出版社，1996。

的语言重新表述，使中医现代化。

一个科学领域在工程技术层次上积累了足够丰富的材料后，要提炼成为理论，关键是形成一个科学的概念框架，即通常所说的理论提纲。有了这样的框架，就可以通过对经验事实的逻辑加工整理，把零碎散乱的经验材料都安放在框架的相应位置上，各就各位，填满了框架，其间的因果关系就会豁然呈现出来。在此过程中，就会涌现出新的概念和命题。如果某些重要材料没有适当的位置安放，或者因果关系不符合客观实际，无法解释经验事实，说明框架有问题，应当调整框架，再进行逻辑加工，如此循环往复，直到整个框架包含的内容形成一个完整的、合乎逻辑的总体，就是人们所要的理论。钱学森称这种方法为框架法，并以恩格斯理论创新中的一件事为案例，论证框架法的科学性和有效性。

如何找到这样一个科学的框架？在历史上，这完全要靠理论家的理论素养和智慧，是经验和艺术的结合，很难教给学生。今天的情况开始发生变化，已经初步具有科学的理论依据和技术方法，这就是定性与定量相结合的综合集成法。其要点有三：其一，理论创新从个体思维转变为群体思维，集大成，得智慧；其二，充分应用现代科学技术的成果，特别是以计算机为核心的信息技术，实行人机结合、以人为主的技术路线；其三，既提供定性分析的方法，也提供定量分析的方法，做到定性与定量相结合。简单地说，就是人与人结合、人与机结合、定性与定量结合，通过这种三结合而求得思维系统最佳的整体涌现性，以产生科学的框架。

通过研究模型来建立关于对象原型的科学理论，是现代科学技术的一大特点。唯象理论也要用模型方法，确定有关系统的性态量，揭示性态量之间能够反映系统运行机制和性能的数学关系，即建立系统的数学模型。“钱学森的系统科学与系统工程学术思想，使人们坚信复杂巨系统具有数学的和经验的本质，从而推动人们去寻求数学和经验相结合的解答。”① 在这方面，目前已有一些成功的事例。但总的来说，迄今为止的数学主要是针对简单性科学建立的，为复杂性科学服务的数学还有待未来。

① 王寿云：《对钱学森同志系统科学数学的一点理解》，载《系统工程理论与实践》，1992（5），8页。

思 考 题

1. 试阐述综合集成法的认识论基础。

2. 试比较圣塔菲学派和钱学森关于复杂性的阐释。

3. 试比较钱学森的开放复杂巨系统理论和圣塔菲学派的复杂适应系统理论。

4. 如何把综合集成法作为主干，“从繁到简”地建立系统学？

阅 读 书 目

1. 钱学森：《创建系统学》，新世纪版，上海，上海交通大学出版社，2007。

2. 钱学森、于景元、戴汝为：《一个科学新领域——开放的复杂巨系统及其方法论》，载《自然杂志》，1990（1）。

3. 王寿云等：《开放的复杂巨系统》，杭州，浙江科学技术出版社，1996。

4. 苗东升：《钱学森复杂性研究述评》，载《西安交通大学学报》，2004（4）。

5. 苗东升：《开放复杂巨系统理论：科学性、研究现状和存在问题》，载《河北师范大学学报》，2005（2）。

第14章 信息学

从本章起，我们介绍技术科学层次的系统科学。

14.1 系统技术科学的新划分

20世纪80年代钱学森学派虽然提出了事理学概念，但技术科学层次的系统科学仍划分为三门，并未把事理学与运筹学区分开。90年代，钱学森的系统科学体系思想有重要的发展。在研读张锡纯的研究报告《工程事理学探索研究》后，钱学森在回信中写道：

近年来我和我的合作者忙于建立系统科学部门的基础科学——系统学，还没有来得及考虑系统科学部门的技术科学。您致力于此，令我非常高兴！您说这一层次的学科（一概称“学”，不称“论”）除运筹学、控制学、信息学之外还应有事理学，对我有启发；是否可以这样认识，即：

（一）控制学，那是讲系统成员关系的人为调控以达到系统整体运行的优化；

（二）运筹学，那是在一定外部规范及信息条件下，使系统取得最佳运行的学问；

（三）信息学，那是专门研究系统成员之间的信息网络建立与优化；

（四）事理学，那是专门研究系统内部各种运行的条件和法律、法规，目的是使系统运行优化。例如您提出的军用标准化问题，现在的世界形势和民品质量要求因高技术的发展而不断更加严格，和世界标准的一体化、通用化；因此我国老一套从苏联抄来的军用标准必须改革。运筹学和事理学都是利用环境以求最佳效益，不同之处在于运筹学是即时效益而事理学是长时期的效益。对一个系统的多次运筹学考虑后也自然会发现事理学性质的启示。①

本书赞同上述划分，并按这四门学科组织这部分的内容。钱学森对这几门学科的界定，显然是针对迅猛发展的社会信息化潮流概括出来的，拓展了控制学、运筹学、信息学的学科任务，具有远瞻性，值得深入研究。但把人的关系考虑进来的信息学要复杂得多，目前很少有系统的理论阐述。

1979年，钱学森在谈到控制学时就指出："一个系统当然有人的干预，在概念上可以把人包括在系统之内，但现在理论的发展还没有达到真能掌握人在一定情况下的全部机能和反应，所以把人包括到系统之中还形不成通用的理论"②。这种情况今天仍未出现大的改变。有鉴于此，本章仍主要按通常的理解来介绍这些学科。

最早对信息问题作系统的理论阐述的是申农的奠基性著作《通信的数学理论》，由此开始了通信科学的发展历程。国内学者把它翻译为信息论，或称狭义信息论。后来的发展逐步突破通信工程的范围，把通信以外的信息问题也包括进来，力求建立关于信息的基本性质、度量方法以及信息的获取、传送、处理的一般理论，可称为信息科学。笔者主张，将钱学森的现代科学技术体系扩展为12大部门，把信息科学当成与系统科学并列的另一大部门。

本章论述的实际是申农的信息理论，核心问题是信息的传递，为了传递信息而需要对信息进行编码、译码，以及对付噪声。故应当称为通信理论，或通信学，属于信息科学大部门中的一门技术科学。在系统科学中讨论信息，重要问题除了信息的传递，还有新信息的产生和积累、信息的处理、信息的存取、信息的反馈和控制、无用信息的消除等。如此研究信息的学问，可以称为系统信息学，显然不同于通信学。它属于系统科学，既有技术科学层次的内容，也有基础科学层次的内容，可惜迄今尚未建立起这样的信息理论。

14.2　什么是信息

信息是人类生存发展须臾不可或缺的东西。有人类的活动，就有信

① 《钱学森1996年3月3日致张锡纯的信》，见张锡纯：《工程事理学发凡》，"前言"，北京，北京航空航天大学出版社，1997。

② 钱学森等：《论系统工程》，增订本，178页。

息的获取、传送和利用。反映在认识中，形成相应的概念和术语。至迟唐代已有信息这个术语。唐诗云："塞外音书无信息，道旁车马走尘埃。"（许浑）宋诗云："辰州更在武陵西，每望长安信息稀。"（王庭珪）古代各民族对信息都有所认识。但在漫长的历史时期中，无论中国还是西方，信息只是个一般术语，不是科学概念。诗人讲的信息即音信、消息。《儒林外史》第42回的回目"家人苗疆报信息"，说的是正在内地游玩的贵州总督得到家人报告的关于苗族人民反抗朝廷统治的消息。直到19世纪，人们尚未认识到需要区分信息和消息这两个术语。

即使现在，人们日常生活中讲的政治信息、经济信息、体育信息、文艺信息、科技信息等，指的都是有关方面的消息。这种通俗理解的信息，还包括新闻、情报、资料、数据、表报、图纸、曲线，以及密码、暗号、手势、旗语、眼色等等。你取得这些东西，你就取得了信息。关于信息的这种通俗理解，虽不精确，但对于处理日常工作和生活问题完全够用，不会引起误解。所以，各国的词典都按这种方式阐述信息概念。例如，美国的韦伯字典讲：信息是"用来通信的事实，在观察中得到的数据、新闻和知识"。英国的牛津字典讲："信息就是谈论的事情、新闻和知识"。日本的广辞苑说："信息是所观察事物的知识"。人文社会科学一般都是在这种意义上使用信息概念的。这是技术科学层次的信息概念的通俗解释。

19世纪发明的电报和电话，开创了人类利用人工电信道进行通信的历史。通信技术开始与现代科学（物理学、数学、技术科学等）发生密切关系。通信技术实践中经常出现收到信号即消息但没有收到信息的事，或者传送了大量消息但只收到很少信息。这些事实启示人们应当区分消息和信息，给信息以科学的阐述。发展到今天，人们发现信息作为一个科学概念，含义极其广泛，需要从不同学科层次和角度加以考察。对信息可以作技术（包括通信）的考察，或自然科学的考察，或社会科学的考察，或系统科学的考察，或哲学的考察。但除了通信科学，其他方面的信息概念至今尚无统一的定义。

按通信科学要求给信息下定义，首先要弄清信息与消息的区别。消息是由语言、文字、数字等组成的符号序列，信息是这些符号序列中包含的内容。消息是信息携带者，但并非任何消息都携带着信息。任何一个文字或符号序列都是一个消息，但同样长的符号序列包含的信息可以不同，许多符号序列完全不包含信息。"我爱中国"是一条包含信息的消息，"国我中爱"只是一个汉字序列，无任何意义，传送这样一条消息不会传送任何信息。有意义的符号序列才包含信息。

一条消息是否包含信息，还与消息接收者的知识状况有关。信息是消息接收者从消息中得到的新知识。得到一条无法理解的消息的接收者并未得到信息。一句有内容的话是一条消息，头一次听可以从中获得知识，第二次听到可能从中品味出第一次没有理会到的意思，若一再重复就不会给人传送信息了。俗语所谓“话说三遍淡如水”，就是这个意思。所以，我国《辞海》规定：“信息是对消息接收者来说预先不知道的报道。”这是信息的一个重要特性。

通信是把信息从发送处传输到接收处的过程。人们之所以要通信，是由于接收信息者需要了解发送信息者的状态、行为、属性、需求等。假定发信者的状态或行为只有一种可能，收信者知其固定不变，便没有通信的必要。只有当发信者的状态或行为有多种可能情形，才会产生对通信的需求。通信的前提是存在不确定性，通信的目的和功能是消除不确定性。一个参加高考的学生在未收到录取通知书之前，自己的前途存在种种不确定性，录取通知书能给他带来消除这些不确定性的信息。可见，消息中包含的信息具有能够消除收信者的不确定性、增加其确定性的意义和作用。通信科学由此认定：信息是通信中消除了的不确定性，亦即通信中增加了的确定性。

通信过程中，由于种种原因，收信者在收到消息后不一定能消除全部不确定性，甚至可能没有消除任何不确定性。某人由北京赴杭州前电告那里的朋友：“我于6月5日乘早班机赴杭。”朋友接电报后，关于乘哪种交通工具及动身日期的不确定性消除了，乘晚班机的可能性也排除了，但乘8时或11时的早班机这种不确定性未消除。基于这种情形，信息学奠基者申农把信息定义为“两次不确定性之差”，即

$$\text{信息}=\begin{pmatrix}\text{通信前的}\\\text{不确定性}\end{pmatrix}-\begin{pmatrix}\text{通信后仍有}\\\text{的不确定性}\end{pmatrix} \tag{14.1}$$

从通信工程的角度看，所要消除的不确定性主要是消息发生的偶然性、随机性。对于通信系统的设计者来说，不计其数的用户要传送什么消息是无法预先确定的随机事件。通信系统的设计不应当针对某些特定用户和某一次特定通信，而应针对大量用户在长时间内发送消息的平均情况，即把消息的发送看作一种随机事件序列。设计者面对的是一种统计不确定性。通信所要消除的是随机不确定性，申农信息是一种统计信息，或称概率信息。

14.3 信息量

信息也有量的规定性。与人交谈，有时觉得收获很大，“听君一席话，胜读十年书”；有时又觉得老生常谈，信息不多。两种不同感受，表示两次通信所得到的信息不仅在质上有差别，在量上也有差别。消息中包含信息的多少，就是信息量。

与物理量不同，信息量是一种抽象量，不能像长度、速度、能量那样用物理方法实际测量。申农从通信的角度把信息的意义和效用等因素撇开，仅仅考察统计不确定性，给予信息量以严格定义。既然信息被理解为消除了的不确定性，对信息的度量就归结为对通信中消除了的不确定性的度量。为找到具体的度量方法，首先考察信息的两个基本特征。

例1　20世纪70年代的电台播出过两条信息：“苏联军队击落韩国客机”（A），“越南人民军击落美军战斗机”（B）。两条消息都是击落飞机，但我们明显地感到两者的信息量有很大不同。在和平时期击落外国客机的事极少可能发生，此类事件的不确定性即意外程度极大，一旦发生后对人们的心理震撼很大。正在交战的越南战场上击落战斗机是几乎必然要发生的事，不确定性只在于发生的具体时间、地点等。消息A发生的可能性极小，但带来的影响即消除的不确定性很大，因而信息量很大。消息B发生的可能性很大，能消除的不确定性不多，即信息量不大。

在数学上，对随机事件发生可能性的大小以概率来度量。以 I 记消息包含的信息量，p 记消息发生的概率，$0\leqslant p\leqslant 1$，则有以下关系：

p	大	小
I	小	大

或

$\frac{1}{p}$	大	小
I	大	小

由此表看出信息量的一个基本特征：消息包含的信息量是由消息发生概率决定的，概率小则信息量大，概率大则信息量小。用函数形式表示为

$$I=f(p) \qquad \text{或} \qquad I=g\left(\frac{1}{p}\right) \tag{14.2}$$

例2　某人到剧院找朋友，剧院有20行30列座位，朋友的位置有600种可能。消息 A 说“他在第6行”，消息 B 说“他在第9列”，合成消息 $C=AB$ 说“他在第6行第9列”。由概率论知，$p(AB)=p(A)p(B)$。但经验告诉人们，消息 C 的信息量应是消息 A 的信息量与消息 B

的信息量之和。

这个例子显示信息量的另一特征，即具有可加性。一般地，若 A 和 B 为两个相互独立的消息，C 代表 A 与 B 同时发生的合成消息，即 $C=AB$，则

$$I(AB)=I(A)+I(B) \tag{14.3}$$

（14.3）式表示，求信息量的运算应当满足可加性要求，即计算两个独立消息乘积的信息量时，可先分别计算两个消息的信息量，然后把它们加起来。由于信息量由概率决定，（14.3）式意味着求信息量的运算把乘法变为加法。由初等数学知，对数运算满足这个要求。信息量是相对量，原则上可以有不同的数学表示形式。但鉴于这种可加性，如哈特莱所说，最自然的形式是对数函数。结合（14.2）和（14.3）式，得到以下精确定义：

定义 14.1　以概率 p（$\neq 0$）发生的可能消息 A 所包含的信息量 $I(A)$是概率 p 的倒数的对数

$$I(A)=\log_2 \frac{1}{p} \tag{14.4}$$

或者写作

$$I(A)=-\log_2 p \tag{14.5}$$

（14.5）式表示，消息包含的信息量是该消息发生概率的对数的负数。这就是维纳关于信息量的著名定义。

显然，必然事件（$p=1$）的信息量为 0。不可能事件（$p=0$）不符合上述定义的条件，但根据其实际意义（不可能发生的消息不包含信息），取如下规定：

$$I=0,\ \text{若}\ p=0 \tag{14.6}$$

由定义 14.1 直接推知，信息量具有非负性

$$I\geqslant 0 \tag{14.7}$$

这里取对数的底为 2，是适应计算机的二进制而确定的。原则上可以取任何正实数 a 为底定义信息量

$$I=k\log_a \frac{1}{p}=-k\log_a p \tag{14.8}$$

系数 k 因 a 而异，按不同底数计算的信息量有不同的单位，可以相互换算。通常还采用 10 和自然对数底 e 来计算信息量。当 $a=2$ 时，信息量的单位为比特。

例 3　投掷硬币，消息 A 代表麦穗朝下，发生概率为 $p(A)=0.5$，

按（14.4）计算得

$$I(A)=\log_2 2=1\text{ 比特}$$

一切二中择一等可能事件包含的信息量均为1比特。

例4 工会有一批脸盆发给会员，其中优质品为40%，合格品为55%，次品为5%。发放规则为随意抓号，按号取货，不许挑拣。问“王东拿到次品”这一消息的信息量是多少？

解 据题设，该消息是随机事件“随便拿一个而得到次品”，概率为$p=0.05$。按公式计算得

$$I=\log_2 0.05=4.32\text{ 比特}$$

在例2中，设消息A为“朋友所在的行是双号”，B为“朋友所在的列为单号”，C为“朋友在6排9列”。请计算$I(A)$、$I(B)$、$I(C)$。

可能消息在传送端的发生概率称为先验概率，在接收端出现的概率称为后验概率。在实际通信中，某个消息传送到接收端后可能仍然是随机事件，没有完全消除不确定性。按（14.1）式，实际传送的信息量为

$$\begin{aligned}I&=\log\frac{1}{\text{先验概率}}-\log\frac{1}{\text{后验概率}}\\&=\log\frac{\text{后验概率}}{\text{先验概率}}\end{aligned}\tag{14.9}$$

后验概率为1时，按（14.9）计算的信息量与按（14.4）计算的结果相同，表示传送过程无信息损失，先验不确定性全部消除。后验概率与先验概率相等时，表示信息在传送过程中全部损失掉，没有消除任何不确定性。一般情形处于二者之间，经过通信消除了部分不确定性，又未全部消除。

同一通信过程中包含大量不同消息，可以构成各种复合消息，需有不同的信息量计算公式。消息A与B同时发生所构成的联合消息AB，包含的信息量为

$$\begin{aligned}I(AB)&=-\log p(AB)\\&\leqslant I(A)+I(B)\end{aligned}\tag{14.10}$$

当且仅当A与B为相互独立的消息时，上式中的等号才成立，它就是（14.3）。（14.10）表明，联合消息的信息量不大于各个消息的信息量之和。

在同一通信过程中，一个消息的发生可能对另一消息的发生有影响，需用条件信息概念刻画。

定义14.2 在给定消息B的条件下消息A发生所携带的信息量称

为条件信息，记作 $I(A|B)$，规定为

$$I(A|B)=-\log p(A|B) \tag{14.11}$$

$p\ (A\mid B)$ 为条件概率。

相对于定义 14.2 的条件信息，定义 14.1 给出的应是无条件信息。

根据条件概率的计算公式，显然有

$$I(A|B)=I(AB)-I(B) \tag{14.12}$$

14.4　信息熵

实际通信过程中，发送端具有发生多种可能消息的能力，仅仅计算单个消息的信息量是不够的。人们在通信中主要关心的不是个别消息，如单个字母、文字、音素或像素，而是整个消息序列。需要对整个消息序列的信息量进行度量。刻画一组数值的整体特性的常用办法是求平均值。由于消息序列是随机发送的，算术平均值不能反映整体信息能力，有效的办法是求序列中各个消息所包含的信息量的统计平均值。

通信过程中发送端发送的消息序列，按其数学特性分为两类。一类是离散消息序列，如电报、书信等通信方式，所发送的消息或信号在时间上可以相互分立。另一类是连续消息序列，如电视图像、人的语音等，特点是所发送的消息或信号在时间上无法分立，而是连续发送的。离散序列易于处理。下面仅就离散情形作些讨论。

设发送端的可能消息集合为

$$X=(x_1,x_2,\cdots,x_n) \tag{14.13}$$

各可能消息分别按概率 p_1，p_2，…，p_n 发生，并满足归一性条件

$$p_1+p_2+\cdots+p_n=1 \tag{14.14}$$

按一定的概率从集合（14.13）中随机地选择消息发送，形成一个消息序列。设序列中包含的消息总数为 N，N 非常大。在统计意义上，该序列中包含的消息 x_i 的数目为 p_iN 个，所有 x_i 包含的信息量为 $-(p_iN)\log p_i$。将序列中所有消息包含的信息量之和除以 N，得到序列中每个可能信息的平均信息量为

$$\begin{aligned} H &=-(p_1\log p_1+p_2\log p_2+\cdots+p_n\log p_{\mathrm{n}}) \\ &=-\sum_{i=1}^{n}\mathrm{p_i}\log p_i \end{aligned} \tag{14.15}$$

H 是可能消息集合（14.13）的整体平均信息量，亦即单位消息的信息量。由于（14.15）与统计物理学的熵公式一致，信息学把（14.15）式

称为信息熵。

定义 14.3 可能消息集合（14.13）的整体平均信息量（14.15）称为信息熵，简称为熵。

消息发生概率对可能消息集合的信息量有两种相反的影响。就单个可能消息看，概率越大信息量越小。但概率大意味着该消息在整个消息序列中所占比例也大，因而对整体平均信息量的贡献也大。熵公式（14.15）表现了概率的这两种相反的影响，因而完整地刻画了可能消息集合的信息特性。熵值大表示发送信息的能力大，即消除不确定性的能力大。

例1 前节例4的信息熵为

$$\begin{aligned} H &= -(0.4\log 0.4+0.55\log 0.55+0.05\log 0.05) \\ &=1.22 \text{ 比特/符号} \end{aligned}$$

例2 取英文字母表为可能消息集合，共26个可能消息。根据英文书刊中各字母出现频率的统计研究，可确定每个字母的出现概率。按熵公式算得英文字母表的信息熵为 $H=4.15$ 比特。

二中择一等可能消息集合的熵为1比特。

信息熵有以下特性：

（1）非负性

$$H\geqslant 0 \tag{14.16}$$

由于 $p\geqslant 0$ 和 $I\geqslant 0$，从定义可直接得到（14.16）。等号只有当消息集合中某个消息 x_k 为必然事件（$p_k=1$）、其余均为不可能事件（$p_i=0$，$i\neq k$）时才成立。

（2）对称性 消息集合（14.13）的熵 H 只与概率分布（p_1，p_2，…，p_n）有关，与 p_i 的次序无关。即仅仅改变 p_i 的排列次序，H 值保持不变。

例3 设可能消息集合为 $X=(x_1,x_2,x_3)$，三种概率分布为 $p_1(1/2,1/3,1/6)$，$p_2(1/3,1/6,1/2)$，$p_3(2/3,1/4,1/12)$。p_1 与 p_2 只有次序不同，为同一种概率分布，故有 $H_1=H_2=1.46$ 比特。p_3 为另一种概率分布，相应的熵 $H_3=1.19$ 比特。

（3）极值性 对于一定的 n（可能消息数），熵函数（14.15）在等概率分布下取最大值，即

$$H_n(p_1,p_2,\cdots,p_n)\leqslant H_{max} \tag{14.17}$$

以 H_{max} 或 H_m 记最大熵，有

$$\begin{aligned} H_{max} &= H(1/n,\ 1/n,\ \cdots,\ 1/n) \\ &=\log n \end{aligned} \tag{14.18}$$

(14.18) 称为离散消息集合的最大熵定理。

对于给定的 n，可能消息集合的熵是由它的概率分布决定的。概率分布越均匀，熵 H 越大。等概率分布是最均匀的分布。最大熵定理断言，均匀分布的消息集合具有最大的先验不确定性，能发送最大的信息量。相反，概率分布越不均匀，可能消息集合的熵越小。在极端情形下，可能消息集合中只有一个必然发生的消息，其余均为不可能消息，则它的熵 $H=0$。

(4) 任给两个消息集合 X、Y，则有

$$H(XY)\leqslant H(X)+H(Y) \tag{14.19}$$

$H(XY)$为联合熵。(14.19) 是 (14.3) 的推广，表明两个消息集合的联合熵（同时发生的熵）不大于这两个消息集合之熵的和，式中等号当且仅当 X 与 Y 为相互独立的消息集合时成立。

14.5 通信系统

人类以多种方式进行通信。打电话，拍电报，书信往来，图像传真，是通信；听广播，看电视，读书阅报，文艺演出，是通信；两人面谈，多人讨论，教师授课，领导讲话，以至打手势、使眼色、送秋波，也是通信。从系统观点看，这些五花八门的通信活动都是作为一定的系统进行的。凡通信必定涉及两种实体，发送信息的实体叫作信源，接收信息的实体叫作信宿。通信过程是信源与信宿之间的一种特定的关联方式，一种系统现象或系统行为。信息是一种系统特性，信息量是一种系统量。实施通信活动的系统，叫作通信系统。

信源与信宿进行通信的必要性，在于信源发送什么消息有不确定性，信宿需要获得来自信源的消息以消除这种不确定性。通信的可能性，在于信源与信宿之间有可通信性，即信源与信宿之间具有相同的信号信码库，至少是彼此的信号信码可以互换（翻译），信宿能够从消息中提取信息。“对牛弹琴”之所以应当嘲笑，主要是弹琴者不了解牛无法接受琴声中包含的情感信息和美学信息，闻琴声而不知其雅意，因为弹琴者与牛之间没有这方面的可通信性。

在最初级的情形下，信源与信宿作为不同的物质实体通过直接的碰撞而交换信息，无须中间环节。一切利用信号或符号进行的较高级的通信活动，都不能由信源与信宿直接耦合而构成通信系统，必须有中间环节。不同的通信系统在构成上千差万别，但撇开组分的具体特性可以发

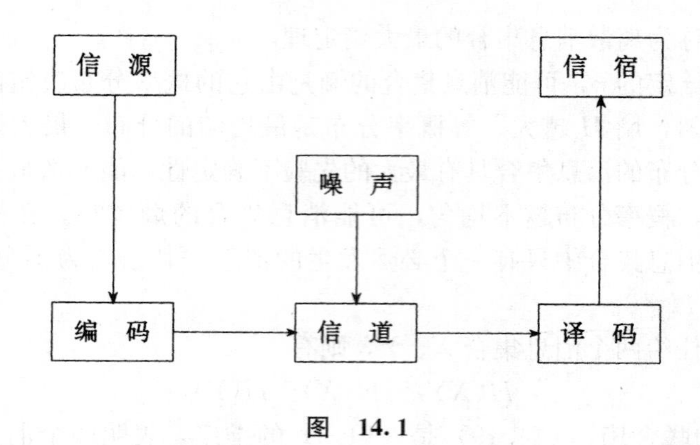

图 14.1

现，一切通信系统都有如下共同结构。

（1）信源与信宿 信源即信息的来源或源泉，可以是人、生物、机器、社会组织或其他物体。信宿即通信过程结束后信息的归宿，也可以是人、生物、机器、社会组织或其他物体。信源与信宿的不同组合，构成不同的通信系统：人—人通信，人—生物通信，人—机通信，机—机通信，等等。原则上讲，人与一切无生命客体都可以通信，如考古学家发掘古生物化石，天文学家观察天体，都是通信过程。只有一个信宿的是单用户通信，如打电话。同时有不同用户的是多用户通信，如广播、电视等。按信息传送方向划分，有单向通信（如广播）或双向通信（如电话）。

发出离散信号的信源，称为离散信源。发出连续信号的信源，称为连续信源。信息学关心的是信源的信息结构和数量特征。我们主要讨论离散信源。信息结构由两个要素组成。一个是信源的可能消息集合

$$A=\{a_1, a_2, \cdots, a_n\} \tag{14.20}$$

其中，每个可能消息都是一个随机事件。另一个要素是可能消息的概率分布

$$P=\{p_1, p_2, \cdots, p_n\} \tag{14.21}$$

p_i 为可能消息 a_i 的发生概率，满足归一性条件（14.14）。给定信息结构，就可以计算信源的各种数量特征。

信源的数量特征首先是它的熵。离散信源的熵按（14.15）计算，最大熵按（14.18）计算。熵 H 与最大熵 H_m 的比值 H/H_m，称为相对熵。显然有

$$0\leqslant\frac{H}{H_m}\leqslant 1 \tag{14.22}$$

相对熵可以看作可能消息集合概率分布均匀性的某种度量，是信源的重要数量特征之一。概率分布愈均匀，H 愈接近 H_m，相对熵愈大。完全均匀的等概率分布对应于最大的相对熵，$\frac{H}{H_m}=1$。概率分布愈不均匀，相对熵愈小。概率分布最不均匀的信源，其相对熵为 0。

相对熵与 1 的差值，称为可能消息集合的剩余度，记作 γ，即

$$\gamma=1-\frac{H}{H_m}=\frac{H_m-H}{H_m} \tag{14.23}$$

显然有

$$0\leqslant\gamma\leqslant1 \tag{14.24}$$

英文字母表作为可能消息集合，它的最大熵为 4.7 比特，剩余度 $\gamma=0.12$。

在通信系统中，除了传送或恢复消息时所需要的信号之外，其余出现在信源、信道、信宿或系统其他部位的任何细节都叫作剩余，它们对完成通信任务是多余的，把它们除掉对实现通信目标没有实质性影响。剩余度是对剩余现象的定量刻画。概率分布愈均匀，剩余度愈小，通信效率愈大。等概率分布的剩余度为 0，表示没有剩余，通信系统具有最大的有效性。如果消息集合中有一个消息是必然事件，其他皆为不可能事件，则剩余度为 1，表示所传送的信号或符号都是多余的。

剩余度是信息学的重要概念，刻画信源特征的指标之一。剩余度大的可能消息集合发送的消息序列中无益成分大，通信效率差。说话重复，繁文缛节，客套话，外交辞令，官僚主义的文件等，剩余度很大。直率的言词，精练的文字，剩余度小。人们厌烦说话啰嗦，主张说话与行文言简意赅，删除一切不必要的词句，就是为了减少剩余度，提高通信效率。但有剩余度对于通信并非纯粹消极因素。文章有一定剩余度，读者可以根据上下文看懂一些不易理解的论述，能够从古书典籍有脱漏的文字中认出原文。在通信技术中，常常利用剩余度来提高通信的可靠性，即有剩余通信。

设信源在单位时间内共发送 m 个消息，可能消息的平均信息量为 H，则单位时间（1 秒）内信源发送的信息量为

$$H'=mH\ \text{比特点/每秒} \tag{14.25}$$

H'称为信源的信息率，即发送消息的速率。

熵 H，最大熵 H_m，相对熵$\frac{H}{H_m}$，剩余度 γ，信息率 H'，都是统计量，刻画的都是信源的统计特性。

（2）信道　传送信息的通道，即载荷着信息的信号借以通行的物理设施或介质场，称为信道。信道是连接信源与信宿的主要中介环节。不同物理性质的信号，需要不同物理性质的信道来传送。传送声音信号的通道是地球周围的大气层，称为声信道。传送光信号的通道是天然的光场或人造光纤，称为光信道。传送电信号的通道有两类，电缆为有线电信道，电磁场为无线电信道。书信这种信息载体的传送通道主要是邮电系统。还有其他种类的信道。不论哪种信道，输入信号和输出信号都是随机变量。按数学特性，可以把信道划分为离散信道和连续信道，有噪声（有错）信道和无噪声（无错）信道，等等。

信道的性能指标之一是通信速度，记作 R，定义为

$$R=\frac{\text{（每个消息的）平均信息量}}{\text{（每个消息的）平均传送时间}}$$

以 τ 记消息的平均传送时间，有

$$R=\frac{H}{\tau} \tag{14.26}$$

通信速度 R 的大小因信道输出信号的概率分布 P 的不同而不同。令 C 记其上限，即

$$C=\max_{p_i} R \tag{14.27}$$

C 称为信道容量，是衡量信道性能优劣的主要指标。通俗地讲，信道容量是信道最大可能的通信速度，表示信道传送信息能力的极限。R 与 C 均为统计量。可以按照 R 与 C 去比较不同信道的优劣，通过分析通信速度和信道容量，可以对给定的信道作出性能评价，判断有无改进的必要。

（3）编码与译码　信源与信道，信道与信宿，都不能直接耦合，必须有中介环节。把信源与信道耦合起来的中介环节叫作编码器，把信道与信宿耦合起来的中介环节叫作译码器。首先，信源发出的消息或信号不能直接在信道中传送，需要经过编码器的适当变换。如在电话通信中，编码器即话筒，讲话人发出的语音信号不能直接在电话线中传送，需要经过话筒变换为可以在电线中传送的电压信号。译码器是听筒，电话线中传来的是电压信号，需要经过听筒变换为语音信号，才能为听话人接受。编码和译码是一切通信过程必需的操作手续。

上述有关传送信号在物理形式方面的变换，并非信息学研究的问题。通信的基本要求是多快好省地传送信息。但多、快、好、省之间互相制约，处理好这些矛盾，对通信工程十分重要。信息学的编码理论是

从提高通信的有效性、可靠性、经济性的目标出发，从信源和信道在数量特性方面如何匹配着手，研究信号变换的。信源有信息率高低之分，信道有容量大小之别。信源熵 H 越大，传送信息所需信道容量 C 越大。H 大而 C 小，信息不能及时传送出去，通信效率不好。H 小而 C 大，信道能力不能充分利用，经济性不好。两种情形都应当避免。这就要求信源与信道在数量特性上互相匹配。编码的主要功能就在于解决这个问题。H 与 C 都是统计量，信源与信道的匹配是统计特性的匹配。信源一般都有剩余，剩余大则通信速度小。编码的目的之一是减少信源的剩余度，力求获得接近最大熵的信息含量。对有剩余的消息进行无剩余或少剩余的编码，以利于提高传送速度，叫作信源编码，或称有效编码。

编码理论是申农信息学的重要内容，核心是三个编码定理，回答通信系统在什么情形下可以编码，在什么情形下不存在任何编码的可能。最简单的一个是所谓“无限小失真的信源编码定理”。

定理　假定信道无噪声，信源熵为 H，信道容量为 C，那么

（1）总可以对信源的输出进行适当编码，使得信道中能以 $\frac{C}{H}-\varepsilon$ 的平均速度传送信息，其中 ε 是任意小正数；

（2）不存在使平均传送速度大于 $\frac{C}{H}$ 的编码。

编码定理揭示了信息在通信过程中的运动规律，表明熵 H、通信速度 R 等性能指标对描述通信系统是何等重要。

编码的实质是通过变换信源可能消息的概率分布，尽可能与信道特性实现理想的匹配。上述定理证明这样作是有限度的，并给出在什么范围内可以找到编码方法，越过这个范围则不存在使信源与信道匹配的编码。但这些定理都是关于编码存在性的命题，并未给出如何编码的方法。

编码是对信源发送的消息进行变换，译码是对信道传送给信宿的消息进行变换，即编码变换的逆变换。从通信工程讲，编码和译码是两种互逆的操作。以 P 记编码，P^{-1} 记译码，u 记待编码的消息，u' 记编码后的消息，则编码变换可表示为

$$u'=Pu \tag{14.28}$$

译码变换可表示为

$$u=P^{-1}u' \tag{14.29}$$

基于这个假定，信息学不研究译码过程。编码理论关注的是信源与信道

之间的统计匹配问题，信道与信宿之间不存在统计匹配问题，只要正确转换信号形式即可。

现在的信息学也不对信宿作专门的研究。通信工程的前提是假定信宿与信源有相同的信号信码库，只要把消息准确地传送到信宿，信宿便可获得全部信息。实际情形并非如此简单，信源与信宿的信号信码往往不是一一对应的，如不同语言之间的通信、翻译，不能像（14.29）那样严格可逆。这里有许多理论问题有待研究。

14.6 噪声

通信系统中除开预定要传送的信号之外的一切其他信号，统称为噪声。电话中的嘶嘶音响，电视中的图像抖动、雪花干扰，书报中的错误，都是噪声。噪声对通信产生许多不利影响，或掩埋信息，或以假乱真，或使信息畸变，导致通信错误，损失信息量，严重时可能使通信完全失效。噪声是通信的大敌。糟糕的还在于，在同一系统中噪声信号与载带信息的信号具有相同的物理形式。如在语声系统中，噪声也表现为声波。在电磁系统中，噪声也采取电磁波形式。真实的通信系统中必然存在噪声，不可能完全避开它。人类只能在噪声中通信，在与噪声作斗争中通信。基于这一点，信息学把噪声源作为通信系统模型中的一个必要环节（图14.1），把对噪声特性的描述、寻找同噪声作斗争的有效手段，作为信息学的重要内容。

存在不同类型的噪声。就来源看，从系统外部混入系统的无用信号，称为外噪声；由系统内部元件或组分性能参数的无规变化等因素产生的有害信号，称为内噪声。外噪声可以设法避开或削弱，如选择噪声小的环境，采用隔音、挡光、减震装置等屏蔽技术。内噪声原则上不可能消除。物理学证明，物质系统只能处于绝对零度以上，只要没有到绝对零度，内噪声就不可避免。从功率谱特性看，在整个频段内功率谱保持不变的是白噪声，功率谱随频率变化而变化的是有色噪声。从通信工程看，一切噪声都是随机信号，具有统计特性，需要用概率统计方法处理。信息学对此已有大量成果，可参看有关书籍。

从系统科学（特别是通信理论）的观点看，同噪声作斗争有两个基本方面。一是提高通信可靠性，减少信道传送信号中的噪声。实际的信道都有噪声干扰，前节所述定理的条件不成立。为提高传送信息的可靠性，即提高通信系统的抗干扰能力，申农证明了有噪声信道的编码定理

（即申农第二编码定理）。基本方法是利用剩余的有用性质，在编码中人为地加入适当形式的剩余。这叫作可靠性编码，或称信道编码。提高信噪比（信息信号的功率与噪声信号的功率之比）也是提高通信可靠性的手段。人们在吵闹的环境中交谈时提高嗓门说话，就是通过提高信噪比来抗干扰。同噪声作斗争的另一个方面是从信道输出的、混杂有噪声的信号中滤掉噪声，把掩埋在噪声中的有用信号检测出来。这就是信息学中关于信号检测、滤波的理论和技术。

必须指出，信息与噪声的区别是相对的，视具体的通信目的和系统而定。同一种信号在这种情形下传送的是有用的信息，在另一种情形下就可能是噪声。悠扬的歌声对于欣赏音乐的人带来美感信息，对于正在潜心写作的学者是令人讨厌的噪声干扰。电视图像抖动是影响收视效果的噪声，对于电视机修理工能提供必要的信息。一切噪声信号都来自某种真实过程，可以通过它来了解该过程的状态、特性、规模、方向等，对于研究该过程的人都是信息。可见，信息与噪声作为两个矛盾方面，同样可以在一定条件下相互转化。谣言也是信息，反映造谣者的心态、处境、需求等。

在信息学的早期，噪声被视为有百害而无一利的因素。随着信息学的发展，人们逐渐发现噪声有时也有可以利用的方面。噪声能掩埋信息这一特性就大有用处。大雾迷天，掩盖了交通信息，不利于安全行驶。但诸葛亮利用迷江大雾掩盖东吴水军行动的信息，导演了草船借箭的历史名剧。无论战争时期的军事通信，还是和平时期的商战通信，都强调信息保密。通信系统设计者有意在发送端加入有选择的干扰信号，使对手无法分辨真伪，但己方的接收端按约定的规则除去加密信号，就能安全地获得信息。噪声可以掩藏和畸变信息的特性，还被用来干扰、破坏敌方的通信。

由于白噪声在一定的平均功率下具有最大的熵，对于通信、雷达、计算机等电子技术有很大危害。但从20世纪40年代申农的工作开始，人们逐步发现当存在高斯噪声干扰时，在有限平均功率信道上的最有效通信，应当具有白噪声的统计性质。根据这一特性，人们提出利用噪声进行通信的设想，并创造出相应的技术。如在雷达技术中，采用白噪声形式的信号，可以实现同时测距或测速，测量的模糊度最小。在技术上，已发明了一些容易产生、加工和复制具有白噪声性质的伪随机信号，以实现所谓“噪声通信”。伪噪声编码信号的理论和技术已成为通信科学的重要研究领域。这表明，自然界不存在纯粹有害的东西，一切物质属性都可以被用来为人类服务。

14.7　广义信息　全信息

申农信息学的成功，促使人们把信息概念向更多的领域推广，提出各种广义信息概念，加深了对申农信息（狭义信息）定义的优点和局限性的理解。

申农在创立信息学时就指出，从工程技术角度看，通信的基本问题是在通信的一端（信宿）精确或足够近似地复制另一端（信源）所挑选的消息或符号序列，信息的其他方面与工程问题无关，应当略去不计。换言之，通信工程关心的只是信息的形式特性，亦即语法特性，只要准确地将载带信息的符号序列传送到接收端，通信任务就算完成了。因此，申农信息是一种语法信息。

信息的实质是消除不确定性。现实世界存在各种各样的不确定性，单就形式方面消除这些不确定性，需定义不同的语法信息。用概率定义信息，表明狭义信息学度量的是随机不确定性，属于概率信息或统计信息。还有非概率信息，如偶发信息、模糊信息等。即

$$\text{语法信息}\begin{cases}\text{概率语法信息}\\\text{偶发语法信息}\\\text{模糊语法信息}\end{cases}$$

真实的通信问题包含互相联系的三个层面：（1）技术问题，即如何精确地传送通信符号的问题，亦即语法问题；（2）语义问题，即如何使传送的符号准确表达消息的含义问题；（3）效用或价值问题，即信宿收到的信息含义如何影响他的行为的问题。申农考虑的问题属于第一层面，把信息的语义特性和语用特性当作与通信无关的东西略去不计，仅就通信技术看这是必要的和许可的。但信息是包含内容即意义的消息（符号）系列。具有相同语法特性的消息系列，其含义常有真伪、精粗、富贫之分，有待信宿的鉴别和提取，并非只要准确地复制了消息就万事大吉。信息具有语义特性，需用语义信息来刻画。他认为，这是信息的第二层面。设有三条消息

A：“独孤雄是科学家”

B：“独孤雄是人工智能专家”

C：“独孤雄正在研制向围棋世界冠军挑战的电脑‘浅绿’”

消息 A 最粗糙，消息 B 比较具体，消息 C 最精细，三者语义上有显著区别。通信的目的不是得到消息序列，而是获得消息序列中包含的语义。信息活动不限于通信，如推理、识别、预测、决策等思维过程是更复杂的信息活动，基本前提是利用信息的内容（语义）。具有相同语法特性的消息序列的含义常有真伪、精粗、富贫之分，有待信息的使用者进行鉴别、提炼、加工。不能从收到的消息中去粗取精、去伪存真，不了解信息的内容，不准确把握消息的语义，就不可能作出正确的推理、识别、预测、决策。因此，研究语义信息的意义是极其重大的。

定性地描述语义信息并非难事，但定量地描述却相当困难，至今没有真正解决。一种设想是仿效申农的思路，以逻辑概率代替统计概率，以状态描述代替可能事件，对消息的逻辑真实性和精确性进行度量。我们称一个真实的消息为一个状态描述 z，令 m_i 记第 i 个状态描述 z_i 的逻辑概率，满足

$$0 \leqslant m_i \leqslant 1 \tag{14.30}$$

$$\sum_{i=1}^{n} m_i = 1 \tag{14.31}$$

定义状态描述 z_i 的语义信息为

$$I(z_i) = -\log m_i \tag{14.32}$$

其单位也是比特。若两个消息是逻辑独立的，即逻辑概率满足

$$m(z_i, z_j) = m(z_i)m(z_j) \tag{14.33}$$

则上面定义的语义信息也具有可加性

$$I(z_i, z_j) = I(z_i) + I(z_j) \tag{14.34}$$

信息具有语用特性或价值属性。信宿在接收信息后所发生的变化和引起的效果，即信息的价值。不同信息对同一信宿，同一信息对不同信宿，常有不同的价值。有关香港回归祖国的信息对于中国与英国在价值或效用上显然很不一样。同一条有关股票的信息对于学问家和股民的效用也大不相同。被申农通信理论忽略了的价值因素，对于通信以外的信息活动也是至关重要的。正确的推理、识别、预测、决策等思维活动同样以了解信息的价值因素为前提。

刻画信息的语用特性的基本概念是语用信息。

早在20世纪60年代，人们就试图定量地刻画语用信息。这里介绍贝里斯和高艾斯的有效信息概念。仍讨论可能消息集合（14.20）及其概率分布（14.21），给每个可能消息 a_i 确定一个效用度 u_i，表示消息 a_i 的发生对信宿产生的效用，u_i 大表示消息 a_i 的效用大。令

$$U=(u_1, u_2, \cdots, u_n) \tag{14.35}$$

代表信源的有效性分布。考虑有效性的信源信息结构为

$$S=\begin{pmatrix} a_1, a_2, \cdots, a_n \\ u_1, u_2, \cdots, u_n \\ p_1, p_2, \cdots, p_n \end{pmatrix}=\begin{pmatrix} A \\ U \\ P \end{pmatrix} \tag{14.36}$$

有效信息定义为

$$I(P,U)=-\sum_{i=1}^{n} u_i p_i \log p_i \tag{14.37}$$

u_i 是消息 a_i 的有效性系数。（14.37）以效用加权的方法对申农信息作出修正，在一定程度上反映了信息的价值。

在人类的信息活动中，消息的形式、内容、价值是统一的，成熟的信息科学需要制定一套理论去完整而统一地描述信息的形式、内容和价值因素，把语法信息、语义信息和语用信息综合在一起。

钟义信提出，把综合计及语法信息、语义信息和语用信息的信息称为全信息，把研究全信息的本质和度量方法以及全信息的运动（变换）规律的理论称为全信息理论。① 他认为，这是信息科学未来发展的基本方向。

上面介绍的语义信息和语用信息的定量定义都很不成熟，局限性很大。这是因为，语义信息和语用信息本质上都是无法形式化的东西，简单地仿照申农的做法行不通。看来，这里也应采用定性与定量、形式化与非形式化相结合的方法论原则去处理，要从现代系统理论及其他学科中吸取新的思想和方法。

14.8 信息载体

一切信息运作都是针对信息载体进行的，采集信息所采集到的是携带信息的载体，传送信息所传送的是携带信息的载体，处理信息所处理的是携带信息的载体，存取信息所存取的是携带信息的载体，消除信息所消除的是携带信息的载体，等等。不存在和载体无关的“裸信息”和“裸信息运作”，由此规定了考察信息载体的必要性和重要性。

从技术角度看，信息载体有以下重要特性：

第一，信息载体必须具备物质性，服从物质运动规律，可以借助人体感官感受它，或者利用仪器测量记录它，或者借助人的肌体＋技术手

① 参见《21世纪初科学发展趋势》，333～335页，北京，科学出版社，1996。

段操作变换它。

第二，信息载体必须具有表达、记录或固定信息的可能性。事物 A 能够以事物 B 为信息载体，前提是 A 作用于 B 时能够引起 B 的变化，A 的信息就记录在 B 的这些变化中。A 引起 B 的变化越多样丰富，B 载荷 A 的信息就越多样丰富，表明 B 作为信息载体的性能越优良。一块石头掉在水泥地板上，我们很难从地板上提取 A 的信息，因为地板几乎没有什么变化；如果掉在泥土上，就会引起泥土的显著变化，留下有关石头大小、形状、轻重、表面光滑性等信息。鉴于不同物体载荷信息能力的不同，人们总是选择那些容易表示、固定、记录信息的物质形式作信息载体。

第三，作为信息载体的物体必须具备足够的保存信息的能力。A 作用于 B 而引起 B 的显著变化虽然记录了 A 的信息，但如果这种变化难以保存，即变化容易消失，B 也不宜用作 A 的信息载体。有副对联说："马足踏开岸上沙，风来复合；橹梢拨破江心月，水定还原"。上联说的是沙不是马足信息的好载体，因为风吹沙合，无法保留马的足迹。下联说的是水易于改变，也易于还原，一经还原便不能保持被改变时承载的漂浮物的信息。成语"船过水无痕"也表达同样的意思。

第四，信息载体应具有易传送性。在各种信息运作中，信息的传送是关键环节之一。但信息是靠传送载体而得以传送的，不易移动的载体（如刻有岩画的岩石）用途极为有限，不便传送的信息载体不是好载体。

第五，信息载体应具有传送不变性。信源的信息需借助载体的物理性质才能表示、固定、记录在载体上，如果载体的物理性质在传送中发生变化，或多或少会导致信息损失或畸变，严重时会全部丢失信息。这就要求载体被用来表示信息的那些物理性质在传送中不发生变化。例如，强度（振幅）和频率是物质波动信号的两大特征量，信号强度在传送中必定衰减，不宜用它来编码表示信息。信号频率在传送中保持不变，正是这种传送不变性确保利用频率编码表示的信息在传送中保持原状，从而使物质波动信号成为良好载体。但语声的振幅并非无关紧要，因为它代表音量，对信息传送的效果有重要影响。

适宜人类使用的信息载体主要有三类。第一类是物质实体，信源向外发送的微粒，从信源分离出来的某些部分，信源损坏后的残片，都是它的信息载体。"折戟沉沙铁未销，自将磨洗认前朝。"只要未被销毁，挖掘出来的沉沙折戟就是前朝多种信息的载体。人们利用刻骨、刻石、刻金、刻木等记录信息，是因为这类载体不易损坏。

第二类是物质波动信号。一切物质波动信号原则上都可以充当信息载体，大量使用的是声波、光波和电磁波，利用其波频的传送不变性编码表示信息，人类的信息交流几乎都可以通过这三种载体高效率地实现。机械振动原则上亦可传送信息，如《纤夫之歌》所唱，纤绳连着坐在船头的妹妹和岸上拉纤的哥哥，以纤绳振动的机械波为载体，便有“我俩的情，我俩的爱，在纤绳上荡悠悠”的信息传送。但机械波难以编码，传送中易发生畸变，实际上无法用它作为信息载体。

第三类是符号载体，包括自然语言和各种人工语言（文字、数字、音符、工程设计符号等）。人脑内的意识信息只有利用符号载体才可编码表达而外化，加载于声波、光波和电磁波而得以传送和交流，并利用符号表达进行信息的加工处理、存储、提取等运作。符号载体是人类最伟大的创造之一，没有它的发明和使用，就没有人类文明。

14.9 信息技术

为实施信息的获取、识别、显示、固定、发送、变换、传送、存储、提取、接收、控制、利用等操作所需要的工具设备和方法技能，统称为信息技术。前者是硬技术，后者是软技术。它们都是人体自身的信息功能的直接扩展和外化，是信息科学和自然科学原理物化的结果。主要有四大类信息技术。

信息获取技术　人类在从动物中分化出来之时，只能靠自身的感官获取信息，在空间、时间、环境、信息种类、精度、数量等方面受到极大限制。克服这些限制，借助物质手段扩大获取信息的范围、精度和数量，产生了信息获取技术。古人发明的尺子、磅秤、指南针、地动仪等，近代发明的望远镜、显微镜、听诊器等，都是获取信息的硬技术。中医望、闻、问、切的方法技能，属于获取信息的软技术。现代社会各种大型复杂的生产、科研、军事、政治、文体活动等，要求高精度、高效率、高可靠性地获取各种形式的信息，创造了各种类型的信息感测技术和显示技术，核心是传感器技术。能够灵敏地感受人体器官不能直接感受的信号，并转变为便于接收、显示、加工、传送的信号，是对传感技术的基本要求，相应的功能器件称为传感器。社会信息的采集离不开必要的感测设备（硬技术），还需要组织方法之类软技术，统称为信息采集技术。

信息传送技术　即通信技术。人自身发送信息的器官主要是语声系统，行为器官及其他可以在意识支配下动作的器官也能发送某些信息；各种感官都是接收信息的器官。用人体之外的物质手段进行通信的是通信技术。烽火通信是古人发明的光通信技术。发明文字后，主要通信手段是书信。这些都算不上真正的通信技术。现代通信技术是信息的发送技术、传送技术、编码技术、抗噪声技术、译码技术的总称。信息传送技术实质是信道技术，包括人工信道的设计和天然信道的利用等技术。按照接收信号的物理形式，可划分为机械信道、声信道、光信道、电信道、电磁信道。电信道分为有线的和无线的两大类。光通信中最具吸引力的是光导纤维，即一种直径只有1微米～100微米的玻璃丝，能引导光信号通过。光纤的通信容量极大，不受空气中尘雾、战场硝烟的干扰，可靠性高，保密性好，是一种极有前途的通信技术。

信息处理技术　由感测器件得到的是原始信息，精粗未分，真伪混杂，难以有效利用。对原始信息进行加工，去粗取精，去伪存真，由此及彼，由表及里，形成能反映事物本质特性并便于利用的信息形式，这种运作称为信息处理。人自身的信息处理器官主要是大脑。把这种信息处理方式物化，就是信息处理技术，包括加工信息的工具设备和技能、方法、程序、算法等。算盘是古代的信息处理技术。现代意义的信息处理包括信息的分类、识别、变换、计算、筛选、整理、排序、制表等易于程序化的内容，也包括分析、综合、抽象、演绎、证明等更深层次的信息处理。现代信息处理技术主要是电子计算机技术。

信息存取技术　把暂时不用或需要反复使用的信息存储起来，需要时再把它提取出来，这种信息运作称为信息的存取。人类自身的信息存取器官也是大脑，“记”是存储，“忆”是提取。结绳记事是最古老的信息存取技术。发明文字是人类信息存取手段的伟大革命，极大地提高了人类存取信息的能力。但这些都算不上真正的技术。现代信息存取技术主要是：(1) 信息记载技术，最重要的是录音、录像技术；(2) 缩微技术，即把信息载体缩小、微化，以便于高密度地存储信息；(3) 数据库技术，建立通用的综合性数据仓库，收集并保存有关企业管理、科技发展、医疗保健、教育、经济、新闻等数据资料，用统一的方式保管，以供不同用户共享；(4) 信息检索技术，即根据用户需求，准确、快速地从库存资料档案中找寻并取出所需信息。这些信息运作都需要利用计算机技术。

重要的现代信息技术都是上述各种技术的综合应用，这里介绍以下几种。

卫星技术　从信息获取技术的角度看，人造卫星是一种功能强大的感测技术，使遥感遥测技术发展到一个前所未有的水平。地球上许多巨大尺度的信息在地球上是无法获取的，如地下资源、地下水道、全球环境态势、外国的某些军事动向等，均可以利用卫星获取之。由此发明了资源卫星、气象卫星、侦察卫星等。利用卫星进行太空探测，更是其他技术无法替代的。利用人造卫星搞通信，覆盖面积大，通信线路多，信息容量大，通信质量高，卫星通信是实现社会信息化、人类世界系统化不可缺少的通信技术。

信息高速公路　把信息与高速公路连在一起，是一种形象的说法。信息高速公路是一种把各种现代信息技术综合在一起的高速信息网络，由通信网（一系列可互联、互通、互操作的各种通信网络）、信息（各种公用和专用的数据库、各种数字化的影视、报刊、书籍等）、计算机系统和人（建设和经营高速网络的人、基于高速网工作、学习、生活的人）等因素组成，是信息化社会的基础设施。

多媒体　媒体即信息载体。多媒体技术即综合应用多种信息载体的技术，以计算机为核心，把文字、图形、图像、声音等多种信息载体形式有机地结合起来，形成一种人—机交互的综合处理多种媒体信息的功能。

虚拟现实　Virtual Reality 的直译，钱学森称之为灵境，也有人提议称为临境。灵境技术（临境技术）是一种由计算机硬件、软件和各种先进的传感器构成的人工信息系统，可以逼真地模拟各种复杂的现实环境，让人产生身临其境的感觉。

现代信息技术的核心是计算机技术，正日新月异地发展着。一方面追求更高的速度、更大的容量、更多的功能、更方便的操作；一方面追求更高、更新的设计模式，如神经计算机、模糊计算机、混沌计算机、量子计算机。随着脑科学、认知科学及纳米技术等高科技的发展，计算机技术的未来发展是今天的人们难以预料的。

14.10　哲学信息观

信息是人类知识中一个绝无仅有的大概念，标志一种新科技、一种新时代、一种新社会形态、一种新文明。这就决定了从实证研究到哲学思辨、从科学文化到人文文化、从基础科学到工程技术、从学理探讨到实际应用都需要开展信息研究。由此开辟出一个十分广阔的知识领域。

这就是信息科学，是现代科学技术体系的一个独立大部门。钱学森生前没有接受这一点，是一件憾事。遵照钱学森的科学技术体系学，应该有一座桥梁把信息科学同辩证唯物主义哲学沟通起来。这座桥梁就是信息哲学，或简称信息观。

维纳在 1948 年指出："信息就是信息，不是物质，也不是能量。不承认这一点的唯物论，在今天就不能存在下去。"[①] 维纳的意见很明确，不能存在下去的并非所有的唯物论，而是不承认存在非物质的信息的唯物论。言外之意，唯物论必须有重大发展，必须建立承认信息是非物质的唯物论。这一著名论断发出信息哲学的第一声，开启了唯物主义哲学的新时代。经过半个多世纪的争论和研究，特别是邬焜的开创性工作，辩证唯物主义的信息哲学已初步建立起来。

信息的发现，信息概念的提出，首先导致哲学存在论的根本性变革。信息时代的唯物论断言，客观世界既存在物质，又存在信息，物质与信息是两种不同的客观存在，缺一不成其为客观世界。或者说，客观世界是物质与信息共存的世界。仅仅看到物质的存在，看不到非物质的信息的存在，是迄今唯物主义哲学本体论的一大缺失，已经不能继续存在下去了。信息哲学消除了这一缺失。

但辩证唯物主义的信息观也不赞同物信二元论，因为客观世界的物质与信息并非半斤八两，而是对称破缺的。物质是客观世界存在和演化的基础，信息是客观世界存在和演化的导向。物质不生不灭，能够改变的只是它的具体存在方式；信息是非物质的存在，可创生，可消灭。一切形式的物质存在都有信息，一切信息都不能离开物质而单独存在，即没有裸信息。总之，物质是第一性的存在，信息是第二性的存在。

信息的发现也使唯心论获得新的表现形式，目前出现的是惠勒的信息观。它包含两个基本命题：其一，关于存在的本质，惠勒断言"万物皆信息"。其二，关于存在的起源，惠勒断言"万物源于比特"[②]。惠勒讲的比特就是信息，他的前一命题其实是后一命题的推论。合而言之，惠勒断言物质不是世界的本原，信息才是世界的本原，信息是世界的原初存在，物质是由信息派生出来的。这是一种信息一元论的本体论，可称为唯信息主义，或唯信论，是唯心论在信息时代的一种表现形式。信

① ［美］N. 维纳：《控制论》，133 页。

② ［美］约翰·阿奇博尔德·惠勒：《宇宙逍遥》，330 页，田松、南宫梅芳译，北京，北京理工大学出版社，2006。

息时代的辩证唯物主义只能在同信息时代的唯心主义的斗争中得到发展。

信息的发现，信息与物质相互关系的研究，显著地丰富了辩证法，揭示出信息固有的辩证本性：

第一，信息与物质互为对立面。信息既是非物质的存在，又是作为物质的一种特殊性质而存在——作为物质的矛盾对立面而存在。一个物质性存在的自我否定性，就是它的信息性。人们既然承认“意识既是非物质性的存在，又是人脑这种高级物质的属性”，就应该逻辑地承认“非意识信息既是非物质性的存在，又是低级形态物质的属性”。不承认非物质的存在，物质的存在就没有矛盾对立面，对立统一规律就不是普遍规律。此乃唯物辩证法经典形态的一个逻辑漏洞，随着信息的发现而得以消除。

第二，信息对物质的依赖性。作为非物质的信息，不能离开物质而存在，也不能离开物质运动而运作。一切具体的信息都是作为具体的物质性存在的属性而存在的，世界上没有离开物质而单独存在的裸信息。谈信息，不能不涉及信源、信宿、信道、信码、信息存储体等，它们都是物质性存在。一切信息载体都是某种物质性存在，即使符号载体也具有物质性。一切信息运作，即信息的获取、编码、传送、加工处理、储存、提取、使用、消除等，都是通过对一定物质载体的操作而实现的，没有脱离物质运动的裸信息运作。

第三，信息具有演化性。离开信息，客观世界将成为死寂的世界。作为物质性存在的自我否定性，信息能够引导物质性存在发生变化，向自己的他物转化，故信息是一种主导物质性存在发生演变的特性。信息有两种高低不同的基本形态，非意识（非精神）的信息是信息的低级形态，意识（精神）是信息的高级形态。客观世界首先存在的是非意识信息，物质与非意识信息构成客观世界的一对元矛盾，即客观世界尚未出现精神或意识时就已经存在的矛盾，客观世界的一切其他矛盾都是从这对元矛盾中生发出来的。特别是，物质与精神的矛盾，或存在与意识的矛盾，是由这对元矛盾的演化发展而产生的后发矛盾。

第四，信息是一种系统现象或系统属性，是事物相互关系的反映。信息的实际发生和运作，至少要有信源与信宿两大要素构成的系统，缺一不会出现信息和信息运作。信息既是事物（作为信源）的自我表征特性和能力，也是事物对他者（作为信宿）的反映特性和能力，一身而二任。这就是矛盾，是信息固有的辩证本性。自我与他者互为存在条件，信源与信宿互为存在条件。一个物质性存在既有其自我表征的特性和能力，也有其对他者的反映特性和能力；但只有在形成自我（信源）与他者（信宿）的特定关系（系统）时，作为信源的一方才能呈现出自我表征的特性和能力，作为信宿的一方才能呈现出对他者的反映特性和能力。由此而产生的信息，所表征的是信源的特性、状态等，但同时与信宿的反映特性和能力有关，是两者相互关联、相互作用的结果。

同一信源 A 可以与不同信宿 B、C 等构成不同的信息系统。信宿 B 从信源 A 获得的信息，不仅与 A 的自我表征特性有关，还与 B 自身的反映特性有关。信宿 C 从信源 A 获得的信息，不仅与 A 的自我表征特性有关，还与 C 自身的反映特性有关。不同信宿从同一信源获取的信息一般是不同的，因为信宿的反映特性不同。对于简单系统，如通信工程系统，信宿对信息的影响允许忽略不计；而复杂系统之所以复杂，就在于它的信息运作一定要考虑信宿对信息的影响。

第五，虚拟现实性。客观世界是虚、实辩证统一的，作为非物质性存在的信息代表虚的一面，物质代表实的一面。信息既是物质性存在的自我表征特性，又是对他物的反映特性，这也是辩证统一的。这种辩证性使得信息具有虚拟现实性，能够借助适当载体让人获得对物质对象的感受，却并非物质对象本身，而是虚拟的现实，虚与实达成统一。

思　考　题

1. 试从哲学、基础科学、技术科学和日常生活的不同层次或角度阐述信息概念。

2. 既然信息是通信中消除了的不确定性，为什么有时系统因收到某种信息而从有序走向混乱（如获悉亲人不幸遭遇的信息后引起心理混乱）？

3. 如何理解维纳的名言：“信息就是信息，不是物质，也不是能量。”

4. 试对编码和译码作出认知科学的分析。

5. 说明申农通信系统模型对于理解广义通信（如新闻传播）的意义和局限。

阅　读　书　目

1. 苗东升：《系统科学原理》，第 3、5 章，北京，中国人民大学出版社，1990。

2. ［日］藤田広一：《基础信息论》，第1、2、4、5、6章，北京，国防工业出版社，1982。

3. 钟义信：《信息学漫谈》，北京，科学普及出版社，1984。

4. ［美］维纳：《人有人的用处》，陈步译，第2、3、4、6、7章，北京，商务印书馆，1989。

5. 冯国瑞：《信息科学与认识论》，第1、3、7章，北京，北京大学出版社，1994。

第15章 控制学

对于什么是控制学，不同学者有不同的提法。

按照维纳的意见，控制学是关于动物、机器和社会的控制与通信的科学。这样界定的控制学不限于技术科学层次，层次不清楚，与维纳本人的研究实践相符合。

根据钱学森关于系统科学的学科层次划分，黄琳提出控制学“是研究在一定限制条件下，发挥能动性以实现对系统的控制的一门技术科学”①。这个定义点明了控制学是关于发挥能动性的科学，有新意。钱学森关于控制学是讲系统成员关系的人为调控以达到系统整体运行优化的提法，坚持了技术科学的观点。这两种提法忽略了对生物体和自然界的自控行为的研究，显得窄了点，有明显的工程控制学背景。

目前控制学最成功的应用仍是工程控制问题，但同时在生物控制、经济控制和社会控制等领域也取得不少进展。

15.1 系统与控制

控制的概念是很普遍的，工程技术中的调节、补偿、校正、操纵，社会过程中的领导、指挥、支配、管理、经营、教育、批评、制裁等，都是一定的控制行为。在生命过程中，中枢神经活动是一种控制过程。广义地讲，因果关系是原因对结果的控制。控制学的创始者都把因果关系作为这门学科的哲学基础。

---

① 黄琳：《控制理论发展过程的启示》，载《系统工程理论与实践》，1990（1）。

控制是一种系统现象。撇开具体内容来看，凡控制总要涉及施控者和受控者两种实体，控制是施控者影响和支配受控者的行为过程，如图15.1所示。

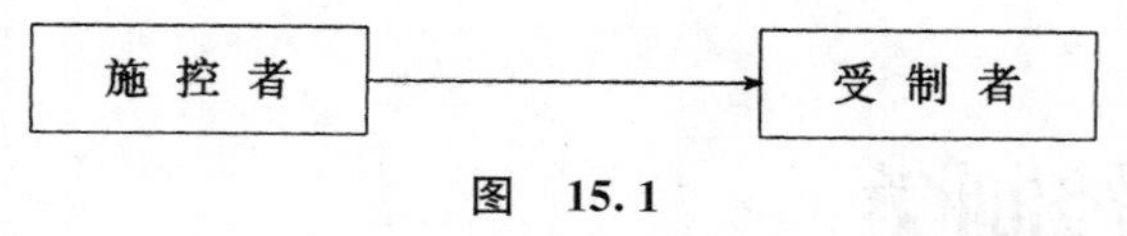

图 15.1

控制是一种有目的的活动，控制目的体现于受控对象的行为状态中。受控对象必有多种可能的行为和状态，有些合乎目的，有些不合乎目的，由此规定了控制的必要性：追求和保持那些合目的的状态，避免和消除那些不合目的的状态。只有一种可能状态的对象没有控制的必要。控制是施控者的主动行为。施控者应有多种可供选择的手段作用于对象，不同手段的作用效果不同，由此规定了控制的可能性：选择有效的、效果强的手段作用于对象。只有一种作用手段的主体实际上没有施控的可能性。控制就是施控者选择适当的控制手段作用于受控者，以期引起受控者的行为状态发生合目的的变化，或者呈现有益的行为，或者抑制并消除不利的行为。所以，控制就是选择，没有选择就没有控制。

控制与信息是不可分的。在控制过程中，必须经常获得对象运行状态、环境状况、控制作用的实际效果等信息，控制目标和手段都是以信息形态表现并发挥作用的。控制过程是一种不断获取、处理、选择、传送、利用信息的过程。所以维纳认为："控制工程的问题和通讯工程的问题是不能区分开来的，而且，这些问题的关键并不是环绕着电工技术，而是环绕着更为基本的消息概念，不论这消息是由电的、机械的或是神经的方式传递的。"①

要对受控者实施有效的控制，施控者应是一个系统，由多个具有不同功能的环节（工程系统中常称为控制元件）按一定方式组织而成的整体，称为控制系统（有时也把受控对象作为环节包括在内）。控制任务越复杂，系统的结构也越复杂。撇开具体控制系统的特性，仅从信息与控制的观点看，主要控制环节有：（1）敏感环节，负责监测和获取受控对象和环境状况的信息，相当于人体的感官；（2）决策环节，负责处理有关信息，制定控制指令，相当于人体的大脑；简单的系统只需将实际工作状况的信息同预期达到的状况进行比较，称为比较环节（元件）；对于复杂系统，如航天飞机、社会组织等，处理信息、作出决策是一项

① ［美］N. 维纳：《控制论》，8页。

繁重的任务，比较元件无法胜任，需以电脑作为决策环节；（3）执行环节，根据决策环节作出的控制指令对对象实施控制的功能环节，相当于人体的执行器官手、脚等；（4）中间转换环节，在决策环节和执行环节之间，常常需有完成某种转换任务的功能环节，如放大环节、校正环节等，最重要的是放大环节，因为从比较环节输出的信号一般都是微弱的，无法驱动执行环节，需将其放大；校正环节等则是为改善系统动态品质而设置的。这些环节按适当的方式组织起来，就能产生所需要的控制作用这种系统功能。这也是一种整体涌现性。控制理论惯用方框表示功能环节，用多个功能环节连接成的方框图表示控制系统。图 15.1 就是一种系统方框图。

现实世界的系统分为有控制的和无控制的两类。控制学只研究有控制的系统。在物质世界的进化史中，低级的系统中没有专门负责对各组成部分以及整个系统的行为进行调节控制的分系统，必要的调节活动是通过组分之间动态的相互作用或环境的限制而实行的，贝塔朗菲称之为初级调节。物质世界沿逐步复杂化方向演化到一定阶段，仅靠初级调节方式不足以满足复杂系统的需要，开始分化出专门负责对整个系统调节控制的分系统，贝塔朗菲称其为二级调节。所以，从无控制到有控制是物质世界进化的结果。在后续的进化中，出现越来越高级精致的控制方式，直到生命机体的控制系统。

15.2　控制任务

一定的控制过程有一定的控制任务。按照控制任务的不同，可将控制系统分为以下几类。

（1）定值控制

在某些控制问题中，控制任务是使受控量 y 稳定地保持在预定的常值 y_0 上，称为定值控制。实际存在的干扰因素使 y 偏离 y_0，控制任务就是抑制和克服干扰的破坏作用，使系统尽快恢复原状态，故又称为镇定控制。实际过程并不要求严格保持 $y=y_0$，只要求 y 对 y_0 的偏差 $\Delta y=y-y_0$ 不超过许可范围。

图 15.2 是一个室温控制系统。室温 T 是受控量，控制任务是保持室温于 T_0（例如 18℃）。天气的变化，锅炉燃烧情况的波动，是引起室温起伏变化的干扰因素。模盒是温度敏感元件，随时监测室温 T。T 与 T_0 比较形成温差 $\Delta T=T-T_0$。当 $|\Delta T|$ 大于允许值时，误差信号经

过传送放大，驱动阀门开大或关小，改变锅炉燃烧情况，以消除温差ΔT，使室温T保持在T_0附近的许可范围内。

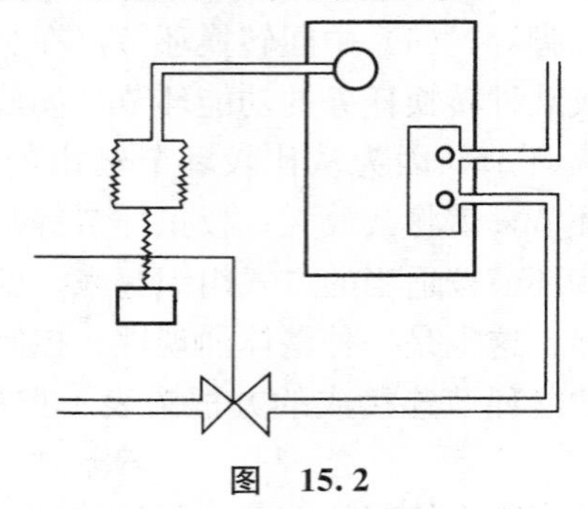

图 15.2

定值控制是最简单的控制任务。人的体温和血压的控制，飞行器巡航速度的控制，供电系统电压频率的控制，都是定值控制。社会系统也有这类控制。

（2）程序控制

在定值控制问题中，输入量或控制作用是常数，$u=c$。但多数控制过程中的控制作用随时间而变化，$u=u(t)$。如果$u(t)$的变动规律能够预先精确确定，可以将$u(t)$的变化规律作为一种程序表示出来，控制任务就是执行这个程序，因而称为程序控制。在结构实现上，这种控制需有专门机构储存程序，称为程序机构。在系统运行过程中，程序机构给出预定的程序，指挥控制系统工作，保证受控量按照程序而变化。定值控制可看作程序控制的特例。

采用程序控制的系统相当广泛。在工程技术领域，时钟的转动，程控机床的运行，要靠程序控制。在生命领域，个体从卵细胞开始的发育，昆虫的变态，要靠程序控制。在社会领域，大至国家执行五年计划，小至学校执行教学计划，个人按日程表处理事务，都是程序控制。

（3）随动控制

输入控制量$u(t)$一般取决于外部过程，其变化规律往往不能预先确定，无法作为程序固定在程序机构中。例如防空作战，敌机从何时何地起飞、按什么航线飞行不得而知，特别是敌机有意作机动飞行时，其飞行路线无法预先确定。为对付这种情况，火炮的控制系统必须在工作过程中随时监测敌机路线的变化，即$u(t)$的变化，并相应地改变输出量$y(t)$，控制任务是使$y(t)$随着$u(t)$的变化而变动，因而称为随动控制。鉴于控制任务是保证系统的输出或状态跟踪一个预先不知道的外来信号，又称为跟踪控制。程序控制是随动控制的特例：随程序变动而变动（或跟踪程序）。

随动控制极为普遍。火炮控制，雷达天线控制，射猎禽兽的猎枪控制，在需求量的改变无法预测的条件下对产品生产的控制，都是随动控制。当敌机作机动飞行时，导弹上的自动控制系统不断监测敌机的位置和速度，不断调整导弹的飞行路线，逐步缩小差距，直到最后击中敌机。这是最典型的随动控制。

不同的受控过程要求不同的控制思想和控制方式。实际应用中，常常将定值控制、程序控制和随动控制中的两种或三种结合起来使用。执行一项建设任务，既要有执行预定计划的程序控制，又要根据实际情况的变化而调整计划，实行随动控制。复杂工程系统的控制也常有这种情况。在生物机体中，既包含体温的定值控制，又有生物钟之类程序控制，还有呼吸的节奏和深度跟踪躯体的用力不同而变化之类随动控制。

（4）最优控制

镇定控制、程序控制和随动控制的控制任务可以统一表述为：保证系统的受控量和预定要求相符合。三者的区别在于这种预定要求是固定的还是变化的，变化规律是预先知道的还是只能在工作过程中实时监测的。但是，许多实际过程的控制任务不能作这种表述。在这类过程中，关于受控量的预定要求不仅不能作为固定值在系统中标定出来，或者作为已知规律引入系统作为程序，甚至无法在系统运行中实时获取。这类过程的控制任务应该表述为：使系统性能达到最优。例如，在宇宙航行问题中，要求控制飞行器达到预定目标所需时间最短，或者要求消耗的能量最少；在经济系统管理中，要求对有限资源实行最优分配，或者对库存实行最优控制。这是对控制系统要求更高的一种控制。

对系统的性能要求是多方面的，不同的性能要求常常相互矛盾，不可能各种性能同时达到最优。解决任何控制问题都受到既定条件的限制，如空间的限制、时间的限制、资金的限制等。最优控制概念的完整表述是：在满足既定限制条件的前提下，寻找一种控制规律 $u(t)$，使得所选定的性能指标达到最佳值。最优控制代表一种控制原理，一种控制技术，是现代控制理论和技术的重要组成部分。

15.3 控制方式

给定控制任务后，要用一定的控制方式去实现。控制是一种策略性的主动活动，实现同一控制目标可以有不同的控制方式，构成不同类型的控制系统。基本的控制方式有三种。

（1）简单控制

例1　教育子女是一种控制过程。许多父母管教子女的方法可以图示为

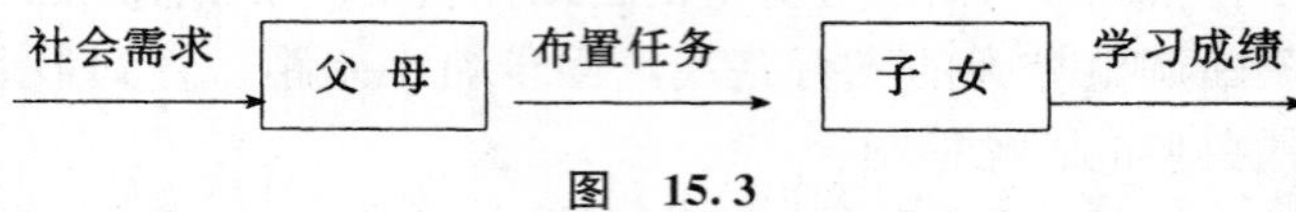

图　15.3

这是一种最简单的控制策略，可以用框图一般地表示为

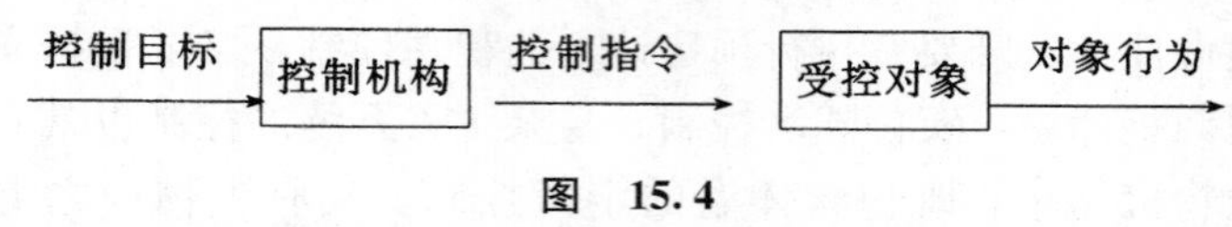

图　15.4

简单控制方式的特点是，不考虑系统承受的外部干扰，也不管对象执行控制指令的效果如何，只根据控制目标的要求和关于对象在控制作用下的可能行为的认识来制定控制指令，让对象去执行。简单地说，就是只布置任务，不检查效果。

当外部干扰可以忽略不计，对受控对象的运行规律有确切的了解（事先的或实时的），能够制定出详尽可行的控制指令，且对象能忠实执行指令，在这种情况下简单控制策略是可行的。其优点是结构简单，使用方便，经济性好。简单环境中的简单系统都可能采取这种控制方式。程序控制原则上可以采用这种控制方式。随动控制也可以采用这种方式。官僚主义的领导必定是这种控制方式。但这并不意味着简单控制一定是不好的，当控制任务比较单纯、环境情况简单、部属素质高时，采取简单控制方式领导部属往往能收到举重若轻的效果。

（2）补偿控制

如果外部干扰对系统的影响不可忽略，或对象不能忠实地执行控制指令，简单控制方式的效果必定很差。在许多情况下，对这类对象可以采用补偿控制方式。

例2　有些工厂生产过程的控制采取下图所示的方案

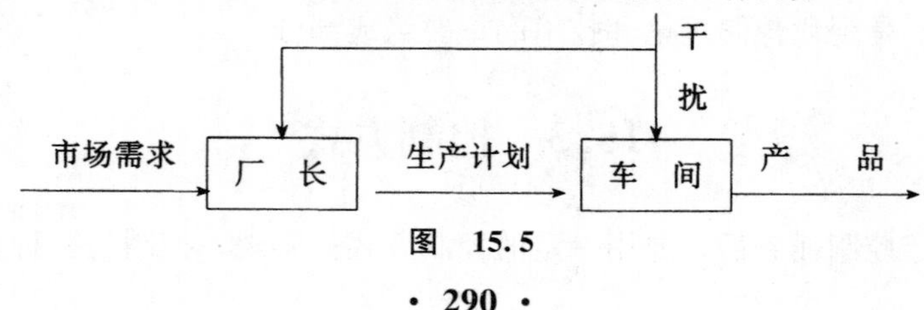

图　15.5

这种控制方式的特点是，在依据控制目标制定控制指令的同时，实时地监测外部干扰，计算为抵消干扰可能造成的影响所需要的控制作用，并反映在控制指令中，通过控制把干扰的作用补偿掉。比较图15.4与15.5可知，简单控制加上抵消干扰的补偿措施，就是补偿控制。由于能够在干扰作用引起对象严重偏离目标之前就采取措施去抵消干扰的影响，这种方式称为补偿控制。通俗地讲，就是“防患于未然”。从信号传送看，干扰作用在造成明显影响之前，有关信息已被传送到决策机构去处理，未构成信息流通的闭合回路，又称为顺馈控制。

补偿控制要通过设置补偿装置来实现。为实时监测并抵消干扰的影响，需要有灵敏的测量装置和有效的补偿装置，技术要求一般比较复杂。关键是掌握系统运动规律和扰动的特性，有能力获取扰动信息并补偿扰动的影响。如果只有少量干扰作用且便于监测，又拥有抵消干扰的手段，这种控制方式是可行的。工程系统中不难发现补偿控制的实例。一种流行病出现之前医院给居民打预防针，就是一种补偿控制。一项社会实践活动开始之前，首先进行思想教育，针对可能出现的不利因素采取预防措施，也是补偿控制。如果干扰作用变量多、影响大，或者出现未曾料到的干扰作用，难以监测；或者虽然获得有关干扰的信息，但没有足以抵消其影响的补偿手段，则不宜采用补偿控制，有效的办法是采用下述反馈控制方式。

（3）反馈控制

反馈控制的一般框图为

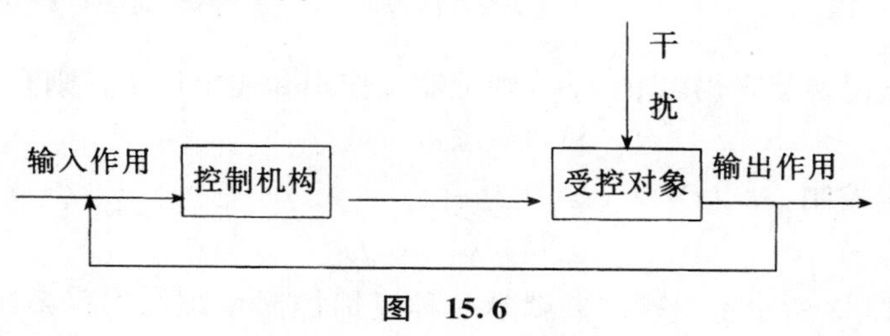

图　15.6

反馈控制方式的特点是，不去监测干扰作用，不采取事先抵消干扰影响的补偿措施，只监测受控对象的实际运行情况，把输出变量的信息反向传送到输入端，与体现目标要求的控制变量进行比较，形成误差，根据误差的性质和大小决定控制指令，去改变对象的运行状况，逐步缩小并最后消除误差，达到控制目标。控制方案的着眼点是消除对象实际运行情况与预定状况之间的不一致，即消除误差。但只有存在一定的误差，控制系统才能启动和工作。这是一种以误差消除误差的控制策略，因而也称为误差控制。完全消除误差是不可能的，但要求通过控制把误差限制在许可的范围内。简单地说，反馈控制的特点是不但布置任务，而且检查执行效果，“赏罚分明”，根据对象的实际表现调整控制指令，直到达到控制目标。

在线路结构上，误差控制要求设置反馈环节，形成从输出端到输入端的信息反馈通道。从输入端到输出端的前向信息通道，加上反馈通道，构成一个闭合的信息通道。这是反馈控制的一大特点，故常称为闭环控制。简单控制和补偿控制都没有闭合的信息通道，称为开环控制，二者的差别是有无补偿线路。开环控制优点是结构简单，缺点是控制精度低，抗干扰能力差，对系统参数的变化敏感。

图 15.6 中的控制机构也是一个系统，由各司一定控制职责的控制环节或元件按一定方式耦合而成。如果把这些环节或元件表示出来，再加上反馈环节，可得到如图 15.7 所示的最简单的闭环控制系统框图。

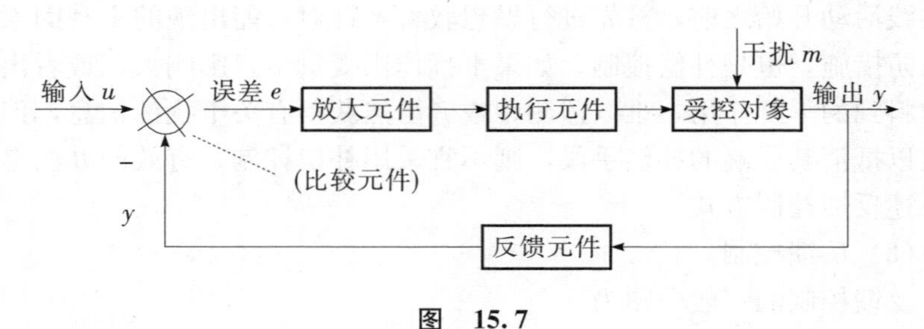

图 15.7

令 e 记误差，仍以 u、y 分别记输入作用和输出作用，则有

$$e(t)=u(t)-y(t) \tag{15.1}$$

对于镇定控制，$u(t)=y_0$，于是有

$$e(t)=y_0-y(t) \tag{15.2}$$

图 15.2 所示室温控制器就是一种反馈控制系统。工程系统的控制大量采用反馈策略。生命机体适应环境的能力主要靠反馈控制，通过反馈控制不断缩小与环境要求的“差距”来达到适应环境。社会系统也广泛存在反馈控制，调查、信访、民意测验，都是获取反馈信息的手段；民主、法制建设都需要有充分、快速、准确的信息反馈通道。真正“举重若轻”式的领导也要通过实行赏罚分明、得当的反馈控制才能建立起来。一切系统自学习的主要机制是反馈，通过反馈修正错误，积累经验，求得进步。

复杂的控制过程常常要在图 15.7 所示主反馈通道之外再设置若干局部反馈通道，称为多重反馈，形成复杂的反馈网络结构。

镇定控制与补偿控制既可以采用开环控制策略，也可以采用闭环控制策略，视控制问题的复杂程度以及对控制精度的要求而定。随动系统一般采用闭环控制策略，随时监测误差，以误差驱动系统去消除误差，达到控制目标。反馈控制的优点是结构比较简单，控制效果好，对系统参数变化不敏感。但若控制系统设计不当，可能出现反馈过度，或反馈不足，或反馈延迟，或反馈中断，都会影响控制效果，严重时导致控制失效。

实际控制过程有时将反馈控制与补偿控制结合起来，形成复合控制，能获得更好的控制效果，但结构也更复杂。

15.4　控制系统的数学描述

控制学是一门精确的定量化科学，要求用数学方法描述系统的状态、行为、性能，作出定量的结论，指导系统设计。建立和求解数学模型，通过对模型解的分析把握系统特性，是用控制学方法研究问题的基本作业。

控制学一般把系统看作确定性的，在确定性的输入作用（原因）的激励下，系统以确定性的输出作用（结果）响应。输入—输出观点在控制学中起着非常基本的作用，贯穿于对控制的各种定义中。输入 $u(t)$与输出 $y(t)$之间的激励—响应关系

$$y(t)=F[u(t)] \tag{15.3}$$

是控制系统最基本的特性。研究控制系统，重要的是了解在一定的输入作用下系统将有怎样的输出，为得到预期的输出，应当选择怎样的输入作用。至于系统内部的具体过程（物理的、生命的或社会的等），对经典控制学并不重要。这就是著名的黑箱原理。一个物体或系统，如果无法或者不允许打开，不能获得其内部结构和运行机制的信息，便称为黑箱。被当作黑箱的事物并非不可研究和控制。黑箱也有其外部特征和参数可供观测，通过它们可以对内部特性有所了解。输入和输出就是这种外部特征。凡是不把对象分解为组成部分，不是从研究结构及内部机制入手去了解系统，而是通过外部观察和试验，输入一定的激励作用，测记产生的输出响应，通过对输出数据、资料的分析来了解系统的行为特性，找到排除故障、实施控制的方法，都称为黑箱方法。医生治病，技师检查密封仪器，使用的都是这种方法。

从输入—输出观点看，控制系统是一种变换传递装置，其作用是对输入量进行变换、传递以得到输出量，激励—响应特性就是这种变换传递特性。控制学描述这种特性的定量概念，叫作传递函数，是由系统的输入量和输出量经过适当数学处理（拉氏变换）建立的。令 W 记系统的传递函数，U、Y 记经过数学处理的输入与输出，则系统的激励—响应关系可表示为

$$Y=W\cdot U \tag{15.4}$$

表示输入乘以传递函数就是输出。由此得到传递函数的定义

$$W=\frac{Y}{U} \tag{15.5}$$

控制系统的运行都是动态过程，输入量 u、输出量 y、状态量 x、干扰量 m 都是时间 t 的函数，x 对 u 或 m、y 对 u 或 m 的响应都是动态响应，即需要经过一定的过渡过程才能建立起稳态响应特性。动态方程是在时间域上描述系统，数学处理上有其不便之处。经典控制理论引入拉氏变换对动态方程进行处理（具体内容请参看有关专著），把传递函数、输入、输出均表示为复数 S 的函数 W（S）、U（S）、Y（S），得到

$$W(S)=\frac{Y(S)}{U(S)} \tag{15.6}$$

传递函数是输出的拉氏变换除以输入的拉氏变换。或者是写作

$$Y(S)=W(S)\cdot U(S) \tag{15.7}$$

给定动力学方程，施行拉氏变换，按（15.6）可得传递函数。没有动力学方程，可用实验方法获得传递函数。

经典控制理论研究的是工程系统的控制问题。这类系统的各个控制环节也是动态系统，可以根据力学的或电磁学的原理建立它们的动力学方程。从系统科学的角度看，这些控制环节可归结为惯性环节、振荡环节、放大环节、积分环节、一阶微分环节、二阶微分环节等少数几类，动力学方程都比较简单。设系统的组成环节和结构线路已定，先建立各环节的动力学方程，施行拉氏变换，求得各环节的传递函数，再根据各环节的耦合方式，即可直接综合得到整个控制系统的传递函数。设开环控制系统由 k 个环节组成，传递函数分别为 $W_1(S)$，$W_2(S)$，…，W_k（S），如图 15.8 所示

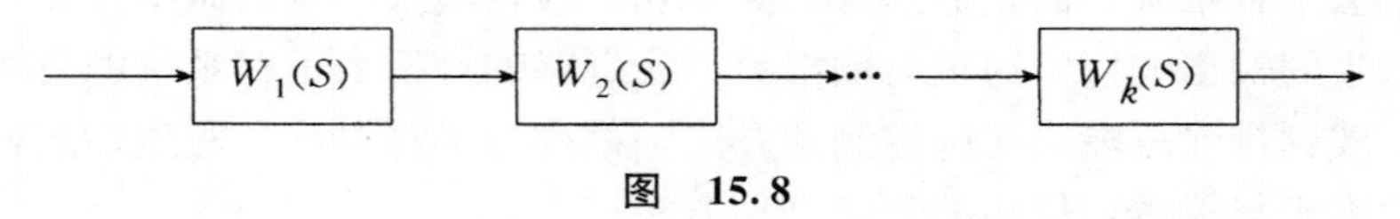

图　15.8

则系统的传递函数为

$$W(S)=W_1(S)W_2(S)\cdots W_k(S) \tag{15.8}$$

图15.9所示为一个闭环系统。它的前向通路相当于一个开环系统，可按（15.8）式得到其传递函数，记作 $W_1(S)$，反馈环节的传递函数记为 $W_2(S)$。

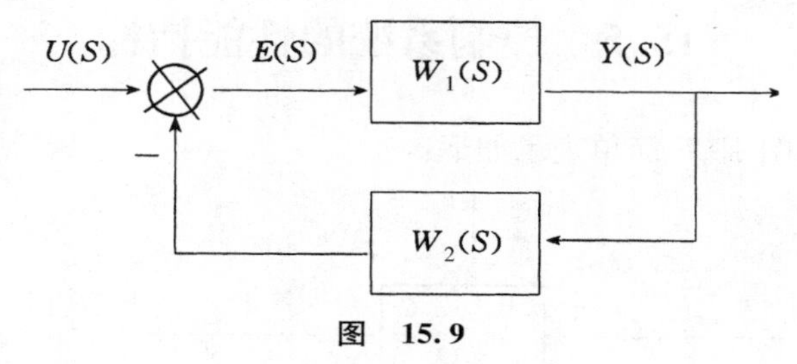

图　15.9

由上图知

$$E(S)=U(S)-W_2(S)Y(S) \tag{15.9}$$

$$Y(S)=W_1(S)E(S) \tag{15.10}$$

整理得

$$[1+W_1(S)W_2(S)]Y(S)=W_1(S)U(S) \tag{15.11}$$

由此得到系统的传递函数

$$W(S)=\frac{W_1(S)}{1+W_1(S)W_2(S)} \tag{15.12}$$

建立系统的传递函数，分析传递函数的特性，是经典控制理论的基本方法。但基于黑箱原理的传递函数方法着眼于输入—输出关系来描述系统，不考虑系统的内部状态，有很大局限性。对于经典理论研究的单输入单输出定常线性系统，这种方法足够有效，特别是研究系统的频率特性。也可以处理某些简单的非线性控制系统。现代控制理论主要研究时变系统、复杂非线性系统、多输入多输出系统，在考察外部特性的同时，需要全面描述系统的内部状态和特性，以及内部特性与外部特性的关系，还要处理各种随机因素。传递函数方法远不能满足这些要求，需要使用状态空间方法，即同时用状态方程（向量形式）

$$\dot{X}(t)=A(t)X(t)+B(t)U(t) \tag{15.13}$$

和输出方程

$$Y(t)=C(t)X(t)+D(t)U(t) \tag{15.14}$$

来描述（见9.4节）。本书第4～10章介绍的方法为状态空间描述提供了基本理论依据，这里不再进一步涉及。

理论上讲，状态空间方法基于所谓白箱原理，即假定系统的内部信息可以完全掌握。介于黑箱与白箱之间的是灰箱，系统的内部信息只能部分地了解。邓聚龙的灰色控制理论就是为处理这类系统的预测和控制而建立的。

15.5 控制系统的性能指标

可以把图15.7简单表示如下：

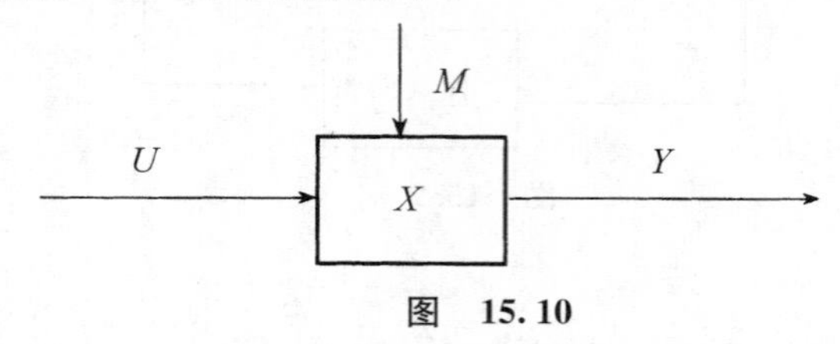

图 15.10

图中U、M、X、Y均为向量形式，输入分为两类，一是控制作用U，一是干扰作用M。控制系统的基本特性，即响应特性，也分两类：

1. 输出对输入的响应，又分为

（1）输出Y对控制作用U的响应特性；

（2）输出Y对干扰作用M的响应特性。

2. 状态对输入的响应，又分为

（1）状态X对控制作用U的响应特性；

（2）状态X对干扰作用M的响应特性。

控制学是为设计和使用控制系统服务的。设计控制系统是为了获得预期的功能，系统能给我们提供什么样的功能取决于它的性能。系统的性能要通过一定的品质指标来衡量。对于控制系统，主要关心以下几类性能及品质指标。

（1）稳定性与稳定裕度

稳定性是对控制系统必要的和起码的要求，只有稳定运行的控制系统才有可能发挥预定功能，实现控制目标。稳定性是一种定性要求。但对控制系统往往还要求它具有必要的稳定裕度，通俗地讲，就是稳定性的“富裕程度”。处于稳定边缘的系统参数稍有变化就可能丧失稳定性，很不可靠，实际上不能使用。具有足够稳定裕度的系统才可使用。控制学提供了许多判别控制系统稳定与否的方法，由于技术性太强，这里略去不讲。

（2）控制的精确性（控制精度，或稳态误差）

不论采用哪种控制方式和技术，都不可能完全精确地达到预定目标。仅就定值控制来讨论。设受控对象在干扰作用下偏离预定值 y^*，控制系统开始工作以消除误差，经过一段瞬态过程而到达稳态值 y_s，仍存在稳态误差 e_s

$$e_s = | y_s - y^* | \tag{15.15}$$

控制活动结束后受控量达到的稳态值与预定值之差的绝对值，就是控制精度。如图 15.11 所示。原则上说，控制精度越高，系统的性能越好。但实际做不到也无须绝对精确，精度越高，代价越大，精度过高并不合算，使误差不超过某个许可范围就行了。

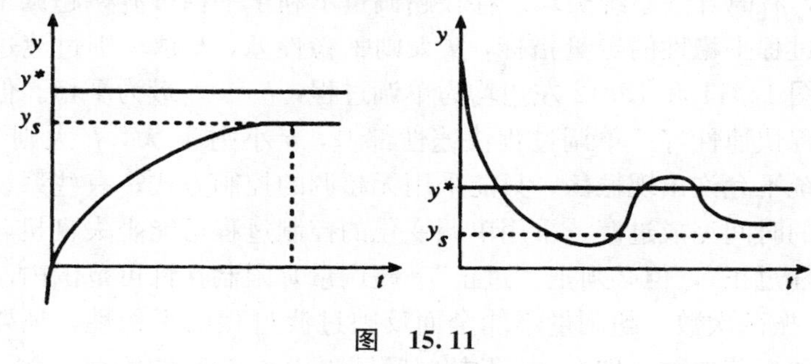

图　15.11

（3）过渡过程特性

作为动态系统，受控量对干扰作用和控制作用的响应都是动态响应，需要经历一定的过渡过程。用户对控制系统的过渡过程特性有多方面的品质要求。主要有：

1）快速性与过渡过程时间 T　从数学上讲，动态系统要经历无限长的过渡时间才能结束瞬态，进入稳定定态。实际动态系统虽然在有限时间即可结束过渡过程，但时间可能拖得很长，实际系统都要求尽快结束过渡状态，有些系统对过渡时间有严格的要求。这就是对控制系统的快速性要求，用过渡过程时间 T 等指标来衡量。如图 15.12 所示，虚线为允许的误差范围。时间函数 $y(t)$ 进入误差允许范围后不再越出边界的最小时间 T，称为过渡过程时间。

2）平稳性和超调量 h　许多控制系统的过渡过程是振荡式的，$y(t)$ 多次从不同方向超越预定值 y_0 线，起伏不定。令 y_{max} 为过渡过程中 $y(t)$ 的最大值，h 记超调量，定义为

$$h = | y_{max} - y_0 | \tag{15.16}$$

过渡过程一般都要求是平稳的，不平稳的过渡会给系统生存发展带来许

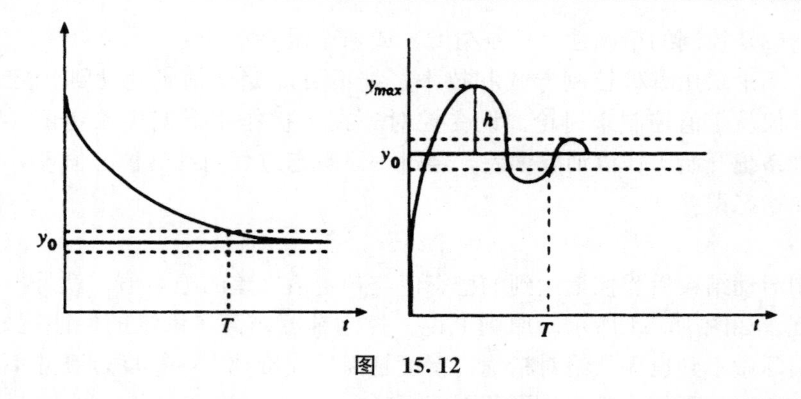

图 15.12

多不利，有时导致系统破坏。存在超调量不利于平稳过渡，超调量是衡量过渡过程平稳性的定量指标，h 大则平稳性差，h 越小则过渡过程越平稳。图 15.11 和 15.12 左边均为单调过程，$h=0$，最为平稳。但有超调的过程快速性好，单调过程快速性都差，h 小则 T 大，h 大则 T 小。有些系统不允许出现振荡，只能采用无超调的控制方式；有些系统必须以最短的时间完成过渡，采用单调变化的控制过程可能坐失良机，要敢于“矫枉过正”，但必须把“过正”（超调量）限制在许可范围内。

3）振荡次数　超调量不能全面反映过渡过程的平稳性，还要考虑该过程的振荡次数，即在 $0\sim T$ 的时间间隔内 y（t）的振荡次数。如图 15.11 中右边的系统振荡次数为 1，图 15.12 右边的系统振荡次数为 2。振荡次数小的系统平稳性好，一般情形均希望系统的振荡次数尽量小。但有振荡的过渡过程与单调过程相比也有好处，如快速性好。快速性与平稳性是一对矛盾，需依据具体情况辩证地处理。

（4）结构特性

现代控制理论发现，除上述用定量品质指标表征的性能外，控制系统的结构特性也很重要。9.6 节提到的能控性与能观测性是最重要的结构特性。另一个是鲁棒性（Robustness），或通俗地称为强壮性，即经得起摔打，在社会系统就是经得起风雨。现代化的生产和科技发展常常要求控制系统在恶劣多变的环境下工作，不仅要求系统有优良的功能特性，而且要求系统能在恶劣多变的环境中正常运行，具有好的鲁棒性。

最优控制常使用一些复杂的性能指标，在数学上要用积分来表示，称为积分指标。

15.6　随机控制

前面讨论的都是确定性系统，用确定性动力学方程描述，输入、输出、状态等变量都可精确测定，即使有些状态量无法直接测得，也可通过设计状态观察器足够精确地得到它们。许多实际系统很难满足这些条件，存在不可忽略的随机因素，包括内部随机参数、外部随机干扰和观测噪声等。飞机和导弹在飞行中遇到的阵风，各种电子装置中的噪声，生产过程中的种种随机波动等，这些随机因素是系统设计和使用中必须考虑的。随机因素使系统行为具有统计规律性，必须根据这种统计特性设计控制方案。由此提出随机控制问题。把随机过程理论与最优控制理论结合起来，形成了随机控制理论。

随机因素的作用是使那些为我们提供可用信息的测量呈现不确定性，无法得到精确数据。假定 P 是待测参数，由于随机干扰得到的信号不是真实的 P 而是被污染了的信号 Q，如前所说，为获得状态信息需要测量输出 Y，但随机干扰使实际测量得到的是 Y 与噪声信号混杂在一起的信号 Z。为实施有效的控制，首先要解决从被污染的量测信号 Q 中获取真实信号 P 的问题，或者是从混杂有噪声信号的实测信号 Z 中检测出输出信号 Y 来。这就是 7.3 节所说的估计问题。

维纳在创立控制学时已深入研究了过滤波问题，提出著名的维纳滤波。设 $X(t)$ 为真实输入信号，$V(t)$ 为噪声。假定所研究的是单输入、单输出、定常线性系统，待估计的信号 $\hat{X}(t)$ 和噪声 $V(t)$，二者均为平稳随机过程，X 与 V 统计无关。取均方差 R^* 为最优滤波的性能指标。

$$R^* = \min E\{[\hat{X}(t) - X(t)]^2\} \tag{15.17}$$

令 F_w 记维纳滤波器，$Z(t)$ 记滤波器输入，$\Delta X(t)$ 为滤波器实际输出 $\hat{X}(t)$ 与预期输出 $X(t)$ 之差，即

$$\Delta X(t) = \hat{X}(t) - X(t) \tag{15.18}$$

则维纳滤波的方框图表示为

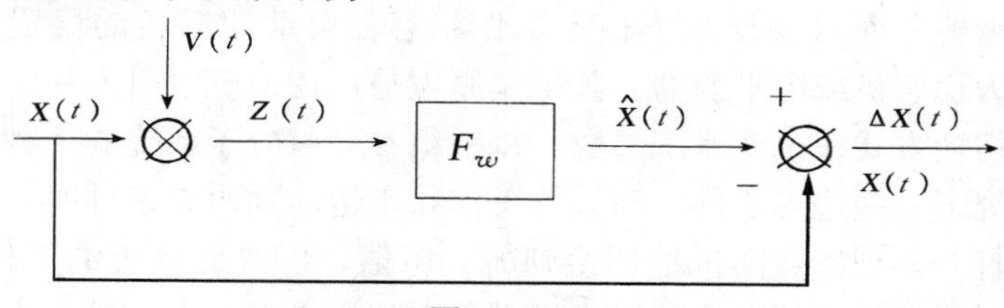

图　15.13

研究维纳滤波器是为了求得最优滤波器的传递函数 F_w（S），为设计最优滤波器提供依据。只要知道信号 X（t）和 V（t）的频谱密度，即可求得 F_w（S）。

维纳滤波基于传递函数概念（使用频率域语言），且限于平稳随机过程，有很大局限性。卡尔曼滤波突破这些限制，使用物理意义比较直观的时间域语言，对观测数据的要求低，计算方法简单，对连续系统和离散系统都可应用，比维纳滤波功能强、适用范围大，是现代控制理论的重要成果。但卡尔曼滤波只能用于线性随机系统，且噪声服从高斯分布，当实际系统的非线性特性较强或噪声特性偏离高斯分布比较大时，这种方法不能给出符合实际的成果。

谨慎和试探是随机控制策略的两个重要原则。由于存在不确定性，控制作用宁可取得弱一些，称为谨慎控制。为更好地进行估计，需要加入一些试探作用，以便不断激发系统的各种运动模式。试探作用的大小应根据增加的误差、直接费用、所带来的效益等因素加以权衡选择。

随机控制系统有广泛的应用，如工业过程控制，经济过程控制，航空、航天、航海的控制，军用火力控制，生物医学，等等。

15.7 自组织控制

控制是典型的他组织。但在控制系统的设计中适当采用一些自组织原理，能获得更精致、更多样、更有效的控制手段。与人工控制相比，自动控制系统已经具备一定的自我组织能力。如果进一步运用自组织原理赋予系统某些特定的自组织能力，如自镇定、自维修、自适应、自学习等，可以造出各种有特定自组织能力的控制系统。

自镇定控制　在15.3节所述用自动装置实行的镇定控制中，欲保持的稳定态是唯一的、预先设定的。真实的复杂系统很难满足这种要求。艾什比仿造生物的体内平衡功能设计了一种控制装置，具有多种工作状态，一些是稳定的，一些是不稳定的，系统能在“后天的”探索中通过“理解”而自动摆脱不稳定工作状态，自动搜索新的稳定工作状态，称为稳态机或内平衡器。其工作原理是：在系统中引入一组开关装置，以切换方式来改变系统参数，每一组参数对应于系统的一种工作状态；再规定一些边界条件，当系统工作状态运动到边界条件时，开关被随机地打开，把参数随机地切换到另一组值，以改变系统的工作状态。通过这种反复的试探，系统逐步识别各个状态是否稳定，抛弃不稳定状态，最后找到稳定的工作状态。图 15.14 是一个 2 阶系统自寻稳定点的相图，ξ 是控制参数。从不稳定态 a_0 开始，此时 $\xi=\xi_0$；系统进行第一次探索，到达不稳定态 a_1 时触发边界开关，参数切换为 ξ_1；进行第二次探索，到不稳定态 a_2 时又触发边界开关，参数切换为 ξ_2；进行新的探索，到不稳定态 a_3 时再次触发边界开关，参数切换为 ξ_3；进行新的探索，运行到不稳定态 a_4 时重新触发开关，参数切换到 ξ_4；再作新的探索，终于找到稳定工作态 a_5。

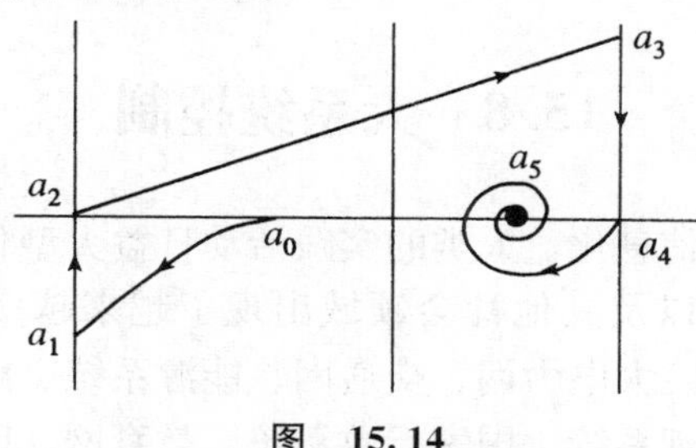

图　15.14

自寻最优点控制　能自动搜寻输出响应的最优点，并使输出保持在最优点附近的自动控制方式。在数学上，这意味着输出响应函数至少存在一个稳定极值点，代表系统的最优工作状态，因而又称为自寻极值控制。为实现这种功能目标，系统必须实时地检测本身的工作状态，不断地判断系统是否处于当时可能达到的最优状态，并根据检测和判断所得信息作出使系统达最优状态所需要的调整。

自适应控制　在控制学中，适应意味着系统能在变化的环境中坚持成功的行为。适应性问题总是相对于一定的环境 E 提出来的，并以一定的性能指标 P 为依据来衡量。以 C 记性能指标鉴定器，自适应控制如图 15.15 所示。

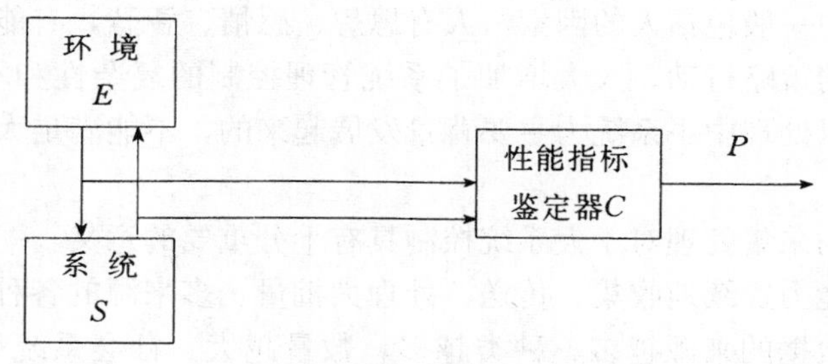

图　15.15

对环境不敏感的系统必定是适应能力强的系统。人由于易地而引起的高山反应、时差效应，对异国他乡风俗民情的不习惯，都属于不适应。从内部看，适应性要求系统有高超的自我调控能力，能够监测环境和系统自身的变化，对有关信息进行处理，通过对内部组分的耦合方式和结构参数的调整，重新组织自己以适应变化了的环境。自适应是一种探索过程，一种学习过程，通过探索和学习以求适应环境。

自修复控制在控制学中引入自组织原理，采取适当的设计方案使系统具有一定的自我修复能力，叫作自修复控制系统。这是现代控制学另一个颇具理论和实用诱惑力的发展方向。

15.8　大系统控制

现代社会日益信息化，人类的实践活动日益大型化、复杂化，使工程技术、经济活动以及其他社会领域出现了越来越多的规模很大的系统：大型工业企业、大电力网、交通网、能源系统、航天系统等工程技术大系统，城市管理系统、国家行政系统、教育网、医疗网等社会大系统，以及人口大系统等。如何管理控制这些大系统，成为现代控制理论的重大课题。一种意见认为，20世纪70年代以来控制学进入第三个发展阶段，即大系统控制学阶段。

由于构成元素或分系统的数目庞大，结构关系复杂，牵涉因素众多（多输入、多输出、多目标、多参数、多干扰等），使大系统具有许多不同于中小系统的特点。一是分散性，大系统常常由许多联系松散的小系统组成，导致信息分散，控制分散，如电力网分散地分布在很大的地区中。二是不确定性，大系统的随机因素比小系统更加复杂多样，大系统有明显的模糊性，许多情况无法确知。三是系统规模大了，数学模型都是高维、高阶的，出现所谓“维数灾”，精确分析和设计都很困难。四是大系统中一般包括人的因素，人有思想、感情、智慧，有能动性，常采取主动的策略行动，大大增加了系统管理控制的复杂性和不确定性。控制学是以处理中小系统为主要背景发展起来的，不能满足大系统控制的需要。

信息的采集处理对于大系统控制具有十分重要的意义。一个大系统通常应有能力连续地收集、传送、处理大批量、多来源的各种数据。系统越大，数据的来源越多，种类越多，数量越大。社会系统尤其突出。要有现代化的通信网络和计算网络，才能实现社会大系统的信息收集、汇总、辨识、分类、存储、传送、提取等运作，为管理控制创造必要的前提。例如，没有现代计算机，就无法制定控制人口增长的有效措施。

中小系统通常采用集中控制的方式，只有一个控制中心。系统的有关信息都汇集于该中心，在那里进行集中处理，作出统一的控制指令，去控制系统各部分的运行。乍看起来，采用这种方式控制大系统也是可行的，甚至可能是理想的模式。实际情形不是这样。在由单一中心集中控制的大系统中，由于信道容量有限，信息无法全面及时地送入控制中心，造成信息的严重滞后和损失。由于信息处理能力有限，送入控制中心的大量信息得不到及时准确的处理，难以形成正确的控制指令。信道容量的限制也使控制指令不能及时正确地传送到各部分，无法实施有效的控制。这样的大系统结构高度刚性，行动迟缓，控制失灵，缺乏应变能力，无法适应多变的环境，容易僵化，在激烈的竞争环境中处于被动地位，甚至被淘汰。

大系统必须分散控制权力，设置多个控制中心。控制中心多元化产生了不同控制中心之间如何协调配合的问题，以便组织成为一个秩序井然的系统。这要视大系统自身的特点来定。最简单的是完全分散的控制，即多个控制中心对大系统分片包干，各管一摊，彼此之间靠系统内部各组分的动态相互作用来调节（即前面说过的初级调节），不另设控制机构对它们进行干预。典型例子是城市的交通控制。当大系统各组分之间联系松散、控制要求简单、只需在某些点上加以控制时，即可采用这种方式。

在自然界演化中发展起来的生命机体，历史地发展起来的社会组织，都不是高度集中的刚性结构，也不是完全分散的控制方式，而是按等级层次方式组织起来的。在社会系统中，由于所属单位非常多，这些基层单位的任务、产品、组织结构千差万别，它们所提供的数据资料各不相同，只能划分成多个等级，分层进行管理。上一层次只对相邻下一层次进行管理，一般不能越级干预更下层次的活动。离基层单位最近的上级层次直接管理基层单位，再上一层次负责协调这一层次各部门、地区的相互关系，逐级分权管理，直到最高一级负责制定总任务、总目标，并监督执行。凡在下一层可以处理的信息，都不送入上一层；下层不能处理的、涉及更大范围的信息，必须送入上一层去处理；涉及整个大系统的信息，要送给最高层处理。按等级层次方式组织起来的大系统，具有合理的信息流通渠道和有效的信息处理能力。如有上亿千瓦的发电能力的大电力网络，年传输一万亿千瓦时电的输电网络，为保持可靠稳定运行，必须用分散与集中相结合的控制方式，才能完成状态监视、负荷调度、自动保护、事故处理、计价收费等管理职能。国家的社会行政管理亦如此。

与等级层次结构相适应的控制方式，是按集中与分散相结合的原则建立的递阶控制。其中又包括三种不同方式：

（1）多级递阶控制

按受控对象或过程的结构特性把大系统划分为许多小系统，按决策控制权力划分为许多等级，同一级的不同控制中心彼此独立地控制大系统的一部分，下一级的控制中心接受上一级控制中心的控制指令。控制过程中信息流通主要是上下级之间的纵向传递。图15.16例示一个三级递阶控制的大系统。

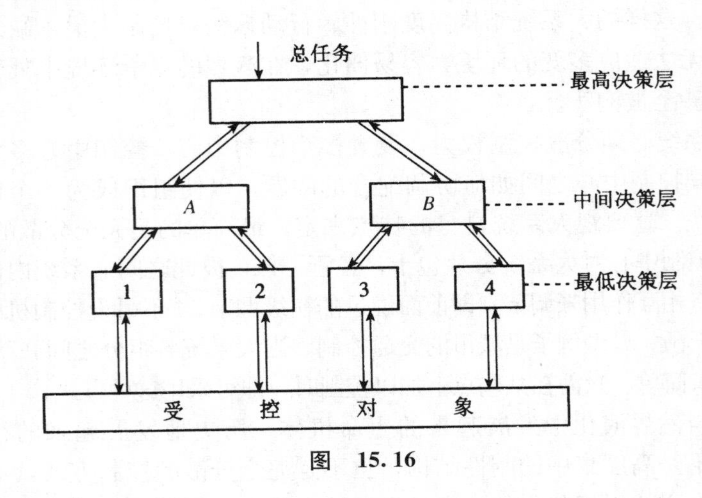

图 15.16

（2）多层递阶控制

按控制任务或功能把大系统划分为多个层次，较高层次的任务或功能较为复杂概括，较低层次的任务或功能较为简单具体。较高层次需要对付的是不经常发生的或缓慢变化的扰动，较低层次需要对付的是经常性的或变化快的扰动。不同层次之间既有分工合作的关系，又有上层领导下层的关系，既有从高层向低层的指令信息传递，又有从对象及低层向高层的信息传递和反馈。例如，工厂的生产系统可划分为两个层次来控制，厂一级控制月生产目标，要对付的是较长期的市场变化；车间一级控制日生产率，要对付的是短期扰动。图15.17示意的是一个两层递阶控制系统。

（3）多段递阶控制

按受控制过程的时间顺序把过程划分为若干阶段，每一阶段构成一个小系统控制问题，再按各段之间的衔接条件进行协调控制。图15.18示意的是一个三时段递阶控制的系统。如导弹飞行过程通常划分为主动段、惯性飞行段和末制导段，三个阶段分别有自己的控制系统，三个阶段之间又有协调控制。

等级递阶控制系统中信息活动主要在上下层次之间进行，同一层次的不同部分之间的横向信息交流不在考虑之列，事实上一般情形也很微弱，有时甚至限制横向的信息活动，这种系统容易僵化。高度集中的计划经济的弊病就在于此。它严重扼杀了系统的自组织能力，因为自组织的特点是成员之间有发达的横向信息交流。等级递阶控制是他组织系统的控制方式。社会是特别复杂的巨系统，是他组织与自组织的适当结合，既要有各个层次上发达的自组织，又要有必要的、有时甚至是强有力的等级递阶控制。

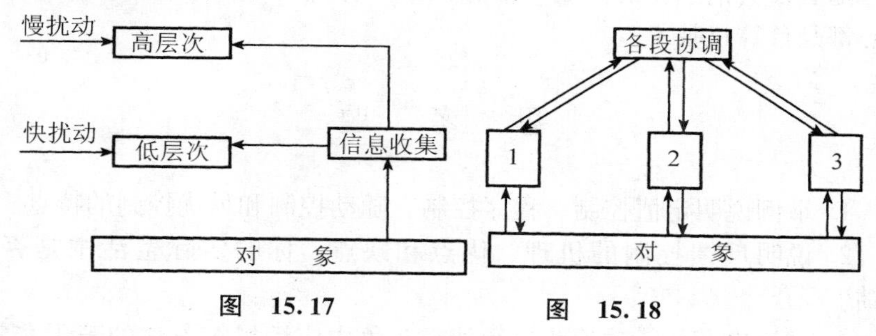

图　15.17　　　　图　15.18

15.9　控制技术

可以把控制分为人工控制和自动控制两类。人工控制也需要技术，多半是软技术。这里讲的主要是自动控制技术，有时称为自动化技术。

把控制学的原理应用于工程实践和经营管理实践所形成的技术，就是控制技术。其中，所谓自动技术是有关把人从直接进行检测、操纵、控制、调节、管理等劳作中解脱出来所需要的各种自动装置及其设计和使用的方法、技能的总称，包括硬技术和软技术。目前有关控制工程和控制技术的著作与有关控制理论的著作往往难以区分，造成某些混乱。遵照钱学森关于工程技术和技术科学划分的原则，我们把有关控制系统建立数学模型、求解模型、分析模型、综合设计等一整套方法技术，如传递函数方法、频率特性方法、状态空间方法等，归入控制学；把有关具体实现控制原理的方法技术，如结构方案、线路选择、元器件设计等技术，归于控制技术。

自动控制元件技术　自动控制系统中按结构和功能划分出来的最小

独立部分，称为系统的元件或环节。系统是由元件组成的，系统的整体功能建立在元件功能之上。元件技术是控制技术的重要组成部分。敏感元件、中间转换元件、执行元件以及其他用于控制系统的元件，都有特殊的设计使用技术。

自动控制系统技术　设计和使用控制系统整体所需要的技术，称为控制系统技术。每一种控制方式都对应着一定的系统技术，如程序控制技术、随动控制技术、补偿控制技术、反馈控制技术、最优控制技术、随机控制技术等。每发现一种控制原理，都需要创造一套技术使它实现。

随着社会信息化的发展，信息技术和控制技术很难截然区分开来，核心都是计算机技术。

思　考　题

1. 举例说明定值控制、程序控制、随动控制和最优控制的特点。

2. 说明反馈控制的机理、优点和缺点。你的实际生活中是否有反馈?

3. 试举出商战、政治斗争和外交斗争中应用黑箱方法的若干实例。你在生活和工作中是否应用过黑箱方法?

4. 阐述控制过程中准确性、快速性和平稳性的关系。

5. 试评述命题“控制就是反熵”。

阅　读　书　目

1. 苗东升：《系统科学原理》，第4、6、8章，北京，中国人民大学出版社，1990。

2. 苗东升：《系统科学辩证法》，第3章，济南，山东教育出版社，1998。

3. ［美］N. 维纳：《控制论》，郝季仁译，导言，第1、3、4、8章，北京，科学出版社，1962。

4. ［俄］A. Я. 列尔涅尔：《控制论基础》，第1、3、6、7、8章，北京，科学出版社，1981。

5. 钱学森：《工程控制论》，修订版，序，北京，科学出版社，1983。

第16章 事理学

事理是中国文化的重要概念，1978 年许国志《论事理》一文首次把事理作为科学概念加以阐述。钱学森迅即表示赞同，给以自己的解释，并提出建立理论事理学的倡议。不久，许国志又在《从运筹学到系统工程》一文中作出进一步阐述。宋健在《领导工作科学化和自动化的参谋部》、《事理系统工程和数据库技术》等论文中也肯定了事理和事理学的概念，提出事理系统（或称事务处理系统）和事理系统工程的概念，认为事理学是事理系统工程的理论基础。1990 年，苗东升在《系统科学原理》一书中依据许、钱、宋的提法，尝试对事理和事理学的含义给予系统的界定；1993 年，又在《运筹学的辩证思想》一文中对有关的哲学问题作了阐述。1995 年，张锡纯提出研究报告《工程事理学探索研究》（预印本，1995.6），给事理学以迄今最详尽的讨论，为进一步讨论事理问题提供了参照。他提出："如果能把事理研究改称事理学，与运筹学分开来，独立发展，真正去研究形形色色事情的办事道理和规律，也不限于把事情办好的所谓'优化'的道理，把优化的数学理论和算法留在运筹学，将使事理研究会有一个飞跃的发展。"（18 页）他把研究报告送给钱学森，引来钱学森的那封回信（见 14.1 节），肯定了运筹学与事理学是系统科学在技术科学层次上的两门学科的意见，并对四门技术科学相互关联地作了界定。但事理学毕竟是新学科，我们还难以给出它的完整概念框架。一种观点认为，有了管理科学就无须讲事理学，值得商榷。管理是重要的事理，但事理不限于管理。办事前的谋划（谋事）是重要的事理，不能划归管理。主体办事是一种操作过程，有关具体操作的科学知识丰富多样，也不属于管理科学。

16.1 从物理到事理

科学是关于客观世界的知识体系。客观世界由物和事两方面组成。物指独立于人的意识而存在的物质客体及其运动、演化，事指人们变革自然和变革社会的各种活动，包括人对自然物的采集、加工、改造，人与人的交往、合作、竞争，对人的活动所作的组织、协调、管理、指挥等。通俗点讲，事就是人们做事情、搞工作、处理事务。客观世界是一切事与物的总和，事与物都是科学研究的对象。

古代人类积累的知识，包括关于物的知识和关于事的知识。许多有关物的知识，如天文、农业、水利、医疗知识，以及数学知识，已初步具有科学形态。关于事的知识均属于前科学的知识。随着近代文明的兴起，关于物的知识首先获得科学的形态，产生了自然科学，创造了一整套方法，把人在实践中对自然界的影响撇开，单就实践的物质对象的自然属性进行研究。自然科学的基本信念可以用中国的一句格言表述为："物含妙理总堪寻"。它包含两个基本观点：其一，存在着有关物质对象的构成、相互作用、运动变化的客观规律和一般原理，可以称为物理；其二，这种物理是人类可以认识和把握的。自然科学是关于物理的科学，即广义的物理学。

按照科学唯物主义的一般原理，人们的办事过程也是客观物质运动，同样有规律可循。一切关于人们如何办事的规律、原理、道理，可以统称为事理。一切使人成功地办事的原则、方法、经验，必定符合事理。"成事"的做法、经验中必有事理，"败事"的做法、教训中也有事理。中国人常说某人"明事理"或"不明事理"，某个说法"切合事理"或"不合事理"，就是在最一般意义上讲的事理。

但在20世纪之前，事或事理从未进入科学研究的视野。由于通常处理的事务都是个人的或小群体的，单凭个人经验和才能一般均可获得令人满意的解决，尚未产生对事理进行科学研究的社会需要。又由于事理现象包含明显的人为因素和权变性，与物理现象截然不同，科学发展的水平还无法揭示出关于事理的一般规律，制定通行的解决方法，尚无建立事理学的可能性。"世事茫茫难预料"，道出人们对于无法科学地把握事理的困惑。人们甚至认为，事无常理，并没有规律可循，无法量化，一切要靠运气、个人的经验和办事艺术。

这种情形随着20世纪的到来起了变化。随着大工业、大生产而出现的大企业，单靠个人经验和办事艺术已无法经营管理好。这种中观层次的事理活动大量出现，产生了建立事理学的社会客观需要。而自然科学的巨大成功强烈地诱导人们产生一种信念：可以把自然科学方法移植应用于社会领域，去解决经营管理中的大量事理问题。这表明建立事理学的条件开始具备了。

从20世纪初起，欧美一些学者在各自的背景下就某些特殊事理问题进行探讨，如0.5节提到的泰勒、爱尔朗、兰彻斯特等人的先驱性工作。他们研究的对象不再是物质运动本身，而是社会服务、工时定额、作战安排和人员调动等事理运动。他们的成果不仅为日后建立运筹学发现若干典型问题，提出一些概念和方法，更重要的是使科学界获得关于事的（软的）重要性及对研究事理的必要性的认识，看到应用科学方法研究事理的可能性，标志着科学向事理领域的进军开始了。

决定性的转变是第二次世界大战促成的。对一批结构良好的事理问题的研究形成了运筹学。建立和发展运筹学的实践扩展和深化了人们对事理的认识。到20世纪70年代末，许国志、钱学森跳出传统运筹学的范围，概括出事理和事理学概念，标志着科学从单纯研究物理向重视研究事理的转变完成了。这是20世纪科学思想的重要进步之一。

16.2　事理通论

什么是“事”?《辞源》的解释是：“凡人所作所为所遭遇都叫事。社会生活的一切活动和自然界的一切现象也叫事。”前一命题正确，后一命题有错误。一次地震，一场洪水，这类自然现象是物理运动而非事理运动。人们的救灾活动才是事理运动，如何最有效地救灾的规律是事理。凡是人们从事的活动，包括人与人的交往、合作、竞争、人对物的使用和改造等活动，均可广义地称为事。简言之，事就是事情、事务。

正如物理学要区分物理现象和物理本质一样，事理学也要区分事理现象和事理本质。这里讲的不是与化学区分开来的物理学，而是广义的物理学，在一定程度上就是自然科学。事理现象指事理的本质在各方面的外在表现，即人们在事理活动中直观把握的一切外部形态的东西及其联系，如哪些人参与，使用什么物质材料，出现哪些波折，起止时间，事件发生的前后次序等。构成办事过程的各种事实、现象，就是事理现象。事理的本质指隐藏在这些现象背后的办成、办好事情应遵循的道理、规律和方法等。

作为建立事理学的认识论前提，首先要回答的问题是：事理运动有无客观规律？人们能否把握事理运动的规律性？把科学理性引入事理领域，必然使人们产生这样的信念：事含妙理亦堪寻。它包含两个基本观点：

第一，与物理运动有其规律性一样，事理运动也有其规律性。战争是一类重要的事理运动，伟大的古代军事家孙武把战争界定为“国之大事”，留下研究战争规律的兵法13篇，包含有丰富的事理学思想。

毛泽东曾经明确指出：“战争不是神物，仍是世间的一种必然运动”[①]。他的许多军事著作都标明是研究战争规律的。早期运筹学家选择的那些研究课题，表明他们相信战争和非战争的事理运动都是有规律的。运筹学的成功初步证明这种信念的正确性。一切事理运动都是人世间的一种必然运动，有其客观规律性，许国志最先以一般的方式指出这一点：“事物总有其一定的规律性，物有物理，事有事理。”[②] 又指出：“物有常规，事有定理，这些基本规律可以称为事理”[③]。

第二，一切事理都可以认识，事理规律是可以把握的。汉语有“知事”、“料事”、“料事如神”的说法，表明我们的祖先相信事理可知。孙武自信他可以在战争之前“知胜负”。早期的运筹学家努力把自然科学方法引入作战指挥和经营管理中，现代系统科学家提出建立事理学，表明他们都坚持“事理可知论”。现代科学唯物主义为我们相信事理可知提供了坚实的哲学基础。

与物理运动不同，事理运动包含人的主观能动性，是客观必然性与主观能动性的统一。能动性的一个表现是目的性。人总是抱着一定功利目的去办事的。目的性是事理系统预设的（努力追求的）整体涌现性，蕴涵着办事者的全部功利性。功利性在事理系统涉及的要素及其总和中看不到，只有把所有要素整合起来，并把系统与环境整合起来，才能呈现出来。恰当地确定目标，是把事情办成、办好的重要环节。凡事要由人来做，做事就要有计划、方法、策略等，计划性是事理运动能动性的另一表现。物理运动独立于人的主观因素，不会因人而异。不同人作同一件事不仅方式方法不同，目标设定也常常不同，主观能动性的发挥不同，最后效果也不同。能动性还表现在办事的灵活性上。孙子早有“巧

① 《毛泽东选集》，2版，第2卷，490页，北京，人民出版社，1991。

② 许国志：《论事理》，见《系统工程论文集》，12页，北京，科学出版社，1981。

③ 许国志：《从运筹学到系统工程》，见《科学家谈系统工程》，北京，科学普及出版社，1981。

能成事”的教诲。毛泽东在《论持久战》中关于能动性的著名论述，对于一般的事理问题也适用。

“事理看破胆气壮”，讲的也是一条事理。钱学森经常引用这句古诗，赞扬毛泽东关于中国搞两弹一星的决策。谋大事，办大事，需有超常的胆略和勇气，而胆略和勇气来自看破事理，把握了事理。

事理运动是由事（办事的行动或操作）和功（追求的功能目标）两大要素构成的系统，事与功的关系显然是非线性的，或者事半功倍，或者事倍功半，或者有事无功，或者无功有过等等。事理学要求树立非线性观点，牢记“世界上没有直路，要准备走曲折的路，不要贪便宜”[①]的道理，切忌把复杂的事理运动当成直线运动。

事理运动较物理运动有更多的不确定性。偶然性、随机性、模糊性、含混性、灰色性、权变性、信息不完全，这些类型的不确定性都会在事理运动中发现。办事一般没有确定的程式，可重复性差，不同的事用不同方法办。相对而言，物理运动是刚性的，事理运动是柔性的，有些事几乎是不可重复的，即俗话所谓“世事如棋局局新”。

应当重视处理事理问题的有限性原理。一是条件的有限性，可利用的物资的有限，空间的有限，时间的有限，以及其他环境条件的限制。人只能在给定的有限条件下去争取把事情办成、办好。“事在人为”、“心想事成”被有些人误解为做事成败全在主观努力，没有客观规律可循，只要“心想”就会“事成”，这是一种反科学的观点。二是西蒙等人强调的理性的有限性，办事者获得信息、处理信息和利用信息的能力都有限。经典系统理论实际上建立在无限理性的假设上，与客观实际不符合。这种有限性是事理客观性的另一种表现。力求理性地办事是人世常理。但事实上，办事过程难免有非理性因素介入。这也是理性有限性的来源。

张锡纯对“事理系统”概念提出质疑，不赞同“任何事情都是一种系统”的提法；但又认为他提倡的工程事理学“面对的活动总是系统的活动”，等于承认事理是系统。任何事情都是作为一定的系统而展开的。不论什么事，不论其或细或巨，都要涉及不同的人或物或信息，包含不同的操作或活动，经历不同的时段，这些不同要素按一定方式耦合在一起，就构成一个系统，称为事理系统。事理活动的主体或承载者必是个人或社会系统，社会系统是通过一系列事理活动表示其存在的。但事理

① 《毛泽东选集》，2版，第4卷，1163页，北京，人民出版社，1991。

系统与社会系统并非一回事。北京航空航天大学（简称“北航”）是一个社会系统，却不是事理系统。也不能把事理系统界定为有目的的社会系统，因为一切社会系统都是有目的的系统。“北航”作为系统的目的是培养航空航天人才，发展航空航天科技。“北航”组织一个科技系列报告，或举办一次运动会，则构成一个事理系统。也只有把办事情当作系统，才能应用系统方法认识和处理。系统科学研究的是系统问题。承认事理学是系统科学的一个分支，包含承认事理系统的概念。

事（或事理现象）的分类是一个重要问题。中国文化中有政事、军事、商事、农事等划分，还有文事、武事或家事、国事、天下事的划分。但这不是事理学的分类。事理学只研究这些特殊事理现象的共性问题。另一种划分，如小事与大事、细事与巨事等，则属于事理学的分类。因为把事理问题看作系统，就可以按照其规模划分为小系统、大系统、巨系统。成事和败事也可看作事理学的分类。下节提到的结构良好的事与结构不良的事是一种有重要科学意义的分类。事的更一般的分类应揭示不同类事理现象的特殊矛盾，发现事理领域的普适类，这是一个尚待研究的困难问题。

事理的分类也需要认真研究。存在两类事理。一类是定量事理，或可以量化的事理。运输问题是线性规划研究的重要问题，运筹学家通过研究对偶定理发现，运输能创造的价值不应大于最优方案能付出的运费。这也是一条客观规律，一条事理。这条事理告诉我们，在理性行为指导下，运输部门不能漫天要价。这属于定量事理。另一类是定性事理，不能或难以量化的事理。“万事起头难”，“欲速则不达”，都属于定性事理，它们是事理学研究的对象。张锡纯提出事理与源事理的划分，把源事理定义为：主宰着人类、生物界的过去、今天和未来发展的根本性事理。古语云：“贞固足以干事。”强调干事要坚持走正道，就是一条源事理。但源事理是否属于事理学的研究范围，尚需讨论。历史学、法律学、政治学等社会科学揭示的社会系统运行的基本规律，似应属于源事理。

许国志等认为：“人类某些活动的理性行为就是‘事理’。”[①] 事理必定与人的活动联系在一起，符合事理的办事活动必定是理性行为，要从人类的理性行为中发现事理。但事理与行为不是一码事，不能把事理

① 许国志主编：《系统研究——祝贺钱学森同志85寿辰论文集》，94页，杭州，浙江教育出版社，1996。

定义为人的某类行为；限定“人类的某些活动”，意味着另一些人类活动不包含事理，这也有待探讨。天行有律，事运循规。系统科学家有理由相信存在和物理学的热力学第二定律可类比的事理学定律。但这个目标不是一朝一夕能够实现的。“终应玩味高寒意，且把层峦拾级攀。”（许国志）目前应从较低层次上工作，寻找一些更具体的事理规律。

16.3　事理学与运筹学的划分

运筹学的研究对象也是事理系统，本为事理学的一个分支。在尚未区分事理学和运筹学的20世纪80年代初，宋健曾给出定义：“事理学是指定量地研究特定的社会现象、社会事务和社会过程的理论”，事理系统工程是“处理或管理社会事务的系统工程，包括政治、军事或经济范畴内的特定事务管理，社会服务性的事务管理等”[①]。前一个定义值得商榷，社会科学都在向定量化方向发展，定量化地研究特定社会现象的学科一般属于社会科学，不属于事理学。按张锡纯和钱学森的新提法，事理学应讨论的是事理问题中除去运筹学研究对象的那部分问题。

运筹学家早就注意到有两类运筹问题，更准确地说应是两类事理问题。一类是“结构良好的”事理问题，可以用明确的数学模型描述，作出定量的刻画。这就是运筹学的研究对象。另一类是“结构不良的”事理问题，即无法建立明确的数学模型、给以精确的定量分析的事理。这是事理学的研究对象。几十年来把现有运筹学方法推广于后一类问题的努力均未获成功，迫使许多学者提倡建立“软运筹”、“软系统工程”等，其实就是事理学。钱学森20世纪70年代末把运筹学界定为给系统工程提供理论依据的定量化数学理论，仍然有效。事理学只能提供半定量的或定性与定量结合的理论和方法。西方学者多年来在“软运筹”、“软方法”等方面的研究成果，都可以统一划归事理学。

事理学与运筹学都是提供系统优化运行的理论和方法的学科。需要区别优化与最优化两个概念。最优化是一个精确概念，追求的是唯一的极值，只对于结构良好的事理问题有效，运筹学是关于最优化的理论和方法。优化则是一个程度型问题，追求的是更优些或尽量优化，结构不良的事理问题很难找到最佳值，提最优化一般没有意义。事理学是关于

---

① 宋健：《事理系统工程和数据库技术》，见《科学家谈系统工程》，北京，科学普及出版社，1981。

优化的理论和方法，不是关于最优化的理论和方法。一般情况下，应采取司马贺倡导的令人满意原则，结果令人满意就算成功，不必追求最优。有时候，结果说得过去就应该接受。

事理系统都讲究效益。效益大体可以分为及时的与长期的两种。相对来说，及时效益比较确定，易于精确描述，是运筹学所追求的。长期效益一般不确定性大，难于精确描述，是事理学所追求的。但短期与长期是相对的，太长的事理运动也难以作为一件事去处理。从广延性看，张锡纯关于事理学的“研究范围应偏于中观和宏观”（50页）的提法有道理，主要限制于中观事理现象或许更恰当些。

从处理对象看，运筹学研究的是简单系统、大系统，事理学处理的是复杂系统，甚至是复杂巨系统。事理学是处理复杂巨系统的技术科学，系统学是它的理论基础。试图以运筹学方法处理开放复杂巨系统问题，是注定不能成功的。理论事理学的提法已无必要，事理学是技术科学，它的理论基础也是系统学。

如何区分事理学与社会科学，也是尚待探讨的问题。解决事理问题无疑要应用社会科学，如办事总会牵涉法律、法规，但研究法律、法规不应是事理学的内容，而是法律学的内容。国家兴衰虽然包含事理，但属于政治学和历史学的研究对象，不是事理学的研究对象。例如，鸦片战争以来中国社会历史的风云际会是历史学的重要课题，不能用事理学原理分析。经济活动中包含事理活动，但不限于事理活动。撇开其中的事理活动去考察纯粹的经济运动，才是经济学的本义。办好一件事情一般都要考虑经济性，但其中的经济规律不属于事理学的研究对象。这些界限需要进一步划分清楚。管理活动是一种典型的事理活动，但事理学不等于管理学，二者的划分还有待研究。

张锡纯提出事理学的分支问题，是建立和发展这一学科必须考虑的。除工程事理学外，他明确把运筹学作为并列的另一门事理学。“历史上有殷鉴，《资治通鉴》，它们反映的是兴亡事理；运筹学所研究的是优化事理；军事学研究的是胜败事理”（19页）。把运筹学作为事理学的分支本来是有道理的，但既然把它独立作为一门系统技术科学，就不可再作为事理学的分支。把运筹学与工程事理学并列也不妥。工程事理学可简称为工事学，与它并列的是农事学、军事学、商事学或许还有文事学等，它们不应划归系统科学，而是系统科学与其他科学的交叉，如工程事理学是工程科学与事理学的交叉。运筹学完全撇开工事、农事、商事等的特殊性，只从运筹优化的角度看问题，是标准的系统科学分支。事理学研究的是政事、军事、工事、农事、商事、文事中的共性问题，即办各种事的共同规律和原理。至于历史学，虽以天下兴亡大事为研究对象，但属于人文社会科学，不是直接研究办事规律的，归于事理学太勉强。

应从事理的观点考虑事理学的分支问题，如分为事理预测学、事理决策学、事理模拟学、事理评鉴学等或许更恰当些。运筹学是按运筹问题的普适类确定分支的，也应按事理现象的普适类来划分事理学，但这是将来才能解决的任务。

20世纪80年代初，许国志在《论事理》一文中指出："在物理学中能量是贯穿整个学科的主要概念。但目前在事理中还缺乏这种起着贯穿全局的概念。这有待于将来。"① 系统科学的发展越来越表明，"信息"可能是这种起着贯穿事理学全局的概念。但事理学要像物理学描述能量那样描述信息，尚有待于信息科学的发展。

16.4　事理学方法论

钱学森等认为："'事理'同数学、物理都充满了辩证法的道理，都是以辩证唯物主义作指导的。"② 著名运筹学家丘奇曼在谈到运筹学和系统分析的未来发展时也指出："需要有改进系统的辩证方法"，"未来系统方法的主旨概念将是辩证的学习过程"③。事理研究的方法论以辩证法为其哲学基础，这是不容置疑的。

在科学方法论层面上，作为系统科学的一个分支，事理学同运筹学一样是基于系统观点和方法处理问题的。但事理学在方法论上应有其特殊性。20世纪80年代前期，钱学森在发展军事系统工程、社会系统工程，探讨"建立一类建设和管理国家的科学"④，以及与王寿云合作研究作战模拟问题的过程中，形成一套颇具特色的方法论思想。王寿云把它称为复杂行为系统的定量方法学，在《论系统工程》的"增订版说明"中作了高度的概括。复杂行为系统就是复杂事理系统，复杂行为系统的定量方法学就是事理学的方法学。它的要点如下：

---

① 《系统工程论文集》，12页。

② 钱学森等：《论系统工程》，增订本，18页。

③ ［美］小拉尔夫·弗·迈尔斯主编：《系统思想》，350页，成都，四川人民出版社，1986。

④ 钱学森等：《论系统工程》，增订本，483页。

（一）关于复杂事理系统的定量化描述存在三种方法。

（1）严格理论的定量途径：从基本科学原理出发，建立复杂事理系统的数学理论，据之构造系统的模型，进行“最彻底的计算”（钱学森语），作出精确的定量结论。这是严格按照自然科学和数学原理处理问题的定量化途径。典型代表是诺伊曼的博弈论，运筹学的规划论、排队论等均属于这种方法论。

（2）半经验的定量途径：从经验性假设出发，建立复杂事理系统的数学理论，依据这种半经验的理论建立系统模型，从中引出定量的结论。典型的工作是兰彻斯特关于作战过程的数学描述。

（3）经验的定量途径：不着眼于建立数学理论，主张通过“完全将经验的数据纳入计算机”（钱学森语），对复杂事理系统进行模拟计算，作出定量的结论。一项典型的工作是当代美国军事运筹学家杜派等人依据经验，把影响战斗结果的各种因素定量化，建立了模拟作战过程的定量判定模型。

（二）上述第一种定量化途径在理论上有很大魅力，可以用来解决某些比较简单的问题。例如，以博弈论为指导，解决了关于计算机下棋和简单的军事战斗集体（如排对排）的行动模拟问题。但对复杂事理系统，如结构复杂、成员众多的集团对阵问题，从微观经济到宏观经济的过渡问题，等等，至少目前还没有严格的科学原理可以遵循，也难以提出近似符合实际的理论假设。一些已建立起来的模型，尽管理论性很强，其实不免牵强附会，脱离实际。与其如此，倒不如从建模一开始就老老实实承认问题的复杂性和理论的不足，转而求助于经验判断，让定性的方法与定量的方法结合起来，最后定量。各种已获成功应用的方法都是在经验性理论基础上建立的，钱学森的综合集成法尤其强调这一点。

（三）处理复杂事理系统的定量方法学是半经验理论的。所谓半经验理论，是在难以用严格数学方法处理的问题上，根据深入实际的经验性观察提出一组假设（猜想或判断），用以说明影响复杂事理系统的主要变量是如何结合起来对实际过程产生影响的。然后，选择适当数学形式把这些变量或参量的相互关系表示出来，得到系统的数学模型。由于是借助数学模型表示实际问题，通过研究模型得到关于复杂事理系统的定量化原理和结论，故属于理论方法；由于这种数学理论是以经验性假设为前提建立的，具有经验的实质，故称为半经验的。

（四）要恰当地提出经验性假设（猜想或判断），必须详尽地掌握复杂事理系统的有关资料数据。例如，作战模拟必须占有相关的历史数据、演习数据和靶场实验数据。关键是善于从这些数据资料中提炼出经验性假设。经验性假设中包含猜想的成分和简化的因素。同一种复杂事理系统，同样的数据资料，可能提出不同的经验性假设，建立不同的数学模型。这是事理学与物理学、工程技术等在定量化描述方面的重要区别。复杂事理系统的定量方法学，是科学理论、实践经验和专家判断力的结合，它所提供的建模方法不是取代专家的思维和判断，而是对专家判断力的补充。

（五）与科学理论的假设不同，经验性假设不能用严谨的科学方式核实验证，但必须符合实际经验事实，因而必须用经验性数据对其确实性进行检测。另一个不同点是，从经验性假设出发应用定量方法学获得的结论，仍具有半经验理论的性质，需要经过实践经验和数据的检验。

（六）对于前人创造的经实际经验证明行之有效的方法，人们往往容易为其漂亮的形式和严密的逻辑性所吸引，而忽视数学模型微妙的经验含义或经验性解释。如作战模拟中对兰彻斯特方程的应用就有这种倾向。复杂事理系统的定量方法学要求克服这种倾向，强调要了解这种数学理论的经验含义，并根据具体应用作出必要的补充和修正。

复杂事理系统的定量方法学是一种新的建模理论，包含方法论思想的深刻变化。在系统工程和运筹学后来的发展中，以及系统动力学、软系统方法、模糊系统理论、灰色系统理论中，都提出把科学理论与实际经验、定性方法与定量方法结合起来的观点。钱学森注意到系统科学的这种新动向，并给予系统的总结提炼。在科学发展中，人们总是希望从经验性理论过渡到严格的科学理论。但必须明白，任何时代都有大量问题不能用严格的理论方法处理，经验的或半经验的方法是不可缺少的。

还应指出的是，办事艺术始终是办成、办好事情的重要因素。在强调把现代科学规范和数学方法引入事理学的同时，防止过分强调精确化、定量化，不可企图把事理学建设成一门类似物理学那样的精确科学，主张把科学、经验和艺术结合起来，乃是事理学的一条方法论原则。

顾基发等人认为，在处理复杂系统问题时，既要考虑物的方面（物理），又要考虑如何使用这些物的事的方面（事理），还要考虑认识、决策、管理、使用都离不开人的因素（人理），把这三方面结合起来，做到懂物理、明事理、通人理。由此形成物理、事理、人理方法论。

16.5 事理运筹

事理系统可以一般地表示为

$$S=\{目标，条件，运筹，实行\} \tag{16.1}$$

在给定的条件下为达到目标而进行谋划决策，就是运筹。办事＝运筹决策＋实行，事理学是关于运筹决策的科学。

在汉语中，“运筹”一词指的是办事人运用谋略、智慧进行策划，即汉高祖刘邦所说的“运筹于帷幄之中，决胜于千里之外”，亦即孙武说的“庙算”。中国人爱讲“谋事”。凡事都是人“谋”出来的，未谋而办的事，除非十分简单并巧得机遇，是不可能办成、办好的。所谓“凡事预则立，不预则废”，说的就是这个意思。事理运筹就是筹谋策划，第一位的是定性的谋划，其次才是定量的计算。按照前面界定的运筹学，一般并不需要这样的筹谋策划，即算计，关键是运用数学智慧，核心环节是建立数学模型，主要工作是数量的分析计算。这是熊十力所说的“量智”。因此，称为运筹学并不准确，原来的命名“运用学”似乎更适当些，或者称为筹算学。事理学更需要运筹，需要谋划，即熊十力所讲的“性智”。收回香港是一件大事，办成这件事的关键是以提出“一国两制”构想为核心的一整套运筹决策。这是事理运筹的典型例子，起决定性作用的是“性智”。

俗话说，“谋事在人，成事在天”。谋事就是运筹。谋事不限于在任务确定后对如何办事的策略方案进行分析选择，许多事（任务）是经过筹谋策划才提出来的。在总的目标指引下，策划办哪些事，是运筹的重要环节。运筹的结果是作出决策。不仅要“谋”，而且要“断”，多谋加善断才可能产生优化的决策。谋事还包括抓住机遇，机遇不是随时都会碰到的，机遇的出现往往是短暂的，多谋才能发现机遇，善断才能抓住机遇。“成事在天”包含两个方面：其一，谋划必须符合客观规律；其二，客观环境提供了机遇。机遇的出现常常是在办事人的努力下促成的，与办事人主观努力无关的、完全由客观形势提供的机遇是少见的。

钱学森关于办事要“利用环境”的观点，是事理学的重要思想。不仅办事所需的物资、空间条件等硬的因素要从环境中获取，还有各种软的因素也取决于环境。办事所需要的条件常常不是事先全部给定的，许多条件要在事前经过努力利用环境创造出来。孙子强调要“造势”、“用势”，视之为取胜成事的关键之一。这也是利用环境。“势”是各种有利条件的凝聚。善于用势或造势意味着把环境和系统自身的一切有利条件充分凝聚起来，形成某种气势，使要办的事不仅“势在必行”，而且“势不可挡”、“势如破竹”，最充分地利用环境。

贾雨文认为，现代流行的决策理论是从西方发展起来的理想系统决策理论，中国传统文化特别是以《孙子兵法》为代表的兵家倡导的是主动性（非理想系统）决策理论。它有四个基本范畴：形（资源，其量化形式是变量），势（形在运用中发挥效能的条件和程度），节（系统运行中的控制和策略运用的调节），策（策略、方案，数学上就是解、最优解）。其中形和策是与理想系统决策理论共有的范畴，势和节是非理想系统决策理论独有的范畴。理想决策理论的局限性已为中外学者普遍认可，应当寻找新的决策理论。贾雨文主张把传统的主动性决策理论提高到当代科学水平，作为系统科学的一个分支予以重建。要点是：(1) 引入势效系数概念，作为势的量化形式（资源效能发挥程度的度量），建立势分析模型；(2) 将系统运行从系统结构概念中分离出来，用结构—运行—功能分析取代以往的结构—功能分析；(3) 决策适度性分析，承认决策适用条件是可变的，要确定决策的适用范围，预测和判定决策条件的变化，超过这个范围就应当由其他决策取代；(4) 伴随关系分析，一个对象系统的伴随系统是从该系统的环境中分离出来的一部分，如竞争对手、盟友等，它与对象系统强烈地相互依存，相互间有高强度的物质、能量、信息交换，优化的决策应当考虑这种伴随关系，查明在对象系统中采取的举措对伴随系统将产生何等影响，尽量使它们之间形成相互依存、良性循环的关系，这些都要求作伴随关系分析。①

原则上讲，办任何事情都会遇到“逆境”因素，有时多有时少，通常总是较多的。需要区分三种情况：一是逆境因素可以忽略，看作在顺境中办事；二是在严重逆境中办事；三是在巨大灾难形势下办事。三种情况下的运筹决策应有不同的模式。德罗尔的著作作了开创性研究，对事理学有很好的借鉴作用。②

建立事理学的运筹理论，要大力发掘谋略学的成果。古今中外有众多谋略学名著，有大量成功运用谋略的事例，可以借鉴。但谋略学至今还算不上真正的科学，基本属于潜科学。需要按现代科学的思想、规范

---

① 参见贾雨文：《关于主动性决策理论（非理想系统决策理论）的研究》，载《中国软科学》，1997 (1)。

② 参见［以色列］叶海卡・德罗尔：《逆境中的政策制定》，上海，上海远东出版社，1996。

加以改造，尽量采用一些有效的定量或半定量的方法。

16.6 事理模拟

由于复杂事理问题都具有重要社会影响，又不允许进行实际试验，一旦决策有误就会造成严重社会后果，在决策过程中充分利用大型计算机进行仿真模拟就成为科学办事的必要手段，事理模拟的理论和方法是事理学的重要组成部分。

古代军事家已经有用模拟方法研究作战过程的创举，积累了大量成功的经验和理论概括。历史上，战国初期的墨子倡导“非攻”，曾经就近取譬，“解带为城，以牒为械”（《墨子·公输》），进行城防攻守模拟演习，说服楚王避免了一场战争。孙武关于“庙算”的理论，也包含有战前对作战过程的模拟研究。如王寿云所说：“他在写作不朽的军事哲学著作《孙子兵法》过程中，事实上是在自己的脑子里按不同的战斗条件推演了矛盾斗争的整个过程。他是军事史上第一个运用模拟作战的思想方法研究战争的伟大人物。”① 捧读《孙子》，遥想当年孙武与吴王的论争及指挥操练的情景，诚然“如睹廊庙君臣密谋筹划之形，似闻沙场相扑厮杀之声”②。

作战模拟在现代有了长足的发展，形成作战模拟学。现代作战模拟是传统的图上作业、沙盘作业、实兵演习等自然发展的产物。钱学森指出：“战术模拟技术，实质上提供了一个‘作战实验室’，在这个实验室里，利用模拟的作战环境，可以进行策略和计划的实验，可以检验策略和计划的缺陷，可以预测策略和计划的效果，可以评估武器系统的效能，可以启发新的作战思想。”③ 在模拟的可控制的作战条件下进行作战实验，能够对有关兵力与武器装备使用之间的复杂关系获得数量上的深刻理解。有了计算机技术，特别是虚拟现实技术，可以极为逼真地模拟现代化作战过程。海湾战争提供了最有力的证明。

作战模拟的核心是战斗建模，建模的关键是提出合理的经验性假设（判断或猜想），基础工作则是学会运用历史的和演习的各种战斗的经验数据。按照王寿云的概括，作战模拟方法学的基本思想包括以

---

① 钱学森等：《论系统工程》，增订本，585页。

② 李世俊等：《孙子兵法与企业管理》，6页，南宁，广西人民出版社，1984。

③ 钱学森等：《论系统工程》，增订本，49页。

下几点：

（1）从历史数据、演习数据和靶场实验数据的研究中提炼出经验性假设。典型工作是兰彻斯特关于两种战术情况的假设：第一种情况的出发点，是假设双方战斗单位数量损失的速率正比于双方战斗单位数量的乘积；第二种情况的出发点，是假设每一方战斗单位的损失速率与对方战斗单位的数量成正比。王寿云研究发现，这两个假设的经验依据均可在克劳塞维茨的《战争论》中找到。

（2）根据经验性假设建立战斗过程模型的数学表达式。例如，兰彻斯特根据第一个假设，用以下微分方程表示战斗过程

$$\dot{x}=-\alpha xy$$
$$\dot{y}=-\beta xy \tag{16.2}$$

其中，x、y代表作战过程中双方损失的战斗单位数量。根据第二个假设，用以下微分方程表示战斗过程

$$\dot{x}=-\beta x$$
$$\dot{y}=-\alpha y \tag{16.3}$$

（16.2）和（16.3）一起构成作战过程动态特性的数学模型。

（3）从战斗过程模型演绎出结论。如通过研究上述微分方程组，兰彻斯特演绎出著名的线性律和平方律，建立了作战过程的定量化理论。

（4）用战例和演习数据校验结论，核实模型（检验经验性假设）。如兰彻斯特用平方律解释特拉法加尔海战的结果，恩格尔用修正的兰彻斯特方程说明第二次世界大战期间美、日硫黄岛战役的结果等。

（5）经过初步校验的战斗过程模型，可以应用于预测正在进行的或未来的类似战术情况的结局。

作战模拟是特殊的办事模拟，必定包含某些适用于其他事理过程的原理、方法和步骤。作战模拟学对建立一般的办事模拟学具有重要参考价值。正如当年把军事运筹学推广到民用部门一样，把作战模拟学推广应用于一般事理过程同样是可能且必要的。应当说，对于建立一般办事模拟学，目前已具备初步的条件。

毛泽东在领导中国革命和建设的漫长过程中，对事理运动有多方面深入的探讨，创造了许多处理大型复杂事理问题的有效方法。典型试验、“解剖麻雀”就是著名的例子。应用现代科学技术加以充实改造，典型试验可以作为事理学的重要方法。

16.7 事理过程

俗话说："物有本末，事有始终"。许多物理系统，如建筑物、山脉等，一般情况下无须作为过程看待，只需作共时性研究。但一切事理系统都是作为过程而展开的，是一种过程系统。办任何事情都是一种过程，必须当作过程系统进行历时性研究。这是事理系统的一大特点。运筹学家早已认识到"对研究结果的执行将是运筹学发展的重要趋势"①。简单事理问题尚且不能认为有了科学的决策就等于办成了事，复杂的事理问题更需研究执行决策的过程，监督计划执行情况，控制办事过程的进展（称为工程控制或操作控制）。

动力学把初始状态当作影响甚至决定系统动态行为及其最后结局的重要因素。战争作为一种特殊的事理运动，有一条重要的原则是"慎重初战"。因为一个战役的第一仗的成败往往能使整个战役处于截然不同的初始态势，慎重初战是军事家"造势"、"用势"的重要手段。这个原则对于一般事理运动也是适用的。大型复杂的办事过程的"第一仗"如何选择，是否获得全胜，往往使整个办事过程处于不同的态势中，故必须慎重。"慎重开局"应是事理学的一条重要原则。

凡过程都是由时段构成的。不论多么复杂的事理过程都会显示出阶段性、步骤性、程序性，必须把全过程划分为若干阶段（分过程），确定各阶段的独特任务、目标、中心问题等，解决各阶段之间的衔接、协调问题，或不同程序的衔接、交叉、穿插等，即明确事理系统的过程结构。在同一事理过程中，有些操作需先行实施，有些操作需要在另一些操作完成后才能进行，有些操作需要穿插进行，有些操作可以同时实施。对这些问题作科学的分析和合理的安排，是事理学方法的重要功用。

把运筹决策阶段制定的计划付诸实施后，常常发现计划走样了。因为在决策阶段有许多因素没有考虑到，或者是客观环境发生了预想不到的变化。愈是复杂大型的事理问题，运筹决策愈不可能在事情开始前一次性地完成，而应贯穿于整个办事过程。所谓办事过程的控制，包括调整修改计划安排、甚至改变预定任务。根据工作进展间隔性地修订运筹计划是事之常理。

---

① 姜振寰主编：《交叉科学学科辞典》，339页，北京，人民出版社，1990。

事理既是可知的，又有不同程度的不可预见性。愈是复杂、大型、历时很长的事理运动，不可预见性愈强，事先能够作的运筹决策就愈加粗略，大量的运筹决策要在办事过程中进行。几百年来科学理性的辉煌胜利造成一种误解，只看到人们在实践中主动地制定计划并自觉地付诸实施，忽略了实践还有被动的一面和自发的倾向。实际情形常常是这样的，一个事理过程在按计划顺利进行，似乎一切都不出所料，但实际上某些未曾料到的因素、倾向正在悄悄地积累并放大，一旦到达某些临界点，就会以明显的形态突然出现于人们的面前，打乱原有部署，使人处于被动局面，被迫改变计划，调整部署，甚至放弃原定目标，承担失败。必须充分认识事理有不可预见性的一面，树立人在办事过程中有被置于被动局面的可能性这种思想意识，才能够在办事过程中及时觉察问题，适时采取步骤，变被动为主动。要承认实践过程有自发性倾向，随时准备发现可能自发出现的新苗头、新问题，不断把自发性转化为自觉性。一旦被置于困境应如何处置，如何在逆境中把事办成，如何克服突然出现的危机，如何收拾败事的残局，都是事理学要研究的问题。

办成、办好一件事需要一个完整的过程，不到走完最后一步，决不可松懈。老子对此有深刻的认识，发现有些人办事“常于几成而败之”。原因在于他们在办事过程中慎始疏终，虎头蛇尾。他由此而概括出一条重要事理：“慎终如始，则无败事。”越是胜利在望，越要防止思想松懈，坚持做到慎终如始。

如何判别一件事办成、办好，即事的评鉴（评审鉴定），是办事过程的最后环节。从事前运筹到事毕评鉴，构成一次完整的事理运动。研究事的评鉴是事理学另一个重要课题。对事的科学评鉴与正确规定办事目标有很大关系。一个著名的经典例子是第二次世界大战时在商船上设置高射炮的举措。若以击落敌机为目标来衡量，这个举措是无效的，因为只有 4%的来袭敌机被击落。若以保护商船免被击沉，有高射炮保护的商船被击沉的百分比同没有高射炮保护的商船相比，被击沉的百分比降低$\frac{1}{2}$以上，因而是很合算的。这就提出一个问题：在商船上装备高射炮这件事的目的是什么？商船的任务是运输而不是击落敌机，完成任务的前提是不被击沉。以这个标准衡量，这件事是办成了办好了。从这里可以看到一条事理：判定办一件事要解决的真正的问题是什么，关系到事情的全局，作出正确判定乃是事理学家重要的甚至主要的贡献。

事理学是一门亟待建立的新学科。

思 考 题

1. 试析物理、事理、人理三概念。

2. 试给出事理的分类。

3. 说明信息概念在事理研究中的重要作用。

4. 从《实践论》、《矛盾论》看事理学的认识论基础。

5. 试析中国传统文化中的事理观。

阅 读 书 目

1. 许国志：《论事理》，见《系统工程论文集》，北京，科学出版社，1981。

2. 钱学森等：《论系统工程》，增订本，增订版说明、18～19 页，长沙，湖南科学技术出版社，1988。

3. 苗东升：《系统科学辩证法》，第 4 章，济南，山东教育出版社，1998。

4. 张锡纯：《工程事理学发凡》，北京，北京航空航天大学出版社，1997。

5. ［美］H. A. 西蒙：《人工科学》，第 1、2、5、6 章，北京，商务印书馆，1987。

章

运筹学

17.1 运筹学方法论

丘奇曼、阿可夫和阿诺夫在1957年出版的《运筹学方法》一书中，第一次系统地讨论了运筹学的方法论问题，把它归结为以下六点：

（1）形成问题：弄清问题的目标、可能条件、可控变量以及有关参数；

（2）构造模型：把问题中的可控变量、参数、目标和约束条件之间的关系按一定的模型表示出来；

（3）求解模型；

（4）解的检验：排除求解步骤和程序中的可能错误，检查解是否反映实际问题；

（5）解的控制：通过控制解的变化过程，决定对解是否应作必要的改变；

（6）解的实施：向实际部门讲清解的用法，在实施中可能产生的问题和修改等。

关于运筹学的方法论，西方学者普遍采用类似的表述，差别在于步骤划分等细节上。上述六点实际是应用运筹学原理和方法解决具体问题的基本步骤和主要操作，理论味不够。这与西方学者对运筹学的特殊理解有关，反映他们未能划清作为系统理论的运筹学和以运筹学为理论根据的工程技术——系统工程的界限，混淆了运筹学方法论与系统工程方法论。

按照钱学森的学科划分观点，运筹学研究的主要内容是：

(1) 提出运筹问题：从千姿百态的实际事理问题中提炼出典型的运筹问题，描述其特殊的结构和运行特性；

(2) 建立运筹学模型：提出正确的假设，以便简化对象，把典型运筹问题表示为数学问题；

(3) 解决理论问题：阐述基本概念，证明有关定理等；

(4) 发展求解模型和分析解的特性的技术，特别是算法。

作为事理系统的一类，运筹学系统也具有（16.1）的形式。运筹学局限于有良好结构的事理系统，问题相对简单，可重复性较强，有明确的数学模型，只要作出决策，一个运筹问题就算解决了，不大关心实施决策的过程。因此有

$$\text{运筹系统}=\{\text{目标，条件，决策}\} \tag{17.1}$$

在给定的限制条件下寻找达到预定目标的策略或方案，就是运筹。

把问题表示为数学模型，关键是洞察该事理现象的数学本质。即使是研究简单事理问题的运筹学，也不能企图用统一的数学模型去描述。必须对运筹问题分类，把握每一类问题的特殊矛盾或矛盾的特殊性。目前的运筹学包括规划论（又可划分为线性规划、非线性规划、整数规划、几何规划、动态规划、随机规划等）、排队论、对策论、决策论、库存论、更新论、搜索论、网络分析、层次分析等分支，每个分支研究一类特殊的运筹问题，处理一类特殊的事理矛盾，需要一种特殊的数学模型和一套特殊的概念、词汇。它的方法论的哲学基础，就是毛泽东关于特殊矛盾或矛盾特殊性的理论。

把运筹问题表示为数学模型，具体体现于用数学形式表示事理目标和约束条件。能够用数学方法处理的事理系统总是涉及两类变量。一类是有待运筹人员选择或确定的变量，叫作决策变量，即系统的状态变量。因为它们是运筹学家可以控制的量，又称为可控变量。另一类是环境参量，在每一个具体的运筹问题求解中都被认为是既定的、运筹人员无法改变的，如市场价格、总的资金、可用的劳力等，它们反映的是客观环境给予事理活动的限制条件，规定了决策变量的允许取值范围，又称为不可控变量。令 x_1，x_2，…，x_n 记决策变量，或以它们为分量表示为向量 X；以 c_1，c_2，…，c_k 记环境参量，或以它们为分量表示为向量 C。如果能用适当的数学形式以这两类变量表示问题的目标和约束条件，就是该运筹问题的数学模型。有了模型后，剩下的工作是求解模型，分析模型，作出决策。在这个意义上，可以说决策就是计算。

就数学特征看，有两类运筹模型。一类是确定型运筹，如随机规划

之外的各种规划。当系统的运行和实现都不依赖于随机因素（即随机因素可以忽略不计）时，可以采用解析数学形式描述事理问题，就是确定型运筹模型。但在许多情形下，运筹问题的不确定性是不可忽略的，运筹决策就是要从不确定性中寻找确定性，化不确定性为确定性。最常见的和研究最多的不确定性是随机性，基本的数学工具是概率统计。必须运用概率统计方法描述的是统计型运筹问题，相应的模型是统计模型。

运筹学研究的一个典型范例是丹捷格关于线性规划的工作。线性规划要解决的问题早已发现，但一直未能找到一般的数学表示形式。1946 年，还在美军中服务的丹捷格接受上司的挑战，着手寻找一种方法，以便快速计算多时段的部署、训练和后勤供应的规划问题。受列昂捷夫关于投入产出工作的启示，丹捷格提出目标函数概念，作为描述这类事理目标的数学形式，用一组不等式表示各项活动之间相互制约的数量关系，作为这类事理问题的约束条件的数学形式，从而首次给出线性规划的数学模型。1947 年，他又发明了求解线性规划的算法，即单纯形法。以后又证明重要的对偶定理。丹捷格的这些成就，使得线性规划发展成运筹学中意义最大的一个分支。①

解决运筹问题极需丹捷格式的数学才能和智慧，洞察问题的运筹学本质，提出新的科学概念，寻找适当的数学表达形式，解决有关的数学理论问题。但运筹学后来的发展中出现一种倾向，把越来越多的精力放在寻找算法上，甚至一味追求数学形式的漂亮，忽视问题的运筹学意义，忽视利用数学来论证问题的运筹学规律，更不注意从运筹学研究中“发现事理学性质的启示”②。许多著名学者对此提出批评是正确的。没有运筹数学就没有运筹学，但运筹学不仅仅是运筹数学。

17.2　线性规划

最简单但广泛存在的一类运筹问题，可以归结为有限资源的最优分配。这里讲的资源是广义的，包括办事需要的物资、原材料、能源、设备、资金、人力、时间、任务等。如 k 件产品在 l 台机床上加工的工序安排问题，n 项任务分配给 m 个单位或个人的任务指派问题，p 个产地

---

① 参见许国志、杨晓光：《运筹学历史的回顾》，见许国志主编：《系统研究——祝贺钱学森同志寿辰 85 周年论文集》。

② 《钱学森 1996 年 3 月 3 日致张锡纯的信》，见张锡纯：《工程事理学发凡》，238 页。

的产品运往 q 个销地的运输问题，等等。处理这类问题的运筹学分支，统称为规划论。规划就是在给定的条件下找出各种可能的行动方案，从中选择能够多、快、好、省（至少实现某一方面）地办成事情的方案。简言之，规划就是谋划、计算、选择、安排。

规划问题涉及两个集合：资源集（A_1，A_2，…，A_m）和活动集（B_1，B_2，…，B_n）。资源总是有限的，而需要得到资源的活动一般不止一项，这就产生了如何分配的问题。每项活动都希望获得尽量多的资源，每项活动都应照顾到，但由于不同活动项目的重要性和收益不同，又不能平均分配。由此规定了分配问题的基本矛盾。共同分享资源，都为总效益作贡献，把 n 项活动联系在一起。同为 n 项活动所需要，把 m 项资源联系在一起。这就规定了规划问题是一种系统，需按系统观点分析，对各项资源和活动进行统筹安排。规划问题是以有待安排的事项（或有待确定的变量）为要素，以整体目标和约束条件相互制约为结构特征的系统，称为规划系统。解规划问题的含义是，从获取整体最大效益出发，通过对有关的变量、因素、手段的处理、改变和控制，调整内部关系，协调各种矛盾，使系统具有最佳有序结构，以求获得最佳功能。

一般情形下，可以假定各项资源都是给定的，没有不确定性。以 b_1，b_2，…，b_m 分别记各项资源的总量。实际的环境参量都是可变的，具有不确定性。但在许多情形下，可以把这种变化作为扰动因素另行处理（如通过分析模型的灵敏性来反映扰动效应），因而可以假定环境参量也是给定的，没有不确定性。从这些假定出发，规划问题可以用确定型数学模型来描述。以 g 记规划问题的功利目标，g 应是决策变量的函数

$$\begin{aligned} g &= g(x_1,\cdots,x_n;c_1,\cdots,c_k) \\ &= g(X,C) \end{aligned} \tag{17.2}$$

g 称为规划问题的目标函数。运筹决策意味着使目标函数最优化，即 g 取最大值或最小值

$$g=\max(\min)g(X,C) \tag{17.3}$$

约束条件表示各项活动或各个决策变量必须满足的数量关系，亦即各项资源总量对决策变量取值范围的限制

$$\begin{aligned} f_1(X,C) &\leqslant(\geqslant)b_1 \\ f_2(X,C) &\leqslant(\geqslant)b_2 \\ &\cdots\cdots \\ f_m(X,C) &\leqslant(\geqslant)b_m \end{aligned} \tag{17.4}$$

目标函数（17.3）和约束条件（17.4）一起构成规划论模型的主要部

分，二者均为确定性数学表达式。一切可以用目标函数和约束条件刻画的事理问题，均属于规划论的研究对象。

在实际运筹问题中，对决策变量还有其他补充要求。如规划论要求所有决策变量 x_i 不能取负数，即满足非负性要求

$$x_i \geqslant 0，i=1，2，\cdots，n \tag{17.5}$$

整数规划还要求 x_i 取整数

$$x_i=0，1，2，\cdots，i=1，2，\cdots，n \tag{17.6}$$

目标函数、约束条件再加上这种补充要求（也算约束条件），才构成规划问题的完整数学模型。

如果（17.3）和（17.4）均为线性表达式，即

目标函数 $$g=\max(\min)(c_1x_1+c_2x_2+\cdots+c_nx_n) \tag{17.7}$$

约束条件

$$\begin{aligned} a_{11}x_1+a_{12}x_2+\cdots+a_{1n}x_n &\leqslant(\geqslant)b_1 \\ a_{21}x_1+a_{22}x_2+\cdots+a_{2n}x_n &\leqslant(\geqslant)b_2 \\ \cdots\cdots\cdots\cdots\cdots\cdots \\ a_{m1}x_1+a_{m2}x_2+\cdots+a_{mn}x_n &\leqslant(\geqslant)b_m \end{aligned} \tag{17.8}$$

非负条件 $$x_i \geqslant 0\ i=1，2，\cdots，n \tag{17.9}$$

则（17.7）、（17.8）、（17.9）一起构成线性规划的数学模型。

应用线性规划模型解决问题，要求满足下述线性假设：

（1）比例性，即各项活动所使用的资源及它们对目标函数的贡献与活动的水平成比例；

（2）可加性，即全部活动所使用的资源总数等于各项活动分别使用的资源数的总和。

在事理领域，很多实际问题近似满足这两条假设，可以把目标函数和约束条件都表示为决策变量的一次函数，用线性规划方法来解决。

例1 甲、乙、丙三种不同产品需要经过三种不同工序加工，各种产品每件所需加工时间、各道工序每天的加工能力、每种产品的单位利润如下表所示：

工 序	每件加工时间（分）			工序加工能力
	甲 品	乙 品	丙 品	（分/天）
1	1	0	2	320
2	3	1	4	360
3	1	2	0	280
利润/件（元）	4	2	5	

问题是如何分配三种产品的日产量，使得所获利润最大。

这是一个线性规划问题。令 x_1、x_2、x_3 分别记三种产品的日产量，数学模型为

目标函数　$\max g=4x_1+2x_2+5x_3$

约束条件　$x_1+2x_3\leqslant 320$

$3x_1+x_2+4x_3\leqslant 360$

$x_1+2x_2\leqslant 280$

$x_1,\ x_2,\ x_3\geqslant 0$

数学模型满足约束条件和非负性条件的解，称为线性规划的可行解，使目标函数达到最大值或最小值的可行解称为最优解。有了数学模型，首先确定可行解的范围，然后再从中寻找最优解。这需要有效的算法，单纯形法就是一切线性规划问题都适用的算法。

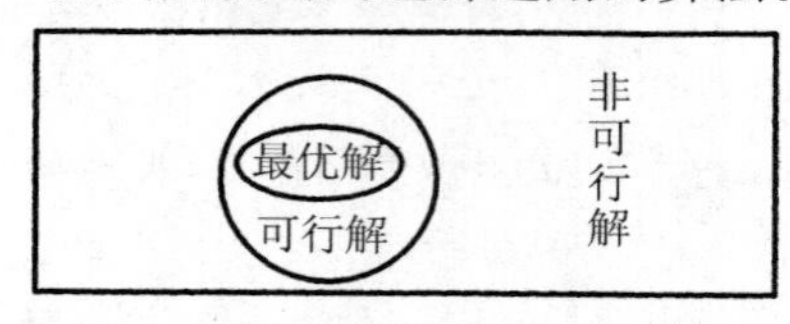

图　17.1

17.3　非线性规划

实际的规划问题都有非线性，线性假设只对其中一部分近似成立。在另外的情形下，问题本身的非线性因素不能完全忽略，目标函数和约束条件中至少有一个是非线性表达式，这种运筹问题要用非线性规划方法来解决。

例 2　某公司经营甲、乙两种产品，产品甲的单件售价 300 元，产品乙的单件售价 480 元。x_1、x_2 分别记两种产品的售出数量。据统计，出售一件产品甲所需营业时间平均为 0.5 小时，出售一件乙品为（$6-0.35x_2$）小时，已知该公司的总营业时间为 750 小时，试制定使其营业额最大的营业计划。

根据题设，该公司的营业额为

$$g=300x_1+480x_2$$

由于营业额的限制，营业计划必须满足

$$0.5x_1+(6-0.35x_2)x_2\leqslant 750$$

由此得到这个问题的数学模型为

$$\max g = 300x_1 + 450x_2$$
$$0.5x_1 + (6 - 0.35x_2)x_2 \leqslant 750$$
$$x_1 \geqslant 0, x_2 \geqslant 0$$

由于约束条件的左边包含决策变量的2次项 x_2^2，因而属于非线性规划。解这个规划问题，就是寻找目标函数在满足约束条件下的最大值。

一般来说，解非线性规划问题要比解线性规划问题困难得多，目前还没有找到甚至不存在适用于各种问题的一般算法。虽然非线性规划已取得长足发展，在最优设计、管理科学、系统控制等领域获得广泛应用，但还远不如线性规划那样成熟。

作为数学规划的一个分支，非线性规划也属于寻优理论。在数学上，就是寻找目标函数的极大值或极小值。对于线性规划而言，局部可行域上的最优解必定是整个可行域上的全局最优解。非线性规划不具备这个性质，从某个局部可行域中求得的最优解不一定是整个可行域上的最优解。这是系统的非线性因素带来的困难之一。

在微分学中，极值问题分无条件极值和条件极值两种。非线性规划为这个性质提供了新的实际背景。非线性规划也分为无约束极值和有约束极值两种，前者较容易解决，后者要困难得多。通常采用的办法是设法把有约束问题化为无约束问题来解决，甚至将非线性规划问题化为线性规划问题来解决。

17.4　动态规划

线性规划、非线性规划、整数规划、几何规划等的共同特点是静态性（瞬时性），所解决的问题与时间变量无关，可看作是针对某一时刻的系统状态进行规划，即规划是一次完成的，无须考虑事理活动的过程性。但大量实际的规划问题包含与时间有关的变量，解决一项规划问题是一种包含多个阶段的活动过程，每个阶段都要进行决策，例如，水库放水、航天飞机导航等。对于这类规划问题，决策不能一次完成，而是基于一个共同目标分阶段顺序进行一系列决策。处理这种多阶段序贯决策问题的运筹学分支，就是动态规划，特点是决策随时段而变化，是时段的函数，具有动态性。

例3　有一批货物要从A地运往E地，有若干条公路可走，有 B_1，B_2，B_3，C_1，C_2，C_3 等6个中间站，各站之间的距离（按行驶时间表示）标在图17.2上。问题是：从A出发应选择什么路线到E才能使行车时间最短？

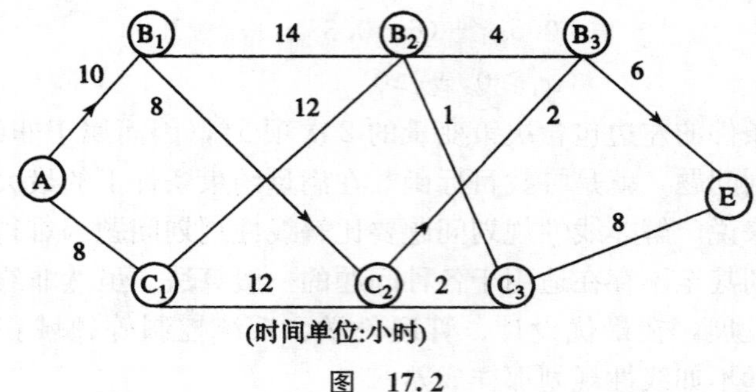

图 17.2

动态规划的理论基础是贝尔曼的最优化原理。人类在面临序贯决策问题时，必定是从前面决策的后果（可能是非最优的，甚至是错误的）出发，力争后面的决策最优化。贝尔曼的最优化原理是对这种决策经验加以提炼而得出的。它的一般表述是："一个最优策略具有如下性质：不论系统所处阶段的开始状态和开始决策如何，其余的决策对于由开始决策所导致的状态必须构成一个最优策略。"

解动态规划问题表现为一个过程系统，由若干相互联系的阶段组成，每个阶段可以看作一个静态规划问题。由于不同阶段的决策相互影响，全过程的最优决策并非各阶段最优决策的简单加和。但全过程毕竟是由各阶段构成的，在一些结构良好的事理问题中，整个规划的过程结构明晰确定：阶段划分，各阶段之间的衔接，各阶段的效能函数，都能够确切地表述和精确地计算。在这类问题中，可以把全过程的寻优工作分解为各阶段的序贯寻优。实际的操作是从后向前倒退着进行的，如图17.3所示。

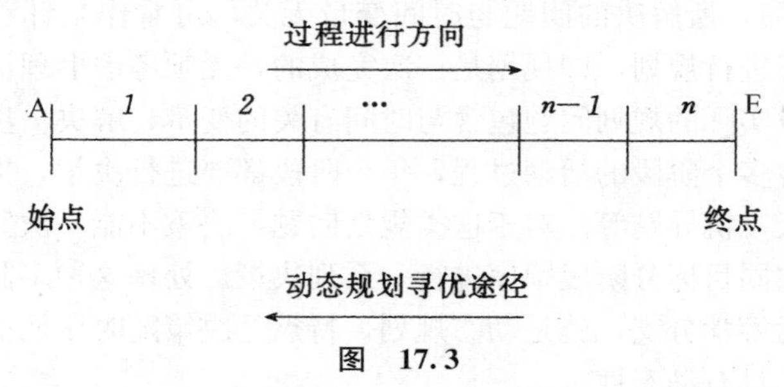

图 17.3

仍讨论例3。全过程和阶段的效能函数都是行驶距离（小时），是状态 B_i、C_j 的函数。从E开始反向计算。令 g_i 记第 i 步的最优决策。序贯决策过程如下：

（1）第一步有两种可能路线选择 B_3E 和 C_3E，效能函数为

$$g_1(B_3)=6, \quad g_1(C_3)=8$$

（2）当系统处于状态 B_3 或 C_3 时，都有两个可能的前站 B_2 和 C_2。由 B_2 出发可从 B_2B_3E 和 B_2C_3E 中选择，

$$g_2(B_2)=\min\begin{Bmatrix}1+8\\4+6\end{Bmatrix}=9;$$

由 C_2 出发可从 C_2B_3E 和 C_2C_3E 中选择，

$$g_2(C_2)=\min\begin{Bmatrix}2+6\\2+8\end{Bmatrix}=8$$

最短路线为 C_2B_3E。

（3）当系统处于 B_2、C_2 时，都有两个可能的前站 B_1 和 C_1。由 B_1 出发可有两种选择

$$g_3(B_1)=\min\begin{Bmatrix}14+g_2(B_2)\\8+g_2(C_2)\end{Bmatrix}=\begin{Bmatrix}14+9\\8+8\end{Bmatrix}=16$$

由 C_1 出发也有两种选择

$$g_3(C_1)=\min\begin{Bmatrix}12+g_2(B_2)\\12+g_2(C_2)\end{Bmatrix}=\begin{Bmatrix}12+9\\12+8\end{Bmatrix}=20$$

最短路线为 $B_1C_2B_3E$。

（4）全过程的选择（决策）为

$$g_4(A)=\min\begin{Bmatrix}10+g_3(B_1)\\8+g_3(C_1)\end{Bmatrix}=\min\begin{Bmatrix}10+16\\8+20\end{Bmatrix}=26$$

最短路线为 $AB_1C_2B_3E$。

在典型的动态规划问题中，序贯决策的“中间站”、各种可能路线及其效能函数都是确定的，决策之前均可知道，因而制定规划可以归结为步骤和方法都确定的计算。复杂事理问题的序贯决策不具备这种条件，不能简单地套用这种方法。但最优化原理及相关的操作方法仍有参考意义。运筹学毕竟是一门特殊的事理学，可以为一般的事理学提供许多启示和借鉴。

17.5　排队分析

排队现象在社会生活中比比皆是，如理发、就医、机床维修、飞机着陆等。有社会服务就有排队现象。服务活动是一种系统现象，由两种要素构成。提供服务的一方叫作服务台，可以是人、机器、动物、社会机构等。需要服务的一方叫作顾客，可以是人、机器、生物、社会机构

等。顾客来到服务台要求服务，得到服务后旋即离去。顾客的到来是随机的，服务台的服务能力有限，因而形成随机聚散现象，顾客太多时出现拥挤，要求排队，无顾客时服务台将空闲，设备和人员闲置。在服务台收益与顾客需求、排队费用与防止排队的费用之间存在矛盾：服务台太少时，高峰期排队太长，顾客损失即社会代价太大；若服务台太多，低峰期服务台空闲过多，经济损失过大。协调这些矛盾，使服务台与顾客的利益能够均衡兼顾，是运筹学的排队论要解决的问题。

排队现象可以看作具有如下结构的事理系统：

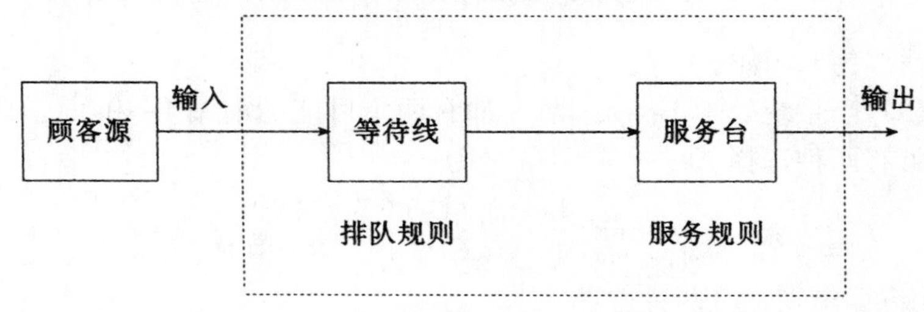

图 17.4

它由输入、排队、服务三个要素组成，顾客源为环境。一般情形下，顾客的到来是随机的，输入过程为随机过程，不同类型的随机输入过程决定系统不同的特性和描述方式。排队有不同的规则，等待线可以是有形的或无形的，可以是单线的或多线的，可以是一次排队或分段多次排队，可能允许顾客中间离开或不允许中间离开，等等。顾客等待线的特征取决于输入特性和服务台的特性、数量和服务规则，可能是先到先服务，或先到后服务，或优先服务，或随机服务，服务时间可能是均匀的或随机的，等等。这些特性决定应采用何种排队模型。

衡量排队系统的效益常用以下两个指标：

$$\text{服务台损失率}=\frac{\text{平均空闲台数}}{\text{服务台总数}} \tag{17.10}$$

$$\text{顾客损失率}=\frac{\text{平均排队人数}}{\text{顾客总数}} \tag{17.11}$$

在随机输入的情形下，顾客到达的时间间隔为随机变量，以 a 记它的数学期望。顾客接受服务的时间也是随机变量，以 b 记它的数学期望。对于单一服务台，爱尔朗数

$$\rho=\frac{b}{a} \tag{17.12}$$

为衡量系统拥挤程度（或空闲程度）的指标。

如果到达时间间隔是独立同分布的随机变量，且是负指数分布，服务时间也是独立同分布随机变量，与到达时间间隔相互独立，则有定理保证：对于任一给定的大数 Q，当 $\rho<1$ 时，总有可能出现队长小于 Q 的状态；当 $\rho\geqslant 1$ 时，出现队长小于 Q 的状态几乎是不可能的。

排队论研究各种服务问题中的排队现象，排队现象本质上都是随机聚散现象，基本数学工具是概率统计，因而也称为随机服务系统理论。因所涉及的随机过程的性质不同，需要使用不同的数学模型。

17.6　决策分析

做任何事情都要决策，决策总是针对环境作出的。环境有不同的状态或态势，可看作环境能够采取的策略。因此，决策可看作以决策者和环境即“大自然”为局中人的二人对策，特点是“局中人”大自然不是理智的对弈者，不会有意选择能使决策者陷于困境的策略。决策就是决策者根据环境的可能状态选择自己的最优策略进行对策。

设“大自然”有 m 个可能状态 β_1，β_2，…，β_m，决策者有 n 个可能的策略 α_1，α_2，…，α_n，大自然选择 β_j 而决策者选择 α_i，形成一个局势（α_i，β_j），决策者的益损值为 α_{ij}，得到他的决策表（赢得矩阵）。

自然状态 / 益损值 / 策略	β_1	β_2	…………	β_m
α_1	α_{11}	α_{12}	…………	α_{1m}
α_2	α_{21}	α_{22}	…………	α_{2m}
⋮		…………		
α_n	α_{n1}	α_{n2}	…………	α_{nm}

决策表中的益损值构成一个矩阵，叫作益损矩阵，公式为

$$A=(\alpha_{ij})_{nm} \tag{17.13}$$

根据不同事理问题的特性，决策分析常分为确定型、风险型、不确定型三类。前面介绍的三种规划都是在确定的条件下进行的，属于确定型决策。基本特征是：（1）存在决策者希望达到的一个明确目标；（2）只有一个自然状态，且是确定的；（3）存在可供决策者选择的不少于两个行动方案；（4）不同行动方案在确定状态下的益损值可以计算出来。决策判据是在给定的自然状态下能获得最高效益。除随机规划外，各种规划论介绍的方法都是确定型决策方法。

当存在两个或两个以上的自然状态、各以一定概率出现、决策者可以预先确定这些概率时，可用风险型决策。有多种可行的方法，这里只简单介绍决策树方法（决策树概念见下节）。

例4　为生产某种产品提出两个建厂方案。建大厂需投资180万，建小厂需投资80万，使用期限均为10年。估计在10年中，产品销路好的概率为0.6，销路差的概率为0.4。两个方案的年益损值列表如下：

自然状态	概　率	建大厂	建小厂
销路好	0.6	80	40
销路差	0.4	−25	15

决策表

用决策树表示为

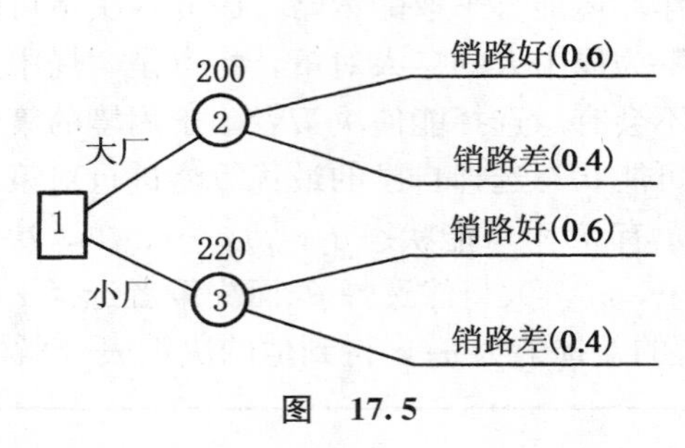

图　17.5

画出决策树，可以计算期望益损值及其最优化。在我们的例子中，计算得

$$点\ 2：0.6\times80\times10+0.4\times(-25)\times10-180=200$$

$$点\ 3：0.6\times40\times10+0.4\times15\times10-80=220$$

两种方案比较，建小厂是最优方案。

当决策者对自然状态的发生概率无法预先估计，但必须作出决策时，需采用不确定型决策。有所谓乐观法、悲观法、等可能法、后悔值法等。这是没有办法的办法。实际上，这类问题的困难往往并不只是自然状态的概率不能预先知道，而是涉及复杂的事理关系。因此，把这些问题归于事理学范畴，或许能找到较为有效的处理方法。

17.7　网络分析

人们在实际生活中常常用图来表示事理现象，用点代表所涉及的事件，用线表示事件之间的联系，如联络图、关系图、电路图、交通图、军事对阵图、竞技比赛图等。用数学语言表示，令 V 记一个点集合，它的元素称为节点或顶点，E 记一个线段集合，它的元素称为边，则称偶对（V，E）为一个图 G，记作 G（V，E）。

我们只讨论节点和边均为有限数的有限图。有时需要区分连线的方向，用带箭头的线段表示边。这种图称为有向图，如图 17.6（b）所示。一般图称为无向图，如图 17.6（a）所示。

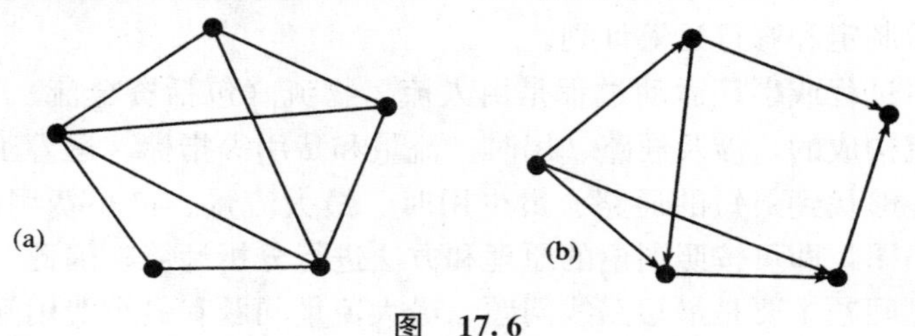

图　17.6

给定图 $G=$（V，E）中的一个点与边的交错序列（v_i，e_i；v_{i+1}，e_{i+1}；…；v_{i+k}，e_{i+k}；$v_{i+k+1}=v_n$），如果每个 e_j 恰好是连接相邻的左右两个点 v_j 和 v_{j+1} 的边，就称该序列为一条连接 v_i 和 v_n 的链，记作（v_i，v_{i+1}，…，v_n）。若图 G 中任何两点之间至少有一条链，就称 G 为连通图，否则称 G 为非连通图。图论讲的图不同于几何学或物理学的图，是一种拓扑图，图中点与点的相对位置、点与点之间连线（边）的曲或直、连线的长短等，一般并不重要，主要关心的是点与点之间是否连通。如在图 17.2 中，边 B_2B_3 长度为 4，B_2C_3 长度为 1，显然不是几何长度。

图最本质的内容是一种二元关系，即节点和边的关联关系，因而代表一定的系统，节点代表元素，边反映结构。一个系统若具有二元关系，便可以用图来作数学模型。研究图的数学分支叫作图论，是描述系统特性的有力工具。图论中的定理一般均有事理含义，刻画某个事理；可用图描述的事理，一般可用一个或若干个图论定理来表述。例如，图论的一个最简单的定理说：任意一个图一定有偶数个奇节点（若图 G 中与节点 V 关联的边数为奇数，就称 V 是奇节点）。这个定理表示，在一次集会中与奇数个人握手的人的个数是偶数；或者说，在一次交易会上，与奇数个单位洽谈的单位的个数是偶数。

运筹的网络模型是一种特殊类型的图，即无闭合回路的有限有向图。边表示运筹工作的单独步骤，点表示事件，每个事件标志它前面的运筹步骤的结束和后面步骤的开始。所有事件分为开始事件、中间事件和终止事件。网络模型中的工作或活动有不同含义：(1) 指一项需要人力、物力和时间的具体工作或活动；(2) 指一个等待，它不需要花费人力、物力，但需要一定量的时间；(3) 指虚拟工作或虚拟活动，它不需要花费人力、物力、时间，但能指明在某一事件出现之前不可能开始某项工作。网络结构反映准许开始各项工作的条件，从网络中第 i 个点出发的工作，只能在进入第 i 个点的一切工作均已完成后开始。依据这种网络即可制定和修订运筹计划。

办事过程或事理运动过程是由人流、物流（包括资金流）、时间流和信息流构成的，涉及通路、用时、流量和费用等指标。运筹工作归结为制定能够找到最短的通路、最少用时、最大流量、最小费用的计划。有了网络图，即可按照图论的原理和方法进行分析计算。因此，网络分析的典型问题主要是最短路线问题、最大流量问题和最小费用问题。

一种十分简单而非常有用的图叫作树。树是我们司空见惯的东西。经过数学抽象，树可以代表一种由根、枝、叶组成的形式化系统。严格地说，树被定义为一个无闭合回路的连通图。树中的边称为树枝，起始点称为树根，终止点称为树叶。树是刻画一类系统的理想数学模型，形象地描述了系统的结构、分支关系和演化途径，有广泛的用途。如家谱树、语法树、生长树、演化树、决策树等。从第8章可看到演化树在研究自组织现象中的应用。

决策树（见图17.5）是一种水平生长的树，有两种节点（决策点与机遇点），两种分支（方案分支和结局分支）。□记决策节点，由它引出一组方案分支，表示决策中可供选择的行动方案。○记机遇节点，表示由该点可能导致的多种结局。方案节点上方注明该方案的期望益损值，结局分支说明它的自然状态和发生概率。这样，决策过程涉及的各种因素、关系、数量特征都一目了然地呈现出来了。

网络理论在系统工程中有大量而直接的应用。

17.8 库存分析

经济活动贯穿着供应与需求、生产与销售的矛盾，为克服供求、产销的不协调，需加入存储环节。商店存货不足会发生缺货现象，因坐失销售机会而减少收益。工厂原料储备不足，势必停工待料，造成减产损失。防止缺货损失需要尽量多的储备。但存货需要支付存储保管费，过多的存储导致物资积压，造成存储损失。这是事理领域的又一对重要矛盾。探讨存储问题的规律性，制定合理解决存储损失与缺货损失这对矛盾的一般策略，为库存系统的优化设计和控制提供理论和方法，这样的运筹学分支称为库存论。

库存系统是由存储库、输入通道和输出通道构成的。从系统运行和定量描述的角度看，这个系统的构成要素为：

需求　库存系统的输出叫作需求。库存的目的是满足需求，满足需求的结果是减少库存。需求量可能是确定的，即在相等的时间内需求量或其变化率是相同的，可以预知。多数情况下需求量是不确定的、随机变化的，无法预知每个时期的需求量，但可预知其发生概率。

供应　库存系统的输入称为供应。有供应才有存储的可能，供应的结果是存储增加。供应分购进式和生产式两种，购进一般是瞬时供应，生产一般是平均供应。供大于求，系统需支付存储费用；供不应求，系统要承受缺货损失。

费用　包括订货费、生产费、存储费、缺货费等，衡量系统性能优劣的指标是总费用最小。

存储策略　供应时间及每次的供应量一般是不同的，总费用也不同，由此规定了运筹安排的必要性。决定何时供应、供应量多少的方案，称为存储策略。常见的存储策略有三种：（1）定期定量策略，即每隔一定时间 t_0 向系统供应一定量 Q 的货物，又称为 t_0-策略；（2）标准量策略，每当系统实际库存量 $x \leqslant s$（规定标准）时，立即开始供应以达到 S，当 $x > s$ 时不供应，又称为（s，S）策略；（3）混合策略，每隔 t 时间检查库存量，$x > s$ 时不供应，$x \leqslant s$ 时补充供应，使库存量达到 S 为止，又称为（t，s，S）策略。

制定库存策略的方法是：首先建立库存系统的数学模型，然后求出模型解，再结合库存问题的实际加以检验和修正。简单库存问题可用确定型模型。又分四种基本类型：（1）无限供给率、不许缺货型；（2）有限供给率、不许缺货型；（3）无限供给率、允许缺货型；（4）有限供给率、允许缺货型。一般情况下，需求量是随机变量，作为其函数的存货量和缺货量也是随机变量。像季节性存储品或短寿命物品，库存问题产生于对物品只要求订货一次，以满足一个特定时期的需要，可采用单时期模型。当需要周期性地再订货时，采用多时期模型。根据需求量有无积累和交货有无延迟，也分四类：（1）有积累、无交货延迟模型；（2）有积累、有交货延迟模型；（3）无积累、无交货延迟模型；（4）无积累、有交货延迟模型。

思 考 题

1. 规划论的系统思想体现在哪里？

2. 就动态规划说明运筹学处理的只是结构良好的事理问题。

3. 指出最优化原则的适用范围和采用令人满意原则的必要性。

4. 有人说："运筹学是一种给出问题坏的答案的艺术，否则的话问题的结果会更坏。"你如何理解这一论断？

阅 读 书 目

1. 钱学森等：《论系统工程》，增订本，16～19、79～83、177～179、263～267页，长沙，湖南科学技术出版社，1988。

2.《运筹学》教材编写小组：《运筹学》，绪论，北京，清华大学出版社，1990。

3. 胡宣达：《运筹学方法》，见《方法论全书（Ⅲ）》，南京，南京大学出版社，1995。

博弈学

博弈学，通常称为博弈论或对策论，以冯·诺伊曼和摩根斯坦发表《博弈论与经济行为》(1946) 一书为标志，诞生已 70 年。早期的博弈学被当作运筹学的一个分支。但现代科学的发展日益表明，把博弈学作为系统科学的一个独立分支学科可能更为合理。运筹问题基本属于技术科学的对象，运筹学给出的是一套处理简单事理问题的数学方法和技术。博弈学研究则不同，从现在的发展趋势看，它很可能把触角伸向系统科学的基础理论层次，博弈现象研究所包含的哲学问题也深于运筹研究，甚至可能涉及哲学本体论问题。因此，系统科学应当给博弈学以特别的关注。

18.1 博弈分析

凡两方或多方为获取某种利益或达到某个目标而展开较量，导致优胜劣败的现象，叫作竞争。有矛盾，就有竞争。社会的一切领域，包括军事、经济、政治、体育、文化、科技、教育等，都有竞争。竞争是人类社会古已有之而且永远会有的现象。生物界也广泛存在竞争，达尔文的自然选择原理是对生物竞争现象的科学理论的概括。甚至非生命界也离不开竞争，各种现代系统理论（如耗散结构论、协同学、超循环论、突变论等）都试图引入竞争概念，去解释广泛的系统演化现象，竞争或博弈是自组织理论的重要概念。

竞争参与者在同对手竞争中可能采取的行动方案，叫作策略。按照这种广义的理解，一切竞争都是策略性的。狭义地讲，竞争应有策略性与非策略性之分。生物之间的竞争一般应属于非策略性竞争，因为双方都算不上理性的参与者，基本是弱肉强食。非生命的物理化学系统完全没有理性，它们之间的竞争更不是策略性的。如果双方不但有利害冲突，而且都能理智地使用策略，力求发扬自己的长处，克服或避免自己的短处，抑制对方的长处，利用或扩大对方的短处，从而战胜对手，这种竞争就属于策略性的。这是人类社会特有的现象。研究策略性竞争的运筹学分支，叫作博弈论或对策论。

博弈问题是以局中人（博弈方）、策略和得失三者为要素的事理系统，应当用系统观点来分析。

局中人　参与竞争、拥有选择和实施策略的权力、直接承担竞争得失的客体，称为博弈活动的局中人。局中人可以是个人、球队、公司、集团、国家或国家集团等。

策略集　在策略性竞争中，每个局中人都有多个不同的策略即行动方案可供选择，形成一个策略集。只有一种行动方案的竞争不是策略性博弈，无须作理论研究。在一局博弈中，各个局中人所选定的策略形成的策略组称为一个局势。

赢得函数　一场博弈结束，局中人或赢或输，或得或失，或胜或负，统称为得失。一个局势，一种得失。局中人在博弈较量中的得失，既取决于他所选择的策略，也取决于对手选择的策略，即得失是局势的函数，称为赢得函数。

给定局中人、局中人的策略集和他们的赢得函数，一个博弈系统就算给定了。因此有

博弈系统＝（局中人，策略集，赢得函数）　　(18.1)

实际生活中的博弈现象非常普遍，如下棋、打牌、球赛等。“田忌赛马”故事是我国古代一次著名的策略性竞争。局中人是齐王和田忌（孙膑是田忌的谋士而非局中人），各有 6 个策略：

（上马，中马，下马），（上马，下马，中马）
（中马，上马，下马），（中马，下马，上马）
（下马，中马，上马），（下马，上马，中马）

以 α_1、α_2、α_3、α_4、α_5、α_6 记齐王的策略，以 β_1、β_2、β_3、β_4、β_5、β_6 记田忌的策略，则齐王的赢得表为

齐王赢得 田忌策略 齐王策略	β_1	β_2	β_3	β_4	β_5	β_6
α_1	3	1	1	1	1	−1
α_2	1	3	1	1	−1	1
α_3	1	−1	3	1	1	1
α_4	−1	1	1	3	1	1
α_5	1	1	−1	1	3	1
α_6	1	1	1	−1	1	3

齐王的赢得函数（矩阵）为

$$A=\begin{pmatrix} 3 & 1 & 1 & 1 & 1 & -1 \\ 1 & 3 & 1 & 1 & -1 & 1 \\ 1 & -1 & 3 & 1 & 1 & 1 \\ -1 & 1 & 1 & 3 & 1 & 1 \\ 1 & 1 & -1 & 1 & 3 & 1 \\ 1 & 1 & 1 & -1 & 1 & 3 \end{pmatrix} \tag{18.2}$$

博弈的分类。按照局中人的数目划分，有二人博弈和多人博弈。按照策略集的规模划分，有有限博弈和无限博弈。按照局中人的相互关系划分，有结盟博弈和非结盟博弈。按照赢得函数划分，有零和博弈和非零和博弈（包括常和博弈与变和博弈）。按照策略是否与时间有关划分，有静态博弈和动态博弈，后者主要指微分博弈。图 18.1 给出这种分类。

冯·诺伊曼等开创的是合作式博弈现象的研究，主要特点在于参与博弈的局中人能够达成一个具有约束力的协议，彼此可以分享合作的好处。以 20 世纪 50 年代纳什的工作为起点，科学家开始探索非合作博弈，即局中人之间无法达成一个有约束力的协议，每一方都不能强制他方遵守协议，实际实行的是各方按照自己利益的最大化来选择策略。非合作博弈可划分为四类：完全信息静态博弈，完全信息动态博弈，不完全信息静态博弈，不完全信息动态博弈。从 70 年代起，非合作博弈已成为博弈学研究的主战场。

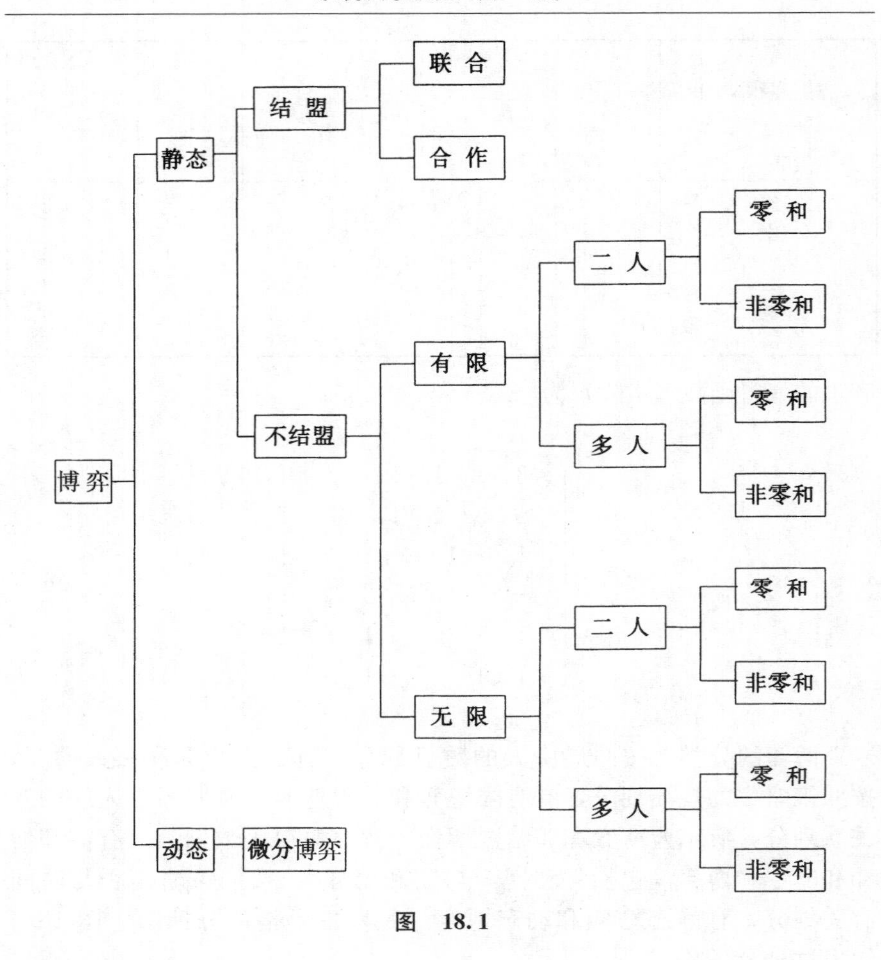

图 18.1

18.2 二人有限零和博弈

最简单的一类博弈叫作二人有限零和博弈，特点是只有两个局中人，策略集为有限集，赢得之和为零。二人有限零和博弈种类很多，如下棋、球赛等。二人有限非零和博弈也广泛存在，上述齐王和田忌赛马即一例。当双方的策略数目很小时，二人有限博弈可用列表方法非常便捷地表示出来，有关信息一目了然。由于主要数学工具是矩阵理论，故二人有限博弈也称为矩阵博弈。先讨论零和博弈。

二人有限零和博弈的一个极为简单的例子，是儿童常玩的石头、剪刀、布游戏，两个局中人甲和乙，具有相同的策略集｛石头，剪刀，布}，共有9种可能局势，赢得函数如下表所示。其中的得分表构成一个双数值矩阵，称为博弈的赢得矩阵。

甲＼乙	石头	剪刀	布
石　头	0，0	1，−1	−1，1
剪　刀	−1，1	0，0	1，−1
布	1，−1	−1，1	0，0

图 18.2　石头、剪刀、布博弈

以Ⅰ、Ⅱ代表局中人，他们的策略集分别记作 S_1 和 S_2，

$$S_1=\{\alpha_1,\ \alpha_2,\ \cdots,\ \alpha_m\} \tag{18.3}$$

$$S_2=\{\beta_1,\ \beta_2,\ \cdots,\ \beta_n\} \tag{18.4}$$

当局中人Ⅰ选定策略 α_i、局中人Ⅱ选定策略 β_j 时，便形成一个局势（α_i，β_j），相应地各有一定的得分；共有 $m\times n$ 个局势，构成一个$m\times n$阶双矩阵R。由于是零和博弈，有时只需标示出一个局中人的得分。以 r_{ij} 记局中人Ⅰ在局势（α_i，β_j）中得分，他的赢得矩阵为：

$$R=\begin{bmatrix} r_{11},r_{12},\cdots,r_{1m} \\ r_{21},r_{22},\cdots,r_{2m} \\ \cdots\cdots\cdots\cdots\cdots\cdots \\ r_{n1},r_{n2},\cdots,r_{nm} \end{bmatrix}=(r_{ij})_{m\times n} \tag{18.5}$$

令G记矩阵博弈的数学表示。当局中人Ⅰ、Ⅱ和他们的策略集 S_1、S_2 及其中一方的赢得函数 R 给定后，矩阵博弈的数学表示：

$$G=\{\ \text{Ⅰ},\ \text{Ⅱ};\ S_1,\ S_2;\ R\ \} \tag{18.6}$$

给定一个待研究的博弈问题，通过必要的分析综合得到模型(18.6)，进一步的工作就是求模型解，对解进行分析计算，属于数学操作。博弈学的任务是研究博弈行为中局中人是否存在最合理的行动方案，提供如何寻找这种方案的数学理论和方法。

18.3　求博弈解与纳什均衡

现在讨论非合作博弈的求解问题。博弈的根本原则是局中人为获得最大收益或最小付出而选择策略，但实际得分由所有局中人的策略共同

决定，选择策略必须考虑其他局中人如何出牌，各方都要针对其他局中人的策略选择来决定自己如何选择策略，故博弈又称为对策。每个局中人的最佳博弈是己方可能策略集中那样一种策略，它和其他博弈方的各种可能策略的组合能使自己得分最大。各方都存在最佳博弈，有时还不止一种。问题是对自己最佳的策略组合未必对其他博弈方也最佳，各方的策略选择都是一个不断思考计算的过程，只要某一方的策略不是针对所有其他局中人策略的最佳选择，那样的策略组合就不会是他愿意接受的结果，因而就不是最后的选择，即那种选择是不稳定的策略组合。可见，博弈过程各方策略选择和策略组合的形成是动态的，许多策略组合不具稳定性，只有那些各方都不愿意离开的策略组合才是稳定的，因而对各方都是最佳博弈。求博弈解就是寻找这种稳定的策略组合，存在这种稳定策略组合的博弈才有解。一般来说，有些博弈可能无解，有些博弈可能有唯一解，有些博弈可能有多个解。在各种可能的策略组合中寻找稳定的策略组合，叫作求博弈问题的解。一个博弈存在稳定的策略组合，条件是参与博弈的各方是利害攸关者，经过策略较量和讨价还价，总可以找到各方都能接受、谁也不会率先背弃的妥协方案。

我们就二人有限博弈作点具体讨论。由于这类博弈简单，可用箭头法求解，直观形象地反映出各方选择策略过程的动态演变如何趋向稳定态的情景。图 18.3 是猜硬币博弈，有盖方和猜方，策略为正面或反面，如果猜对了，猜方得 1 分，盖方失 1 分；如果猜错了，猜方失 1 分，盖方得 1 分。这仍然是零和博弈，图 18.3 表明，它不存在稳定解。

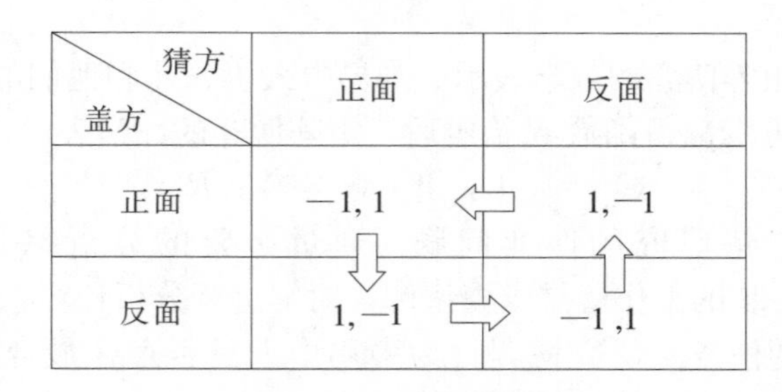

图 18.3　猜硬币博弈

晚上如何安排，看足球赛，还是看时装表演？夫妻之间发生争执，形成一次博弈，称为夫妻之争博弈。这是一个非零和博弈，存在双方都能接受的方案，如 18.4 图所示。图 18.4 表明，这个博弈有两个解，夫妻或者同看时装表演，或者同看足球赛。

妻子 \ 丈夫	时装表演	足球
时装表演	2,1 ⇦	0,0 ⇩
足球	⇧ 0,0 ⇨	1, 2

图 18.4　夫妻之争博弈

非形式地说，对于博弈 $G=\{\text{Ⅰ}，\text{Ⅱ}；S_1，S_2；R\}$，在所有可能的策略组合中，各博弈方都不愿意单独更改其策略的组合就是博弈 G 的解。鉴于纳什最早提出相关概念，给出解法，而这种策略组合具有稳定性，故称其为纳什均衡。关于纳什均衡的形式化定义，感兴趣的读者请参考有关专著。

纳什均衡是博弈行为的所有可能局势中具有自动实现可能性的那些局势或策略组合，不存在纳什均衡的博弈不可能达成协议。它反映的是博弈行为中个人理性和集体理性的矛盾，追求个人利益最大化的个人理性行为最终导致集体的非理性，令人困惑。但由于可以自动实现，纳什均衡代表社会系统的一种自组织机制，众多局中人各自按照自己的价值取向选择策略去博弈，整个系统将自动地形成稳定的局势。合理的解决途径是设计一种社会机制，在满足个人理性的前提下达到集体理性。

上述博弈如果只进行一次，实际情形都是偶然事件，结果全靠碰运气。如果多次独立反复地进行，就成为随机现象，此时博弈各方关注的应是平均获益，而平均获益呈现出某种统计确定性，需要引入概率统计方法来求解，尽量利用好博弈中的随机性。博弈者选择策略往往有某些习惯或偏好，实际上总是按照一定的概率分布选择策略。因此，精明的博弈者总是力求猜测对方的概率分布，同时尽量不让对方掌握自己的信息。概率论证明，如能按照等概率分布随机地选择策略，可以确保自己的秘密不被对手掌握。

18.4　从“囚徒困境”到“礼尚往来”

简单介绍一个非常著名的二人有限非零和博弈模型。两个罪犯甲、乙合伙作案时被警察逮捕，受到隔离审查。在警方“坦白从宽，抗拒从严”政策引导下，甲、乙之间形成一个博弈，各有两个策略，即抗拒（彼此合作）和坦白（彼此不合作）。以各人被判刑期为其赢得，设按照他们的实际罪行该各判 5 年：如果都不坦白，据警察掌握的事实只能各判 1 年；如果一人坦白，一人抗拒，坦白者因立功而免刑，抗拒者将重判 10 年；如果两人均坦白，各轻判 3 年。这个博弈的赢得矩阵如下：

囚乙 / 囚甲	抗拒	坦白
抗拒	−1,−1 ⇨	0,−10
	⇩	⇩
坦白	0,−10 ⇨	−3,−3

图 18.5　囚徒博弈

囚徒博弈的前提也是所谓理性人假设，双方都追求自己最大得益（或最小损失），而不管对方。按理说，策略对（抗拒，抗拒）对双方都最合算，但不稳定，因为甲、乙都是损人利己的社会渣滓，不讲伦理道德，互不信任，在无法给对方选择施加约束的条件下，甲、乙都在想：“与其让对方先坦白而自己被判 10 年，不如自己坦白，最坏也只判 3 年，说不定还可免刑”。于是，双方都选择坦白，策略对（坦白，坦白）就成为囚徒博弈的纳什均衡。图 18.5 表明，这是囚徒博弈存在的唯一稳定解。双方都以自己赢得最多为原则出发选择策略，结局却是对双方都不理想的状态；对双方都最理想的结果无法实现，对双方都不理想的结局却最有可能实现，这种理性行为令人费解。故囚徒博弈又名囚徒悖论，或囚徒困境。它可以解释为什么大量不合理社会现象能够存在。

以上讨论都是针对一次性博弈进行的。但社会生活中博弈行为往往不是一次性的，而是反复不断进行的。对于大量重复进行的博弈，理性的决策就不能只考虑一次的赢得，不可能大捞一把后立即退出博弈；而应作长远的整体的考虑，追求的是大量反复进行的博弈中的理性决策，这就有必要在各博弈方之间建立某种合作关系。如果博弈是世代延续的，不存在最后一次博弈，前途无法预测，更不能只考虑一次博弈的个人利益最大化。事实上，人类在进行激烈竞争的同时，也存在大量合作关系，从理论上弄清人类合作行为的起源、合作或竞争的实质、合作与竞争的关系等问题，强烈地吸引着博弈研究者。

为解决这个问题，人们提出许多模型。其中最著名的一个，西方学界命名为 Tit for Tat，用汉语表达，叫作针锋相对或以牙还牙，雅致的说法是礼尚往来。不管对方如何决策，自己首先采取合作行为，后面每一回合的博弈都重复对手上一回合的策略。如果对方合作，在后续的博弈中坚持合作；如果对方不合作，那就在下一次博弈中采取报复，以不合作来惩罚对方。这也就是中国人常讲的："人不犯我，我不犯人；人若犯我，我必犯人。"但采取以牙还牙策略的目的是教训对方，促使他改弦更张，在往后的博弈行为中改取合作态度，切不可成为冤冤相报的恶性循环。显然，"礼尚往来"博弈模型包含善良、宽恕的道德理性，显著不同于只讲经济理性的博弈。

18.5　博弈与社会

只要有人群、有人的相互作用，就有博弈行为。人类行为中充满博弈，个人的求爱、升学、求职、购物是博弈，市场行为、谈判、选举是博弈，阶级斗争、外交活动、战争、革命是博弈，学术争论也是博弈（证实与证伪的博弈）。概言之，社会无法消除博弈，博弈行为在社会系统中无处不在，无时不有。

人类社会也不能没有博弈。个人、群体以及其他社会系统都有某种惰性，博弈有助于克服惰性，激励和调动社会成员的主动性和创造性，使系统充满活力。没有博弈的社会是僵化的社会，停滞的社会。概言之，社会需要博弈。

但人类社会的博弈行为有良性与恶性之分，一般博弈都既有良性的一面，又有恶性的一面。废除恶性博弈，倡导良性博弈，按照科学理论指导博弈规则的制定，指导博弈行为的规范、管理、评价和奖惩，减少竞争行为的负面效应，扩大竞争行为的正面效应，对于维持社会系统稳定存续、不断发展是必要而且重要的。竞争和合作是社会系统的两种基本运行机制，二者既对立又统一，相互促进，相互制约。合作现象既是社会系统固有的，也是社会系统必需的。正因为如此，社会合作现象也是博弈学研究的重大课题。大量逻辑分析和计算机数值实验使人们看到，从"囚徒困境"模型到"礼尚往来"模型的研究对社会系统的建设极富启发意义，也表明博弈学尚有广阔的发展空间。

自从人类社会分化出阶级以来，建立在利益完全对立基础上的零和博弈一直是博弈行为的主导模式，一方得分意味着另一方失分，参与博弈就是要吃掉对手。工业文明的兴起大大强化了零和博弈及基于个人利益最大化的非零和博弈，并把它们制度化，形成一整套理论和制度。由西方列强制定的现行国际关系规则就是集中体现。但人类社会是演化系统，随着社会形态的改变，博弈行为的主导模式也必然跟着改变。历史发展到今天，随着人类社会从工业—机械文明开始向信息—生态文明的转变，博弈主导模式也开始了深刻的转变。

进化生物学家道金斯指出："我们的大自然时常扮演庄家的角色，生物个体们可以因彼此的成就而互相获利，不需要靠打败对手就能获益。在自私的基因这一基本定律下，我们仍然可以看到，互相合作如何使这自私的世界欣欣向荣。"[①] 生物界尚且如此，更何况以文明自夸的人类社会呢！"在所谓文明的'冲突'中，其实常有相当大的合作空间。那些看起来是零和的抗争，可以在一些既存的善意中被转化为'互利的非零和博弈'。"[②] 这些见解深刻而重要。

"礼尚往来"模型提供的新思想，实质就是毛泽东在半个多世纪前就倡导的原则：从团结的愿望出发，经过必要的批评和斗争，在新的基础上达到新的团结。不妨称其为博弈学的毛泽东原理，它的提出和诺伊曼、摩根斯坦创立博弈理论属于同一时期，虽然没有形成理论体系，更没有引进数学方法，但吸收了中国传统文化的精华和社会主义思想，其基本原则更符合未来社会的发展趋势。要彻底改变数百年的殖民主义和大国争霸奉行的"丛林法则"，有待博弈学的更大发展。回顾二战以来中美关系的演变可以看出，要建立和谐世界，必须坚持毛泽东的博弈学原理。

未来社会也需要零和博弈，体育、文艺之类比赛还应是零和博弈，改成非零和博弈就失去它们存在的意义。零和博弈还是淘汰落后模式的系统机制。但社会系统不能总是以零和博弈为主导模式，未来社会应以非零和博弈为主导模式。未来社会的非零和博弈也应尊重个人理性，但同时应强调集体理性，主导模式应该是共赢博弈，自己发财也应让他人发财，自己安全也应让他人安全。己所不欲，勿施于人。未来社会是和谐社会，和谐社会的博弈需有新的科学理论和行为准则。二战后发达国家吸收社会主义的某些思想，在构建和谐社会方面付出很大努力，取得

---

① ［英］里查德·道金斯：《自私的基因》，280页，卢允中、张岱云、王兵译，长春，吉林人民出版社，1998。

② 同上书，276页。

显著成效，但在国际关系中基本奉行的还是丛林法则。社会主义的根本追求是社会公平和公正，致力于在国内构建和谐社会、在世界范围构建和谐的国际关系，更是其本质规定性，共赢博弈应是社会主义国家内外博弈行为的基本模式。在当今世界，中国只能通过共赢博弈而实现和平崛起；只要掌握得好，就能够通过共赢博弈而和平崛起。

思　考　题

1. 社会既需要博弈，也需要合作，为什么？

2. 判断石头、剪刀、布博弈是否存在纳什均衡。

3. 以下买卖博弈的模型是否正确？试指出其毛病。

卖方 \ 买方	买成	买不成
卖成	6，4	5，0
卖不成	0，3	0，0

图 18.6　猜硬币博弈

4. 如何规范和谐社会中的博弈行为。

阅　读　书　目

1. ［英］里查德·道金斯：《自私的基因》，卢允中、张岱云、王兵译，长春，吉林人民出版社，1998。

2. 谢识予：《经济博弈论》，上海，复旦大学出版社，1997。

3. 张维迎：《博弈论与信息经济学》，上海，上海三联书店、上海人民出版社，2004。

4. 潘天群：《博弈生存——社会现象的博弈论解读》，北京，中央编译出版社，2002。

第19章 模糊学

从扎德 1965 年发表的开创性论文《模糊集合》肇始，经过 30 多年的探索，形成了模糊学（或称模糊性科学）这门范围广阔的新学科。它以现实世界广泛存在的模糊性及其在人脑中的反映为研究对象，以模糊集合论为数学工具，力图在理论上把握模糊性，在实践上处理模糊性问题，建立了一套独特的概念体系和方法论框架。无论从它的发生、发展历史看，还是从它的主要应用领域看，模糊系统理论都是这门新科学的重要内容。

19.1 精确方法的局限性

近代和现代科学的基本信条之一是精益求精，在科学活动的每个环节都追求精确：精确的语言表述，精确的逻辑论证，精确的测量计算，精确控制的实验。高度发展的科学技术，现代人享受的物质文明，都是精确方法的产物。电子计算机的发明极大地提高了计算精度，极高的运算速度，极大的信息容量，使人类的计算和信息处理能力达到前所未有的水平，大大提高了精确方法的威力。伴随着这些成就，精确科学也造就出一种系统化的方法论观点：精确被当作纯粹的褒义词，模糊被当作纯粹的贬义词，精确总是好的，模糊总是不好的，越精确就越好；科学的方法必定是精确的方法，模糊方法一概是非科学的方法，或前科学方法，即在尚未找到精确方法之前不得不采用的权宜方法；一切都应当精确化，一切都能够精确化，今天还没有精确化的东西，明天或后天就可能精确化；一种精确化努力失败了，人们怀疑的只是实现精确化的具体方式，从不怀疑精确化本身，完全没有意识到精确方法可能有局限性。这种方法论观点反映在科学知识的各个领域，包括系统科学。

一切绝对化的观点都是形而上学。科学的发展有其自身的逻辑。随着科学研究的对象从小系统经大系统转向巨系统，从机械系统转向非机械系统，从物理系统转向事理系统，从硬系统转向软系统，从简单系统转向复杂系统，尤其是转向人的感情、推理、策略、行为起重要作用的人文社会问题这种特殊复杂的巨系统时，精确方法日益受到挑战，逐步暴露了它的局限性。

在大系统、复杂系统、生命系统，特别是人文社会系统中，许多概念既无明确的外延，又无明确的内涵，属于所谓模糊概念。小系统和大系统就是一对模糊概念，无法划出精确的界限。这些领域大量使用模糊命题，对于这类命题我们无法作出或真或假的二值判断。例如，对于像"决策方案A的风险很大"、"系统B的可靠性好"之类模糊命题，我们只能判断它们属于真命题的程度。信息学至今未能找到描述语义信息的有效途径，原因在于语义一般都有强烈的模糊性，无法作精确处理。描述人文社会系统时，人们的推理常常不按照严格的逻辑规则进行，惯于采用近似的或模糊的规则，作近似的或模糊的推理。人文社会系统一般不允许进行试验，更不可能作精确控制的试验。

精确方法在复杂系统研究中遇到的最大挑战，来自数学模型的使用上。精确方法的核心是建立数学模型，通过求解模型引出基本结论。但对于明显存在模糊性的复杂系统现象，原则上无法建立精确的数学模型。"结构不良"的事理系统就是如此。没有数学模型，精确的定量分析便无从谈起。基于数学模型的定量描述要求有完备而足够精确的数据资料。但任何观察、测量和计算的精确性都受到技术水平的限制，复杂系统特别是人文社会系统往往难以获得这样的数据资料，精确方法便失去使用的前提。

极大地提高了精确方法可行性的电脑技术，也有力地暴露了精确方法的局限性。人类生活的各方面都经常进行模式识别，信息化更把图像识别和语音识别提到重要地位。人脑凭借少许模糊特征能很容易地识别对象，电脑由于过分严格精确而无法像人脑那样识别对象，精确性带来的是机械刻板性，对象稍有变化就"翻脸不认人"。迄今的电脑只接收形式化的精确语言，人脑使用的是模糊性很强的自然语言，人—机对话、人—机协调问题便无法用精确方法解决。

精确方法的局限性在不同学科领域都有所显现，在系统科学中暴露得尤其充分而深刻，引起系统科学家从各自的方向探索克服这种局限性的努力。模糊学的创立者扎德是突出代表。这位对精确科学有重要贡献的系统科学家，在从事工程控制、决策分析、人—机系统的长期研究中，对复杂性、模糊性与精确方法的矛盾有深入的理解，认识到在控制和系统理论中，过分考虑精确性并无良好效果，对于人文系统或复杂性可以同人文系统相比较的任何系统，传统的定量系统分析方法是不适用的。他用所谓不相容性原理（或称互克原理）对精确方法的局限性作了高度概括的表述："随着系统复杂性的增加，我们作出关于系统行为的精确而有意义的陈述的能力将降低，越过一定阈值，精确性和有意义（或适用）几乎成为相互排斥的特性。"[①] 系统由于复杂而失去对其进行精确分析计算的可能性，故传统的还原论方法不再有效，需另辟蹊径。扎德的模糊学就是一种方案。

科学的描述必须是有意义的，必须反映系统的真实情况。当精确描述只能得到无意义的结果时，精确方法就不再是科学的方法了。

19.2 模糊性与模糊方法

从日常生活到科学研究，都要求给认识对象分类，以类聚物，以群分人。有些事物有明确的类属，可微函数，最优解，稳定系统，男人，已建交国家，都属于确定的事物类；对象或者属于、或者不属于某一类，明确肯定。事物类属的确定性，叫作明晰性。有些事物没有这种明确的类属关系，大数，小系统，聪明人，友好国家，都属于不确定的事物类，一个对象是否属于某一类，无法作出明确肯定的回答。事物类属的不分明性，叫作模糊性。

分类总是依据某个标准进行的，标准就是对象具有某种性态。有些事物是否具有某种性态是明确肯定的，要么具有某种性态，要么不具有该性态，非此即彼。可微性是函数的一种性质，一个函数在某一点要么可微、要么不可微，明确肯定，不存在在一定程度上可微又不完全可微的现象。以这种性态为标准进行分类，事物的类属是明确的。有些事物是否具有某种性态并不明确，在一定程度上具有，又不完全具有。按照这种性态进行分类，事物的类属是不确定的。事物性态的不确定性，就

① Zadeh, L. A., "Outline of a New Approach to the Analysis of Complex Systems and Decision Processes," *IEEE*, trans. Syst., *Man and Cybern Etics*, 1973 (2).

是模糊性。

从哲学上看，一切对立的两极都通过中介而相互过渡。处于中介过渡环节的事物的性态必有某种不确定性，既有这一极的特征，又有那一极的特征。有些两极对立的中介状态不发达，允许忽略中介，把事物看作非此即彼的。这就是那些类属分明的事物。明晰性就是事物的非此即彼性。有些对立具有发达的中介，不允许忽略它们，认识事物的关键是把握这种中介过渡的环节、亦此亦彼的特征，把握两极对立的不充分性和自身同一的相对性。这种中介过渡性、亦此亦彼性，抑或两极对立的不充分性、自身同一的相对性，就是模糊性。

精确方法要求忽略中介，或者穷举中介、逐个研究。但从事物横的联系方面看，对于那些在几何的或性态的空间中或在结构上相互联结的东西，既不允许完全忽略中介，也不可能穷举中介，有效的办法是对中介加以分类（分级、分档、分区）。从事物的历史发展看，人们不能穷举每个中介时刻而应加以分期。分期也是分类。把无穷连续过渡的中介分为有限的类别，把大量彼此没有明显差异的中介分为少数几类，这样的类别之间很难有截然分明的界限，大量的中介显得没有确定的类属。所以，模糊性强烈地表现在空间中或结构上的边缘区或结合部，表现在两个发展过程之间的过渡阶段。事物的模糊性归根结底来自于事物的普遍联系性和发展变化性。变化是对原有界限的否定和超越，除了那些瞬间突变的事物外，大量事物的变化是通过使原有界限逐步模糊化而达到的，处于过渡阶段的事物的基本特征是性态的不确定性、类属的不分明性，即模糊性。

模糊性的存在是客观的、普遍的，自然界存在大量模糊事物，社会生活中的模糊事物更为广泛，自然语言、人类思维中大量存在模糊性。在科学技术领域，每个知识部门都有模糊概念、模糊命题，最讲精确性的数学中也不难发现模糊概念，如邻域，人文社会科学更充斥着模糊概念和命题。实际事物或多或少都有模糊性，明晰性是忽略中介过渡的理想形态。因此，科技的发展、社会的进步要求制定一套描述和处理模糊性的方法论。

模糊学代表一种关于现实世界的基本看法，既给出一种新的科学世界图景，也给出一种新的科学方法论。传统观点认为，现实世界本质上是简单的、精确的、完全确定的，对一切事物均可以用简单而确定的模型作出精确的描述。模糊学向这种观点提出挑战，宣称现实世界在本质上是复杂的、不精确的、具有不确定性的，简单而精确的模型只能描述那些明晰事物，应当用模糊方法描述模糊事物，把复杂事物当作复杂事物来处理，把模糊事物当作模糊事物来处理。

经典科学对待模糊事物的方法，是人为地划定一个界限，使所有事物都有一个明确的类属。这是以不承认或简单地排除模糊性来对付模糊性，适用于中介不发达的明晰事物，对于中介发达的模糊事物就无能为力了。如大、小系统本无明确的分界，以n记系统组分的数目，人为地确定一个标准N，$n<N$为小系统，$n\geqslant N$为大系统，就排除了模糊性，每个系统都有一个明确的类属，可以作出非此即彼的二值判断。但人为因素太明显，难以反映实际情况。特别是当n接近于N时，这种处理方法尤其失真，没有客观意义。

模糊学是一门方法性科学。它并不否定精确方法的科学性，只是否定它的普遍适用性和绝对有效性，要求承认模糊方法也可以是科学的方法，对于模糊性强烈的事物，只有模糊方法是有效的方法。模糊方法的基点是承认模糊性。不论什么知识领域，只要从模糊性的角度去观察对象，就会发现该领域中原来所用的方法和得到的结论都有局限性，从而提出新问题，形成新观点，开辟新的子领域。凡是从模糊性角度提出问题、分析问题和解决问题的方法，不论是经验的还是理论的，定性的还是定量的，都是模糊方法。但模糊学对方法论的主要贡献是制定一套描述模糊性的数学语言，使古已有之的模糊方法上升为现代科学方法体系中的一个有机组成部分。

19.3 模糊集合

精确数学的基础是经典集合论，它有一个未曾言明的假定：对于论域上的任一元素x和任一集合A，要么$x\in A$，要么$x\notin A$，二者必居其一且只居其一。这是精确分类的形式化表述，一个集合代表一个对象类。以这个概念为基础，可以精确地定义其他数学概念，精确地塑述和证明一切数学定理，建立对系统进行精确化定量化描述的理性工具，但同时也使这种数学失去描述模糊性的能力。

要提供描述模糊性的数学工具，必须放弃上述假设，建立新的集合概念。应该把元素对集合的隶属关系模糊化，允许论域上存在部分地属于集合又部分地不属于集合的元素，变绝对的隶属为相对的隶属。应把属于关系定量化，承认不同元素对集合的隶属程度不同，引入隶属度概念。以U记论域，A、B等记U上的模糊集合，μ记隶属度。以$\mu=1$

表示U中百分之百属于A的元素的隶属度，$\mu=0$表示U中百分之百不属于A的元素的隶属度，$0<\mu<1$记部分属于部分不属于A的元素的隶属度，较大的μ对应隶属度较大的元素，就得到模糊集合（模糊类别）的某种数学刻画。

定义19.1　论域U上的模糊集合A是由一个从U到区间［0，1］的实函数

$$\mu_A: U \rightarrow [0, 1] \tag{19.1}$$

表示的。对于任一$u\in U$，$\mu_A(u)$为元素u对集合A的隶属度，μ_A称为模糊集合A的隶属函数。

论域上的经典集合是一个边界确定的区域，可用实线圆表示它。模糊集合是一种边界游移不定的区域，可用虚线圆表示，如图19.1所示。

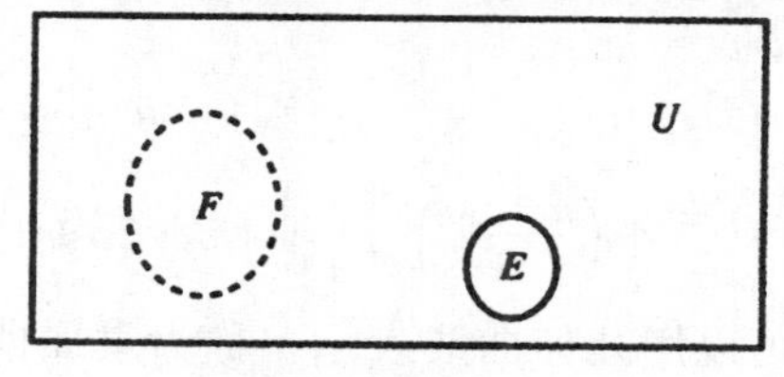

图　19.1

经典集合可看作模糊集合的特例，即隶属函数只取0、1两个数值的模糊集合。经典集合E把论域上的元素划分为界限截然分明的两部分，一部分完全属于E，另一部分完全不属于E。模糊集合F不能如此划分论域，只能讲元素属于F的程度如何。因此，从数学上看，明晰性是元素从属于集合到不属于集合的突变性，模糊性是元素从属于集合到不属于集合的渐变性。

设有限论域$U=\{u_1, u_2, \cdots, u_n\}$，$\mu_i$记$u_i$对$A$的隶属度，则模糊集合$A$可以用如下方法表示：

$$\mu_A(u)=\frac{\mu_1}{u_1}+\frac{\mu_2}{u_2}+\cdots+\frac{\mu_n}{u_n} \tag{19.2}$$

式中的+不代表加法运算，分式$\frac{\mu_i}{u_i}$只表示元素u_i与隶属度μ_i是对应的。

设U为某班全体学生构成的论域。适当指定每个学生的隶属度，就可以确定“高个”、“健康”、“聪明”、“勤奋”等模糊集合，去描述相应的模糊概念。

取论域$X=\{x_1, x_2, x_3, x_4, x_5\}$，则

$$A=\frac{0.5}{x_1}+\frac{0.1}{x_2}+\frac{0.7}{x_3}+\frac{0.9}{x_4}+\frac{0.2}{x_5}$$

$$B=\frac{1}{x_1}+\frac{0.6}{x_2}+\frac{0.3}{x_3}+\frac{0.4}{x_4}+\frac{0.8}{x_5}$$

都是 X 上的模糊集合。

当论域为某个连续变量（如年龄、身高、距离等）的区间时，模糊集合（如年轻、年老、高个、矮个、远距、近距等）需用连续变化的隶属函数表示。扎德在论域 $U=[0, 100]$（年）上定义了模糊集合 Y（年轻）、O（年老），隶属函数分别为

$$\mu_A(u)=\begin{cases}1 & 0\leqslant u\leqslant 25\\ \left[1+\left(\frac{u-25}{2}\right)^2\right]^{-1} & 25<u\leqslant 100\end{cases} \tag{19.3}$$

$$\mu_0(u)=\begin{cases}0 & 0\leqslant u\leqslant 50\\ \left[1+\left(\frac{u-50}{5}\right)^{-2}\right]^{-1} & 50<u\leqslant 100\end{cases} \tag{19.4}$$

连续隶属函数可以用几何曲线表示，称为隶属曲线。图 19.2 给出年轻、中年、年老的隶属曲线。

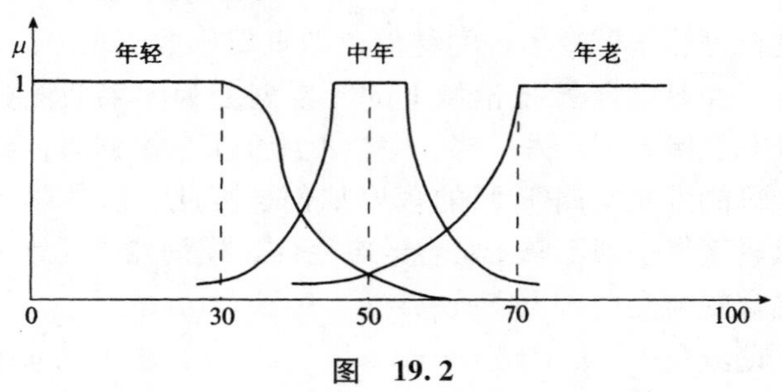

图 19.2

模糊集合反映了元素对集合隶属关系的渐变性，是刻画外延与内涵均不明确的模糊概念的适当工具。实际上，人们早已懂得用隶属度把握模糊概念，进行模糊思维，处理模糊问题。教育家用出题考试、判卷打分的办法评价学生对课程的掌握程度，就是典型。学生对课程的掌握是一个模糊概念，不能作要么掌握、要么不掌握的二值判断，合理的办法是确定每个学生的掌握程度。考试分数就是教师给考生确定的对模糊集合“掌握课程”的隶属度。在体操、跳水、歌咏等文体比赛中，评委给参赛者打分也是确定隶属度。跳水运动员的身体舒展、姿势优美、水花小等，都是模糊的判断标准，无法精确测定，只有通过比较确定他们达

到标准的不同程度，才能作出较为合理的评价。

实际生活中人们很少用数值隶属度把握模糊事物，更多的是用语言隶属度划分模糊类别，如基本属于、在很大程度上属于、部分属于、不完全属于、几乎不属于等。按照扎德的模糊理论，这些语言隶属度均可像语言真值那样，用模糊集合作出定量刻画。这对模糊思维的定量描述可能是必要的，但目前的模糊理论尚未研究这个问题。

如果论域上的元素能按一定顺序排列，如 $U=\{u_1, u_2, \cdots, u_n\}$，则 U 上的模糊集合可以不用（19.2）的表达方式，而构成一个向量

$$A=(\mu_1, \mu_2, \cdots, \mu_n) \tag{19.5}$$

由于它的元素代表隶属度，在 0 与 1 之间取值，故称为模糊向量。用模糊向量（19.5）表示的模糊集合与用隶属函数（19.2）表示的模糊集合是等价的，但在许多情形下模糊向量更便于操作运算。为简便计，下面有时用 $A(u)$ 代替 $\mu_A(u)$ 记隶属函数，可以用模糊向量代表模糊集合。例如，前面给出的两个模糊集合可以表示为下面两个模糊向量

$$A=(0.5, 0.1, 0.7, 0.9, 0.2)$$
$$B=(1, 0.6, 0.3, 0.4, 0.8)$$

模糊集合的基本运算也是并、交、补，所用符号与经典集合相同，但含义模糊化了。

并运算　模糊集合 A 与 B 的并集仍然是模糊集合，记作 $A\cup B$，隶属函数按以下规则确定

$$\mu_{A\cup B}(u)=\mu_A(u)\vee\mu_B(u) \tag{19.6}$$

其中，$\vee$ 表示在两个隶属度之间取大值。

交运算　模糊集合 A 与 B 的交集仍然是模糊集合，记作 $A\cap B$，隶属函数按以下规则确定

$$\mu_{A\cap B}(u)=\mu_A(u)\wedge\mu_B(u) \tag{19.7}$$

其中，$\wedge$ 表示在两个隶属度之间取小值。

补运算　模糊集合 A 的补集仍是模糊集合，记作 A^c，隶属函数按以下规则确定

$$\mu_{A^c}(u)=1-\mu_A(u) \tag{19.8}$$

仍取前述两个模糊集合进行运算，有

$$A\cup B=\frac{0.5\vee 1}{u_1}+\frac{0.1\vee 0.6}{u_2}+\frac{0.7\vee 0.3}{u_3}$$
$$+\frac{0.9\vee 0.4}{u_4}+\frac{0.2\vee 0.8}{u_5}$$

$$=\frac{1}{u_1}+\frac{0.6}{u_2}+\frac{0.7}{u_3}+\frac{0.9}{u_4}+\frac{0.8}{u_5}$$

$$A\cap B=\frac{0.5\wedge 1}{u_1}+\frac{0.1\wedge 0.6}{u_2}+\frac{0.7\wedge 0.3}{u_3}+\frac{0.9\wedge 0.4}{u_4}+\frac{0.2\wedge 0.8}{u_5}$$

$$=\frac{0.5}{u_1}+\frac{0.1}{u_2}+\frac{0.3}{u_3}+\frac{0.4}{u_4}+\frac{0.2}{u_5}$$

$$A^c=\frac{1-0.5}{u_1}+\frac{1-0.1}{u_2}+\frac{1-0.7}{u_3}+\frac{1-0.9}{u_4}+\frac{1-0.2}{u_5}$$

$$=\frac{0.5}{u_1}+\frac{0.9}{u_2}+\frac{0.3}{u_3}+\frac{0.1}{u_4}+\frac{0.8}{u_5}$$

由模糊集合的定义直接推知

$$A=B\Leftrightarrow\mu_A(u)=\mu_B(u),\forall u\in U \tag{19.9}$$

$$A\subset B\Leftrightarrow\mu_A(u)\leqslant\mu_B(u),\forall u\in U \tag{19.10}$$

经典集合运算满足的幂等律、交换律、结合律、分配律、对偶律、双重复原律等，对模糊集合运算仍然成立。但补余律对模糊集合不成立：

$$A\cup A^c\neq U \tag{19.11}$$

$$A\cap A^c\neq\varnothing \tag{19.12}$$

在二值逻辑中，$A\cup A^c=U$ 表示排中律，$A\cap A^c=\varnothing$ 表示不矛盾律。模糊集合不满足补余律，表明它不满足排中律和不矛盾律，这正是模糊性的本质表现。模糊学是以模糊逻辑为逻辑工具。

同经典集合相比，模糊集合的运算能在一定程度上表现人脑在不同情况下灵活地处理模糊性所用的规则。鉴于模糊事物的复杂性，只用并、交、补三种运算是不够的。模糊集合论还制定了多种运算，如代数和、代数积、有界和、有界差等，可参看有关专著。

以模糊集合刻画模糊性的关键是确定隶属度。隶属度规定得合理，运算和分析才有意义。通常的做法是依据经验指定隶属度，或用模糊统计方法。前述教师出题考试打分的方法，在许多情形下都是有效的。文体比赛中，采用多个专家分别打分，然后计算平均值或总分，就是在确定隶属度。这样确定的隶属度常常因人、因时、因地而有一定差异，反映了模糊性包含一定的主观成分。

19.4　模糊关系与模糊推理

在经典集合论中，两个元素 x 和 y 要么具有关系 R，xRy，要么不

具有关系 R，$x\bar{R}y$；二者必居其一，且只居其一。父子关系、大于关系等是其原型。现实生活中常讲"x 和 y 大致相等"，"甲与乙面貌相近"，"A 比 B 高得多"，都不能用经典集合论的关系概念描述，因为它们是模糊关系。刻画一个模糊关系 R，要紧的是确定每对元素 x、y 具有关系 R 的程度，完全具有关系 R 的用 $\mu=1$ 表示，完全不具有关系 R 的用 $\mu=0$ 表示，其余的用 $\mu\in(0, 1)$ 表示，即可给 R 以数学的刻画。可见，模糊关系是一种特殊的模糊集合。

定义 19.2　论域 U 到论域 V 的模糊关系 R 是直积

$$U\times V=\{<u, v>, u\in U, v\in V\} \tag{19.13}$$

上的一个模糊集合，用隶属函数

$$\mu_R: U\times V\to[0, 1] \tag{19.14}$$

来刻画。当 $U=V$ 时，称 R 为论域 U 上的模糊关系。

设 $U=\{u_1, u_2, \cdots, u_n\}$，$V=\{v_1, v_2, \cdots, v_m\}$，从 U 到 V 的模糊关系 R 的隶属函数可用下表表示

u \ μ \ v	v_1	v_2	…………	v_m
u_1	μ_{11}	μ_{12}	…………	μ_{1m}
u_2	μ_{21}	μ_{22}	…………	μ_{2m}
$\vdots$	…………			
u_n	μ_{n1}	μ_{n2}	…………	μ_{nm}

这个表给出的实际是一个 $n\times m$ 阶矩阵，它的元素取自 $[0, 1]$ 区间，代表 u_i 与 v_j 具有模糊关系 R 的程度，因而称为模糊矩阵，也用 R 表示

$$R=\begin{pmatrix} \mu_{11} & \mu_{12} & \cdots & \mu_{1m} \\ \mu_{21} & \mu_{22} & \cdots & \mu_{2m} \\ \cdots & \cdots & \cdots & \cdots \\ \mu_{n1} & \mu_{n2} & \cdots & \mu_{nm} \end{pmatrix} \tag{19.15}$$

所以，有限论域上的模糊关系是用模糊矩阵刻画的。模糊矩阵便于运算，是刻画模糊关系的有力工具。

例　设 $U=\{u_1, u_2, u_3\}$，$V=\{v_1, v_2, v_3, v_4\}$，R 就是一个从 U 到 V 的模糊矩阵

$$R=\begin{pmatrix} 1 & 0.5 & 0.3 & 0.6 \\ 0.2 & 0 & 0.8 & 0.4 \\ 0.5 & 0.4 & 0.9 & 0.7 \end{pmatrix}$$

当$n=1$时，模糊矩阵（19.15）将退化为模糊向量（19.5）。模糊向量是模糊矩阵的特殊情形。

作为直积$U\times V$上的模糊集合，可以按模糊集合的方式定义两个模糊关系的相等、包含，以及模糊关系的并、交、补运算，也可以把模糊集合的其他运算推广于模糊关系。经典集合论的关系合成运算也可以推广于模糊关系。

定义19.3　设R是从U到V的模糊关系，S是从V到W的模糊关系，则R与S的合成是从U到W的模糊关系，记$R\circ S$，隶属函数按以下规则确定

$$\mu_{R\circ S}(u,w)=\bigvee_{v\in V}(R(u,v)\wedge S(v,w)) \tag{19.16}$$

设R是$n\times m$阶模糊矩阵

$$R=\begin{pmatrix} r_{11} & r_{12} & \cdots & r_{1m} \\ r_{21} & r_{22} & \cdots & r_{2m} \\ \cdots & \cdots & \cdots & \cdots \\ r_{n1} & r_{n2} & \cdots & r_{nm} \end{pmatrix} \tag{19.17}$$

S是$m\times p$阶模糊矩阵

$$S=\begin{pmatrix} s_{11} & s_{12} & \cdots & s_{1p} \\ s_{21} & s_{22} & \cdots & s_{2p} \\ \cdots & \cdots & \cdots & \cdots \\ s_{m1} & s_{m2} & \cdots & s_{mp} \end{pmatrix} \tag{19.18}$$

则合成运算后得到的是$n\times p$阶模糊矩阵

$$R\circ S=(\mu_{ij})_{n\times p}=\begin{pmatrix} \mu_{11} & \mu_{12} & \cdots & \mu_{1p} \\ \mu_{21} & \mu_{22} & \cdots & \mu_{2p} \\ \cdots & \cdots & \cdots & \cdots \\ \mu_{n1} & \mu_{n2} & \cdots & \mu_{np} \end{pmatrix} \tag{19.19}$$

其中

$$\mu_{ij}=\vee(r_{i1}\wedge s_{1j},r_{i2}\wedge s_{2j},\cdots,r_{im}\wedge s_{mj}) \tag{19.20}$$

例　设$U=\{u_1, u_2, u_3\}$，$V=\{v_1, v_2, v_3\}$，$W=\{w_1, w_2\}$，模糊关系

$$R=\begin{pmatrix} 0.3 & 0.7 & 0.2 \\ 0.5 & 0.4 & 0.6 \\ 1 & 0.6 & 0.8 \end{pmatrix}_{3\times 3} \qquad S=\begin{pmatrix} 0.2 & 0.7 \\ 0.9 & 0.5 \\ 0.4 & 0.3 \end{pmatrix}_{3\times 2}$$

则

$$R\circ S=\begin{bmatrix}0.7 & 0.5\\ 0.4 & 0.5\\ 0.6 & 0.7\end{bmatrix}_{3\times 2}$$

模糊向量作为特殊的模糊关系，可与模糊关系进行合成运算。例如，由模糊向量（19.5）与模糊关系（19.17）合成运算，可以得到一个 m 维模糊向量

$$R\circ S=(\mu_1,\ \mu_2,\ \cdots,\ \mu_m) \tag{19.21}$$

逻辑思维的核心是推理。适应精确方法的需要，传统逻辑只讲那种使用精确概念、精确命题和严格推理规则的推理。外延为经典集合的概念是精确概念，用精确概念塑述的命题是精确命题，用精确命题和严格的推理规则进行的推理是精确推理。但人脑的思维中大量使用的不是这种精确推理，而是由模糊概念（外延是模糊集合的概念）和模糊命题（由模糊概念构成的命题）构成的、按照模糊的或近似的推理规则进行的模糊推理。这种模糊逻辑是模糊思维和模糊方法的逻辑基础。要使模糊方法成为现代科学方法体系中的合格成员，必须给模糊概念、模糊命题和模糊推理以符合现代科学规范的表述方式。模糊集合论对此提供了目前唯一可用的工具。模糊概念和模糊命题可以用模糊集合、模糊向量、模糊关系作出某种形式化、定量化的表达。模糊关系合成运算是刻画模糊推理的适当工具。

一个模糊假言推理的例子是

若葡萄红了，则葡萄熟了；
葡萄有点红，
∴　　　　葡萄有点熟。

模糊假言推理的形式化表示为

若 x 是 A，则 y 是 B；
x 是 A'，
∴　　　　y 是 B'　　　　(19.22)

A、B、A'、B' 均为模糊概念，大、小前提和结论均为模糊命题，A' 与 A 是同类相近而不相同的模糊概念，B' 与 B 是同类相近而不相同的模糊概念。所以，在（19.22）中，小前提是对大前提前件非严格的（模糊的）肯定，结论是对后件非严格的（模糊的）肯定，表明这种推理所用的规则是不严格的、模糊的，从精确逻辑看是不合逻辑的、错误的，但为人脑思维广泛采用，人类几千年的思维活动和交往实践证明它是有效的，若以 p、p'、q、q' 分别记模糊命题“x 是 A”、“x 是 A'”、

“y 是 B”、“y 是 B'”，则（19.22）可表示为

$$p' \wedge (p \rightarrow q) = q' \tag{19.23}$$

模糊假言命题 $p \rightarrow q$（或 $A \rightarrow B$）实为一个模糊关系，A'、B' 为模糊向量。如果用模糊集合将它们定量化，上述推理可以用以下模糊关系合成运算来进行

$$A' \circ (A \rightarrow B) = B' \tag{19.24}$$

它在模糊控制、模糊诊断、模糊专家系统、模糊综合评判等方面都有重要应用。

如果一个系统的输入作用、响应方式和输出作用中有两个是模糊的，另一个也必是模糊的。这样的系统称为模糊系统，可图示如下：

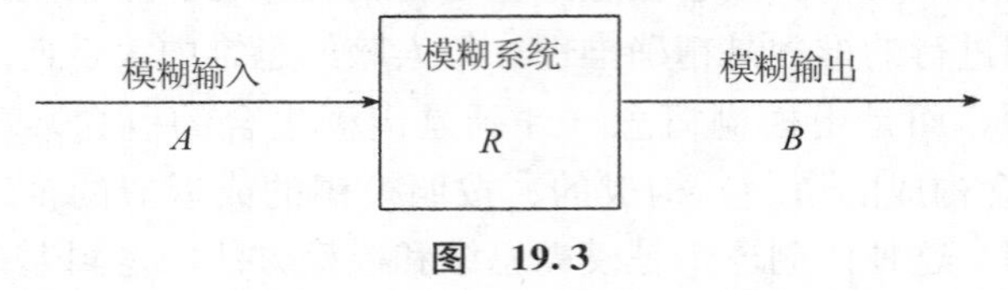

图 19.3

系统的响应方式用模糊关系刻画。若 A、R、B 中的两个已知，可按模糊关系合成运算确定另一个。以 X 记未知变量，所得合成运算称为求解模糊关系方程。分三种情况：

（1）已知输入和输出，求响应关系

$$A \circ X = B \tag{19.25}$$

（2）已知输入和响应关系，求输出

$$A \circ R = X \tag{19.26}$$

（3）已知响应关系和输出，求输入

$$X \circ R = B \tag{19.27}$$

由（19.25）、（19.26）、（19.27）求 X 的运算，叫作解模糊关系方程，可以描述某些模糊思维活动。

19.5　模糊截割理论

模糊学以定量化方法描述模糊性，目的在于促使模糊性向精确性转化，用精确性去逼近模糊性。用隶属度刻画模糊事物的类属不分明性，模拟了人脑把握模糊概念的思维特点。但人们在处理实际的模糊问题时，并不满足于描述这种隶属度的渐变性，还希望对问题作出必要的明确判决，把模糊集合转化为经典集合。截集概念是实现这种转化的适当

工具。

定义 19.4　设 A 为论域 U 上的模糊集合，任取 $\lambda \in [0, 1]$，λ 称为置信水平。令

$$A_\lambda = \{u \in U, \mu_A(u) \geqslant \lambda\} \tag{19.28}$$

则称经典集合 A_λ 为模糊集合 A 的 λ 截集。

例　设论域 $X = \{x_1, x_2, x_3, x_4, x_5, x_6\}$，模糊向量 $A = \{0.4, 0.9, 0.1, 1, 0.3, 0.7\}$，则 $A_{0.2} = \{x_1, x_2, x_4, x_5, x_6\}$，$A_{0.5} = \{x_2, x_4, x_6\}$，$A_{0.8} = \{x_2, x_4\}$。

一个模糊集合可以有不同置信水平的多个截集，代表以不同的经典集合对模糊集合的不同程度的逼近。如果取一个 λ 由小到大的序列

$$\lambda_1 < \lambda_2 < \cdots < \lambda_k \tag{19.29}$$

可以得到一个边界不断收缩的经典集合套

$$A_{\lambda 1} \supset A_{\lambda 2} \supset \cdots \supset A_{\lambda k} \tag{19.30}$$

针对上例可构造一个截集嵌套序列

$$A_1 \subset A_{0.9} \subset A_{0.7} \subset A_{0.4} \subset A_{0.3} \subset A_{0.1} = X \tag{19.31}$$

利用截集概念可以对模糊集合作进一步的刻画。令

$$\mathrm{Ker}A = A_1 = \{u \in U, \mu_A(u) = 1\} \tag{19.32}$$

$\mathrm{Ker}A$ 称为 A 的核。令

$$\mathrm{Supp}A = \{u \in U, \mu_A(u) > 0\} \tag{19.33}$$

$\mathrm{Supp}A$ 称为 A 的支撑集。令

$$f_b A = \mathrm{Supp}A - \mathrm{Ker}A \tag{19.34}$$

$f_b A$ 称为 A 的模糊带，真正的模糊性就出现在这里。图 19.4 给出这三个集合的示意图。

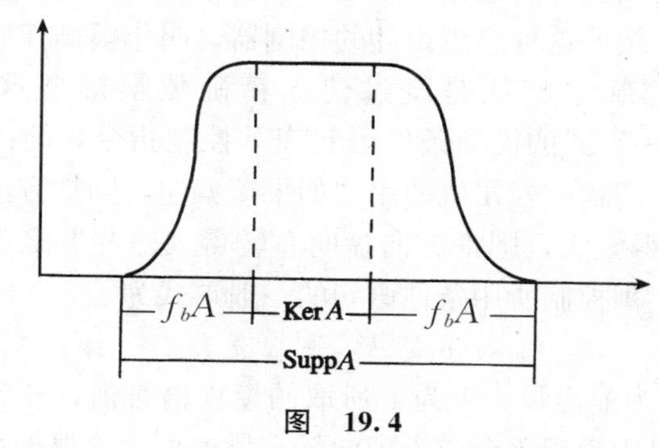

图　19.4

类似地，可以定义模糊关系的 λ 截关系，用不同置信水平的经典关系去逼近模糊关系。

利用截集概念可以对模糊事物划分档次。取定模糊集合的 λ 截集 A_0，$A_{\lambda 1}$，$A_{\lambda 2}$，…，$A_{\lambda k}$，可以把论域上的所有对象划分为$k+1$个档次：A_0-A_1，A_1-A_2，…，$A_{k-1}-A_k$，A_k。通常按分数段把学生划分为不及格、及格、中等、良好、优秀五个档次，用的就是这种方法。

截割概念刻画的是科学研究和日常工作中常用的截割思想。精确科学采用的是抛弃一切中介过渡信息的截割，对于中介发达的事物这样处理太粗糙。“模糊数学的截割理论是：让模糊事物不加截割地进入数学模型，充分利用中介过渡的信息，通过隶属度的演算规则及模糊变换理论，最后在一个适当的阈值上进行截割，作出非模糊的判决。传统的数学是推演前截割，模糊数学方法则是推演后截割；传统的数学是盲目地选择阈值，模糊数学方法是浮动地选择阈值。”①

19.6 模糊控制

按经典控制学制定控制方法，核心是建立系统的精确数学模型，通过求解、分析模型而确定用精确定量的语言表达的控制指令。对于结构复杂、机理不明的控制问题，这种方法一般无法使用。

考察扎德讨论过的停车问题。在拥挤的停车场上，为把汽车停在两辆汽车之间的空地上，若用控制学的精确方法很难奏效。司机并不建立数学模型，而是依据少量模糊信息制定模糊指令，如“再往左一点”、“再往前一点”、“稍微向右些”，就可以简便地达到控制目的。这就是实际生活中使用的模糊控制。运用模糊集合、模糊推理和模糊数学运算，总结人类进行模糊控制的经验，阐述其机理，形成相应的控制原理，就是模糊控制学。按照这种思想设计的控制器，叫作模糊控制器。

模糊控制的基本特征是绕过建立精确数学模型这一关，采用“若……，则……”式的模糊条件语句表示控制指令，简捷灵活地实施控制。如在停车问题中，司机使用“如果车偏左，则把方向盘向右转”，“如果车向右偏得太大，则把方向盘向左转得大一些”之类的指令，实行模糊控制。模糊控制所用条件语句的一般形式为

$$若\ x\ 是\ A，则\ y\ 是\ B \tag{19.35}$$

x 为输入量，y 为输出量，A 为 x 所取的模糊语言值，B 为 y 所取的模糊语言值，可以用模糊集合或模糊向量定量地表示。根据系统特性和控

① 沈小峰、汪培庄：《模糊数学中的哲学问题初探》，载《哲学研究》，1984（5）。

制任务，写出各种适用的模糊条件语句，形成一套完备的控制规则，储存在控制器中。这些控制规则刻画了系统的响应特性，其作用相当于传递函数或状态方程，但无须用精确的数学工具。

在系统运行过程中，如果判明输入为“x是A'”，从控制器中调出相应的控制规则，即模糊条件语句（19.35），通过模糊推理确定控制指令。实际运作中，这种模糊推理转化为模糊关系合成运算（19.24），由机器来执行。运算结果“y是B'”，就是所需要的控制指令。实际的操作过程还需将“y是B'”进行去模糊化处理，利用截割技术使其精确化，得到明确肯定的控制指令，去驱动执行环节。模糊控制的框图表示如下：

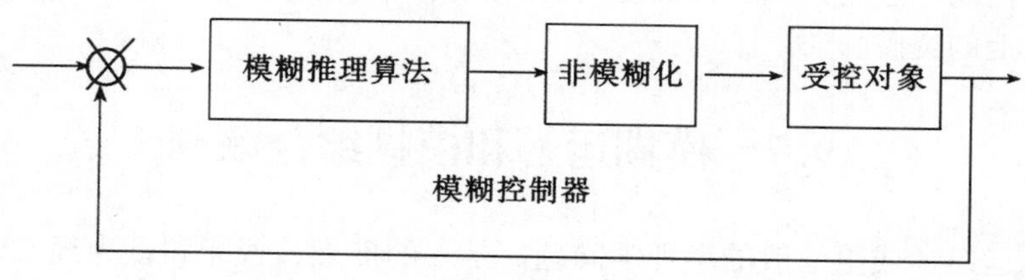

图 19.5

以水位控制为例给上述原理作些具体说明。控制任务是保持水位于标准值，记作0。控制量是阀门开度u，e为误差，即实际水位与标准值之差。设阀门正向开代表注水，负向开代表排水。模糊控制不着眼于给出阀门开度u的精确值，也不要求精确测定误差e的值，而是划分为少量模糊档次。例如，把e和u都分为五档，分别为正大、正小、适中(0)、负小、负大，都是模糊断语。控制规则由下列模糊条件语句构成：

若e正大，则u负大。
若e正小，则u负小。
若e适中，则u适中。　　(19.36)
若e负小，则u正小。
若e负大，则u正大。

用适当的模糊集合描述正大、正小、适中、负小和负大，用适当的模糊关系表示上述模糊条件语句，存入控制器，让机器根据受控对象实际运行状况的模糊信息作出关于误差e的模糊判断（在正大、正小、适中、负小、负大之中选择），进行模糊关系合成运算

$$E\circ R=A \tag{19.37}$$

形成模糊指令“u是A”（A在正大、正小、适中、负小、负大之中选择）。

可以把模糊控制分为三种类型。以上所述是逻辑型模糊控制，控制算法中的“如果”部分还可以用“且”、“或”等逻辑联结词表示。第二种是并列型模糊控制，使不同的逻辑控制共同存在于一个控制系统中，分散地对全局实行控制。第三种是模糊控制，即在条件语句的前件部分使用模糊语言变量，实现与操作者对话式控制。

模糊控制的特点是控制器结构简单，硬件易于实现，操作方便，具有一定的“智能控制”的特点，鲁棒性较好，适用于机理不明的控制问题。模糊控制是模糊理论在硬技术方面最成功的应用。但理论基础还很薄弱，控制规则建立在对模糊逻辑比较浮浅的理解上，以至于有人认为模糊控制不过是模糊逻辑似是而非的成功。模糊逻辑和模糊控制都有待理论上的突破。

19.7　模糊运筹和模糊综合评判

运筹学或更一般的事理学问题，是人的推理、智能和行为经常起作用的研究领域，广泛存在模糊性。但运筹学只注意到随机因素引起的不确定性，把模糊性误认为随机性的一种特殊表现形式，未予专门研究。模糊学区分这两种不确定性，发明了处理模糊性的数学工具，为运筹学开辟出一个新方向。

目前，在运筹学中引入模糊性的基本方式是以模糊集合取代经典集合，把运筹学的概念模糊化，提出新的运筹问题，形成新的概念、原理、方法。这种模糊化处理称为运筹学的模糊化，在运筹学的各个分支都有表现。

实际的规划问题常常用自然语言描述目标和约束条件，有明显的模糊性，例如，投资大约在××元以下，利润大约在××元以上。按照这种限定条件建立的规划论模型，是模糊数学模型。一种情形是目标函数为模糊的，要求确定它的隶属函数。另一种情形是约束条件为模糊的，反映状态空间中决策变量允许取值的范围具有不明确的边界。目标函数和约束条件都有模糊性的情形也常见。

在博弈论中引入模糊观点的途径也有三个。一是把赢得函数模糊化，建立模糊赢得函数。二是把策略模糊化，得到模糊策略集。三是把二者同时模糊化。三种情形都是模糊博弈，都可以用模糊数学方法处理。

在决策问题中，决策者拥有的策略和大自然的状态都可能具有模糊性。在决策问题中，随机性和模糊性往往并存，要求同时加以考虑。以模糊集合刻画策略和自然状态的模糊性，定义模糊事件的发生概率，即模糊概率，在模糊数学的基础上可以建立一套模糊决策方法。

类似地，还可以建立模糊排队论、模糊库存论、模糊更新论等。这是关于精确系统方法的直线式推广，途径明确，无须多大想象力，模糊学思想未能得到充分反映。更有前途的做法要求按照全新的思路制定模糊运筹的理论和方法。但这方面的工作还不很多。

在目前的运筹学研究中，一个较多体现模糊学精神的成果是模糊综合评判。所谓决策，是指在多种可行方案中进行选择。选择的依据是对各个方案的性能优劣作出评价。待评价的事物一般都涉及诸多因素，单因素评价意义不大，需要的是综合评价。应用模糊集合论方法对决策活动所涉及的人、物、事、方案等进行多因素、多目标的评价和判断，就是模糊综合评判。它在人才选拔、干部任命、研究成果评价等方面获得了重要应用。

评判过程是由着眼因素（对象的性能指标）和评语构成的二要素系统。着眼因素和评语一般都有模糊性，不宜用精确数学语言描述。应当用模糊集合、模糊向量、模糊关系、模糊矩阵刻画着眼因素和评语，用模糊数学运算刻画评判活动，作出带有模糊性的结论。设着眼因素集为 $X=\{x_1, x_2, \cdots, x_n\}$，评语集为 $Y=\{y_1, y_2, \cdots, y_m\}$，均为有限集。首先就各个着眼因素分别进行评价，将其结果汇集表示为一个矩阵 R，称为单因素评判矩阵，代表从 X 到 Y 的一个模糊关系。不同着眼因素 x_i 对于作出最后评价的重要性不同，正确的综合评判依赖于合理确定各因素的权重。令 A 记刻画各着眼因素权重的模糊向量。模糊综合评判的数学模型归结为以下模糊关系合成运算

$$A \circ R = B \tag{19.38}$$

其中，B 是论域 Y 上的一个 m 维模糊向量（集合），代表评判作出的最后结论，称为综合评判向量。

解综合评判问题包括三个步骤。第一，对论域 X 中给出的 n 个着眼因素分别作出单因素评判，得到 n 个 m 维单因素评判向量，构成一个 $n\times m$ 维模糊矩阵 $R=(r_{ij})_{n\times m}$。第二，确定权重模糊集合 A，权重系数一般是依据专家经验给定的。第三，进行关系合成运算 $A \circ R$，求得综合评判向量 B，代表 Y 上的一个模糊判断“y 是 B”。

例　考虑一个消费者对商品（衣服）的评判问题。因素集为 $U=$

{款式，面料，耐度，流行性，价格}，评语集 $V=$ {很受欢迎，欢迎，一般，不欢迎}。通过市场调查，对五种因素分别评价，得到五个4维的单因素评判向量，形成单因素评判矩阵

$$R=\begin{bmatrix}0.35 & 0.24 & 0.13 & 0.28\\ 0.55 & 0.33 & 0.10 & 0.02\\ 0.70 & 0.12 & 0.08 & 0.10\\ 0.41 & 0.27 & 0.23 & 0.09\\ 0.60 & 0.22 & 0.18 & 0\end{bmatrix}$$

根据消费者对各因素的偏好程度，确定权重为

$$A=(0.40,\ 0.25,\ 0.14,\ 0.21,\ 0.30)$$

作模糊关系合成运算以求综合评判向量

$$A o R=\begin{bmatrix}0.40\\ 0.25\\ 0.14\\ 0.21\\ 0.30\end{bmatrix}^{-1} o \begin{bmatrix}0.35 & 0.25 & 0.13 & 0.28\\ 0.55 & 0.33 & 0.10 & 0.02\\ 0.70 & 0.12 & 0.08 & 0.10\\ 0.41 & 0.27 & 0.23 & 0.09\\ 0.60 & 0.22 & 0.18 & 0\end{bmatrix}$$

$$=(0.35,\ 0.25,\ 0.21,\ 0.28)$$

这就是所要的综合评判向量。经过适当处理，可以得出最后结论。

以上所述是模糊综合评判的正问题。如果已知代表综合评判结果的模糊向量 B，可以反求权重向量 A，这种运算称为综合评判的逆问题，在数学上归结为解模糊关系方程

$$X o R=B \tag{19.39}$$

优化的综合评判往往源于专家根据经验确定的权重，但他们自己常常说不清楚。解综合评判的逆问题，有助于总结专家的经验。

19.8 模糊聚类分析

分类是确定同质对象、区分异质对象的思维活动。概念的建立，判断的形成，规律的发现和阐述，都以关于对象的合理分类为前提。传统的分类建立在等价关系概念上。论域 $X=\{x_1, x_2, \cdots, x_n\}$ 上的等价关系 R 满足以下要求：(1) 自反性：xRx，X 中的每个元素与自己有关系 R；(2) 对称性：$xRy \Rightarrow yRx$（若 x 与 y 有关系 A，则 y 与 x 有关系 R）；(3) 传递性：xRy 且 $yRz \Rightarrow xRz$（若 x 与 y 有关系 R 且 y 与 z 有关系 R，则 x 与 z 也有关系 R）。给定关系 R，X 中任何两个元素要么

等价，要么不等价，因而按照 R 可以把所有元素分为若干等价类。这是一种精确的分类。

现实世界的事物类别大都是模糊的，应按照模糊学原理划分。依据论域上的模糊等价关系对论域中的对象进行分类，称为模糊聚类分析，可看作传统分类方法的推广。实际操作分两个步骤。(1) 把待分类的对象全体作为论域 X，建立从 X 到自身的模糊等价关系（矩阵）。实际得到的模糊关系往往不是等价的，而是模糊相似关系（不具有传递性）。用平均方法求得相似关系的传递闭包，可以得到模糊等价关系 $R=(r_{ij})$，以 R 作为分类标准。(2) 取 R 的 λ 截关系 R_λ，R_λ 为严格等价关系，据之按经典方法进行分类。令 $R_\lambda=(r'_{ij})$，

$$
\begin{aligned}
r'_{ij}&=1 \qquad r_{ij}\geqslant\lambda \\
r'_{ij}&=0 \qquad r_{ij}<\lambda
\end{aligned}
\tag{19.40}
$$

R_λ 是一个以 0 和 1 为元素的普通矩阵。把 R_λ 中元素相同的各行归为一类，就得到关于论域 X 中所有元素的分类。选定一个不同聚类水平 λ_i 序列，得到截关系序列 $R_{\lambda1}$，$R_{\lambda2}$，…，$R_{\lambda k}$，按这个序列顺序进行聚类，就会得到一个由细变粗、逐步归并的聚类图。按经典方法分类，得到的是类别之间界限分明的分类。按模糊聚类分析分类，得到的是动态的软分类，能够提供关于对象在不同聚类水平下不同隶属关系的全面信息，适用于缺乏明确分类标准的复杂问题。

19.9　模糊模式识别

人在认识某种客观事物之后，有关该事物基本特征的信息将存储于大脑中，形成所谓模式或标准样本。实践经验越丰富，头脑中存储的模式也越丰富多样。在以后的实践中，每当出现认识对象时，人就把它们同头脑中存储的样本进行比较，确定对象的类属。这种思维活动叫作模式识别。

人脑存储的模式大多具有模糊性，即模式是用一些模糊特征表示的。人脑是根据事物的模糊特征、运用模糊思维辨认和确定事物的模式的。根据模糊学的原理和方法刻画人脑进行模式识别的机理，称为模糊模式识别。基本方法有两种，一是基于最大隶属度原则的直接方法，二是基于择近原则的间接方法。

直接方法要解决的问题是，待识别的对象明晰确定，模式类型有模糊性，用模糊集合描述模式类型，识别任务是判明给定的对象优先属于

哪个类型，或者哪个对象优先属于给定的模型。其中又分两种情形。

最大隶属度原则Ⅰ　给定论域上的一个模糊模式，以模糊集合 A 表示，论域中有 n 个待识别对象 x_1，x_2，…，x_n。问题是确定哪个对象优先属于 A。答案为

若

$$\mu_A(x_i)=\max_{1\leqslant j\leqslant n}\mu_A(x_j) \tag{19.41}$$

则优先将 x_i 归于 A。即将 n 个对象中那些对 A 具有最大隶属度的对象优先归属于模式 A。

最大隶属度原则Ⅱ　给定论域 X 上的 n 个模式，分别用模糊集合 A_1，A_2，…，A_n 表示。$x\in X$ 为识别对象。问题是确定 x 优先归属哪个模式。答案为

若

$$\mu_{Ai}(x)=\max_{1\leqslant j\leqslant n}\mu_{Aj}(X) \tag{19.42}$$

则 x 优先归属于 A_i。即对象 x 对哪个模糊集合的隶属度最大，就将它优先归属于该模糊集合代表的模式。

间接方法处理的问题是，不但模式类型有模糊性，被识别的对象也有模糊性，都需要用模糊集合描述。模式识别在数学上归结为衡量两个模糊集合的接近程度，按接近程度确定对象的归属。常用的数学概念是贴近度和择近原则。贴近度是模糊数学的重要概念，刻画两个模糊集合的接近程度。模糊集合 A 与 B 的贴近度记作 $\rho(A,B)$。贴近度有不同的定义，需要根据问题具体选择。择近原则也分两种情形。

择近原则Ⅰ　给定论域上的一个模糊集合 A，代表一个模糊模式，论域中的 n 个识别对象分别用模糊集合 B_1，B_2，…，B_m 表示。问题是确定哪个对象优先属于 A。答案为

若

$$\rho(A,B_i)=\max_{1\leqslant j\leqslant n}\rho(A,B_j) \tag{19.43}$$

则把 B_i 优先归属于 A。

择近原则Ⅱ　给定论域上的 m 个模糊集合 A_1，A_2，…，A_m，代表 m 个模糊模式，被识别对象用模糊集合 B 表示。问题是确定 B 应优先归属于哪个模式。答案为

若

$$\rho(A_i,B)=\max_{1\leqslant j\leqslant m}\rho(A_j,B) \tag{19.44}$$

则把 B 优先归属于 A_i。

最大隶属度原则和择近原则都不是现有数学方法简单平移到模糊情形的结果，而是以模糊集合为工具对人脑模糊模式识别方式的摹写，即对模糊思维的摹写。这为我们发展模糊方法提供了有益的启示。

思　考　题

1. 区别随机性、模糊性、歧义性、灰色性等概念。

2. 试述精确方法的要点及其局限性。

3. 什么叫模糊方法？为什么应该把模糊性当作模糊性来处理？

4. 试析人脑在识别、推理、预测、决策中的模糊性。你自己有哪些体会？

5. 试析中国传统文化中的模糊思维，并从模糊性角度比较东西方在思维方式上的异同。

阅　读　书　目

1. 苗东升：《模糊学导引》，北京，中国人民大学出版社，1987。

2.《如何处理现实世界中的不精确性——L. A. Zadeh 教授访问记》，载《模糊数学》，1984（4）。

3.［日］寺野寿郎：《模糊工程学》，沈阳，辽宁大学出版社，1991。

4. 汪培庄：《模糊集与随机集落影》，第1章，北京，北京师范大学出版社，1985。

5. 苗东升：《模糊数学方法》，见《方法论全书（Ⅲ）》，南京，南京大学出版社，1995。

第20章 系统工程

20.1 组织管理的技术

作为人类知识总体系的一部分，系统工程不是理论，不是学术，而是一种工程技术，直接应用于改造客观世界的实践活动，应用于解决实际问题，强调的是实用性。但也不是工程实践本身，而是工程实践使用的知识。与传统的土木工程、冶金技术等“物理”工程技术不同，系统工程是“事理”工程技术，即人们办事的技术。传统工程是硬技术，即关于设计、制造、操作使用物质工具和机器的技术；系统工程是软技术，即组织管理各种社会活动的方法、步骤、程序的总和。建设一个新系统，改造一个既有系统，经营一个已建成的系统，都需要组织管理的技术，即系统工程，如钱学森所说：“‘系统工程’是组织管理‘系统’的规划、研究、设计、制造、试验和使用的科学方法，是一种对所有‘系统’都具有普遍意义的科学方法。”[①] 即使简单的小系统，如处理个人日常事务，系统工程的思想方法也是有用的，但只有涉及多人多因素的大型复杂事务的组织管理问题，才能充分体现系统工程方法的必要性和优越性。愈是大型复杂的组织管理活动，愈能体现系统工程的科学性和重要性。

系统工程有别于传统工程的另一特点是强调用系统观点处理工程问题，属于系统科学的工程技术。系统工程要求它的使用者自觉地把工程对象看作系统。从共时性角度看，要把对象看作由部分组成的整体，注

---

① 钱学森等：《论系统工程》，增订本，11～12页。

重了解各部分之间的相互联系，从系统整体出发处理问题。从历时性角度看，要把工程问题看作由许多相互关联的阶段、步骤、工序等组成的过程，注重把握全过程，从全过程出发关照好各阶段的衔接。系统工程工作者关心的主要不是用什么材料和模具、如何切割加工、如何组装等硬技术问题，而是事理系统的构成要素、结构方式、整体目标、约束条件、系统与环境的关系等事理问题，是总体协调、目标优化之类问题。系统观点不仅表现在强调对象的系统性，还在于强调所用方法的系统性，系统概念被置于这种工程技术的中心位置。因此，从前者出发，应把系统工程定义为处理系统问题的工程技术；从后者出发，应把系统工程定义为用系统观点和方法处理工程问题的技术。

20.2 部门系统工程

人类社会生活的各个领域都有组织管理问题，都需要应用科学方法。系统工程是有关这种科学方法的共性的知识。任何实际问题的解决都不能仅仅运用这种共性的知识。教育活动的组织管理离不开教育学知识，需要把教育学与系统工程结合起来。军事活动的组织管理离不开军事学知识，需要把军事学与系统工程结合起来。社会生活的每个领域都有自己的特殊科学理论，系统工程只有同这种特殊科学理论结合起来，才能解决那里的问题。这是系统工程方法论的一个重要观点。所有系统工程工作者都承认这一点，但直到 20 世纪 80 年代初才由钱学森给予明确而系统的阐述。

这样理解的系统工程不是一门知识，而是包括许多门工程技术的一大类工程技术，每一门系统工程都是一个专业。整个系统工程横跨了自然科学、数学、社会科学等，发展系统工程需要各方面的科学技术工作者合作。钱学森曾给出系统工程的分类（见下页）。这并非系统工程的完备分类。“在现代这样一个高度组织起来的社会里，复杂的系统几乎是无所不在的，任何一种社会活动都会形成一个系统，这个系统的组织建立、有效运转就成为一项系统工程。同类的系统多了，这种系统工程就成为一门系统工程的专业。”[①] 毋庸置疑，这种分类不属于严格的系统科学的分类。但对于推广应用系统工程是必要的。

除系统科学本身的问题，任何其他问题都不可能只用系统方法、系

① 钱学森等：《论系统工程》，增订本，180 页。

统工程去解决，都需要把系统方法、系统工程与该问题所属的特殊学科结合起来。

系统工程的专业	专业的特有科学基础
工程系统工程	工程设计
科研系统工程	科学学
企业系统工程	生产力经济学
信息系统工程	信息学、情报学
军事系统工程	军事科学
经济系统工程	政治经济学
环境系统工程	环境科学
教育系统工程	教育学
社会系统工程	社会学、未来学
计量系统工程	计量学
标准系统工程	标准学
农业系统工程	农事学
行政系统工程	行政学
法治系统工程	法学

20.3　系统工程方法论

系统工程的方法论，从哲学上说，就是辩证法，要求辩证地分析和解决组织管理所涉及的各种矛盾；从科学上说，就是系统科学的方法论，要求按照系统思想、观点和方法分析和处理组织管理所涉及的各种问题。但作为工程技术层次的系统科学，系统工程还应有其独特的方法论。

任何系统工程的实施都是一个过程。系统不是囫囵整体，具有相对的可分性。作为过程系统的系统工程，必定具有某种共同的内容、步骤、程序、方法。应用系统工程解决问题必须遵循一定的工作步骤和共同的规则。古德和麦克雷尔写的第一本《系统工程》（1957）已对系统工程的一般内容、步骤和方法作了总结。20世纪60年代是系统工程方法论探索取得丰硕成果的时期，其中尤以霍尔的三维结构最为成功。

霍尔通过对系统工程的一般阶段、步骤和常用知识范围的考察，以时间、逻辑、知识作为坐标，提出如图 20.1 所示的三维结构，称为霍尔结构。霍尔结构得到广泛的推广应用，被视为各种系统工程的方法论基础。

在霍尔结构中，时间维表示系统工程从开始到结束的基本过程，由七个阶段组成，各阶段顺序衔接，完成前一阶段才可进行后一阶段。

（1）规划阶段：通过调查研究，论证任务的必要性和可行性，制定系统工程的规划；

（2）拟定阶段：提出具体的研制方案和计划；

（3）研制阶段：实施研制方案，制定生产计划；

（4）生产阶段：生产系统所需的零部件，提出安装方案；

（5）安装阶段：根据设计方案把零部件组装成完整的系统，作出系统运行计划；

（6）运行阶段：使系统投入实际运行，在运行中检验其性能，作必要的改进；

（7）更新阶段：在系统经过长期运行而老化后，用新系统取而代之，或对旧系统进行改装。

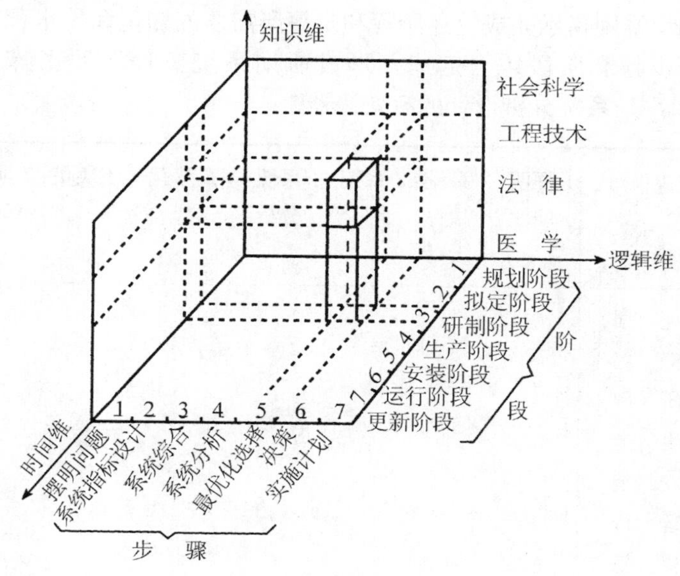

图　20.1

以上七个阶段的划分和命名显然是以工程系统工程为背景总结出来

的，但原则上适用于其他系统，不过需要对一些术语（如安装）作广义的解释。

在复杂的大系统问题中，上述每个阶段又是一种复杂的事理过程，霍尔结构的逻辑维指出这些阶段应采取的七个共同步骤。

（1）摆明问题：全面收集有关任务的历史、现状、发展趋势的数据资料，做到对问题心中有数；

（2）系统指标设计：根据任务要求提出必须达到的目标（包括各种技术目标、经济目标、政治目标、社会目标等），确定效果衡量指标；

（3）系统综合：收集能够达到预定要求的各种技术方案、政策、控制手段和每个方案的实施方法、衡量标准，通过比较，排出优劣次序；

（4）系统分析：给各个待选方案建立数学模型，分析比较其优劣；

（5）最优化选择：从所有方案中选择最佳方案；

（6）决策：在复杂系统工程中，系统选择阶段得到的最佳方案可能不止一个，需作出最后的选择；

（7）实施计划：把选定的方案付诸实施，并对前六个步骤作必要的修正，为进入下一阶段作准备。

时间维是系统工程实施过程框架结构的划分，逻辑维是精细结构的划分，知识维则指示完成上述阶段和步骤所需要的知识和技术素养。把各个逻辑步骤和阶段综合起来，形成所谓系统工程活动矩阵，如图20.2所示，是系统分析设计的有效武器。

逻辑维 时间维	1 摆明问题	2 系统指标设计	3 系统综合	4 系统分析	5 最优化选择	6 决策	7 实施计划
1. 规　划	a_{11}	a_{12}				a_{16}	a_{17}
2. 拟　定	a_{21}						
3. 研　制							a_{37}
4. 生　产				a_{44}			
5. 安　装							
6. 运　行	a_{61}						
7. 更　新	a_{71}	a_{72}				a_{76}	a_{77}

图　20.2

霍尔结构主要是针对硬系统工程建构的，特点是系统有精确的数学模型，目标态 S_0 和现实态 S 有明确定义，能够精确计算，系统工程的任务是消除目标差 S_0-S。面对结构不良系统，S_0、S 和 S_0-S 都无法明确定义，因而产生了软系统方法论。

20.4　工程计划的统筹方法

作为一种应用于工程实践的技术，系统工程已发展出许多有用的方法。本节介绍一种最常用的技术，即工程实践中安排时间的方法，通常称为关键路径法和计划评审技术。由于它的理论基础是网络分析，又称为网络计划。它们很好地体现了系统思想和方法的优越性。对其他方法感兴趣的读者可从有关著作中寻找。

关键路径法的作用是产生一张使工程计划达到优化的时间进度表。大体分为三步。

（1）用箭头网络图表示整个工程任务。首先是把工程划分为各项活动或工序。每个工程任务都可以分为若干子任务，一级子任务再分为若干二级子任务，一直分到可用一个箭头表示的最简单的活动。网络图中的节点代表一个事项，一个事项表示一项或几项活动的开始或结束，一项活动的开始点是箭尾事项，结束点是箭头事项。网络图中的弧表示一项活动。一项活动用一个箭头表示，箭头指向工程前进的方向，不许用同一个箭头事项和箭尾事项表示两项活动。在把每项活动加入网络时，要确定该活动开始前必须完成哪些活动，哪些活动必须跟在该活动之后，哪些活动必须和该活动同时进行。划分活动的工作结束后，应估计各项活动所需时间，标在代表它的弧线下面。然后画出箭头图。

例　设某工程由10项活动A，B，C，E，…，K组成，试编制满足以下关系的箭头图。

1）工程的第一批活动A和B可以同时开始。

2）A和B在E之前。

3）B在C、F、G之前。

4）C和F在H、I、K之前。

5）E在J、K之前。

6）H和G在J之前。

7）H在K之前。

8）I、J、K是工程活动的结束。

要正确地表示所有活动之间的关系，需引入虚活动（不花费时间或资源的活动）概念。在这个例子中，工序A、B必须在工序E之前进行，工序C之前只有工序B。如用图20.3（a）表示，就会把A误当作必须在C之前完成。若像图20.3（b）那样，引入虚活动D，即可避免这种错误。

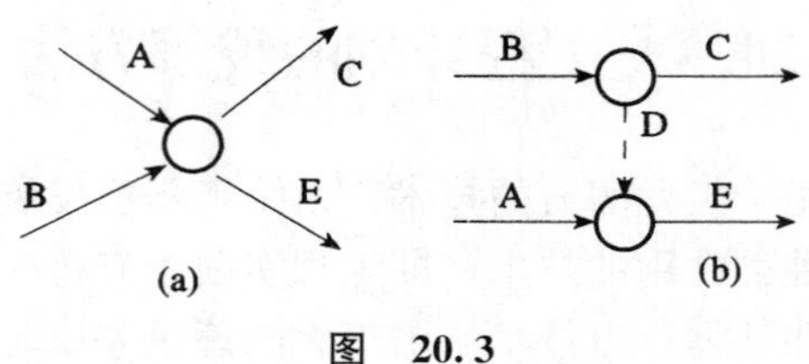

图 20.3

按照上述规则，引入虚活动D_1、D_2、D_3，得到所需的箭头图如下：

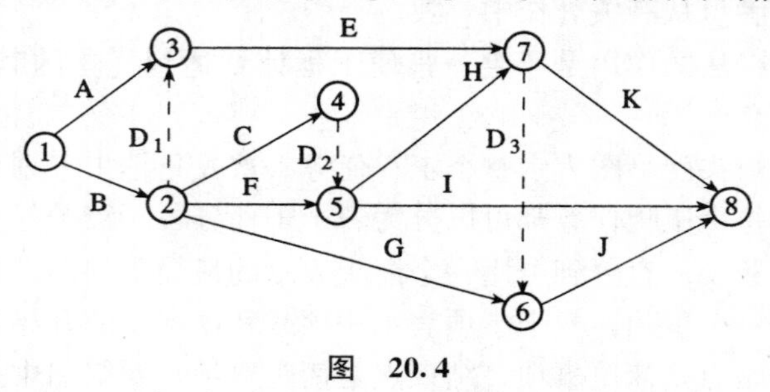

图 20.4

（2）关键路线的计算。在一项工程的网络图中，从开始到结束跨越网络而又相互连接的活动构成一条链，称为一条路线。同一个网络图中有许多条路线，各需花费一定的时间，其中完成各个活动所需时间最长的路线称为关键路线，组成关键路线的活动称为关键活动。画箭头图是第一步，第二步是计算各条路线的时间，区分关键的与非关键的。非关键活动的特点是，它的最早开始日期和最迟完工日期之间的时间多于它的实际时间，即有机动时间。关键活动没有机动时间。编制网络计划就是在一个庞大的网络图中找出关键路线，标明工程的所有关键活动。科学的工程管理要求把注意力集中到关键路线的工作状况上，优先安排人力物力、尽量缩短关键路线的时间。这是抓主要矛盾的哲学思想在工程管理中的具体应用，因而关键路线又称为主要矛盾线。

计划的网络模型使计划也可以作模拟试验，即把可供选择的各种方案放入网络模型中作计算模拟。绘制网络图、计算网络时间和确定关键路线，得到的计划方案一般还是初始的，不是最优的。还需要进行网络优化处理，包括时间优化、时间—资源优化和时间—费用优化，找出最优计划方案。

（3）编制工程进度表。时间安排的最终目标是给出一张时间表，标明每项活动的起止时间，与工程中其他活动的关系，区分关键活动与非关键活动，计算非关键活动的机动时间总数，以便执行者应用。

在上述方法中，网络计划中的各事项及活动之间的关系、对每项活动的时间估计都假定是确定型的。但实际工程管理中这些因素并非确定型的，而是随机的，需要引入概率方法。由此提出了图解评审技术，用随机网络的方法描述和评价系统。

20.5 实施系统工程的系统——总体设计部

关于建立总体设计部的论述是钱学森系统工程思想的重要组成部分。总体设计部概念最早是苏联学者提出来的，钱学森在领导中国航天事业的实践中加以发展和完善。20 世纪 80 年代，在把他的航天系统工程思想向其他领域全面推广的过程中，钱学森进一步发展了这个思想，提出在各种社会系统中建立总体设计部，特别是建立国民经济建设的总体设计部、总体设计部体系等新观点。90 年代，在研究开放的复杂巨系统理论的过程中，这个思想又有新的重要发展。

什么是总体设计部　总体设计部是它所属社会系统的一个分系统，它不是系统的决策领导机构，而是决策机构领导下的咨询机构、决策支持单位，只能向决策者提出建议、预测，不能代替决策。它也不是系统的决策的执行管理机构，不对决策成败负责，只负责及时发现问题、提出解决问题的总体方案的咨询意见。三者的关系可用图表示如下①：

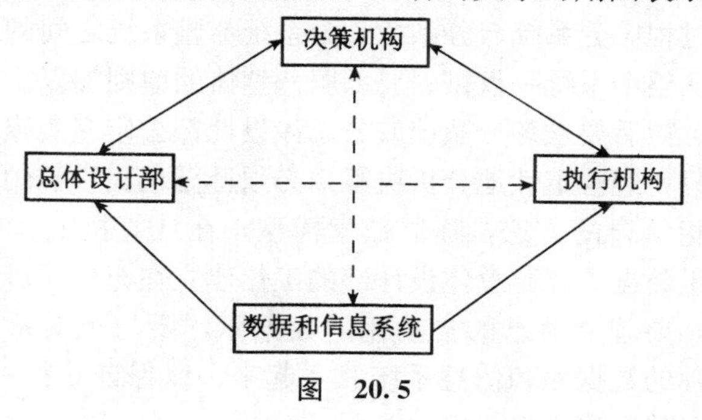

图　20.5

① 于景元：《从工程系统总体设计部到系统总体设计部体系》，见许国志主编：《系统研究——祝贺钱学森同志 85 寿辰论文集》，133 页。

总体设计部的设计和组建　总体设计部是按系统原理设计和组建的：(1) 由熟悉系统各方面专业知识的专门人才组成，由知识面比较广的专家领导，以便通过专家们的集体讨论和思想交锋把各种专业知识综合起来，产生系统的整体涌现效应——形成能够把握系统全局的新知识、新思想；(2) 在总系统的不同层次的分系统建立各自的总体设计部，形成总体设计部体系即系统，按照层次系统的原理运转，发挥其系统功能；(3) 总体设计部成员特别是负责领导的专家应熟悉系统科学，自觉运用系统原理和方法工作。

总体设计部的任务　总体设计部设计的是系统的整体，是系统的总体方案和实现整个系统的技术途径，它的工作是进行总体分析、总体论证、总体设计、总体规划、总体协调。总体设计部一般不承担具体部件的设计，但对决定整个系统命运的关键部门要抓住、抓紧。总体设计部主要是作系统整体运行的可行性研究，同时也作"不可行性研究"，在作方案优化时，同时作"次优化和非优化"。在此基础上，提出具有可行性和可操作性的、配套的解决方案，为决策部门提供科学的决策支持。

总体设计部的工作方法　总体设计部的全部活动都要自觉地全面地贯彻执行系统思想和系统方法，特别是运用开放复杂巨系统理论。(1) 总体设计部把系统作为它所从属的更大系统的组成部分开展研究，对它的所有技术要求首先从实现这个更大系统的技术协调的观点来考虑。(2) 总体设计部把系统作为若干分系统有机结合成的整体来设计和管理，从实现整个系统技术协调的观点来考虑对分系统的技术要求。(3) 对研制过程中分系统与分系统、分系统与整系统之间的矛盾，总体设计部坚持从整个系统一盘棋、局部服从整体的原则加以协调处理，选择解决方案，然后要求各分系统或分总体设计部去研究实施。(4) 总体设计部不能只凭经验定性地分析决策，必须遵循现代科学的原则，运用定性和定量相结合的方法，建立数学模型，在计算机上作模拟仿真试验，得出定量数据。(5) 总体设计部的工作建立在充分而可信的数据资料的基础上，要建立自己的自动化的数据库，要与更大系统的、国家的，甚至国际的数据库和信息系统联系起来，以保证获得一切必要的、准确的、及时的数据资料。

总体设计部概念代表了一种现代化的科学原理、管理原则、组织形式和工作方法。如马宾所指出的："总体设计部目前在世界上以不同的形式和名称存在，已形成一个学科和产业。”① 搞好我国的物质文明建设、精神文明建设、政治文明建设都需要运用总体设计部的工作方法，真正把系统工程应用于各行各业。

20.6　从定性到定量综合集成工程

13.8 节讨论方法论层次的综合集成，本节讨论工程技术层次的综合集成，即复杂巨系统工程。这是钱学森系统工程思想的重大发展。

为什么综合集成　综合集成的必要性在于：大量社会问题表现为开放复杂巨系统，没有现成的理论指导，无法像简单系统或简单巨系统那样作严格的理论描述并得出精确的定量结论。必须另觅途径，放弃传统的处理方法，采用定性与定量相结合的综合集成法。综合集成的可能性在于：现代科学分门别类地发展而形成的庞大学科体系，对人们要解决的社会上各种开放复杂巨系统问题就不同方面或部分作出描述，积累了大量科学知识；实践着的人们，特别是各行各业的专家积累了丰富的经验、实际感受等，是关于对象系统的重要知识。这两种知识为解决开放复杂巨系统问题提供了认识上的可能性。问题在于如何把这一切利用起来，获得关于开放复杂巨系统整体的理性认识。

对什么综合集成　这里讲的是知识领域或思想领域的综合集成，通过综合集成要产生的是新知识、新思想、新方法。(1) 人类是靠自己掌握的知识解决各种问题的。一类是科学理论知识，这种知识是分门别类的，但任何一个开放复杂巨系统问题都涉及许多学科的知识。另一类是经验的知识、不成文的实际感受或直感式的判断，它们分散地储存于不同社会领域中实践着的人们，特别是各领域专家们的头脑中，这种知识可以反映各个局部或片断的真理，不能反映全局的规律。其中许多知识是知其然而不知其所以然，有些甚至连专家自己也没有意识到，只有当实际问题的具体情景呈现于专家面前时，方能“触景生情”式地从他的潜意识中引发出来。这些知识对于解决开放复杂巨系统问题是不可或缺的，有时还是关键性的。需要运用综合集成法创造适当的“情景”，把潜藏于专家头脑中的那些实际的感受、直感式的判断挖掘出来，把他们的零散经验集中起来，给以加工改造，进一步把所有这一切与各门理论中的有关知识综合集成起来，形成关于开放复杂巨系统整体运行的理性

① 许国志主编：《系统研究——祝贺钱学森同志 85 寿辰论文集》，109 页。

认识。(2) 处理社会巨系统问题同样需要获得关于系统整体的状态、特性、行为的定量描述。专家的知识不仅不完全，而且一般都是定性的，必须把定性认识与定量认识结合起来，把专家知识与有关的统计数据结合起来，才能解决问题。这就是综合集成各种局部的定性认识，达到整体的定量认识，以求得可信的结论。(3) 现代社会极其复杂，单靠人脑智能已不可能全面认识和解决特殊复杂巨系统问题。以电子计算机为基础的各种专家系统和智能机器可以代替人脑的部分功能，以人脑不可比拟的快速性和精确性处理和存取信息，还可以创造新知识。综合集成意味着把人脑与电脑结合起来，使二者相互支持、相互补充、相互促进，甚至融为一体，以便形成更强的智能，创造更多、更新的知识。

总之，综合集成的实质是把专家群体、统计数据及各种信息、计算机三者有机地结合起来，把各种理论知识和人的经验结合起来，把定性知识和定量知识结合起来，使这些因素形成一个有机的系统，发挥这个系统的整体优势和综合优势，实现集智慧之大成。我国实行的是人民代表大会制。人大代表、政协委员都是活跃在各条战线的专家，他们的提案、建议是不同群众实践经验的结晶；还有通过各种渠道收集到的广大群众的意见和建议。这些都是对于管理国家十分有用的知识，又都有局限性。把这些“零金碎玉”变为关于国家建设的路线、方针、政策、战略等“大器”，也需要综合集成。

如何搞综合集成　综合集成工程具有很强的可操作性。运用综合集成工程处理社会巨系统问题的基本步骤和要点是：

(1) 一个实际问题提出来后，研究主持人（或研究小组）首先要充分收集有关的信息资料，调用有关方面的统计数据，作为开展研究工作的基础性准备。这些数据资料中包含系统定性、定量特性的信息，没有它们就不可能实现从关于系统的局部定性认识经过综合集成达到关于系统的整体定量认识。

(2) 研究主持者约请各方面有关专家对系统的状态、特性、运行机制等进行分析研究，明确问题的症结所在，对系统的可能行为走向及解决问题的途径作出定性判断，形成经验性假设，明确系统的状态变量、环境变量、控制变量和输出变量，确定系统建模思想。

(3) 以经验性假设为前提，充分运用现有的理论知识，把系统的结构、功能、行为、特性、输入输出关系定量地表示出来，作为系统的数学模型，以便用模型研究代替对实际系统的研究。

(4) 依据数学模型把有关的数据、信息输入计算机，对系统行为作仿真模拟试验，获得关于系统特性和行为走向的定量数据资料。

(5) 组织专家群体对计算机仿真试验的结果进行分析评价，对系统模型的有效性进行检验，以便进一步挖掘和收集专家的经验、直感、更深入细致的判断。所谓“即景生情”式的见解，常常是专家面对仿真试验结果时被诱导出来和明确起来的。如果再应用虚拟现实技术，可能会有意想不到的效果。

(6) 依据专家们的新见解、新判断，对系统模型作出修改，调整有关参数，然后再上机作仿真模拟试验，将新的试验结果再交给专家群体分析评价，根据新一轮的专家意见和判断再次修改模型，再作仿真试验，再请专家群体分析评价，如此反复循环，直到计算机仿真试验结果与专家意见基本吻合为止。最后得到的数学模型就是符合实际系统的理论描述，从这种模型中得出的结论是可信的。

谁来搞综合集成　动用综合集成工程对社会巨系统问题进行分析、预测和决策研究，不可能由某个人或某些人的简单群体承担，必须采用现代化的组织形式，这就是总体设计部或总体设计部体系。它依托用最先进的计算机等高技术武装起来的综合集成研讨厅体系，给实行民主集中制原则提供了现代化的组织形式和规范化的操作方法，是实现决策民主化和科学化的重要保证。

还有三点需要指出：第一，为获得关于系统整体的定量认识，综合集成法也依赖于建立数学模型。综合集成工程尚未提出自己的独特建模技术，目前通行的各种建模技术均可采用。但综合集成法对建模的方法论思想有重要贡献，强调模型必须建立在经验和对系统的实际理解上，摒弃一味追求模型逻辑性和精确性而忽视其经验意义的做法，主张求助于经验，把定性和定量结合起来，最后定量。第二，运用综合集成法解决问题是一个反复实践、反复认识的过程，不可能经过一次或几个步骤就得到对系统全局的定量认识。能否运用好综合集成法，要看能否坚持《实践论》的哲学观点。第三，综合集成工程成败的关键还在于能否真正实行民主集中制。民主反映的是系统的自组织机制，让有关人员开动脑筋，自由思考，分别发表意见，针对不同观点展开充分争论。集中反映的是系统的他组织机制，对分散的意见进行总结提炼，形成共识。民主不够，或集中不够，都不行。只有将两者充分地结合起来，才能获得预期的效果。

20.7 社会系统工程

系统工程于20世纪40年代诞生后，在相当长时期内所处理的对象都是工厂、企业、部队单位之类系统，属于“小范围”“小系统”的系统工程。但这些系统并非单独存在和运行的，而是与国家这种巨系统有千丝万缕的联系，国家的组织管理搞得好与坏，从多方面制约着这些小范围系统工程的好坏。而国家也是系统，随着人类社会经济的、政治的、文化（包括科学技术）的、军事的活动日益大型化、复杂化，国家规模的组织管理活动越来越多，也日益需要科学化、技术化。因此，人类社会发展到20世纪后期，历史地要求把系统工程的思想和方法推广应用于国家范围的组织管理。以整个社会、整个国家为对象的系统工程，叫作社会系统工程，或简称为社会工程。“它是系统工程范畴的技术，但是范围和复杂程度是一般系统工程所没有的。这不只是大系统，而是‘巨系统’，是包括整个社会的系统。”[①] 在中国这样的社会主义国家，把系统工程运用到整个社会主义建设，就是社会系统工程，而社会主义制度也特别有利于使用社会工程方法。

三种社会形态对应于三种文明建设，即社会经济形态对应于物质文明建设，社会政治形态对应于政治文明建设，社会意识形态对应于精神文明建设。三个文明建设都是非线性动态过程，出现一定程度的不协调是难以避免的，特别是当社会系统处于快速而剧烈的转型演化时，尤其容易出现不协调。但社会要健康有序地演化发展，三个文明建设必须协调进行。要在实践操作上做到这一点，就离不开社会系统工程。不仅要分别使用经济建设的系统工程、政治建设的系统工程和意识形态建设的系统工程，更要把三者综合起来的整个社会的系统工程，还需要将这三者与地理环境建设协调进行。在这一点上，近40年来我们是有经验教训的。

由于对象是开放复杂巨系统，直接指导社会工程的系统科学分支学科是技术科学层次上的开放复杂巨系统理论，目前虽然已有一个初步的框架，仍然是一门亟待建立的新学科。由于对象涉及整个社会，社会系统工程还需社会系统自身的专业理论，即科学学、经济学、政治学、教育学等。社会系统工程也是一大类工程的总称，对象的具体类型不同，所需专业理论也有所不同。社会科学虽然已有庞大的体系，但能够指导

① 钱学森等：《论系统工程》，增订本，32页。

社会工程的具体理论还有待大力发展。

作为一类系统工程，社会工程也只是一种实用技术的学问，强调实干，要求取得实际成果，不光研究学问。需要指出，社会系统工程工作者的任务同样不包括方针政策的制定，而仅仅是依据国家已定的方针政策，设计出一些可行方案，供决策机构选择采用。社会系统工程部门的工作既不可越位，也不可不到位。不到位是渎职，越位则会扰乱社会系统的正常有序运转。

社会系统工程是社会技术的一种。由于对象是开放复杂巨系统，目前唯一可行的方法是从定性到定量综合集成法，可行的组织形式是总体设计部。由于社会是复杂巨系统，应用社会工程解决问题要求人们从科学技术上克服从某一部门着眼、从单一目标出发、从单一因子考虑问题的弊端，正确处理系统复杂的空间结构和时间结构。从空间上说，一项社会工程是由不同分系统组成的有机整体，在分系统的布局和结合上，经纬交叉，形成多目标结构、多因子相关的复杂局面。从时间上说，一项社会工程是由多个阶段组成的过程系统，在进程和顺序上，渗透往返，盘旋曲折，形成复杂的过程结构。既要协调分系统之间的关系，力求做到综合平衡，又要关照全过程中的阶段划分和前后衔接；既要善于抓住主要矛盾，顺应主要矛盾的转变，又要使系统固有的流程特性得以顺利呈现出来。

与 20.2 节讲的系统工程相比，社会工程的复杂性至少高出一个档次。钱学森指出，社会系统工程是以第五次产业革命为中心的。所谓第五次产业革命，就是建立以信息产业为主导的新型产业革命，亦即通常讲的信息革命。社会系统工程就是以此为背景提出来的，它比以往的任何系统工程都更加依赖于信息高新技术，可以说没有信息技术就没有社会系统工程。但也不可把社会工程的实行主要寄希望于发明高级的智能机器。社会工程必须实行人机结合、以人为主的技术路线，机器伺候人，而不是人伺候机器。社会工程特别需要谋略，需要精当的经验性判断、预测、洞见，这是智能机器无法替代的。

社会工程要能够科学地解决问题，研讨厅体系要能够有效运转，尤其要实行民主集中制，充分的民主与高度的集中相结合。社会工程的负责人必须具有充分的民主思想，欢迎和鼓励人们把不同意见发表出来，鼓励不同观点的争论；又不能止于争论，民主之后一定要集中，总结提炼，形成共识。而民主思想是有其伦理基础的，负责人必须出以公心，杜绝追名逐利。在综合集成的名义下，争名夺利，各自为政，争功诿过，以邻为壑，那是对综合集成法的亵渎。

20.8 世界系统工程

西方资本主义国家兴起和开拓殖民地的过程，也是地球人类系统化的过程。基于工业化提供的物质生产力，加上垄断资本主义出现造就的社会条件，到19世纪末世界系统化终于完成，形成资本主义强国主导的世界秩序。世界秩序经历20世纪的多次调整，特别是第二次世界大战和冷战结构从形成到解体，加上信息技术革命的兴起，世界的系统性、有序性显著提高，一体化不断发展，整个地球人类日益紧密地联系在一起。在这种情况下，世界上的一切事情都必须用系统观点看待，人类必须把世界作为系统来建设和管理。

现在的世界还是以国家为单位分别治理的，一切主权国家都是世界系统的一级分系统。既然是分系统，必定既能够从总系统中获取有利于自己生存发展的资源，又不可避免地受到总系统多方制约，不能随心所欲。所以，作为分系统的国家必须充分了解世界系统的结构、特性、运行状态和“游戏规则”，掌握其运行演化的规律。不论哪个国家，其重大目标的实现都需要放在世界系统中考虑，按照系统科学原理行事。所以，把系统工程从企业层次推广到国家层次已经不够了，还需要推广应用于整个世界，用系统工程观点和方法解决世界规模的问题。钱学森由此提出世界系统工程概念，指出这是系统工程发展的一个新路向。2008年的北京奥运会就是世界系统工程的一项成功应用，正在着手进行的“一带一路”建设也必须作为世界系统工程来运作。这种世界性的活动将越来越多，它们的成功必将推动世界系统工程的建立和完善。

研究世界系统，为世界系统工程提供理论基础，钱学森称之为世界学。现在的世界异常复杂。钱学森要求“必须综合考虑全世界”，切忌“把本质上复杂而综合的实际问题简单化，那只能是主观愿望！”[①] 世界是超巨型的复杂系统，无法像运筹学那样建立精确数学模型，只能用从定性到定量综合集成法。

世界系统具有多层次结构。经济全球化催生了大量跨国公司，尽管它们属于世界系统的微观层次，由于其经营活动扩大到世界范围，传统的组织管理技术已不适用，而要用世界系统工程。即使非跨国公司，甚至个人活动，只要涉及国际关系，都应该有世界眼光，应用世界系统工

① 《钱学森书信》，第4卷，113页，上海，上海交通大学出版社，2007。

程的思想方法。

世界系统工程是个新概念，具有一般系统工程所没有的特点。钱学森一再说，国与国不同，特别是社会主义与资本主义不同，通过世界系统工程制定的国家战略是有国家特色的。作为社会主义国家，中国的世界系统工程不仅有中国特色，而且有社会主义特色。随着世界系统化、一体化的进一步加深，中国国际地位不断提高，国际责任不断加大，世界系统工程的作用也越来越大。世界系统工程亟待研究和开发，中国学界任重道远。

20.9　综合集成研讨厅体系

对开放复杂巨系统搞综合集成，是一项规模巨大、过程复杂的工作，需有特殊的组织形式。这就是钱学森倡导的从定性到定量综合集成研讨厅体系（Hall for Workshop on Meta-synthetic Engineering），是把下列成功经验汇总的结果：

（1）几十年来世界学术讨论的Seminar；

（2）从定性到定量综合集成法；

（3）C^3I（C^3：Command，Control，Communication；I：Information）及作战模拟；

（4）情报信息技术；

（5）人工智能；

（6）虚拟现实（Virtual Reality）技术；

（7）人—机结合的智能系统；

（8）系统学；

（9）第五次产业革命中的其他技术；

…………

上述各方面的成功经验提供了建设研究厅体系的建筑材料。图20.6和20.7是研讨厅体系的简单示意图。[①] 其方法论有如下特点：

（1）系统性：研讨厅本身是一个系统，由三种性质不同的分系统组成，即知识体系（各种科学理论、专家的经验和感受、常识性知识、各种情报资料），专家体系（包括科学、技术、政治、经济、文化、军事、外交等各方面、各层次的有关专家），工具体系（以计算机为核心的多种高技术），它们按系统原理组织起来并运行工作。

① 王寿云等：《开放的复杂巨系统》，259页。

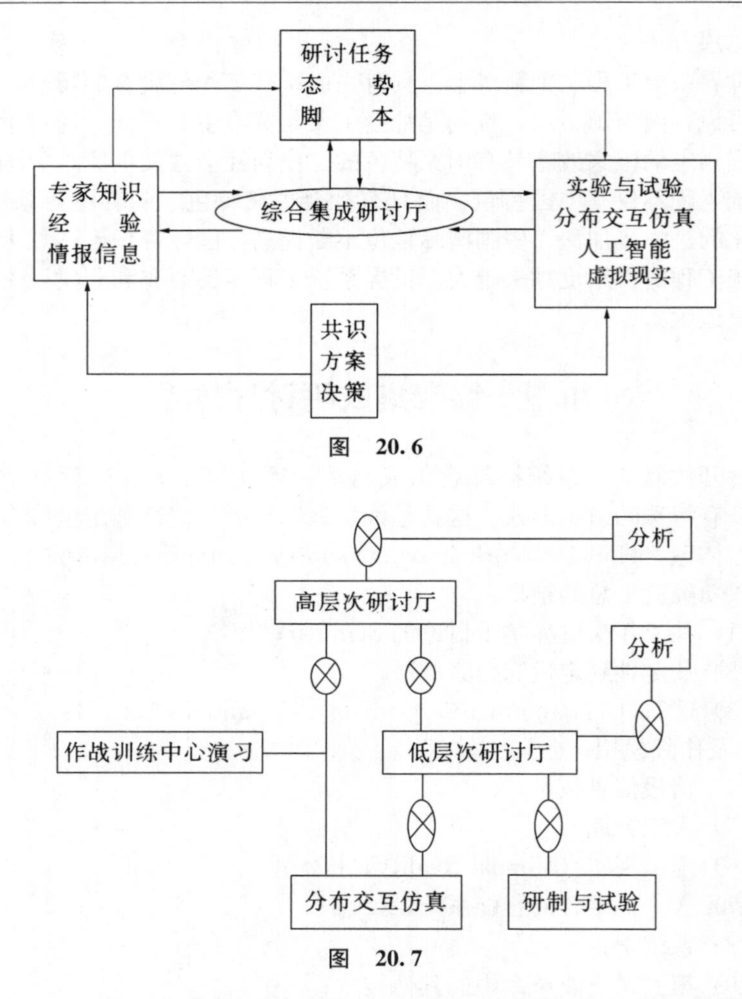

图 20.6

图 20.7

（2）Seminar工作方式：研讨厅为参加者提供了一种结构化、规范化的论坛，吸收各方面专家参加，采取圆桌会议方式，自由发表意见，彼此诘难争论，通过思想交锋，相互启发、激励，最大限度地产生新观点、新设想。这种Seminar式的合作研究是民主集中制的现代形式，能够把专家们的经验和直感式的判断充分调动出来并集中起来。

（3）人—机结合的工作方式：研讨厅不是传统人文社会科学式的学术讨论，而是配备有最先进的技术设备，调集大量情报资料，尽量利用人工智能威力的研讨活动；又与传统的人工智能处理问题的方式不同，不寄希望于发明自主智能机，而是强调把人集成到机器系统中，实行人—机结合、以人（专家）为主导的技术路线。

（4）动态性：组成研讨厅的专家和机器都在不断学习，不断更新自己，不断更新资料信息，使得整个系统在不断进化。

（5）等级层次结构：开放复杂巨系统问题一般不是单一研讨厅就能胜任的，而应由不同层次的研讨厅构成的体系来完成，图 20.7 是按作战训练模拟系统给出的包含两个层次的研讨厅体系。

（6）开放性：构成研讨厅的三个分系统都是开放的，特别是专家分系统通过发达的通信设备不断与外界交换信息，参加研讨厅活动的专家大都不是固定的，因任务的不同和进度的不同而经常变更成员。

20.10　大成智慧工程

钱学森系统工程思想发展的最后成果，是提出大成智慧工程概念。什么是大成智慧工程？他给出这样的阐释："把人类几千年来的智慧成就集其大成，把计算机科学技术，人工智能技术，作战模拟技术，思维科学，学术交流经验，加上马克思主义哲学，合成为'大成智慧工程'(Meta-synthetic Engineering)。用这样一个词是吸收了中国传统文化的精华的，有中国味。"[①]如此界定的优点是外延全面，不足是概念内涵尚不够明确。

钱学森还讲过，大成智慧工程就是从定性到定量综合集成技术（工程）。这是对大成智慧工程的广义理解。的确，运用从定性到定量综合集成技术解决实际问题的过程，既需要发挥人的大成智慧，也能够培养人的大成智慧。能够培养大成智慧的工程，当然应该称为大成智慧工程。但问题是，从定性到定量综合集成工程的功效不全是培养大成智慧。一般情况下，这类工程的首要功效不是培养大成智慧，而是满足某种现实的社会需要，解决关于社会复杂巨系统的实际问题。

历史地看，从定性到定量综合集成法是系统科学为解决开放复杂巨系统问题而制定的，这类问题涉及经济的、政治的、军事的、文化的、科技的、社会的方方面面，所追求的目标是经济的，或政治的，或军事的，或文化的，或科技的，或社会的，讲究实际效益，而不是为了培育大成智慧而进行这类工程活动。这类活动应该称为开放复杂巨系统工程，属于系统科学的工程技术，而不是大成智慧工程。而那些以获得思

① 钱学森：《创建系统学》，438 页。

想学术成果为目标的综合集成工程，才是大成智慧工程，属于思维科学的工程技术。

就工程活动本身看，存在两种有原则不同的从定性到定量综合集成工程。关于如何组织安排参与从定性到定量综合集成研讨厅工作的众多人员，如何提供、分配、协调所用工具设备，如何保证必需的资料、数据、信息，以及如何协调各部分的关系，等等，这类组织管理技术应称为开放复杂巨系统工程，而不是大成智慧工程。还有另一类综合集成工程，它们的本征目标是出思想的、学术的、理论的成果，并不追求经济的、政治的或军事的具体效益，这才是大成智慧工程。例如综合集成研讨厅如何激发成员的创造性思维，如何达成共识，如何建构群体决策过程，等等，这才属于大成智慧工程。[①] 又如教育工程以培育学生智慧为目标，属于大成智慧工程。开放复杂巨系统学至今没有建立起来，钱学森赍志而殁。如果按照钱翁生前愿望，组建适当的从定性到定量综合集成研讨厅，用从定性到定量综合集成法建立开放复杂巨系统理论，那就是一项典型的大成智慧工程。由此有

$$\text{开放复杂巨系统工程}\begin{cases}\text{从定性到定量综合集成工程}\\\text{大成智慧工程}\end{cases}\tag{20.1}$$

当然，两种从定性到定量综合集成工程并不存在截然分明的界限。任何开放复杂巨系统工程都有培育大成智慧的功能，任何大成智慧工程都需要组织管理的技术。差别在于主次不同，这也就是主要矛盾方面决定事物的本质。

钱学森留给世人的最后一段文字是他为中国科学院系统科学研究所成立30周年而写的贺信（2009年10月23日）。信中说："希望贵所进一步顺应系统科学发展的大趋势，在开创复杂巨系统的科学与技术上取得新进展，为继续推动我国系统科学的发展做贡献!"毫无疑问，这也是钱学森对整个系统科学界的希望。

思　考　题

1. 怎样划清系统工程与运筹学的学科界限?
2. 为什么说系统工程是组织管理的技术?
3. 概述钱学森系统工程思想的要点。

---

① 参见顾基发等：《综合集成方法体系与系统学研究》，北京，科学出版社，2007。

阅　读　书　目

1. 钱学森等：《论系统工程》，增订本，7～86、158～172页，长沙，湖南科学技术出版社，1988。

2. 钱学森：《创建系统学》，太原，山西科学技术出版社，2001。

3. ［日］三浦武雄、浜田尊：《现代系统工程学概论》，第1、2、3章，北京，中国社会科学出版社，1983。

第21章 复杂网络系统理论

系统科学的发展也是自组织与他组织的辩证统一。新思想、新方向、新领域的形成都是自发自组织的结果，却只能通过少数开拓者某种自觉的研究活动这种他组织来开辟道路，而开拓者最初并没有关于这种新思想、新方向、新领域的自觉意识，曾所谓“有意栽花花不发，无心插柳柳成荫”。而新领域一旦开辟出来，这种新方向、新思想就转化为新的他组织力，吸引、指导人们在新领域自觉地开疆拓土，其中又会孕育某些新的自发性。自发—自觉—新的自发—新的自觉，循环往复，以至无穷，人类文化就是这样辩证地演进发展的。复杂网络理论的产生、发展亦如此。它问世于本书初版发行之时，作者尚未注意到；近20年来获得显著进展，成为系统科学最新的生长点。弥补这一缺陷，介绍复杂网络理论的A、B、C，是此版的重要考虑。

21.1 网络、系统、复杂性

客观世界中网络无处不在。自然界存在各式各样的网络，简单的如蜘蛛网、水系网等，复杂的如高等动物眼睛的视网膜、大脑神经网络、蛋白质网络等，以及遍布全球、庞大无比的生态网络。古人师法自然创造了多种人工网络，如鱼网、罗网、网兜、篱笆网、铁丝网等，修路、架桥形成交通道路网，挖沟、筑坝、开渠以改造天然的水系网，等等。人是社会动物，社会网络更加多样复杂。总之，网络与人类生存发展关系密切，人类是在地球生态网络这一大环境的作用下，自组织地产生出来的，故网络早已引起人们的关注。在不断接触和使用网络的实践中，古人积累了大量有关网络的知识。现代科学技术的发展又使网络一词从生活用语演变为学术、科技用语，得到理论研究。

哲学上说，网络反映的首先是客观事物普遍联系这一辩证法原理。科学技术上说，网络也是系统，节点是系统的组分，网线代表组分之间的关系。现代科学对网络的研究开始于数学的图论，研究的是一类叫作图的数学系统，提供了描述非数学系统的一种数学模型。作为数学概念的网络，是一类由节点和边线组成的拓扑图，以节点代表系统的最小组分，边线代表组分之间的关联，所有边的集合刻画的是系统的结构。组分与结构是形成系统内在规定性的两大要素，在不考虑系统与环境相互关系的情况下，刻画了组分和结构，就原则上刻画了系统。一个图，一个网络，直观形象地表现出系统的多元性、关联性、互动性和整体性。所以，系统科学的开创者贝塔朗菲把网络理论视为系统研究诸多方法中“较重要的方法”之一。A. 拉波波特是一般系统论的另一位代表人物，也是开创随机网络理论的先驱者之一。钱学森说得更明白：“网络是某些系统最形象、最简洁的表达形式”①。运筹学用网络描述一类事理系统的运筹决策，17.7 节已有介绍。

早期的研究限于规则网络，网络规模小（节点很少），结构没有不确定性，只能描述简单系统。随着系统科学向复杂性进军，人们逐渐发现大量网络并不像早期图论假设的那么简单。许多实际的网络包含大量节点，甚至称得上巨量节点，已属于巨系统。节点还可能有类型的不同，表明系统组分有显著差异。有些网络的节点本身就是动力学系统，可能出现分叉、混沌等复杂的动力学行为。连接节点的边线也千差万别，不同节点的边数一般彼此不同，节点之间关联的强弱程度不一；而且边线纵横交错，层次嵌套，错综复杂，如图 21.1 所示。

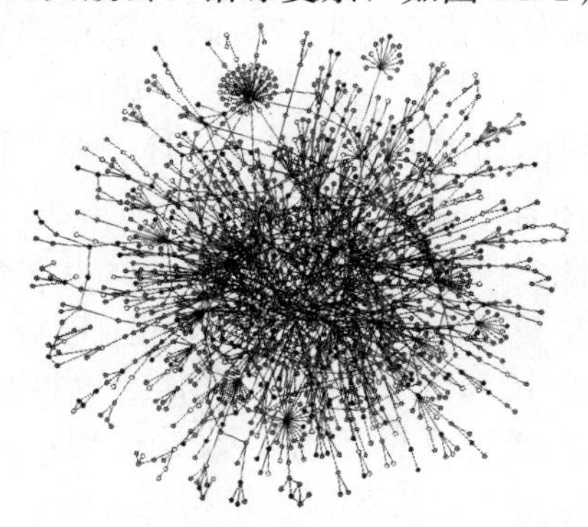

图 21.1　蛋白质相互作用网络结构示意图

① 钱学森等：《论系统工程》，新世纪版，4 页，上海，上海交通大学出版社，2007。

此图表明，许多现实的网络属于开放复杂巨系统，这个网络就是典型。

哲学地看，网络理论也是客观世界永恒发展变化这一辩证法原理在科学技术上的反映。现实世界的网络大多是演化发展的，网络刻画的是系统拓扑结构和拓扑动力学特性的演变，有重要的理论和现实意义。故网络也是研究系统演化的工具。

21.2 描述网络的基本概念

一个节点集合 V，一个边线集合 R，一起构成一个叫作图的数学对象，符号表示为

$$G = \langle V, R \rangle \tag{21.1}$$

V 中的任何两点之间可能有关联，也可能没有关联。如果 u、v 两点有关联，就说存在一条边把二者连接起来，记作 $r(u, v)$。以 R 记所有边 r 的集合，刻画系统（图）G 的结构：

$$R = \{ r(u, v) \mid u, v \in V \} \tag{21.2}$$

G 中节点总数记作 $N(G)$，边的总数记作 $n(G)$，网络 V 中可能有的边数最大值为 $N(N-1)/2$。一般情况下，$n \leqslant N(N-1)/2$；$n = N(N-1)/2$ 的是完全图，即 V 中任何两点之间都有边连接；$0 < n < N(N-1)/2$ 是不完全图。作为数学概念的图允许有孤立点。作为一类系统数学模型的图不能有孤立点，每一个点至少要同 V 中的另一个点有关联。存在孤立点的图代表非系统，$n=0$ 为极端情况，表示 G 为孤立点集合。本章涉及的图不考虑同一节点的自连和不同节点的重连。

系统科学中常用的图有四类，即链、环、树、网。在图 21.2 中，(1) 为开链，没有闭合，能够反映系统的多元性、关联性和互动性，具有鲜明的线性特性。(2) 为闭链，即环，比开链优越的是能够描述反馈和因果循环这些非线性机制。(3) 为树，由多个链结构组成，线性特性明显，没有反馈和因果循环，但有分叉这种重要的非线性机制，可以作为一类广泛存在的系统的数学模型，如前面提到的决策树、实际生活中的家族树、行政权力结构树等。(4) 为网络，常常是链、环、树并存的图，边线交叉缠绕，必定存在叫作网眼的闭环，大网中套着小网（分网络），层次嵌套，结构最复杂，便于表现实际系统的复杂性。

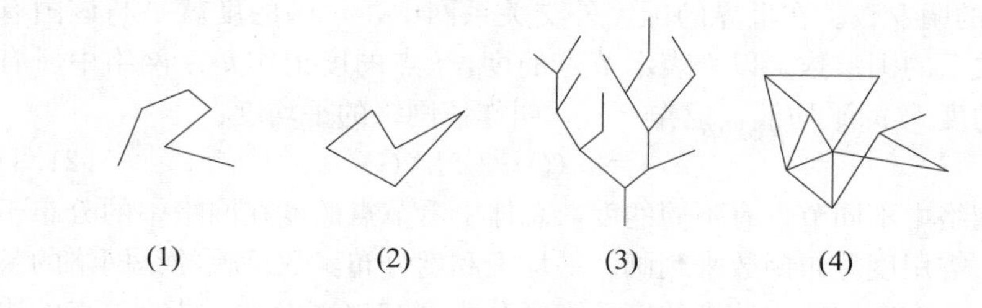

图 21.2　图的基本类型

按照节点之间的关系，网络可划分为有向的和无向的两类。节点之间关系有对称性的是无向网，关系项彼此对等。图 21.2 中的图都是无向的，图 21.3 为有向图。亲戚网、朋友网、熟人网是无向网，因为人与人互为亲戚，互为朋友，互为熟人。另一类关系是非对称的，关系项不可对调，边有一定的走向，叫作有向网。地面的水系是有向网，因为水往低处流。师生关系网也是有向的，师与生界限分明，互为师生者极其罕见。尽管现实生活中的人们总是相互学习的，却构不成通常意义上的师生关系。

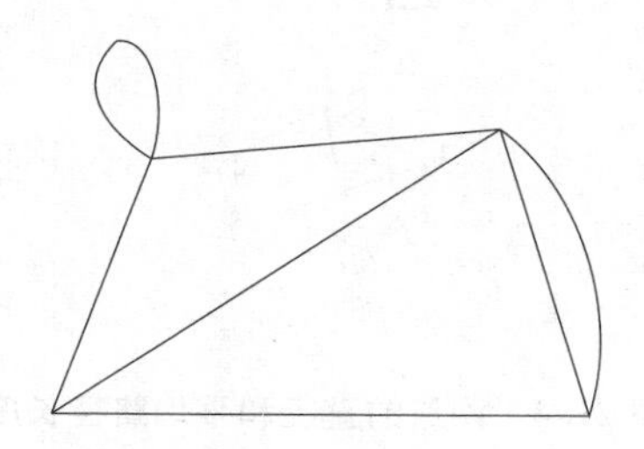

图 21.3　有向图

网络中的边或有向，或无向，属于定性差别。不同边之间还有关联程度强弱、大小的不同，属于网络的定量差别，用边的权重来刻画。在亲戚网中，按照中国传统文化，姑舅亲的权重大于姨表亲。在师生关系网中，入室弟子边的权重大于一般弟子，掌门弟子权重最大。规定了边之权重的是加权网，没有规定边之权重的是非加权网。权重是网络系统定量特性的重要标志，社会网络中的许多矛盾就是节点之间为争夺权重而导致的。

在同一网络中，由不同节点发出的边有多有少。节点具有的边数叫作该点的度，是节点的重要特征量。在朋友网中，一个点的度就是他

（她）的朋友数。在世界的国家外交关系网中，一国的度就是与该国有外交关系的国家数。以 k 表示节点的度，i 点的度记作 k_i。网络中所有节点的度 k_i 的平均值，记作 $\langle k\rangle$，叫作该网络的平均度：

$$\langle k\rangle = n(G) / N(G) \tag{21.3}$$

一个网络中不同节点有不同的度，总体上看节点的度在网络中的分布不均匀，需用度分布函数来刻画。平均度和度分布函数反映的是网络的整体特性。有向网络中节点的度还需区分入度与出度两类，指向 i 点的边数是其入度，由 i 点发出的边数是其出度。

网络中点 i 和 j 的距离（不同于物理空间的距离）记作 d_{ij}，定义为连接两点最短路径上的边数，如图 21.4 中的 $d_{15}=3$，$d_{25}=2$。网络中所有两点距离 d_{ij} 中的最大值，称为网络的直径，记作 D，定义为：

$$D = \max_{I,J} d_{ij} \tag{21.4}$$

图 21.4 的直径 D = 3。

网络中不同节点之间的距离长短不等，整体上反映网络这种定量特性的概念是平均路径长度 L，定义为网络中任意两点距离的平均值：

$$L = 2\sum d_{ij} / N(N-1) \tag{21.5}$$

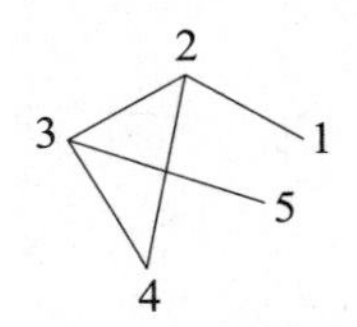

图 21.4　网络的直径和平均路径长度

俗话说，物以类聚，人以群分。大型网络，特别是社会网络，呈现出鲜明的群聚现象，一部分成员有共同的类属性，关系特别密切，因而形成特定的群体，或小集团。网络中出现这种现象，称为网络的群聚性。其实，节点的度 k 已经是其群聚性的某种度量，某个节点的边越多，它的群聚性越高。各行各业的名人都具有高群聚性，名气越大度越大，越有凝聚力，有所谓"振臂一呼，应者云集"的效应。但仅仅节点的度还不能充分反映节点群的整体聚集性。由此提出群聚系数的概念，记作 C。令 C_i 记节点 i 的群聚系数，设点 i 在网络中同其他 k_i 个节点连接，这 k_i 个点之间最大可能的边数为 $k_i(k_i-1)/2$。以 E_i 记 i 点实际有的边数，E_i 在最大可能边数中的比重就是 i 点的群聚系数，公式表示为

$$C_i = 2E_i/k_i(k_i - 1) \tag{21.6}$$

欲刻画整个网络的群聚性，仅有节点的群聚系数还不够，还需有整个网络的群聚系数 C，定义为所有节点群聚系数的平均值：

$$C = \sum C_i / N \tag{21.7}$$

显然，$0 \leqslant C \leqslant 1$。网络中孤立点的 $C_i = 0$，所有点都是孤立点的网络的 $C=0$。作为完全图的网络，群聚系数 $C = 1$。实际的网络介于二者之间。

图论讨论的对象，包括网络，都是拓扑结构。其中的点无大小，不问位置；边无长短（权重不是边的几何长度），不问曲直（图 21.3 中就有曲线表示的边）。网络理论关心的是，点之间是否连通，连通的程度如何，称为网络的拓扑特性。实际的网络中必有物质、能量、信息的流动，节点连通才能够流动，故连通性是网络研究最关注的拓扑特性。

21.3　随机网络

亲戚由血缘关系规定，亲戚网没有随机性。朋友网、同学网也没有随机性，都是确定性网络。但现实生活中许多网络具有随机性。一个典型就是电话网，用户是节点，通电话即在两个节点之间用边连接起来，属随机聚散现象。用户呼叫是随机事件，接通电话意味着生成一条边，挂断电话意味着消除这条边。边在网络中随机地出现，又随机地消除，所形成的网络就是随机网络。脑神经系统也是随机网络，神经元为节点，不同的感性信息存储于脑神经网络的不同节点上，一般情况下互不连通；一旦在内外因素刺激下有关的神经突触被接通，所携带的不同信息相互碰撞而整合，就会涌现出新认识、新创意，即所谓灵感爆发。这些对人类至关重要的网络，无法用规则网络理论给予有效的描述。

非形式地说，在包含 N 个点的图 G 中，通过以随机方式把节点连接起来所生成的网络，就是随机网。突破规则网理论的局限性，产生了随机网理论。

随机网络研究的第一项成果，是匈牙利学者厄多斯和雷尼提出的，称为 ER 模型。它的一种描述方式是：给定节点总数为 N 的网络，任意两点之间以概率 p（$0 \leqslant p \leqslant 1$）连线，$p$ 称为连接概率，所生成的网络记作 $G(N, p)$，实为一个概率空间。以 x 记具体网络的边数，它显然是一个随机数，在 0 到 $N(N-1)/2$ 范围内取值。如此随机地生成边数为 n 的网络，总数为在 $N(N-1)/2$ 中取 n 的组合数，可生成的

不同网络总数为 $2^{N(N-1)/2}$个，服从二项分布。

由于边是随机形成的，随机网络的性质与边的连接概率 p 密切相关。研究随机网络的主要任务，是确定节点的连接概率 p 如何影响所生成的网络特性，即什么概率能够产生某些特定的网络性质。研究发现，随机网络 ER 模型具有涌现性，许多重要性质是以突现方式而涌现出来的。

ER 网络的平均度：

$$\langle k\rangle = p(N-1) \approx pN \tag{21.8}$$

随机网络的度分布为泊松分布，如图 21.5 所示。图中的实线为左右对称的钟形线，峰值位于网络平均度 $\langle k\rangle$ 处。其特点是，大多数节点边线集中在峰值附近，而边线远离它的节点比例以指数方式衰减，说明这种网络节点的同质性高。

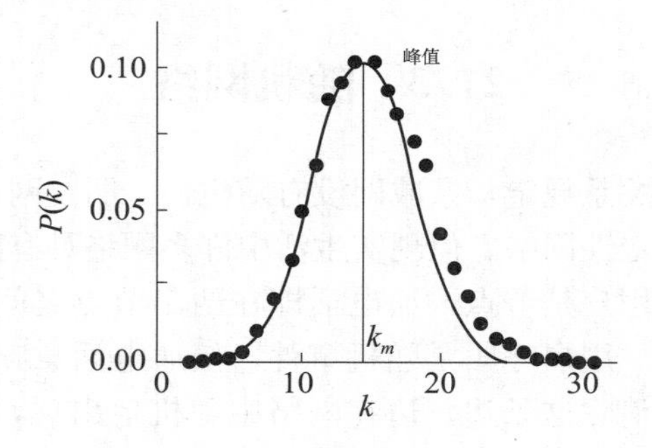

图 21.5　度的泊松分布

现实世界真实存在的网络，既不是完全规则的，也不是完全随机的，规则网络和随机网络都不能有效描述它们。上世纪后期复杂性研究走向高潮，在其推动下，出现了复杂网络理论，迄今最具开创性的成果是小世界网络和无标度网络。鉴于现实的复杂网络中都有随机性因素，随机网络研究中创造的一些概念和方法在这些复杂网络理论中发挥着不可或缺的作用。

21.4　小世界网络

你有意回避某人，却时不时地跟他相遇，令你感叹道："这个世界可真小！"你偶尔同一个远方来的陌生人交谈，却发现彼此有共同的熟人，你也会感叹："这个世界可真小！"中国有"低头不见抬头见"的成语，反映了人们对小世界现象早已有所认知，并用它来劝导人们相互包容，化解矛盾。初唐四杰之一的王勃有“天涯若比邻”的千古名句，表明大诗人凭借超群的形象思维领悟到人类社会的小世界特性，憧憬用“邻居网”把整个人类连接起来，友好地相处。但时至今日，他的理想还不能实现。

小世界现象是客观存在的，人们在生存发展中经常接触、感受它们。由于科学技术和生产力发展水平低下，古代人只能直观地领悟小世界现象。现代科学技术、社会化大生产和世界系统化的发展，特别是第二次世界大战后全球一体化的发展，使人们开始从学术上思考小世界现象，试图揭示其科学机理。这只能首先出现在发达国家。1950 年代索洛莫诺夫和拉波波特关于随机图的研究是起点，1960 年代普尔和科亨又对小世界现象给出初步的数学分析。在科学技术领域走红的网络概念，逐渐传入人文社会科学领域，朋友网、熟人网、演员合作网等引起人们的注意。为了探明熟人关系网中路径长度的分布，社会心理学家米尔格朗（Milgram）于 1967 年做了一个别出心裁的实验，要求所有参试者把一封信通过熟人传送给某个指定的人。对实验结果作统计分析发现，平均经过 6 个熟人就可以从起点到达目标人。这个出人意料的事实发人深思，成为小世界网络这个学术概念的直接源头，由此提炼出著名的“六度分离”概念。如果说“蝴蝶效应”是混沌运动的形象代理，则可以说“六度分离”是小世界网络的形象代理。

在学术界探索小世界现象而不断积累科学认知的同时，文艺界也在努力理解和描绘小世界现象，突出成果是约翰・瓜雷（John Guare）写的《六度分离》剧本。在科技与人文并进这一文化大背景下，邓肯・J・瓦茨和他的博导史蒂夫・斯特罗加茨首先取得理论突破，发表了著名的《小世界网络的集体动力学》一文。他们把规则网络与随机网络结合起来，在规则网络中引入随机性，建立了一个小世界网络模型，被学界称为 WS 模型。其生成规则的算法描述如下：

1. 给定规则网络：节点总数为 N，每个节点与最邻近的 $K = 2k$ 个节点相连。

2. 重新布线：对给定的规则网络每个节点的所有边都以概率 p 断开，再从网络中随机地选择其他节点重新连线，使规则网络随机化，排除节点自连和节点间重连。

在 WS 模型中，$p = 0$ 对应于完全规则网络，$p = 1$ 对应于完全随机网络，调节概率可以控制从前者到后者的演变，以考察网络介于二者之间的各种变化。

小世界网络的度分布为幂律分布，如图 21.6 所示。幂律分布的突出特点是没有峰值，属于偏倚型分布，曲线随 k 增大而衰减。这种网络的多数节点仅有少量边线，少数节点却有大量边线，表明节点的异质性显著。

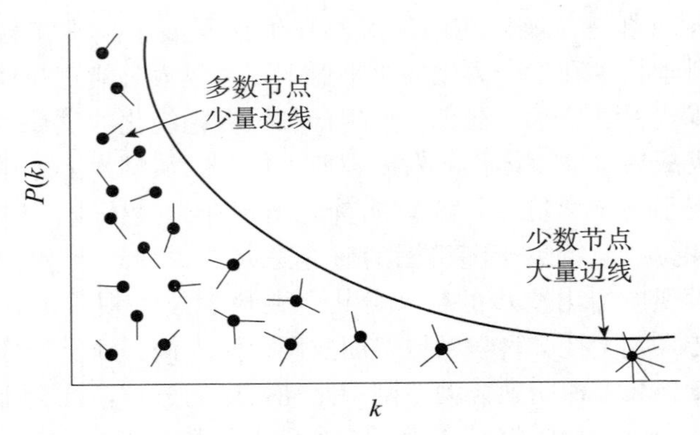

图 21.6　度的幂律分布

自然界有许多可以用小世界网络描述的系统。例子之一是蛋白质相互作用网络，节点为在场的蛋白质，两个有直接生理作用的蛋白质之间有一条连线。节点的度是跟该点有相互作用的蛋白质数目。

21.5　无标度网络

粗略地说，标度就是尺度。自然科学研究问题强调准确把握系统的尺度，因为同一系统在不同尺度下一般呈现出不同特性，也就是说这类系统的特性具有尺度变换下的可变性。混沌和分形却呈现出某些尺度变换下的不变性，用不同尺度去观察同一对象，可以看到定性性质相同的东西。这种部分与整体的相似性，称为系统的自相似性。

所谓无标度性，就是标度变换下的不变性。设 λ 为实常数，在函数 $y=f(x)$ 中以 λx 取代 x，就是对函数施行标度变换。如果下式成立

$$f(\lambda x) = \lambda^{\alpha} f(x) \tag{21.9}$$

就说 $y=f(x)$ 满足标度律，常数 α 为标度指数。这样的系统在尺度变换下不发生定性性质改变，呈现出自相似性。没有特征尺度的网络，就是无标度网络。

美国学者 A. 巴莱巴斯和 R. 阿尔贝特发现，因特网就是一种无标度网络，节点的度分布呈现幂律特性。后来发现，万维网、引文网、新陈代谢网等，都有类似的无标度特性。为说明这类网络无标度性产生的机理，A. 巴莱巴斯和 R. 阿尔贝特构造了一个网络模型，被学界称为 BA 模型。它有两个重要特性：

其一，BA 模型具有增长特性，意指网络不断增加新的节点，因而规模不断扩大。万维网就是典型代表，每天都在增加新的网页。据统计，仅 1999 年 5 月到 10 月，万维网就增加了 0.68×10^8 张网页。

其二，BA 模型具有择优连接特性，意指新增加的节点倾向于跟网络中那些度指数 k 大的节点相连接。这种择优连接现象在现实世界中广泛存在。例如，社会交往中人们有“人往高处走”的倾向，考生报考名校、名师，引文选择名家名作，企业合作优先选择实力强、信誉好的企业。“水往低处流”也是节点间的择优连接。

由于这两种特性，BA 模型能够在一定程度上描述系统的生长过程和适应性行为，这是它的一大特点和优点。从网络观点看，系统的生成和演化可归结为两方面，一是节点的改变，或增或减，即组分增减引起系统规模的改变；二是连线（边）的改变，包括边的增加、消除、重连等，即系统结构的演变。撇开系统的具体规定性，仅仅作为网络看，系统的发生、生长、演化、衰退就是节点和边的变化，点的变化代表系统组分的新陈代谢，增加边、消除边、重新生成边代表系统结构的演变。

21.6　从网络看社会系统的特殊复杂性

人的本质是人的社会关系的总和。网络研究使人们领悟到，人的本质在很大程度上是由社会网络塑造的。血缘的关联、地域的关联、经济的关联、政治的关联、文化的关联、宗教的关联、职业的关联、心理的关联、思想的关联等，把个性各异的人组织进各种各样的网络中，每个网络时时刻刻都在塑造着网络中的人。以巨量的个人作为节点，这些关联把地球人类连接起来，形成硕大无比的巨型网络，嵌套着大大小小难以计数的分网络，构成人类社会这个特殊复杂的巨系统。

每个人都同时隶属于多个不同的网络，必然划分出自我的网络与他者的网络，产生种种自我与他者的矛盾。你隶属于某个网络，你就既可受到它的滋养，又必然受到它的局限；既能够得到它的支持，又需要服从它的运行规则，还要对它尽种种义务。这就是网络对你的塑造，它的长处和短处都会在你的身上留下印迹。你所参与的不同网络可能相互包容，也可能相互排斥，还可能既相互包容，又相互掣肘。有些网络是先天给定的，你无法选择；有些网络是后天形成的，你在不同程度上有选择权；而一旦选择加入某个网络，你就无法轻易地离开它，网必有网规，不可能想进就进，想出就出。对于人而言，社会网络既是给定的，又是可以能动地被改造和创造的；而行动者改造和创造网络的过程，也是这些行动者被网络塑造的过程。形形色色的网络，如此这般的社会属性，使社会网络具有非社会网络无可比拟的复杂性，造就了人的复杂性。没有这种人类独有的网络性，既不会造就出社会系统特有的复杂性，也不会造就出人作为“万物之灵”独有的灵心慧性。所以在一定程度上讲，认识社会就是认识各种各样的社会网络。要深入认识人，理解社会，越来越需要有关复杂网络的科学知识。

一切事物都有两重性，网络也不例外。它可以有益于人类生存发展，也可能有害于人类生存发展，各种负面作用也在塑造着人类。网络负面效应的一个突出表现是腐败现象的网络化，出现形形色色的利益网络，相互勾结，一荣俱荣，一损俱损。以学术研究来说，基金分配，成果评奖，一旦被腐败网络掌控，就成为少数人谋私的工具。这次我给你投票，下次你给我投票，确保肥水不流网外天。君不见拿到大额科研基金的“名家”拿出来的东西废话连篇，甚至是抄袭品；真正有创新成果的网外人却一文不名。腐败网络化是社会肌体的癌变，必须坚决阻断。今天，反腐败已成为国家治理的重大举措，每个正直的人都应该从我做起，身体力行地拒腐、反腐。而如何防止腐败网络化，以廉洁奉公的网络取代腐败的网络，也需要懂得复杂网络理论。

社会的网络性无论其质的方面，抑或量的方面，都是随着科学技术及其在生产过程中应用的发展而发展的。工业化大生产和市场经济的兴起，使社会的网络性发生了一次历史性质的提升，在世界范围形成全新的社会网络，使人类社会在各方面都打上资本主义的烙印。电气化进一步推动并完善了这些网络。20世纪后期兴起的信息化、生态化、全球一体化，正在使社会的网络性面临一次新的质的历史性提升。这三化也使资本主义具有了许多新特点、新进步；但从更大历史尺度看，三化的根本功能在于去资本主义化，在三化中更新和创生的社会网络，最终“化”出来的是新人类，是真正“天涯若比邻”的大同世界。

就人们可以直接感受到的方面看，“互联网＋”模式正在华夏大地上蓬勃展开，使我们切身体验着人类社会新的网络化进程。信息化使今天的社会网络以史无前例的速度全面而深入地发展，经济生活、政治生活、文化生活、学术活动无一不在网络化。维纳在信息科学刚诞生之时说过："所谓有效生活就是拥有足够的信息来生活。"① 在网络化时代应该说："所谓有效的生活，就是拥有足够的网络技能来生活。"换句话说，对网络理论和网络技术没有足够的知识，今天的人就无法有效生活，而且随着时间向前推延，困难将越来越大。

无论眼前的生活，还是人类社会的长远发展，都需要我们关注新兴的网络科学技术。系统科学将在这种关注中开辟新领域，跃上新高度。

思　考　题

1. 依据你的经验阐释网络、系统、复杂性的关系。
2. 如何理解"网络是某些系统最形象、最简洁的表达形式"?
3. 你的人生经历中对小世界现象有何感受?
4. 思考社会网络化发展的深远历史意义。

阅　读　书　目

1. [美] 邓肯·J·瓦茨:《小小世界：有序与无序之间的网络动力学》，陈禹等译，北京，中国人民大学出版社，2006。

2. 汪小帆、李翔、陈关荣:《复杂网络：理论及其应用》，北京，清华大学出版社，2006。

3. 郭雷、许小鸣主编:《复杂网络》，上海，上海科技教育出版社，2006。

① N. 维纳:《人有人的用处》，9页，陈步译，北京，商务印书馆，1989。

主要参考书目

1. 钱学森等．论系统工程．增订本．长沙：湖南科学技术出版社，1988

2. 钱学森．工程控制论．修订版．北京：科学出版社，1983

3. 许国志主编．系统研究——祝贺钱学森同志85寿辰论文集．杭州：浙江教育出版社，1996

4. 王寿云，于景元，戴汝为，汪成为，钱学敏，涂元季．开放的复杂巨系统．杭州：浙江科学技术出版社，1996

5. J. M. Thompson，H. B. Stenmit. *Nonlinear Dynamics and Chaos*，Geometrical Methods for Engineers and Scientists. John Wiley and Sons Ltd.，1986

6. Steven H. Strogatz. *Nonlinear Dynamics and Chaos*，With Applications to Physics，Biology，Chemistry，and Engineering. Addison-Wesley Publishing Company，1994

7. Hermann Haken. *Advanced Synergetics*—Instability Hierarchies of Self-Organizing Systems and Devices. Springer-Verlag Berlin Heidelberg，1983

8. C. G. Langton（ed.）*Artificial Life*. New York：Addison-Wesley，1989

9. C. G. Langton etc.（ed.）*Artificial Life* Ⅱ. New York：Addison-Wesley，1992

10. ［美］M. 沃德罗普．复杂．台北：天下文化出版公司，1994；北京：三联书店，1997

11. 许国志主编．系统科学．上海：上海科技教育出版社，2000

12. 钱学森．创建系统学．太原：山西科学技术出版社，2001

第 1 版后记

自 1979 年末调到中国人民大学从教起，我一直有个愿望：能像其他同仁那样，出版一本自己写的教材。起先，我讲授的是微积分、模糊数学和离散数学。20 世纪 80 年代后半期以来，给文科本科生讲简明系统科学，后来给文科硕士生讲系统科学及其哲学问题，1994 年起给文科博士生讲系统科学和系统思维。积十多年的体会，形成这个书稿。现在，在研究生院和出版社的支持下，本书得以作为硕士研究生公共教材出版，算是圆了我的一个小小的梦。

系统科学在很大程度上是依托自然科学和数学发展起来的，大量应用自然科学成果和数学工具是其显著特点。考虑到讲授对象主要是文科学生，其自然科学特别是数学知识一般较缺乏，我的指导思想是针对文科特点，力求联系实际，以形象的语言多讲系统思想、概念和方法，尽量少用数学工具，不用形式化语言，不讲证明，不讲具体建模技术。另一方面，不可变成哲学课程，必要的数理内容不能去掉，要学生硬着头皮接受一些数理知识和科学思维方法，这对他们的长远发展是有好处的。同时，要保持系统科学的学科完整性，并希望能对理工科学生也有参考价值。本书就是总结多年来我按照这个指导思想而实践的体会写成的。

本书也不是单纯作为教材而写的。拙著《系统科学原理》出版以来，系统科学又有很大发展。近年来，我一直在关注这方面的进展，学习国内外学者的新成果，同时自己也在作些研究。本书是这些年来我自己学习和研究的总结，基本指导方针还是钱学森系统科学体系的思想，按三个层次组织内容。《系统科学原理》从建立系统学出发，分别介绍各种系统理论，讨论它们对系统学的贡献，但这些系统理论本身大多不能简单地划归系统科学。本书不宜再采用这种写法，而应限于完全属于系统科学的那些内容。《系统科学原理》出版时，钱学森刚刚提出开放的复杂巨系统概念，书中因而未予反映。莫名在书评中指出这个缺点。[①] 接受他的批评，本书对这一理论进展作了简要阐述。近年来，钱

---

① 莫名：《中国学派的系统科学》，载《光明日报》，1993-03-05。

学森对系统科学体系提出一些新观点，本书力求按照自己的理解体现出来。

钱学森系统科学体系思想的核心是建立系统学。这是中国系统科学界十几年来极为关心的大问题。系统学一书至今未能写出来，表明它的难度相当之大。钱学森及其合作者一直在以相当大的精力探讨这一课题，其最新成果总结在《开放的复杂巨系统》一书中。此书出版是中国系统科学在20世纪90年代的重要进展。书中反映了他们对系统学的许多新认识，例如明确了系统学主要是关于复杂巨系统的理论，从定性到定量综合集成法是系统学的主干，应采取从繁到简的路子，先建立开放的复杂巨系统理论，再作为特例引出其他系统理论。[①] 同80年代的论述比，这是很大的进展。但《开放的复杂巨系统》一书还不完全是系统学著作，他们下一步有何大动作，学界正翘首以待。还有些学者也在作这方面的探讨。谭跃进等人的《系统学原理》（1996）就是一个有益的尝试。

十多年来，我始终关注着建立系统学的问题，形成一些想法。今天来看，基本上还是钱先生80年代的思路，主要限于简单巨系统学。有鉴于此，本书虽然以钱学森系统科学体系思想为指导，但没有一章以系统学为标题。不过，在我的思想中是把第3章至第10章（第2版的第4章至第13章）的主要内容划归系统学范围的。这部分的逻辑结构还不是我所设想的系统学框架，许多内容要进入系统学尚需提炼，但自以为对读者了解系统学还有些帮助。倘若能对其他学者建立系统学有所参考，便是额外的收获了。

根据钱学森的新见解，我们在技术科学层次中把运筹学与事理学分开阐述，但工程技术层次的自动化技术和信息技术分别作为一节放在控制学和信息学中。钱学森的系统科学体系中未给模糊系统理论留下专门的位置，但它属于系统科学当无大问题。根据我在人大多年讲授的经验，学生对这部分很欢迎，故在本书中予以保留，并仍采用模糊学的名称。在系统科学界有相当影响的系统动力学和灰色系统理论也应归属技术科学层次，限于篇幅，本书没有专门介绍。

占有资料对于写这类书的意义，人所共知。钱学敏教授两次让我阅读钱老关于系统学的书信的打印本（后发表于《开放的复杂巨系统》一

① 参见《钱学森1996年6月2日致于景元的信》，见王寿云等：《开放的复杂巨系统》，杭州，浙江科学技术出版社，1996。

书），于景元教授在得到沃德罗普《复杂》一书（台湾中译本）不久便借我复印，他们帮助我尽早了解到国内外科学大家的思想动向。上海理工大学车宏安教授也提供过许多信息，并阅读了本书大部分未定稿，提出珍贵的意见。几年来，宏安兄不嫌弃我这个孤子，给予许多安慰、鼓励和帮助。我把李白名诗《独坐敬亭山》改了四个字送他（诗题也有所变动），以表达孤子深深的情思：

孤念车宏安

众鸟高飞尽，孤云独弋闲。
相看两不厌，只有车宏安。

苗东升
1997年9月1日于泊静斋

第 2 版后记

本书第 1 版面世后，我陆续听到一些学者和读者直接或间接的批评和建议。本书第 1 版出版一晃已经八年，这期间系统科学又有不少新进展，作者也有许多新的理解和思考，有必要补充吸收进来。出于这两方面考量，我早已有心搞个新版本。出版社今年初提出是否作修订的问题，我立即给以肯定的回答。双方一拍即合，便有了这个第 2 版的《系统科学精要》。大多数章节都有所修订，主要变动是增补了第 2、3、11、12、18 五章，有几章的节目设置有所增删调动。

鉴于不少人对科学书籍谈论哲学的反感，第 1 版没有专门讲系统论，只是把部分观点分散在某些章节附带提了提。一些读者朋友对此提出批评说：在钱学森的系统科学体系中，桥梁层次的系统论是其有机组成部分，钱老向来重视这一部分；既然本书是按照钱学森框架组织建构的，就应当专列一章谈系统论。的确，学习系统科学必须学习系统论，不讲系统论的系统科学是不完整的。我接受这一批评，在新版中作了修正。

建立系统学是实践钱学森系统科学纲领的核心。但时至今日，钱学森意义上的系统学依然没有真正建立起来，根本原因是任务的难度大，目前的条件尚未完全具备。但中国系统科学界 20 多年来一直在作这方面的探索，取得一定进展。第 3 章按照作者现在的理解作了极为概括的讨论，第 4 章至第 13 章介绍现有系统科学中那些有资格进入或接近于系统学的内容。这表明，系统学在目前已经不是一片空白。

圣塔菲学派提出的复杂适应系统理论是系统科学较新出现而重要的进展。写第 1 版时我刚开始接触这一理论，了解很少，加上出版社因教学急需而催着交稿，未作专门讨论。补上这个内容是新版的重点考虑之一。复杂性是当前世界科学前沿的热门话题之一，它和系统科学的密切关系受到广泛承认，但也引起一些误解。为了澄清误解，理清复杂性研究和系统科学的关系，新版在介绍 CAS 理论和 OCGS 理论之前专列一章给以扼要讨论，即第 11 章。至于近年来颇受关注的复杂网络研究，本版没有设专题讨论，只是在系统学一章略加提及，以期引起读者注意，也反映笔者对它在系统科学中的地位的判定。

第 18 章把博弈论从运筹学中独立出来，改称博弈学，专列一章讨论。如此处理既是接纳部分读者的建议，也反映了作者对博弈研究在系统科学中的地位的新认识。是否恰当，尚待系统科学进一步发展的检验。

苗东升

2006 年 3 月 25 日于泊静斋

第 3 版后记

2009 年 9 月，人大出版社的余海同志来电话，问我要不要为《系统科学精要》一书搞个第 3 版。由于正忙于他事，当时没有答应他。另一个原因是，我自己离开课堂已近九年，对于有无必要再次修订心存疑问。但后来又想，既然出版社认为有再版的必要，说明它尚有一定的市场，还未被人忘记。这对作者自然是高兴的事，应该予以配合。思虑既定，我告诉小余可以接受任务。经过 3 个月的努力，终于搞成这个第 3 版文稿。

这个版本并未增设新的章目，新版本新在一共增设了 15 节，取消了原 14.10 节建制，还有许多局部的增减，以及大量文字改动。这些年我始终在关注系统科学的发展，时或有新的体会，除写入《系统科学大学讲稿》的内容，基本上都囊括于本版中了。修订工作的一个重要的指导思想，是尽量挖掘钱学森著述中阐发的、尚未引起学界足够关注的新观点，即使没有具体论述，只要能够代表一个新思路或新方向，也要提出来，甚至专列一节，以期引起注意。

准备新版本期间，传来钱学森先生仙逝的噩耗。作为一个未能入门的弟子，笔者谨以这个新版本送别中国系统科学的开创者和导师，表达一点敬意，也表示一份心意：在有生之年将本着“尘露之微，补益山海；萤烛末光，增辉日月”的古训，继续为系统科学的发展尽一点绵薄之力，把钱先生开创的事业向前推进。

系统科学发展的瓶颈和突破口仍在于建立系统学，30 年来我一直奢望能够有所作为。从第一版付印至今，又过去 12 个年头，系统学还在原地踏步，这个第三版亦无新的建树，令人心焦。但我并未完全死心，总希望有一天能写一本《系统学初步》。能行吗？任务艰难，命途多舛，年龄日增，精力日减，估计成功的隶属度不过 0.1。有道是：元知造物心肠别，老却书生似等闲。嗟乎！

孤微子

2009 年 12 月 14 日于泊静斋

第 4 版后记

本书第 3 版与读者见面后，不觉将近七年又过去了。这段时间中，我的精力主要放在复杂性科学上，偶尔也参与信息科学研究。但系统科学的发展始终萦绕心头，不时有点新想法，不断发现前三版的某些值得改进之处。由此萌发了出第 4 版的念头，在出版社支持下，这个新版本终于同读者见面了。

对于第 3 版的结构框架，这个新版的每一章都有所改动，但我最关心还是系统学和复杂巨系统理论。关于系统学，我的新思考集中体现于这个新定义：系统是呈现出整体涌现性的多元集。多元集是系统的必要条件，呈现出整体涌现性是系统的充分条件。系统科学本质上是关于整体涌现性的知识体系，结构、状态、属性、功能、运行演化规律都是系统的整体涌现性。但功能紧密联系着实际应用，是技术科学的核心概念，基础科学不应突出功能问题。以功能为核心概念写出来的系统科学著作，即使书名冠以系统学，实质还是类似于控制论的技术科学。新版欲强调的观点是：撇开应用问题去描述系统的结构、状态、属性、运行演化规律，才是作为基础科学的系统学。至于钱翁生前提出的建立系统学的两条路，从简到繁与从繁到简，我以为原则上都走得通。不过，鉴于目前我们对复杂巨系统的深层次机理所知太少，窃以为从简到繁地建立系统学相对容易些，因为这样建立起来的主要是简单巨系统学，复杂巨系统原理可以作为愿景一带而过；从繁到简的重点在于建立复杂巨系统学，中心议题是阐述复杂巨系统原理，今人还讲不出多少实质性内容。

新的世纪之交以来，系统科学最引人注目的新进展是复杂网络理论，成为前沿探索的世界性热点。出第 3 版时我已注意到这一点，由于了解不多，未敢造次。但其后的发展越来越明显，没有这一部分是本书的一大缺陷，深感对不起读者，几年来一直于心不安。下决心搞这个新版本，首要考虑的就是增设第 21 章。但坦率地说，此章讲的只能算复杂网络理论的 ABC，欲深入了解那些专业性很强的概念和定理，须读有关专著。此章意在讲清楚复杂网络理论所阐发的新的系统观点，说明它对理解人类社会正在迅速发展的全球化、信息化、网络化的学理意义。中国和平崛起，中华民族复兴，是在日益网络化的世界中进行的，世界网络化既有正效应，也有负效应，全在我们如何把握。君不见，为了阻止中国发展，美国的统治精英们正在组建网络军，发动网络战，还在中国周边建立大量军事基地，力图形成包围中国的军事网络。我们要发展，冲破这一张张的军事网络，且要网络发出正能量，就需要具有关于网络的理论、方法、技术。一言以蔽之，懂得复杂网络理论的基本点实在是太重要了，但愿此章能对读者多少有所启蒙。

孤微子

2016年8月9日

图书在版编目（CIP）数据

系统科学精要/苗东升著．—4版．—北京：中国人民大学出版社，2016.9
研究生教学用书
ISBN 978-7-300-23289-8

Ⅰ.①系… Ⅱ.①苗… Ⅲ.①系统科学-研究生-教材 Ⅳ.①N94

中国版本图书馆CIP数据核字（2016）第195333号

研究生教学用书
系统科学精要（第4版）
苗东升 著
Xitongkexue Jingyao

出版发行	中国人民大学出版社			
社　　址	北京中关村大街31号	**邮政编码**	100080	
电　　话	010－62511242（总编室）	010－62511770（质管部）		
	010－82501766（邮购部）	010－62514148（门市部）		
	010－62515195（发行公司）	010－62515275（盗版举报）		
网　　址	http://www.crup.com.cn			
经　　销	新华书店			
印　　刷	北京宏伟双华印刷有限公司	**版　　次**	1998年5月第1版	
规　　格	170mm×228mm　16开本		2016年9月第4版	
印　　张	26.75	**印　　次**	2022年11月第2次印刷	
字　　数	443 000	**定　　价**	58.00元